Geologie, Mineralogie und Lagerstättenlehre

Geologie, Mineralogie und Lagerstättenlehre

Eine Einführung für Bergschüler, Gruben- und Vermessungsbeamte
sowie für Studierende des Bergbaus, der Markscheidekunde,
des Bauingenieurwesens und der Naturwissenschaften

Von

Paul Kukuk

Professor Dr. phil. Dr.-Ing. E. h. Bergassessor a. D.

Dritte
völlig durchgesehene und erweiterte Auflage

Mit 433 Abbildungen

Springer-Verlag

Berlin / Göttingen / Heidelberg

1960

ISBN-13: 978-3-642-86824-5   e-ISBN-13: 978-3-642-86823-8
DOI: 10.1007/978-3-642-86823-8

Meiner lieben Frau Magda

Vorwort zur dritten Auflage

Auch die 2. Auflage meiner Einführung in die Geologie, Mineralogie und Lagerstättenlehre ist in wenigen Jahren verkauft worden. Eine neue Auflage wurde daher dringend erforderlich. Den Fortschritten des Wissens auf allen Gebieten der geologischen Forschung und selbstgesammelter Erfahrungen entsprechend ist auch die vorliegende 3. Auflage weitgehend überarbeitet, erweitert und zahlenmäßig-statistisch auf den letzten Stand bergwirtschaftlicher Erkenntnisse gebracht worden. Einige Kapitel wurden völlig neu geschrieben. Auch die Literaturübersicht konnte wesentlich vervollständigt werden. Dagegen ist die alte Einteilung und Gliederung erhalten geblieben. Zahlreiche neue Abbildungen wurden unter Einziehung älterer Bilder beigefügt.

Damit soll der Zweck des Buches wieder erfüllt sein, zunächst dem aus der Praxis des Bergbaus kommenden lernenden jungen Bergmann ein auf wissenschaftlicher Grundlage aufgebautes, neuzeitliches und leicht faßliches Buch an die Hand zu geben, das ihm eine Einführung in die häufig verwickelten geologischen Verhältnisse und Gesetzmäßigkeiten der Gesteinsablagerungen vermittelt, die er berufsmäßig auf ihre Lagerstätten auszubeuten hat. Weiter soll es aber auch dem jungen Bergakademiker als erste Einführung und Orientierung in seine freilich nach etwas anderen Gesichtspunkten zu betreibenden wissenschaftlichen Studien dienen.

Diese Absicht konnte nur durch eine in allgemein verständlicher Sprache unter reicher Bebilderung und oft tabellarischer Behandlung alles Wissenswerten abgefaßte Darstellung der drei großen Gebiete sowie durch Fortfall aller schwierigeren rein wissenschaftlichen Probleme und Ableitungen auf das für den Praktiker Notwendige erreicht werden.

Außerdem habe ich es mir zur Aufgabe gemacht, nicht nur die elementaren Tatsachen, Gesetze und Erfahrungen der drei Wissensgebiete aufzuzeigen, sondern der großen Zahl von Berg- und Fachschülern, den Studenten und dem Manne des Betriebes noch manches mehr zu bringen, als diese unbedingt für ihren Beruf wissen müssen. Auch dem Lehrer soll es Material für den Unterricht zur Verfügung stellen, um auf die vielen Sonderfragen antworten zu können, die ihm aus den Kreisen seiner Schüler immer wieder gestellt werden. So ist aus meinem ursprünglich kurzgefaßten Unterrichtsmanuskript im Laufe der Zeit ein Lehrbuch und schließlich ein Handbuch und Nachschlagebuch der drei Wissensgebiete geworden.

Nicht alle an mich herangetretenen Abänderungsvorschläge konnten erfüllt werden. So wurde u. a. die Ansicht vertreten, die Darstellung der an der Ausformung der Erdoberfläche beteiligten dynamischen Kräfte zugunsten anderer Fragen zu kürzen, da sie mit den unmittelbaren Aufgaben des Bergbaus nichts mehr zu tun hätten. Demgegenüber vertrete ich die Ansicht, daß auch diese Fragen anschaulich zu behandeln sind. Habe ich doch im Unterricht immer wieder erfahren, wie sehr gerade die Auswirkungen der in die Augen fallenden, landschaftsgestaltenden äußeren Kräfte, wie der Verwitterung, des Wassers, des Eises, des Windes und weiter auch der inneren Kräfte, insbesondere des Vulkanismus und der für den Bergmann so wichtigen Gebirgsbildung den von geologischen Naturerscheinungen noch wenig beeinflußten Mann der Praxis besonders stark interessieren. Auch dem Wunsch nach Verringerung der Zahl der besprochenen Minerale und Minerallagerstätten mochte ich nicht folgen. Vielmehr glaubte ich, sie noch über die normalerweise dem Bergmann beruflich zu Gesicht kommende etwas erweitern zu sollen. Treten doch heute immer neue, früher ungenutzte Minerale in das wirtschaftliche Gesichtsfeld.

Von vielen meiner ehemaligen in der Praxis stehenden Schülern habe ich erfahren, wie sehr sie es bedauern, daß sie während ihrer Bergschulzeit allzuwenig von manchen heute wirtschaftlich wichtigen Mineralen gehört haben, mit denen sie sich z. Z. beschäftigen müssen. Demgemäß sind möglichst alle irgendwie technisch oder wirtschaftlich höfflichen Minerale bzw. Mineralvorkommen des deutschen Raumes – wenn auch nur kurz – behandelt worden.

Erwähnen möchte ich noch, daß das vorliegende Buch dem Hochschulstudierenden die altbekannten und zum Studium unentbehrlichen rein wissenschaftlichen Standardwerke nicht ersetzen kann und will. Ganz anders ist es mit der großen Zahl der Werdenden eines praktischen Berufes, seien es angehende Vertreter des Berg-, Markscheide- und Baufaches, der Bohrtechnik, des Vermessungswesens, Studierende des Bergfachs oder der Naturwissenschaften, die in erster Linie eine Einführung in die Hauptgrundlagen dreier Nachbargebiete ihres Berufes brauchen. Für sie mußte in dem vorliegenden Buche von anderen Voraussetzungen ausgegangen, d. h. versucht werden, den umfangreichen und nicht immer leicht verständlichen geologischen und mineralogischen Stoff an die natürlichen Interessen und die in der Praxis erworbenen Vorkenntnisse der Leser anzupassen und sie durch Beigabe möglichst kennzeichnender und anregender Bilder geologisch bemerkenswerter Erscheinungen für die ewig junge und interessante Geschichte der Erde und ihres Lebens aufgeschlossen zu halten. Damit dürfte das vorliegende Buch, abgesehen von

seinem Hauptzweck als Lehrbuch, auch als Hand- bzw. Nachschlagebuch
für die im Bergbau, besonders des Ruhrbezirks, und in den verwandten
Gebieten Tätigen in Betracht kommen, das ihnen zudem für Sonder-
studien die mühevolle und zeitraubende Arbeit der Auswahl der ebenso
vielseitigen wie verstreuten und für den Mann des Betriebes nicht leicht
zugänglichen geologischen Fachliteratur ersparen hilft.

Auch bei der dritten Auflage konnte ich mich der Unterstützung der
Westfälischen Berggewerkschaftskasse durch Zurverfügungstellung von
Zeichenkräften erfreuen. Dafür sei ihrem Direktor, Herrn Oberbergrat
a. D. K. H. Otto und Herrn Bergschuldirektor F. Leyendecker bestens
gedankt. Für das mühevolle Mitlesen der Korrekturfahnen habe ich Frau
Dr. D. Wolansky, Bochum, und meiner Tochter Karla herzlichst zu
danken. Schließlich möchte ich auch allen denen Dank sagen, die mir
Anregungen vermittelten sowie mich auf Fehler und Ungenauigkeiten
aufmerksam gemacht haben. Für weitere sachliche Hinweise werde ich
im Interesse der Weiterentwicklung meines Buches stets dankbar sein.

Nicht zuletzt schulde ich auch dem Verlag Dank, der meine druck-
technischen Wünsche bereitwilligst erfüllte und das Werk, wie immer,
bestens ausstattete.

Bochum, im Oktober 1959   Glückauf!

Paul Kukuk

Vorwort zur ersten Auflage

An umfangreichen wie kurzen Sonderlehrbüchern der Geologie, Mineralogie oder Lagerstättenlehre besteht in Deutschland kein Mangel. Es
fehlt aber völlig an einer die Belange des Bergmanns und der bergmännischen Lehranstalten berücksichtigenden, zusammenfassenden Darstellung dieser drei als Kinder derselben Mutter, d. h. des deutschen Bergbaus, anzusehenden Wissensgebiete.

Ich habe mir daher die Aufgabe gestellt, den Schülern wie den Lehrern
der Berg- und Fachschulen, aber auch den Studierenden des Bergbaus,
der Markscheidekunde, des Bauingenieurwesens und der Naturwissenschaften, Gruben- und Vermessungsbeamten sowie den vielen anderen
Interessenten des Bergbaus eine auf wissenschaftlicher Grundlage aufgebaute, leicht faßliche „Einführung" in die wichtigsten naturwissenschaftlichen und bergbaugeologischen Grundlagen und Erkenntnisse in den
drei Stoffgebieten zu vermitteln. Kann doch eine solche Übersicht sonst
nur durch Studium eines fast unübersehbaren Schrifttums gewonnen
werden. Es besteht aber kein Zweifel darüber, daß besonders die in
der Praxis stehenden Gruben- und Vermessungsbeamten aller Grade,
aber auch Studierende, heute über ein gutes geologisch-mineralogisch-

lagerstättentechnisches Grundwissen bzw. die Möglichkeit einer schnellen Unterrichtung verfügen müssen, wollen sie nicht darauf verzichten, nicht nur ein äußeres, sondern auch ein inneres Verständnis von den durch den Bergmann abzubauenden Mineralanhäufungen zu gewinnen.

Auf Grund der während meiner langjährigen Lehrtätigkeit an der Bochumer Bergschule und an der Wilhelms-Universität in Münster gemachten Erfahrungen sowie meines in vielen Lagerstättengebieten der Erde selbst gesammelten reichen Beobachtungsstoffes glaube ich übersehen zu können, welche Fragen aus den drei Gebieten für den Bergmann, Techniker und Naturwissenschafter von besonderer Bedeutung sind. In meinem Buche war ich bestrebt, den Leser auch in wissenschaftliche Begriffe und geologisches Denken einzuführen, um in ihm das „Werden“ der Bodenschätze aus ihrer erdgeschichtlichen Entwicklung heraus verständlich werden zu lassen. Ich habe mich weiter bemüht, auch auf manche etwas abseits liegende Fragen, insbesondere solche, die mir im Laufe der Jahrzehnte von meinen vielen Schülern und Freunden immer wieder gestellt worden sind, Antwort zu geben, eine Antwort, die in den zünftigen Lehrbüchern nicht immer zu finden ist.

Für den geologischen Fachmann ist das Buch nicht geschrieben, da diesem die Tatsachen bekannt sind. Jedoch dürfte auch ihm die Arbeit manche Anregung bringen.

Damit auch der mit Volksschulbildung ausgerüstete Leser das Buch mit Nutzen lesen kann, setzt die Darstellung nur geringe Vorkenntnisse in den naturwissenschaftlichen Grundfächern voraus.

Aus diesem Grunde wurde auf Beigabe möglichst vieler bildlicher Natururkunden und für den besonderen Zweck entworfener Zeichnungen größter Wert gelegt, zumal Fachschüler meist nicht in der Lage sind, durch eigene Anschauung tiefere Einblicke in die Fülle geologischer Naturerscheinungen zu erhalten.

Im Abschnitt *Geologie* ist die Lehre von den Störungen der Gesteinsablagerungen besonders ausführlich behandelt worden. In der *Mineralogie* wurde der Hauptwert auf die Besprechung bergbaulich, technisch und wirtschaftlich wichtiger Minerale gelegt. Auch des für die Praxis nützlichen Verwendungszweckes der Einzelminerale ist gedacht worden. Eine eingehende Darstellung hat ferner die in einem Schulbuch wohl erstmalig gebrachte *Lehre von den Lagerstätten*, d. h. von den nutzbaren Mineralvorkommen und ihrem Werden unter besonderer Berücksichtigung der wichtigsten uns noch verbliebenen Kohlen-, Erz-, Salz- und Erdölschätze des deutschen Raumes gefunden. Sind doch Fragen nach der geographischen Lage der deutschen Minerallagerstätten, ihren äußeren Formen, ihren Beziehungen zum Nebengestein, ihrer Bildungsgeschichte sowie ihrer Verwendung und ihren Vorratsmengen angesichts der großen Verluste an wertvoller Mineralsubstanz und unseres heute so eingeschränkten

Lebensraumes nicht nur für jeden naturwissenschaftlich-technisch und volkswirtschaftlich eingestellten Menschen, sondern gerade für den deutschen Bergmann von besonderer Bedeutung.

Um möglichst allgemein verständlich zu bleiben, hielt ich es für richtig, die zahlreichen, im fachlichen Schrifttum üblichen Fremdwörter auszumerzen und sie — wo eben möglich — durch gute deutsche, vornehmlich althergebrachte bergmännisch-geologische Ausdrücke zu ersetzen bzw. zu „verdeutschen". Da viele Leser fremder Sprachen nicht mächtig sein dürften, sind unvermeidbare Fremdwörter bzw. die den deutschen Begriffen in Klammern beigefügten fremdsprachlichen Bezeichnungen in einer Fußnote erläutert worden. Schwierige Probleme oder verwickeltere Fragen habe ich an Stelle raumfordernder Darlegungen durch kennzeichnende, auf vielen Reisen im In- und Auslande selbst aufgenommene Bilder oder durch entsprechende Zeichnungen dem Verständnis näherzubringen versucht.

Um aus dem Stoff das Wesentliche schnell herauslesen zu können, sind nur die führenden Gedanken und die wichtigsten Tatsachen *groß*, dagegen rein wissenschaftliche Erläuterungen, Beispiele hierzu, Zahlentafeln, genetische und wirtschaftliche Bemerkungen usw. *klein* gedruckt worden.

Für die Herstellung der Abbildungen möchte ich — soweit kein Autor angegeben ist — meinen Mitarbeitern herzlichen Dank sagen, in erster Linie Frau Dr. D. Wolansky für die vortrefflichen photographischen Aufnahmen sowie meinem alten Freunde, Herrn Bergassessor a. D. H. Grahn, und meinem Neffen Hans Reinhard Kukuk für ihre Mithilfe beim Lesen der Korrekturen. Ich danke weiter den Herren Graphiker G. Sackmann und Bürovorsteher i. R. F. Burkhardt für ihre mit großem Verständnis und Liebe angefertigten Reinzeichnungen meiner Entwürfe. Auch dem Verlage danke ich für die schöne Ausstattung des Buches. Nicht zuletzt schulde ich der Westfälischen Berggewerkschaftskasse Bochum aufrichtigen Dank dafür, daß sie mir die zeichnerischen Kräfte sowie Schreibhilfe für meine Arbeit zur Verfügung stellte.

Dem Zweck des Werkes als Unterrichtsbuch entsprechend ist auf Literaturhinweise verzichtet worden. Wer von den Lesern eingehendere Belehrung sucht, sei auf das Schrifttumsverzeichnis am Schluß verwiesen.

Möge die Arbeit dazu beitragen, den Wissensgebieten der Geologie, Mineralogie und Lagerstättenlehre neue Freunde zu gewinnen und damit das Verständnis für die fesselnde Geschichte des Werdens unseres Erdballes sowie die schicksalhafte Verbundenheit der so unentbehrlichen Mineralvorkommen mit den Ablagerungen unserer Mutter Erde auf eine breitere Grundlage zu stellen.

Bochum, im Februar 1951 Glückauf!

Paul Kukuk

Inhaltsverzeichnis

Geologie

Seite

Einleitung 1

I. Allgemeine (dynamische) Geologie 4

A. Der Erdkörper 4

1. Die am Aufbau der Erdkruste beteiligten Gesteine (Gesteinslehre) 8
   a) Erstarrungsgesteine (Eruptiv- oder magmatische Gesteine) 9
   α) Tiefengesteine und Ganggesteine S. 12 — β) Ergußgesteine S. 14
   Die wichtigsten Erstarrungsgesteine S. 16
   b) Schichtgesteine (Sediment- oder Absatzgesteine) 18
   α) Mechanische Schichtgesteine (klastische Sedimente oder Trümmergesteine) S. 20 — β) Chemische Schichtgesteine (Ausscheidungs-
   oder Fällungssedimente) S. 24 — γ) Organische Schichtgesteine S. 27
   c) Umwandlungsgesteine (metamorphe Gesteine) 28

2. Die natürlichen Lagerungsformen der Gesteine 30
   a) Erstarrungsgesteine 30
   b) Schicht- (Sediment-) gesteine 32
   c) Umwandlungsgesteine 37

3. Die durch gebirgbildende Vorgänge hervorgerufenen Änderungen
   (Störungen) der natürlichen Ablagerungsverhältnisse der Gesteine
   (Tektonik) 37
   a) Schichtenbiegungen (Falten) 41
   b) Schichtenzerreißungen (Verwerfungen) 46
   α) Abschiebungen auf Sprüngen S. 47 — β) Überschiebungen auf
   Wechseln S. 52 — γ) Verschiebungen auf Blättern S. 55

4. Grundwasser und Quellen 57
   a) Grundwasser 58
   b) Quellen 62

*B. Die an der Ausformung der Erdoberfläche beteiligten geologischen Kräfte
und ihre Wirkungen* 64

1. Die äußeren (exogenen) Kräfte 65
   a) Allgemeine Wirkungen der Verwitterung 65
   b) Sonderwirkungen des Wassers 70
   α) Chemische Wirkungen des Wassers S. 70 — β) Mechanische
   Wirkungen des Oberflächenwassers (Erosion, Abrasion,
   Denudation) S. 74
   c) Sonderwirkungen des Eises 82
   d) Sonderwirkungen des Windes 91

Seite
2. Die inneren (endogenen) Kräfte 94
   a) Der Vulkanismus 95
   b) Nachvulkanische Erscheinungen 101
   c) Veränderungen der Erdoberfläche durch Bewegungsvorgänge in
      der Erdkruste 105
   α) Erdbeben S. 105 — β) Hebungen und Senkungen S. 107 — γ) Die
   gebirgsbildenden Vorgänge (Epirogenese und Orogenese) S. 109

II. Historische Geologie (Formationslehre oder Stratigraphie) 115

   A. Einführung 115

   B. Die fossilen Pflanzen- und Tierreste und ihre Bedeutung für das Alter
      und die Gliederung der Sedimentgesteine (Versteinerungslehre) 116

      1. Pflanzenwelt... 119
      2. Tierwelt... 120

   C. Einteilung der Erdgeschichte und Untergliederung 121

      1. Urzeit (Präkambrium) 126
         a) Archaikum 126
         b) Algonkium 127
      2. Altzeit (Paläozoikum) 128
         a) Kambrium 128
         b) Ordovizium und Silur 129
         c) Devon... 130
         d) Karbon.. 132
         e) Perm (Dyas) 136
      3. Mittelzeit (Mesozoikum)................................. 139
         a) Trias 139
         b) Jura 141
         c) Kreide.. 143
      4. Neuzeit (Neozoikum) 148
         a) Tertiär 148
         b) Quartär 150
         α) Pleistozän (Diluvium)............................... 150
         β) Holozän (Alluvium) 159

Mineralogie

I. Allgemeine Mineralogie. Von den Kennzeichen der Minerale 161

   A. Grundbegriffe 161

   B. Die physikalischen Eigenschaften der Minerale 162

      1. Form der Minerale....................................... 162
      2. Größe und Ausbildung der Kristalle 166
      3. Mineralaggregate 168
      4. Feinbau der Kristalle 169
      5. Mineralphysik (i. e. S.)................................. 170
         a) Härte 170
         b) Spaltbarkeit 171

XIV   Inhaltsverzeichnis

                                                                    Seite
   c) Elastizität, Plastizität und Geschmeidigkeit 171
   d) Wichte 172
   e) Optische Eigenschaften 172
   f) Optisch isotrope und anisotrope Kristalle 174
   g) Magnetische Eigenschaften..................................... 174
   h) Elektrische Eigenschaften 175
   i) Physiologische Eigenschaften.................................. 175

C. Chemische Eigenschaften der Minerale.............................. 175
  Kurze Allgemeinbemerkungen..................................... 175
  Die chemischen Formeln der Minerale 176
  Löslichkeit der Minerale 177
  Radioaktive Erscheinungen 177
  Pseudomorphismus 177

D. Entstehung der Minerale 178

II. Spezielle Mineralogie. Beschreibung der einzelnen Minerale 180

A. Einteilung der Minerale 180

B. Die einzelnen Minerale 180
  1. Elemente 181
   a) Metalle... 181
   b) Metalloide und Nichtmetalle................................. 188
  2. Sulfide 194
   a) Kiese 194
   b) Glanze 198
   c) Blenden 201
  3. Oxyde und Hydroxyde 203
  4. Haloidsalze 213
  5. Salze der sauerstoffhaltigen Säuren 216
   a) Salze der Salpetersäure (Nitrate) 216
   b) Salze der Kohlensäure (Karbonate) 217
   c) Salze der Schwefelsäure (Sulfate) 224
   d) Salze der Phosphorsäure (Phosphate)......................... 227
   e) Salze verschiedener Säuren: Chromate, Vanadate, Wolframate,
     Molybdate 228
   f) Salze der Kieselsäure (Silikate) 229
  Edelsteine 238

Lagerstättenlehre

I. Allgemeiner Teil 240

A. Begriff der Lagerstätten 240

B. Einteilung der Lagerstätten 241
  1. Gliederung nach Inhalt und Entstehung 241
  2. Kennzeichnung nach der äußeren Form 242
   a) Plattenförmige Lagerstätten 242
   b) Lagerstätten von unregelmäßigen Formen 244

C. Aufsuchen von Lagerstätten.. 247

Inhaltsverzeichnis   XV

Seite

II. Besonderer Teil. *Die wichtigsten Lagerstätten des deutschen Raumes* 250

A. *Kohlenlagerstätten* 250

  1. Kennzeichen und Eigenschaften der Kohlengesteine 251
    a) Braunkohle 252
    b) Steinkohle 253
  2. Die besonderen chemischen und physikalisch-technologischen Verhältnisse der Steinkohle 255
  3. Entstehung der Kohlen 255
  4. Die Ruhrsteinkohle und ihre Eigenschaften 261
  5. Petrographie der Steinkohle 264
    a) Makroskopisches Bild der Steinkohle 264
    b) Mikroskopisches Bild der Steinkohle 267
  6. Lagerstätten der brennbaren Gesteine, insbesondere der Steinkohle 271
    a) Torfvorkommen 272
    b) Braunkohlenlagerstätten 274
    c) Steinkohlenlagerstätten 277

B. *Erzlagerstätten* 288

  1. Begriff der Erzlagerstätten und Gliederung nach ihrer Bildungsgeschichte 288
    a) Magmatische Lagerstätten 289
      α) Liquidmagmatische Vorkommen S. 289 — β) Pneumatolytische Vorkommen S. 289 — γ) Hydrothermale Vorkommen S. 290 — δ) Submarine exhalativ-sedimentäre sowie subvulkanische Lagerstätten S. 290
    b) Sedimentäre Lagerstätten 290
    c) Metamorphe Lagerstätten 291
  2. Erzgänge 291
    a) Ausbildung der Gänge 292
    b) Ausfüllung des Gangraumes 295
    c) Entstehung 297
    d) Teufenunterschiede 297
      α) Oxydationszone S. 298 — β) Zementationszone S. 299 — γ) Primäre Zone S. 299
  3. Vorkommen der Erzlagerstätten (nach ihrem Metallinhalt) 299
    a) Edelmetalle 302
    b) Eisen 303
    c) Stahl- und Eisenveredler 307
    d) Nichteisen- (NE-) Metalle 308
      α) Blei und Zink S. 309 — β) Kupfer und Zinn S. 312 — γ) Leichtmetalle S. 314 — δ) Kobalt, Wismut, Arsen und Antimon sowie Uran, Quecksilber und Schwefelerze S. 315

C. *Stein- und Kalisalzlagerstätten* 316

  1. Allgemeines 316
    a) Steinsalz 316
    b) Kalisalze 317
  2. Stratigraphische und regionale Verhältnisse der Kalisalzvorkommen 318
  3. Entstehung der Kalilager 321

Seite

4. Tektonische Ausbildung der Kalilagerstätten (Salztektonik) 324

5. Gewinnung und Verarbeitung der Kalisalze 326

6. Verwendung der Kalisalze und deren wirtschaftliche Bedeutung ... 326

D. Erdöllagerstätten 327

1. Eigenschaften des Erdöls 327

2. Entstehung des Erdöls 328

3. Bildung der Lagerstätten des Erdöls 329

4. Lagerstätten des Erdöls und anderer Kohlenwasserstoffe 331

5. Erschließung, Gewinnung, Transport und Verarbeitung des Rohöls .. 334

6. Wirtschaftliche Bedeutung 335

E. Sonstige nutzbare Minerale, Gesteine und Erden 336

1. Nutzbare Minerale 336

2. Nutzbare Gesteine 337

3. Nutzbare Erden 338

F. Erdgasvorkommen 339

G. Edel- und Schmucksteine 340

Schrifttum 341

Sachverzeichnis 346

Geologie

GOETHE

Einleitung

Wie die Geschichte aller Völker und Zeiten lehrt, hängt die Entwicklung eines Volkes, sein wirtschaftliches Leben sowie sein geistiger und kultureller Aufstieg weitgehend von der Beschaffenheit des Bodens, insbesondere den Mineralvorkommen und den Energiequellen seines Landes, ab. Auf dem Boden der Heimat wachsen die für seine Ernährung und sein Leben notwendigen *land- und forstwirtschaftlichen* Erzeugnisse. Die Gesteinsablagerungen bergen die für seine Volkswirtschaft und sein Ringen um das Dasein so überaus wertvollen *mineralischen Rohstoffe,* wie *Brennstoffe, Salze* und *Erze.* Die Erdkruste selbst baut sich aus verschiedenartigen *Gesteinen* auf, die Bau- und Industriezwecken dienen. In ihren Schichten fließt das zur Erhaltung des Lebens unentbehrliche *Grundwasser.* Auch die für die Gesunderhaltung seiner Bewohner so wichtigen *Heilquellen* und *Mineralwässer* entspringen dem Boden. Schon daraus geht hervor, welche Bedeutung für jeden Menschen eine genaue Kenntnis des Erdbodens unter seinen Füßen, und zwar seiner äußeren Oberflächenformen, seiner gesteinsmäßigen Zusammensetzung, seines inneren Aufbaus, seiner Mineralvorkommen und ihrer Bildungsgeschichte besitzt. Von ganz besonderem Werte aber ist diese Kenntnis für den *Bergmann,* dessen Aufgabe es ist, der Erde die mit ihren Gesteinsablagerungen so eng verbundenen „Bodenschätze" zu entreißen, um sie zum Nutzen der Menschheit zu verwenden.

Dieses Wissen soll die *Geologie*[1], d. h. die Lehre von der Erde im Sinne der Erforschung der Erdgeschichte vermitteln. Genauer gesagt, ist unter Geologie *die Lehre von der stofflichen Zusammensetzung, dem Aufbau und*

---

[1] gr. gé = Erde, lógos = Lehre.

der Entwicklungsgeschichte unserer Erde sowie des Lebens auf der Erde zu verstehen.

Die Geologie ist zwar eine beschreibende und erklärende, letzten Endes aber eine „historische" Wissenschaft.

In engster Verbindung mit der Geologie als Kernwissenschaft steht eine Reihe von *Hilfswissenschaften*, wie die *Mineralogie*, Lehre von den *Mineralen*, d. h. den einzelnen Bausteinen der festen Erdkruste (Kohlen, Erze, Salze, Edelsteine und Bestandteile der Gesteine), weiter die *Gesteinslehre* oder *Petrographie*[1] bzw. Petrologie und Petrochemie, d. h. Lehre von den *Gesteinen* (am Aufbau der Erdkruste beteiligte, aus Mineralen zusammengesetzte Mineralmassen), ferner die *Versteinerungslehre* oder *Paläontologie*[2], d. h. Lehre von den pflanzlichen und tierischen Lebewesen früherer Zeiträume und schließlich die *Lagerstättenkunde* als Lehre von dem Auftreten und den Entstehungsursachen der Anhäufungen nutzbarer mineralischer Rohstoffe in der Erde.

Außerdem bedarf die Geologie für ihre Forschungsarbeit noch der Erkenntnisse anderer Wissensgebiete, wie der *Physik, Chemie, Geophysik, Zoologie, Botanik, Bodenlehre, Meteorologie, Astronomie, Biologie, Paläogeographie, Paläophytologie, Geomorphologie, Paläoklimatologie, Prähistorie, Gebirgsdruckforschung, Bodenmechanik* u. a. m. Als besonders wertvoll für die Entwicklung der geologischen Wissenschaft hat sich die Einbeziehung physikalisch-mathematischer (d. h. messender und experimenteller) Betrachtungsweisen sowie die Umstellung von statischer zu dynamischer Behandlung erwiesen. Hierdurch ist die vorwiegend *beschreibende* Geologie im Begriffe, sich zu einer *exakten Wissenschaft* zu entwickeln.

Als „Erdgeschichte" tritt sie in natürlichen Gegensatz zur *Geographie*, d. h. der vorwiegend die Oberflächenverhältnisse behandelnden „Erdbeschreibung".

Die geologische Wissenschaft — betreffe sie vornehmlich zweckfreie (erkenntnissuchende) oder in erster Linie zweckgebundene (wirtschaftlichen Nutzen erstrebende) Forschung — wird vorwiegend von den *geologischen Landesämtern* der Länder, von den einschlägigen *Hochschulinstituten* und weiter durch die *Forschungseinrichtungen der Industrien*, wie z. B. die „Geologische Abteilung der Westfälischen Berggewerkschaftskasse" zu Bochum, das „Max-Planck-Institut für Kohlenforschung", Mülheim-Ruhr, und das „Bergbau-Forschungsinstitut des Steinkohlenbergbauvereins", Essen-Kray, sowie endlich von *Einzelwissenschaftlern* betrieben.

Es ist nun üblich, das große Arbeitsgebiet der Geologie in die „*allgemeine*" und in die „*historische*" *Geologie* einzuteilen.

Die **allgemeine** (sog. *dynamische*[3]) **Geologie** behandelt in der Hauptsache die *am Aufbau der Erde beteiligten Baustoffe und weiter Wesen und Wirkungsweise natürlicher Vorgänge und Kräfte, welche verändernd auf das Innere und die Gestaltung der Oberfläche der Erde einwirken.*

Die **historische Geologie** (*Stratigraphie*[4] oder *Formationslehre*[5]) befaßt sich dagegen mit der *geschichtlichen Entwicklung der Erde und des Lebens auf der Erde von ihrem Beginn* (d. h. der Loslösung vom Sonnenball) *bis*

---

[1] gr. pétros = Stein, gráphein = beschreiben.
[2] gr. palaiós = alt, ón, óntos = Lebewesen.
[3] gr. dýnamis = Kraft, Bewegung. — [4] lat. strátum = das Ausgebreitete.
[5] lat. formátio = Bildung.

heute, und zwar insbesondere mit der *Bildung, Gesteinszusammensetzung, Altersfolge, Versteinerungsführung und Verbreitung der die Erdrinde aufbauenden Formationen.*

Zur Definierung des Begriffes Geologie ist noch zu sagen, daß trotz der engen Beziehung zu vielen anderen Wissensgebieten die Geologie doch in einem von allen anderen Wissenschaften völlig verschieden ist. Sie kann nicht wie diese aus Büchern und in Vorlesungen allein erlernt oder lediglich in Hörsälen, Laboratorien und Fabriken studiert werden. Ihre Quelle ist die Natur selbst. Wer die Gesetze des Seins und Werdens unserer Mutter Erde und ihrer Bodenschätze von Grund auf verstehen lernen will, der muß hinaus in die Weite der Natur, ins Gebirge, ans Meer, in die Steinbrüche und in die Gruben. Hier muß er die vielen Sondererscheinungen der Erdoberfläche und der Tiefe unbestechlich beobachten, Fossilien und Minerale selbst gewissenhaft sammeln, bestimmen und vergleichen, um schließlich aus zahllosen Einzelbeobachtungen zur Erkenntnis der großen Gesetzmäßigkeiten der Entwicklung unserer nur scheinbar toten, vielmehr in unaufhörlicher Umbildung begriffenen Erde und der in ihr eingebetteten Mineralvorkommen zu gelangen.

Eine besonders eingehende Kenntnis der Geologie und ihrer Hilfswissenschaften müssen alle diejenigen zu erwerben bestrebt sein, welche sich als Bergleute, Markscheider oder Geologen mit der Aufsuchung und Ausbeutung nutzbarer Minerallagerstätten zu beschäftigen haben.

Gewissermaßen als Weiterentwicklung der zu behandelnden Lehren der *dynamischen* und *stratigraphischen* Geologie — in ihrer Gesamtheit auch als „*theoretische*" Geologie bezeichnet — ist die im Laufe der Zeit immer stärker in Erscheinung getretene „*praktische*" Geologie zu betrachten.

Man versteht darunter jenen Zweig der Geologie, der sich auf die Bedürfnisse des praktischen Lebens erstreckt. Dieses auch als *angewandte Geologie* angesprochene Sondergebiet beschäftigt sich vorwiegend mit der Erkenntnis der Gesetze, der Beschaffenheit und der Lagerungsverhältnisse der Gesteine der Erdkruste für die Sonderzwecke der Technik und Wirtschaft. Sie hat ein gutes Wissen um die Grundlagen der *theoretischen Geologie* zur unabdingbaren Voraussetzung.

Von besonderer Bedeutung ist die angewandte *Geologie* für zahllose Fragen aus dem *Gebiete des Bergbaus* (sog. „Montangeologie"), sei es für den Stein- und Braunkohlen-, bzw. den Erz-, Salz- und Erdölbergbau, oder für die Gewinnung sonstiger Lagerstätten nutzbarer Gesteine und Erden. Aber auch für viele andere, mehr *ingenieurgeologische* Fragen, wie für die „Hydrologie", das „Bauschaffen" sowie für die „Bodenkunde", haben sich die Lehren und Methoden der angewandten Geologie als sehr wertvoll erwiesen.

Auf die wichtigsten Erkenntnisse, Lehren und Anwendungsgebiete der praktischen Geologie — unter besonderer Berücksichtigung der Belange des Bergbaus — werde ich in meinem Buche eingehen.

I. Allgemeine (dynamische) Geologie

Vielfach wird die allgemeine Geologie durch eine Darstellung der geophysikalischen Verhältnisse der Erde (physikalische Erdkunde) eingeleitet. Diese sollen hier als bekannt vorausgesetzt und daher nicht behandelt werden.

A. Der Erdkörper

Die *Gesteinsrinde* (Lithosphäre)[1] ist naturgemäß das eigentliche Arbeitsfeld der Geologie. Für die Beurteilung der gesamten Verhältnisse der Erdkruste, insbesondere der auf sie einwirkenden äußeren und inneren Kräfte, ist aber auch noch die sie größtenteils überlagernde *Wasserhülle* (Hydrosphäre)[2] und die sie nach außen weiter umgebende *Lufthülle* (Atmosphäre)[3] — als Übergang zum Weltenraum — von großer Bedeutung.

Während wir über die Beschaffenheit der festen *Gesteinsrinde* durch *unmittelbare Beobachtungen* an der Oberfläche und in der Tiefe (Bergwerke und Bohrlöcher) unterrichtet sind, begeben wir uns bei der Beantwortung der Frage nach der Beschaffenheit des *Erdinnern* in das Gebiet der *Hypothese*. Kennen wir doch nicht einmal $^1/_{1000}$ des Abstandes der Erdoberfläche vom Erdmittelpunkte. Fest steht nur, daß die Wärme mit der Tiefe zunimmt, daß das Erdinnere eine hohe Wichte hat und wahrscheinlich auch glühend ist[4]. (Betreffend „Wichte" vgl. S. 172.)

Beweise für die ständige, wenn auch bisweilen unregelmäßige Zunahme der Wärme nach der Tiefe liefern uns u. a. Beobachtungen in Bohrlöchern[5], Bergwerken, Tunnels sowie heiße Quellen und die Vulkanausbrüche.

Aus entsprechenden Messungen in Mitteleuropa ergibt sich, daß hier im allgemeinen eine Temperaturerhöhung von 1° auf je r. 30 m Tiefenzunahme eintritt (gegenüber auf etwa 50 m bei den alten Kontinenten). Diese sog. „geothermische Tiefenstufe" ist aber nicht überall gleich. Um einige Zahlen zu nennen, sei erwähnt, daß sie z. B. in einer böhmischen Braunkohlengrube etwa 5 m, im elsässischen Erdölgebiet 6—14 m, im Ruhrbezirk 25—48 m, im Siegerland 40—58 m, im Kohlenbecken von Illinois (USA) r. 63 m, am Oberen See (USA) r. 40—120 m, in Indien 64—110 m, im Witwatersrandgebiet (SA) 100—120 m beträgt. Die Ursache liegt u. a. in den verschiedenen Wärmeleitfähigkeiten der Gesteine, in Wärmequellen in der Tiefe (wie heißen Wässern und wärmeausstrahlenden Plutonen), in der abkühlenden Wirkung kalter Wässer (Nähe großer Seen), in der Art der Lagerungsverhältnisse und des Schichtenverbandes.

Die geothermische Tiefenstufe ist also im Ruhrbezirk nicht überall gleich und

---

[1] gr. líthos = Stein, sphaíra = Kugel. — [2] gr. hýdor = Wasser. — [3] atmós = Luft.

[4] Rein rechnungsmäßig wäre bei 3 km Tiefe der Siedepunkt des Wassers, bei etwa 50 km der Schmelzpunkt der Gesteine (mit r. 1200°) erreicht, während in über 200 km Tiefe alle Stoffe zu Gasen umgewandelt wären.

[5] Als z. Z. tiefste Bohrung der Welt gilt eine Ölbohrung in Texas (USA) mit r. 7620 m, während die tiefste Grube der Welt, die Oregum-Mine im Kolar-Goldfeld (Indien), r. 2835 m mißt. Deutschlands tiefste Bohrung Geismar (Schleswig-Holstein) der Gew. Brigitta ist 4518 m tief.

schwankt, wie oben erwähnt. Man nimmt an, daß sie größer (37—45 m) im deckgebirgsfreien Süden und kleiner (22—30) im kreideüberdeckten Norden ist. Sie ist für den Bergmann sehr bedeutungsvoll, da sie das für den Grubenbetrieb so wichtige „Grubenklima" maßgeblich beeinflußt, zumal der Grubenbetrieb mit Naturnotwendigkeit in die Tiefe rückt.

Beachtlich ist ferner, daß sich in etwa 25 m Teufe um die ganze Erde eine *neutrale* Zone (mit gleichbleibender Temperatur von $+ 9°$ C) hinzieht. Die erheblichen Schwankungen der Außentemperatur im Sommer und Winter reichen nicht bis zu dieser Zone, sondern halten sich im Gleichgewicht. Erst von hier ab kann man von der *absoluten Gebirgstemperatur* sprechen, die durch die geothermische Tiefenstufe bestimmt wird. Demgemäß berechnet sich im Ruhrbezirk z. B. für eine Tiefe von 1500 m etwa folgende Temperatur des Steinkohlengebirges:

Von 1500 m sind 25 m abzuziehen $= 1475$ m. Für diese Tiefe ergibt sich eine Temperatur von $1475 : 30 = 49,16°$. Dazu $9°$ C der neutralen Zone. In 1500 m Teufe sind also $49,16° + 9°$ gleich etwa $58°$ C zu erwarten.

Unsere *heutigen Anschauungen über den Zustand des Erdinnern bewegen sich u. a. in der durch die sog.* KANT-LAPLACE*sche Theorie begründeten Vorstellung*, daß die Erde vor einigen Milliarden Jahren — als zentrifugal von der Sonne abgeschleuderter gleichartiger (*homogener*[1]) Gasball — ein glühender Weltkörper war, der sich durch Verdichtung verflüssigte, verfestigte und weiter abkühlte.

Dieser in seinem Innern glühende Kern wird von einer Schale, der festen *Außenhaut* (Kruste oder Erdrinde), umgeben. Bezüglich des *Kerns* wird nach Analogie mit hüttentechnischen Vorgängen bei der Abkühlung in einem Eisen- oder Erzschmelzofen (zu oberst „Schlacke", dann „Stein" bzw. Speise und zutiefst „Eisensau oder Metall") angenommen, daß beim *Erkalten der Erde* riesige Stoffverschiebungen (Entmischungen von Schmelzen nach der Schwere in Richtung auf den Erdmittelpunkt) stattfanden. Demzufolge sollte sich bei der fortgeschrittenen Abkühlung ein großer Teil der *gut beweglichen* Schweresubstanzen (Schwermetalle) ausgesondert und sich im *Erdkern* angesammelt haben, während die *leichteren* Schmelzen (Kieselsäureverbindungen der Schwer- und Leichtmetalle) sich wie die Hüttenschlacke in den *hohen und höchsten Zonen* (d. h. in dem „Erdmantel" bzw. der „Erdkruste") anreicherten.

Demgemäß ist der Erdkörper *nicht einheitlich*, sondern aus mehreren, stofflich *verschiedenen*, konzentrisch um den Erdmittelpunkt gelegenen *Schalen* aufgebaut (Abb. 1).

Gestützt wird diese Anschauung durch die Feststellung, daß die von den Erschütterungszentren der Erdbeben ausgehenden Erdbebenwellen im Erdinnern innerhalb der einzelnen Zonen eine verschiedene Fortpflanzungsgeschwindigkeit zeigen und an Unstetigkeitsflächen u. a. bei etwa 1200 km und 2900 km teilweise reflektiert werden.

Mit der Annahme einer stofflichen Verschiedenheit stimmt auch die Vorstellung überein, die sich aus den Wichten der verschiedenen Zonen der Erde gewinnen läßt. Erwägt man, daß die Wichte der uns *zugänglichen Gesteine* fast 3, die aus Schweremessungen ermittelte Wichte der *gesamten Erde* aber 5,52 beträgt, so müssen sich im *Innern der Erde schwerere* Stoffe als die uns zugänglichen befinden, d. h. der Erdkern muß eine weit höhere Wichte von etwa 9—10 besitzen.

---

[1] gr. homós = gleich, génesis = Entstehung.

Für die Ansicht von dem petrographisch abweichenden Charakter der einzelnen
Erdschalen spricht u. a. auch die verschiedene Gesteinszusammensetzung der aus
der Zertrümmerung anderer Himmelskörper stammenden Gesteinsmassen. Bei
diesen sog. „Meteoriten"[1] unterscheiden wir zwischen den „Eisenmeteoriten" als
Belegen aus dem Innern der Himmelskörper (mit z. B. 90% Fe, 8% Ni bei 7,8 W.)
und den „Steinmeteoriten" als Proben der Planetenkruste (mit z. B. 36% O, 19%
Si, 24% Fe, 13% Mg und 3,8 W.). Die weitaus größte Zahl gehört der Gruppe
der Eisenmeteorite an.

Auf Grund der vorgenannten Feststellungen und Annahmen kam man
zu einer Einteilung des gesamten Erdkörpers in *vier Kugelschalenzonen*
(Abb. 1), und zwar:

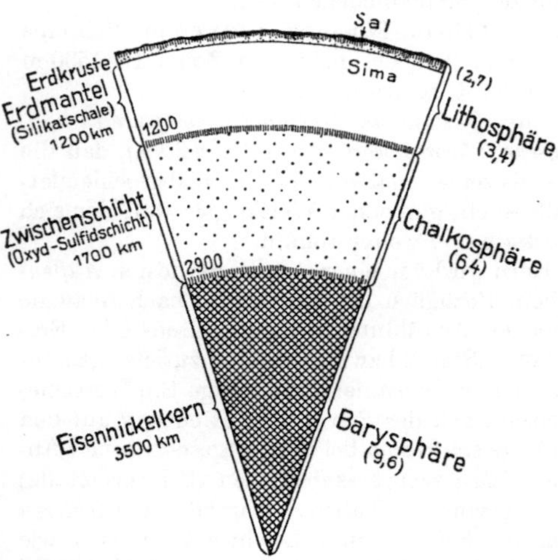

Abb. 1. Schematischer Kreisausschnitt des Erdkörpers.
Nach Suess-Wiechert

a) *Erdkruste*, etwa 29 bis
56 km mächtig, aus sauren
und basischen Gesteinen
mit einer Wichte von r. 2,6
bis 3.

b) *Erdmantel*, etwa 1200
km mächtig, aus kiesel-
sauren Verbindungen der
Leicht- und Schwermetalle
mit einer W. von r. 3,4.

Erdkruste und *Erdmantel*
werden als „Lithosphäre" zusammengefaßt.

c) *Zwischenschicht* (1700
km dick) (Oxyd-Sulfid-
schale oder „Chalkosphä-
re")[2] von 1200—2900 km
aus sulfidischen bzw. oxydischen Verbindungen (Cu, Ag, Sn, As, Ni u. a.)
bzw. Kieselsäureverbindungen des Eisens mit viel gediegenem Eisen
nach der Tiefe. W. = 6,4.

d) *Eisennickelkern* (oder „Barysphäre")[3]. Eine Kugel von r. 3500 km
Radius vorwiegend aus Eisen 90%, Nickel 10%, ferner Platin, Gold u. a.
W. etwa 9—10.

Über die physikalischen Zustandsgrößen des *Erdkerns*, und zwar Aggregatzustand[4],
Wichte, Druck und Temperatur u. a. läßt sich noch nichts mit Sicherheit sagen.
Wahrscheinlich ist der *Aggregatzustand* des *Mantels* und der Zwischenschicht
„quasi flüssig", jedoch nicht im irdisch-physikalischen Sinne, weil die Gesteine
unter dem ungeheuren Druck nicht „fließen" können. Dagegen ist der *Erdkern*
nach unseren physikalischen Begriffen weder als fest noch als flüssig noch als gas-
förmig zu bezeichnen. Er befindet sich vielmehr in einem uns noch unbekannten
„hyperkritischen" Zustand mit der Eigenschaft eines metallstarren Körpers.

---

[1] gr. metéoros = in der Höhe befindlich. — [2] gr. chalkós = Erz.
[3] gr. barýs = schwer. — [4] lat. aggregáre = anhäufen.

Die neuesten, freilich nicht allseitig geteilten Vorstellungen gipfeln darin, daß der *Erdkern* (sog. „Nife") ziemlich gleichmäßig aus wasserstoffhaltiger Sonnenmasse („Solarmaterie") aufgebaut ist und daß eine Sonderung nach der Schwere (oben Silikate und tiefer Eisen) nur außerhalb des Erdkerns stattgefunden hat.

Die Temperatur wächst anfangs gesetzmäßig in Richtung auf den Erdmittelpunkt. Sie wird im Erdkern auf etwa 9000° (?) geschätzt.

Herrscht also über den Aufbau des *Erdinnern* noch keine absolute Klarheit, so ist die Zusammensetzung der den Geologen und Bergmann in erster Linie interessierenden *Erdkruste* (bzw. der festen „Erdrinde") besser bekannt.

Zunächst besteht die *Erstarrungskruste* — unter einer sedimentären Decke — aus dem hellen, kieselsäurereichen (sauren) granitartigen sog. *Sial*[1] (oder Sal), d. h. Granit, Gneis und Gabbro. Sie besitzt nach den Ergebnissen *neuerer* Feststellungen — entgegen der früheren Anschauung — in Deutschland nur eine Mächtigkeit von etwa 27—30 km.[2] Unterlagert wird sie von dem durchgehenden dunklen, kieselsäurearmen (basischen), d. h. basaltartigen *Sima*[3] des *Erdmantels*.

Wie erwähnt, ist die Erdkruste (*Sial*) fest. Dagegen wird für den Erdmantel (*Sima*) ein „fließbarer" (wenn auch nicht fließender) Zustand des Magmas vorausgesetzt. Man stellt sich dabei vor, daß das Sial gleich großen Inseln (Kontinentalblöcke) — als schwerer Stein auf Asphalt — auf dem zähflüssigen Sima ruht und bestrebt ist, nur soweit einzusinken, bis das Gleichgewicht hergestellt ist (Lehre von der „Isostasie").

Einerseits wird angenommen, daß die Erdoberfläche (und dadurch mittelbar auch das Erdinnere) ständig Wärme durch die Erdkruste hindurch an den kalten Weltenraum abgibt und daß die Erkaltung des Erdballs auch heute weiter fortschreitet. Andererseits wird betont, daß die sialische Kruste die überwiegende Menge der „radioaktiven"[4] Elemente der Erdrinde birgt, deren Wärmeerzeugung bei ihrem *Zerfall* (Kernreaktionen) die Unterkante der Erdkruste auf Schmelztemperatur hält und daher eine Wärmeabgabe nicht zuläßt.

Die feste Gesteinskruste wird von der *Wasserhülle* („Hydrosphäre") überlagert. Sie umfaßt neben dem Eis und Dampf die Gesamtheit der Gewässer (d. h. hauptsächlich der Ozeane), aber auch der Binnengewässer an der Erdoberfläche. Das etwa 71% der Erdoberfläche einnehmende Weltmeer (mit r. 3800 m mittlerer Tiefe) würde bei völliger Einebnung der Erdoberfläche und gleichmäßiger Ausbreitung eine Tiefe von etwa 2 km erreichen. Gerade die Wasserhülle als Quelle der mechanisch und chemisch wirksamen äußeren Kräfte hat größten Einfluß auf die Ausformung der Erdoberfläche.

Die Wasserhülle wird ihrerseits wieder von der *Lufthülle* („Atmosphäre") umgeben, die erst das Leben auf der Erde ermöglicht. Ihre Mächtigkeit kann insgesamt auf etwa 500—1000 km geschätzt werden.

---

[1] Nach den Leitelementen **Si** (Silizium) und **Al** (Aluminium).

[2] Die seismische Auswertung der großen Sprengung auf der Insel Helgoland (1947) mit r. 4000 t Sprengstoff ergab für die Simaoberkante bei Göttingen eine Tiefe von etwa 27 km, während weitere Sprengungen in Süddeutschland 30 km Dicke nachwiesen.

[3] Nach **Si** (Silizium) und **Ma** (Magnesium).

[4] lat. actívus, durch Ausstrahlung von Radium gekennzeichnet.

Sie zerfällt in die etwa 0—10 km mächtige, tiefere, unruhige *Wolken-* oder *Wetterzone* („Troposphäre"), in die höhere, ruhigere, wasserdampfarme und wolkenfreie *Dunstzone* („Stratosphäre")[1] mit immer dünnerwerdender Luft und in die bei 80 km beginnende und bis 500 km reichende „Jonosphäre"[2].

Hierbei ist bemerkenswert, daß der Sauerstoffgehalt der Luft, die in Erdnähe vornehmlich aus r. 21% Sauerstoff, r. 78% Stickstoff, r. 0,9% Argon und r. 0,03% Kohlensäure zusammengesetzt ist, mit der Höhe ständig sinkt, derart, daß bei etwa 90 km kein Sauerstoff mehr vorhanden ist. Für den Menschen hört daher die Lebensmöglichkeit (ohne künstliche Sauerstoffzufuhr) schon bei etwa 8,5 km auf.

Nur der untere Teil, die *Wetterzone*, ist der Sitz der Witterungsverhältnisse. Sie ist daher von wesentlicher Bedeutung für den Kreislauf des Wassers, die Ausgestaltung der Erdoberfläche und überhaupt für das Leben auf der Erde.

1. Die am Aufbau der Erdkruste beteiligten Gesteine (Gesteinslehre)

Wie die Beobachtung lehrt, besteht die vielfach schalenförmig aufgebaute feste *Erdrinde* aus *zahlreichen Gesteinslagen* verschiedenen Alters, die sich in bezug auf Zusammensetzung, Lagerung, Fossilinhalt und Bildungsgeschichte wesentlich voneinander unterscheiden. Wegen ihrer Bedeutung für den Aufbau der Erdkruste sei zunächst auf die *Gesteinsablagerungen* selbst eingegangen.

Dabei soll der sog. „Boden" als oberflächliches Verwitterungs- bzw. Umwandlungserzeugnis der ursprünglichen Gesteine unter dem Einfluß der Atmosphärilien hier nicht näher betrachtet werden.

Bezüglich ihrer Zusammensetzung können die *Gesteine* (Fels- oder Gebirgsarten) entweder aus *Teilen* einer *einzigen* Mineralart bestehen oder *Gemenge mehrerer* Minerale darstellen. Demgemäß unterscheidet man *einfache (gleichartige) Gesteine*, aus Teilen *eines* Hauptminerals, wie z. B. Quarzit oder Gips, sowie *zusammengesetzte (ungleichartige) Gesteine*, die sich aus *mehreren Haupt*mineralen aufbauen, so z. B. Granit[3] aus Körnern von Feldspat, Quarz und Glimmer (Abb. 2).

Die Zahl der die zusammengesetzten Gesteine aufbauenden Minerale[4] ist gering und beschränkt sich auf höchstens 40.

Zur richtigen Erkenntnis der zusammengesetzten Gesteine (einschl. der Erze und Kohlen), insbesondere der sog. Eruptivgesteine, reichen die für die übliche Bestimmung von Mineralen in Betracht kommenden physikalischen Eigenschaften, wie Farbe, Wichte, Härte usw. oder auch die Benutzung einer Lupe nicht aus.

---

[1] lat. strátus = Schicht, gr. sphaíra = Kugel.

[2] Jonosphäre, das nach den vielen elektrisch geladenen Teilchen, d. h. radioaktiven Isotopen (sog. „Jonen"), genannte Gebiet der Hochatmosphäre.

[3] lat. gránum = Korn, Granit = körniges Gestein.

[4] Die gesteinsbildenden Minerale bestehen in erster Linie aus: Quarz, Feldspat, Glimmer, Hornblende (Amphibol), Augit (Pyroxen), Olivin, Granat, Turmalin, Magnetit, Apatit, Karbonaten, Sulfaten u. a.

Da auch die chemische *Analyse* keinen eindeutigen Aufschluß gibt, muß man versuchen, ihre Einzelgemengteile und ihr inneres Gefüge zu erkennen. Dazu bedarf es der *mikroskopischen* Untersuchung der Gesteine mittels des „Polarisationsmikroskops" im *Dünnschliff* (d. h. eines durch zweiseitiges Schleifen erzeugten

papierdünnen Gesteinsplättchens von 0,02 bis 0,03 mm Dicke im durchfallenden Licht oder *angeschliffener* und *polierter* Kohlen- und Erzstückchen im Auflicht).

Man unterscheidet weiter die *Struktur*[1] (Art des Aufbaus, d. h. Kornform, Korngröße, Kornbindung der Mineralkörner untereinander), z. B. körnige Struktur, von der *Textur*[2] (räumliche Anordnung und Richtung der Gemengteile eines Gesteins), z. B. schiefrige Textur.

Diejenigen Gesteinsminerale, welche die Eigenart eines Gesteins bestimmen, wie z. B. Feldspat,

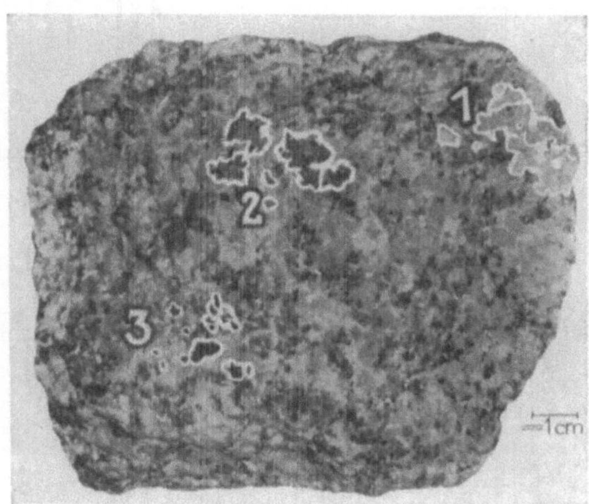

Abb. 2. Granit aus drei deutlich erkennbaren Gemengteilen: 1 Feldspat (weiß), 2 Quarz (grau), 3 Glimmer (schwarz)

Quarz und Glimmer beim Granit, werden „wesentliche" Bestandteile, die nur untergeordnet auftretenden „unwesentliche" (oder „akzessorische[3]") Gemengteile genannt.

Geht man aber von der *Entstehungsweise* der Gesteine der Erdkruste aus, so kommt man zu nachstehender Gliederung, wenn auch letzten Endes fast *alle Gesteine* aus einer glutflüssigen, mit Gasen durchtränkten Gesteinsschmelze (*Magma*[4]) entstanden sind (Abb. 3 u. 4):

a) *Erstarrungsgesteine (Eruptivgesteine)*[5]

b) *Schichtgesteine (Sedimentgesteine)*[6]

c) *Umwandlungsgesteine (Metamorphe Gesteine)*[7].

a) Erstarrungsgesteine (Eruptiv- oder magmatische Gesteine)

Bei den *Erstarrungsgesteinen* handelt es sich um Gesteine, die aus der Erdtiefe in Form lavaartiger Gesteinsschmelzen von hoher Temperatur — z. T. aus Plutonen, z. T. aus der Aufschmelzung sedimentärer oder metamorpher Gesteine stammend — aufgestiegen sind und sich ± langsam abgekühlt haben.

---

[1] lat. structúra = Bau. — [2] lat. textúra = Gewebe.

[3] lat. accéssus = hinzugetreten. — [4] gr. mágma = Teig (Silikatschmelze).

[5] lat. erúmpere = hervorbrechen. — [6] lat. sediméntum = Bodensatz.

[7] gr. metamórphosis = Verwandlung.

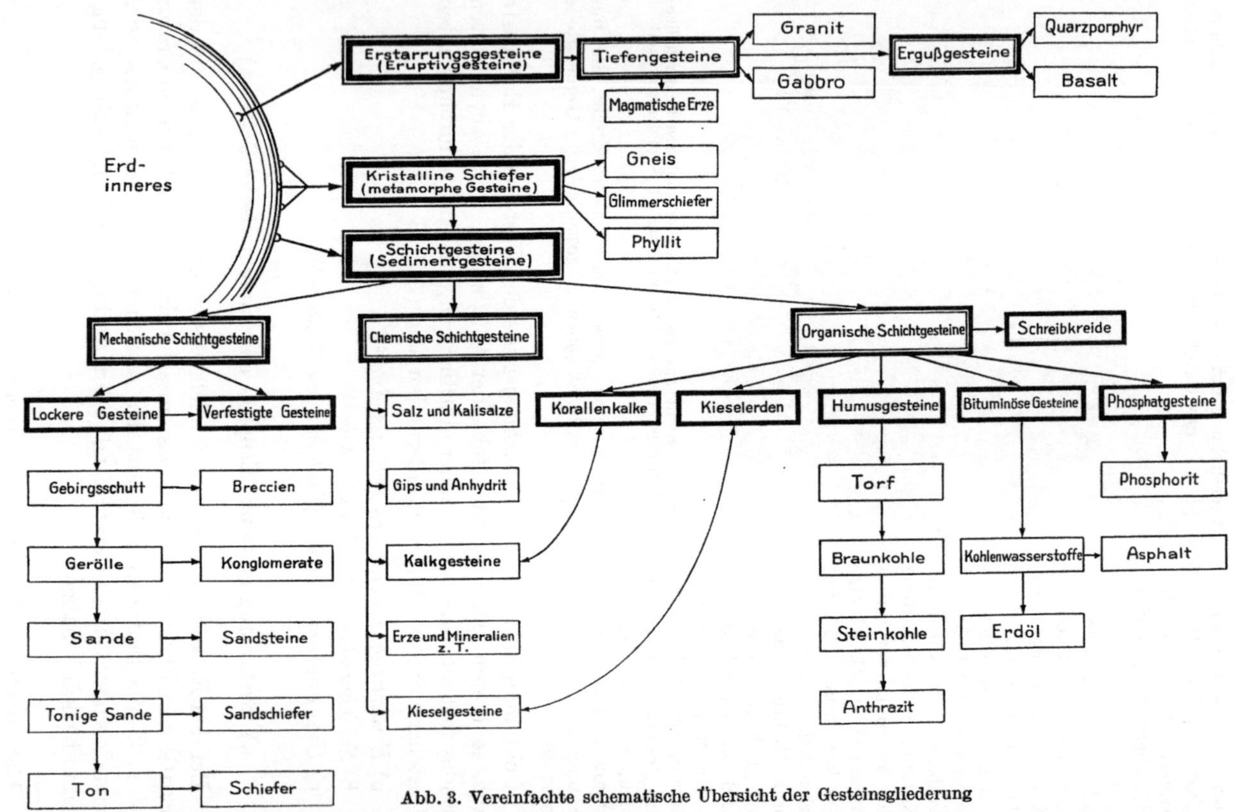

Abb. 3. Vereinfachte schematische Übersicht der Gesteinsgliederung

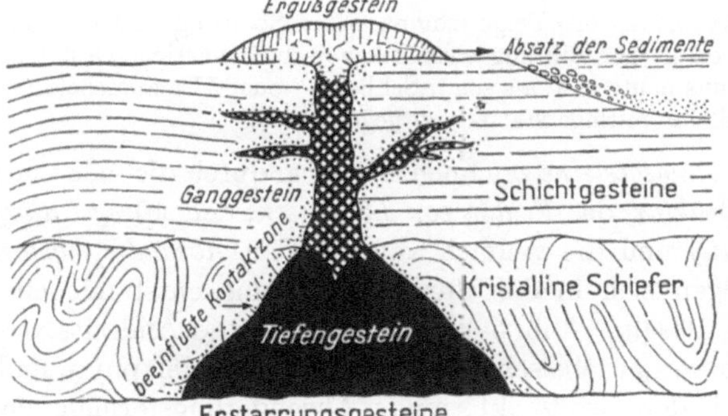

Abb. 4. Die verschiedenartigen Gesteinsablagerungen im Hinblick auf ihre Entstehung (Schema)

Abb. 5. Säulenförmige Absonderung eines vom Vesuv herabgekommenen, rezenten Lavastroms (Trachydolerit mit Zackenlava) Aufn. d. Verf.

Abb. 6. Diabas (mit kugeliger Absonderung). Oberscheld (Lahnrevier). Aufn. d. Verf.

Bei ihrer Erstarrung (als Folge magmatischer Spaltungs- oder Differentiations-vorgänge) ist es oft zur Bildung chemisch verschiedenartiger Gesteinsmassen gekommen, die uns heute u. a. als sog. „Schlieren" oder „Erzausscheidungen" (z. B. Magnetit- und Chromitlagerstätten) entgegentreten.

Die *Erstarrungsgesteine* zeichnen sich u. a. durch die meist vorhandene *kristalline Struktur*, das *Fehlen von Lebewesen*, den *Mangel ausgesprochener Schichtung* und die vielfach auftretenden *Absonderungsformen* aus. Letztere zeigen sich in den durch Abkühlung entstandenen „Säulenformen" der Basalte (Abb. 5 u. 13), Trachyte und Andesite, den „kugelschaligen" bzw. „zwiebelschaligen" Formen der Melaphyre und Diabase (Abb. 6) sowie den „wollsackförmigen Absonderungsformen" der Granite (Abb. 42).

Man unterscheidet nun sog. *Tiefen- bzw. Ganggesteine (Intrusivgesteine)*[1], d. h. Schmelzen (Silikatschmelzen mit flüchtigen Bestandteilen), die in der Tiefe steckengeblieben sind, und *Ergußgesteine (Extrusivgesteine)*[2], d. h. solche, die die Erdoberfläche (unter Abgabe von Gasen) erreichten.

Die Erstarrungsgesteine sind am Aufbau der Erdkruste stark beteiligt. Bestehen doch r. 95% der Erdgesteine bis in große Tiefen aus ihnen.

Jedes Magma kann je nach Umständen zum Tiefen-, Gang- oder Ergußgestein werden.

Zwecks schneller Übersicht vergleiche die Zusammenstellung der geologisch wichtigsten *Erstarrungsgesteine* (siehe Tafel I, S. 13).

α) *Tiefengesteine und Ganggesteine*

Bei den *Tiefengesteinen* („Plutoniten")[3], handelt es sich um in etwa 5–10 km Tiefe des Erdkörpers („subkrustal") bei allmählicher Abkühlung unter Luftabschluß sehr langsam aus dem *Magma*[4] erstarrte Eruptiva. Sie besitzen *vollkristalline* (granitisch-körnige, sog. „eugranitische") Struktur (Abb. 7) bei gleichgroßen verschiedenartigen Mineralkörnern, die unmittelbar miteinander verwachsen (verzahnt) sind (Abb. 8).

Vielfach ist das begrenzende Nebengestein durch die Hitzewirkung des Magmas *kontaktmetamorph* (unter Bildung eines sog. „Kontakthofes") verändert (Abb. 4).

Die Hauptvertreter der *Tiefengesteine* sind: *Granit, Syenit*[5], *Diorit*[6], *Gabbro*[7] und *Peridotit* (Tafel I).

---

[1] lat. intrúdere = hineindrängen. — [2] lat. extrúdere = ausbrechen.

[3] lat. plúto = Gott der Unterwelt.

[4] Das *Magma* (Silikatschmelze) setzt sich vorwiegend aus den Oxyden des Siliciums, Aluminiums, Magnesiums, Eisens, Kalciums, Natriums und Kaliums sowie aus Wasser und Gas (Wasserdampf, Kohlenoxyd, Fluor, Chlor) zusammen.

[5] Nach dem Fundort Syene (bei Assuan) genannt.

[6] gr. diorízein = unterscheiden. — [7] Oberitalienische Lokalbezeichnung.

Tafel I. *Übersicht über die Erstarrungsgesteine*
(schematisiert)

	Mineralbestand	Kiesel-säure-gehalt	Farbe	Wichte	Tiefen-gesteine (Plutonite)	Gang-gesteine	Ergußgesteine (Vulkanite)	
							alte (vortertiäre)	junge
Orthoklasgesteine	*Orthoklas* (Alkali-feldspat) + Quarz + Biotit u. a.	mehr als 50 bzw. 55%	hell	2,3 bis 2,7	**Granit** (2,6)	Granit-porphyr	Quarz-porphyr	Liparit
	Orthoklas (Alkali-feldspat) + Hornblende + Biotit kein Quarz				**Syenit** (2,8)	Syenit-porphyr	Quarz-freier Porphyr i. e. S., Kera-tophyr	Trachyt
Plagioklasgesteine	*Plagioklas* (Kalk-natron-feldspat) + Hornblende (od. Augit) + Quarz	weni-ger als 50 bzw. 55%	dunkel	2,8 bis 3,3	**Diorit** (2,8)	Diorit-porphyr	Porphy-rit	Andesit Dazit
							Phonolith (+ Nephelin)	
	Plagioklas (Kalk-natron-feldspat) + Augit + Diallag und Olivin				**Gabbro** (mit Norit) (2,9)	Gabbro-porphy-rit	Diabas und Melaphyr	Feld-spat-basalt
Feldspat-freie Gesteine	*Olivin, Augit* + Hornblende				**Peridotit** (3,3)		Pikrit	—

Ihre vorwiegend stockförmig auftretenden Massen sind vielfach erst durch später eingetretene Abtragung örtlich freigelegt und so der Erforschung erschlossen worden.

Wegen ihrer für Hoch- und Tiefbau wertvollen Eigenschaften finden sie in weitgehendem Umfange u. a. als Werk-, Zier-, Pflaster- und Schottersteine Verwendung.

Eine Abfolge der Tiefengesteine sind die aus ihnen in benachbarten Spalten der Erdkruste flächenhaft hochgestiegenen *Ganggesteine*. Da sie

bei schnellerer Abkühlung und geringerem Druck erstarrten, ist ihnen
eine meist dichte oder feinkörnige Grundmasse mit einzelnen größeren
„Einsprenglingen" (frühzeitig ausgeschiedenen, kristallin entwickelten
Mineralen), sog. „porphyrisches
Gefüge"[1], eigen, wie die Granit-,

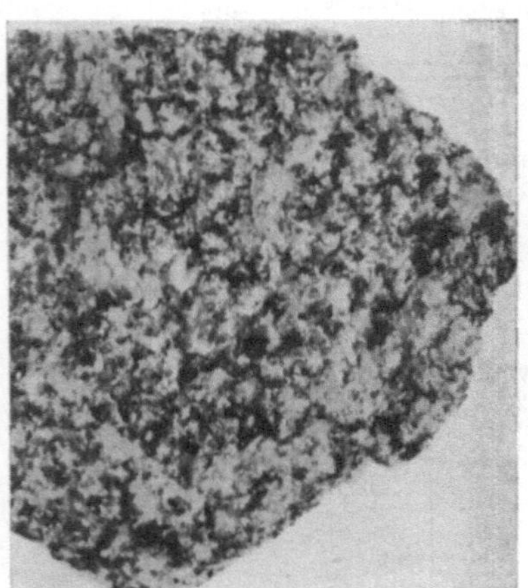

Abb. 7. Granit aus Feldspat, Quarz und
Glimmer (Biotit). Odenwald

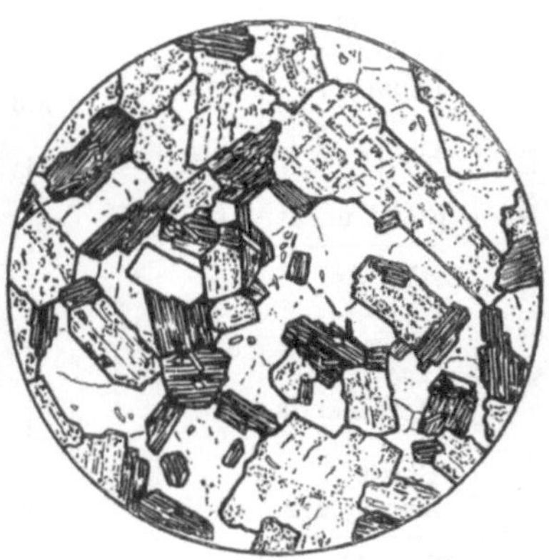

Abb. 8. Granitisch-körnige Struktur eines
Eruptivgesteins (Biotitgranit) im Dünnschliff:
Quarz (hell), *Feldspat* (trüb), *Biotit* (schraffiert)
Vergr. 15×. Nach RHEINISCH

Syenit-, Diorit- und Gabbroporphyre (Abb. 9). Sie stehen in Struktur
und Textur teilweise schon den Ergußgesteinen nahe.

Zu den Gesteinen des *Ganggefolges* gehören u. a. die sauren feinkörnigen hellen
Aplite[2] und *Granitporphyre*, die dunkelglänzenden *Lamprophyre* und weiter die (bei
langsamer Abkühlung entstandenen) sehr grobkörnigen *Pegmatite*[3]. Die oft riesen-
körnigen Pegmatite können gleichzeitig die Mutterlagerstätten bauwürdiger Feld-
spat-, Quarz- und Glimmervorkommen sein. Die Ganggesteine treten in ihrer Bedeutung weit hinter die der Tiefen- und Ergußgesteine zurück.

β) *Ergußgesteine (Vulkanite)*

Die *Oberflächen*- bzw. *Ergußgesteine* stellen aus der Tiefe hochgestiegene
und an der Erdoberfläche (bzw. am Meeresboden) *schnell erstarrte* Eruptiva dar, die meist ausgedehnte „Decken" bilden (Abb. 39).

Infolge des stark verminderten Druckes konnten die Gase schneller
entweichen, so daß die Ausbildung der Einzelkristalle eine sehr unvollkommene war. Die Gesteine zeigen daher meist eine feinkristalline dichte
Grundmasse oder Einzelkristalle als Einsprenglinge in ihr, sog. „porphyrisches" Gefüge (Abb. 9). Bei noch schnellerer Erstarrung wird ihre

---

[1] gr. porphýreos = purpurfarbig (nach der früheren Ansicht, daß alle Porphyre
rot seien).

[2] gr. haplóos = einfach. — [3] gr. pégma = Gefrorenes.

Beschaffenheit „glasig" (Abb. 10), blasig (Abb. 11) oder schaumig (ohne ausgeschiedene Kristallindividuen).

Bei den *Ergußgesteinen* werden dem Alter nach *alte* (vortertiäre Gesteine), wie Quarzporphyr, quarzfreier Porphyr, Porphyrit, Phonolith[1], Diabas[2] und Melaphyr[3]

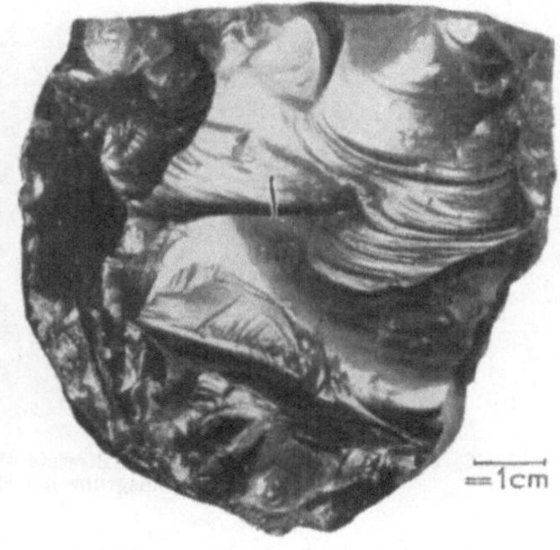

Abb. 9. Porphyrische Struktur: Grundmasse mit weißen Feldspatleisten im Bruch

Abb. 10. Vulkanisches schwarzes Glas (Obsidian[4]) mit flachmuscheligem Bruch (und 1—2 % Wasser)

sowie *junge* (tertiäre oder rezente) Gesteine, wie Liparit[5], Trachyt[6], Andesit[7], Basalt[8] und Lava[9] unterschieden.

Auch sie finden in großem Ausmaße als Werk-, Pflaster-, Schottersteine Verwendung.

Mit den *Oberflächenergüssen* treten bei vulkanischen Ausbrüchen häufig *lockere Auswurfmassen* (mit Gasmengen) an die Oberfläche, wie vulkanische Aschen und

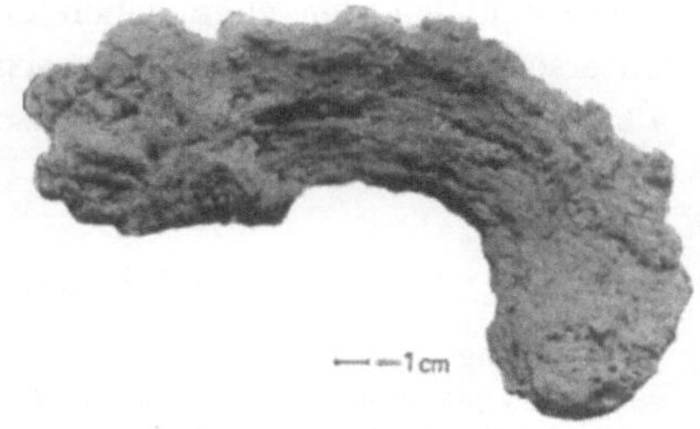

Abb. 11. Vulkanischer Auswürfling mit blasiger Oberfläche. Daun bei Gerolstein (Eifel)

Sande (zerspratzte Lava), Lavafetzen (Abb. 11), Bomben (Abb. 179) u. a. Diese Lockergesteine werden nach ihrem Absatz durch plötzliche Entgasung bzw. Quellung wieder zu festen, oft geschichteten Gesteinen, den sog. *Tuffen*[10], verfestigt. Je nach ihrem Ursprungsmaterial gliedert man sie u. a. in Porphyr-, Diabas-, Trachyt-, Phonolith- und Basalttuffe.

---

[1] gr. phoné = Klang. — [2] gr. diabáino = durchschreiten.
[3] gr. mélas = schwarz. — [4] Nach seinem Entdecker OBSIUS.
[5] Nach der Insel Lipari. — [6] gr. trachýs = rauh.
[7] Nach dem südamerikanischen Andengebirge.
[8] lat. basáltes (verstümmelt aus basanítes, Stein von Basan in Syrien).
[9] lat. laváre = überschwemmen. — [10] ital. tófo = poröser Stein.

Bekannt sind u. a. die „Trachyttuffe" der Eifel, wie der „Brohltaltraß" (der zu hydraulischem Mörtel verwandt wird), die bis 5 m mächtigen, ausgedehnten „Bimssande" und „-tuffe" jungdiluvialen Alters des Neuwieder Beckens (Abb. 12) (Her-

Abb. 12. Horizontal geschichtete helle Bimssteinlagen mit zwei dunklen sog. „Britzbändern".
Bimsgrube bei Mayen (Eifel)

stellungsmaterial für die bekannten porösen „Schwemmsteine") sowie die „Phonolithtuffe" des Laacher Seegebietes von Rieden und Weibern (geschätztes Werksteinmaterial für Monumentalbauten).

Hinsichtlich der chemischen Zusammensetzung der *Eruptivgesteine* unterscheidet man: *saure* (kieselsäurereiche) Massengesteine mit mehr als 50 bzw. 55% SiO_2 und *basische* (kieselsäureärmere) Eruptiva mit weniger als 50 bzw. 55% SiO_2.

Die wichtigsten Erstarrungsgesteine

Von einer genaueren Darstellung der einzelnen Eruptivgesteine sei hier abgesehen, da sie ohne eine — hier nicht in Frage kommende — gleichzeitige eingehende Beschreibung nach der mikroskopischen Seite zwecklos ist. Immerhin sollen die Zusammensetzung und die Haupteigenschaften der wichtigsten Eruptivgesteine nachstehend kurz geschildert werden (vgl. auch Tafel I).

Granit. Zweifellos das bekannteste und verbreitetste Eruptivgestein ist der Granit. Seine typisch richtungslosen, meist gleichgroßen Gemengteile bestehen vorwiegend aus Feldspat, Quarz und Glimmer (Abb. 8), ferner Hornblende, Augit, Turmalin, Apatit, Zirkon, Magnetit u. a. Die Gemengteile sind kristallinisch, fein- bis grobkörnig. Örtlich kann die Korngröße der Bestandteile viele Kubikmeter erreichen, wie beim sog. „Pegmatit".

Man unterscheidet die Granite u. a. nach dem Vorwiegen eines Hauptgemengteiles (Biotit-, Zweiglimmer-, Hornblendegranit), nach der Farbe des Feldspates (roter, grauer, blauer usw. Granit) und nach Fundorten (Riesengebirgs-, Lausitzer-, Fichtelgebirgsgranit usw.). Kennzeichnend für den Granit ist seine, besonderen Gesetzen unterworfene „Teilbarkeit" und „Klüftung" (sog. Granittektonik). Der Granit baut (mit dem Gneis) den Kern vieler deutscher Mittelgebirge sowie der Alpen auf. Er wird zu mannigfachen Zwecken, wie Fundament- und Grabsteinen sowie Denkmälern, und da er stets rauh, d. h. „griffig" bleibt, auch viel als Straßenpflaster verwandt. Besonders bekannt geworden sind die finnischen sog. „Rapakivis" mit eiförmigen Feldspatgebilden (Ovoiden).

Syenit. Granitähnliches, körniges, quarzfreies oder -armes kristallines Gemenge von weißem oder fleischrotem *Orthoklas* mit schwarzer *Hornblende* sowie Biotitkristallen. SiO_2-Gehalt r. 60%.

Durch parallele Anordnung der Feldspatleisten kann das unregelmäßige körnige Gefüge in eine gneisartige Struktur übergehen. Vorkommen u. a. bei Dresden, im Odenwald und Schwarzwald. Verwendung wie Granit.

Das im Altertum viel verwandte, bei Syene anstehende Gestein ist kein Syenit sondern ein Hornblendegranit.

Diorit. Granitartiges, deutlich schwarz und weiß gesprenkeltes, mittel bis feinkörniges, dunkelgrünes Gestein aus weißem *Plagioklas* und (grüner) *Hornblende* oder *Augit* mit bis 55% SiO_2.

Nicht selten sind Übergänge zu Quarzdiorit, Glimmerdiorit. Vorkommen u. a. im Schwarzwald, Odenwald, Harz. Verwendung als Ornamentstein usw.

Gabbro. Ein grobkörnig und faserig entwickeltes Tiefengestein mit *Plagioklas* (Labradorit) und metallisch schillerndem *Diallag*, oft mit Olivin. 45—50% SiO_2.

Das dunkelgrünliche bis tiefbraune Gestein zeichnet sich durch seine Schwere und seinen oft vorhandenen Erzgehalt aus. Vorkommen im Schwarzwald, Odenwald, Harz (Harzburg), Bayr. Wald u. a. O.

Peridotit (Olivinfels). Dunkles feldspatfreies Tiefengestein aus *Olivin* und *Augit*.

Quarzporphyr. Verschieden gefärbte Gesteine mit dichter Grundmasse aus *Feldspat* und *Quarz* mit größeren Einsprenglingen aus Orthoklas, Quarz und Biotit. SiO_2-Gehalt bis 75%. Es ist das dem Granit entsprechende Ausbruchsgestein.

Die Grundmasse kann sein: dicht, feinkörnig, felsitisch oder glasig. Je nach der Art des besonders erkennbaren Minerals spricht man von Porphyren mit Orthoklas und Porphyren mit Plagioklas (sog. Porphyrite).

Basalt. Der als junges Ergußgestein des Gabbros aufzufassende dunkle Basalt setzt sich aus gleichmäßiger Grundmasse (Plagioklas und Augit) sowie Einspreng-

Abb. 13. Brotlaibartiger Zerfall von Basaltsäulen. Huthberg bei Ostritz (Sachsen)

lingen (grüner Olivin, Augit und Magneteisenerz) zusammen. $SiO_2 = 50\%$. Man unterscheidet Feldspat- und Alkalibasalte. Kennzeichnend die säulige (Abb. 40) bzw. plattig-kugelige Absonderung (Abb. 13).

Hauptvorkommen im Tertiär. Gewisse fleckige Basalte, die sog. „Sonnenbrenner", eignen sich nicht zur technischen Verwendung, da sie unter Einwirkung der Sonne infolge Zersetzung örtlich angereicherten Analcims zu Grus zerfallen. Wegen ihres Glattwerdens an der Oberfläche durch den Verkehr sind die Basalte als Straßenpflaster ungeeignet.

Trachyt. Das helle Ergußgestein syenitischer Zusammensetzung fühlt sich wegen seiner vielen Poren rauh an. Seine Grundmasse besteht aus *Orthoklas* mit *Hornblende* und langleistigen oder tafeligen *Sanidinkristallen*[1]. $SiO_2 = $ r. 60%. Vorkommen am Drachenfels (Siebengebirge), Eifel und v. a. O.

Diabas (sog. Grünstein). Das dunkle (grünliche) basische Gestein enthält neben *Plagioklas* vorwiegend *Augit* sowie örtlich Quarz, Hornblende und Olivin.

Das Gestein ist wie Basalt oft in Form ausgedehnter Decken mit Wülsten und allen Zeichen des Oberflächenvulkanismus verbreitet (Abb. 14). SiO_2-Gehalt = 45—55%.

Vorkommen u. a. im Rheinischen Schiefergebirge und im Harz.

Abb. 14. Deckdiabas des Kulms mit Oberflächenwülsten. Scheldelahnstraße bei Niederscheld (nach LIPPERT)

Melaphyr[2] besteht bei meist grün-schwarzer Farbe aus *Plagioklas*, Olivin und Augit.

Kennzeichnend sind die häufigen, bei der Erstarrung entstandenen Blasenräume, die mit Kalkspat, Achat oder Quarz gefüllt sind, sog. „Melaphyr-Mandelsteine". $SiO_2 = $ r. 50%.

Phonolith[3]. Das gelb bis grün-graue Gestein setzt sich aus *Feldspat* (Sanidin) und Nephelin zusammen. Die Einsprenglinge bestehen aus Sanidin.

Das Gestein wird auch als „Klingstein" bezeichnet, weil es beim Zerspringen in dünne Platten zerfällt, die beim Aneinanderschlagen einen hellen Klang geben. SiO_2-Gehalt = 50—60%. Vorkommen: Eifel, Kaiserstuhl u. a. O.

b) Schichtgesteine (Sediment- oder Absatzgesteine)

Die Schichtgesteine umfassen die *Absätze* zerstörter ehemaliger Eruptivgesteine, kristalliner Schiefer oder älterer Sedimente vorwiegend

---

[1] gr. sanís = Tafel. — [2] gr. melás = schwarz. — [3] gr. phoné = Klang.

im Wasser („aquatisch"[1]). Sie wurden hauptsächlich im Meerwasser der flachen Kontinentalränder („Schelfgebiete"), in der Tiefsee oder in den sog. Sammelmulden vor den Gebirgen durch Flüsse (fluviatil) oder durch Schmelzwässer (fluvioglazial) abgesetzt.

Die Einzelbestandteile der meist horizontal abgelagerten Sedimente sind heute durch ein Bindemittel miteinander verkittet.

Zu den Schichtgesteinen gehören weiter die *Ausscheidungs-* (oder *Fällungs-*) *Sedimente* und die *organischen Gesteine.*

Die Sedimente bilden die ebenso weltweit vorhandene wie dünne Oberflächenbedeckung des (eruptiven) Felsgerüstes der Erde.

Rein geologisch gesprochen sind die Sedimentgesteine überaus wichtige Gesteine, da sie u. a. als Erhalter der fossilen Lebewelt jener Zeiten wertvolle Rückschlüsse auf die geologischen Verhältnisse z. Z. ihrer Entstehung erlauben.

Aus ihrer Bildungsgeschichte ergibt sich das Hauptkennzeichen der Sedimentgesteine: ihre ausgesprochene *Schichtung,* d. h. Absätze in plattenförmigen Lagen, die wie Blätter eines Buches übereinanderliegen.

„Ungeschichtete" Absätze (wie z. B. Geschiebemergel, Terrassenschotter u. a.) gehören zu den Ausnahmen.

Weitere Kennzeichen sind der *Mangel* an *kristalliner Struktur* und ihre von den Eruptivgesteinen nicht selten *abweichende chemische Zusammensetzung.*

Zweifellos liegen in den Schichtflächen der Sedimentgesteine ehemalige Oberflächenerscheinungen vor. Zeigen sie doch oft kennzeichnende Merkmale, wie „Fußspuren" von fossilen Tieren, „Wellenfurchen" (sog. „Rippelmarken", Abb. 15 u. 16), „Kochsalzkristalle" oder ähnliche Erscheinungen. Nicht selten sind auf den Schichtflächen (sowohl Ober- als Unter-

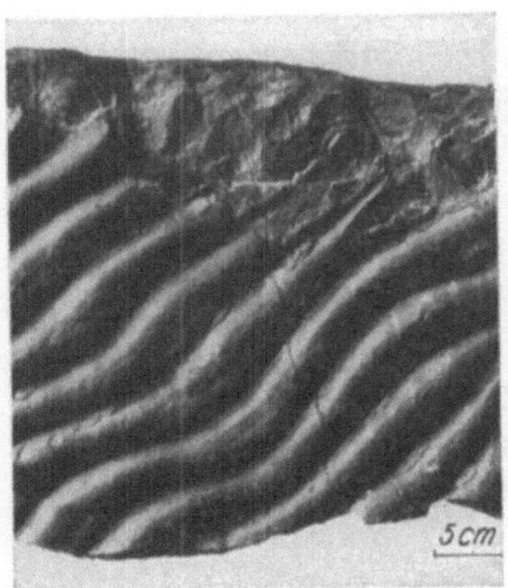

Abb. 15. Fossile Wellenfurchen (Rippelmarken) auf karbonischem Sandstein im Ruhrbezirk. Aufn. d. Verf.

Abb. 16. Junge (rezente) Sandrippelmarken als Ergebnis bewegten Wassers auf sandigem Boden. Nordseeküste bei Ebbe. Aufn. d. Verf.

seite) die bekannten „Trockenrisse" (Abb. 17). [Eine frisch getrocknete (rezente) Schlammpfütze macht ihre Bildung verständlich (Abb. 18).]

---

[1] lat. áqua = Wasser.

Die den Gesteinsverband trennende Schichtung der bald dünn- bald dickbankig abgelagerten Gesteine entsteht u. a. durch Unterbrechung des Absatzes gesteinsbildender Minerale, durch einen Wechsel in der Art des abgesetzten Minerals oder

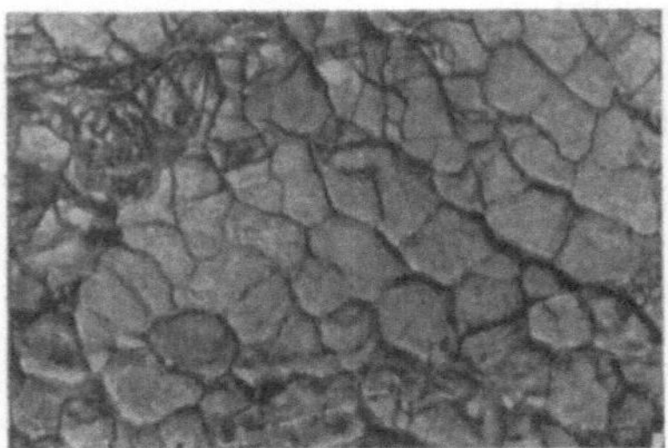 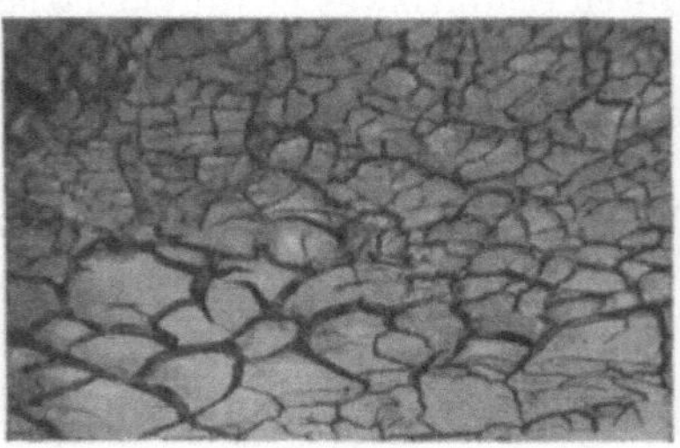

Abb. 17. Fossile Trockenrisse (Abguß) im Wellenkalk des Osnings. Aufn. d. Verf.

Abb. 18. Rezente Trockenrisse in einer Schlammpfütze

bei Eintrocknung bzw. Verhärtung der Oberfläche eines jeweiligen Schichtenniederschlags. Sicherlich ist die Schichtung örtlich auch klimatisch bedingt.

Sehr bekannt ist die sog. „Wechsellagerung" von Schichten, d. h. die oft rhythmische Wiederkehr von Schichtenabsätzen, wie z. B. Ton und Kalk, Sandstein und Schieferton usw. (s. Abb. 43).

Da für den deutschen Bergmann, insbesondere den Kohlenbergmann, die *Schichtgesteine* die wichtigsten sind, sollen diese besonders eingehend behandelt werden.

Entsprechend der Art und Weise ihrer Entstehung können unterschieden werden:

α) *Mechanische Schichtgesteine (klastische[1] Sedimente einschl. der äolischen Ablagerungen), β) Chemische Schichtgesteine (Fällungssedimente) und γ) Organische Schichtgesteine (biogene[2] Sedimente).*

α) *Mechanische Schichtgesteine (klastische Sedimente oder Trümmergesteine)*

Die *mechanischen Schichtgesteine* sind in der Hauptsache aus den durch Verwitterung zerstörten Bruchstücken älterer Gesteine entstanden, die durch Regen, Wind, Eis oder fließendes Wasser weggeführt und abgesetzt („akkumuliert"[3]) wurden. Sie werden auch als *klastische oder Trümmergesteine* bezeichnet.

Die durch fließendes Wasser in Küstennähe abgesetzten lockeren Gesteinsbrocken werden je nach ihrem Abstand von der Küste bzw. ihrer Wichte meist immer kleiner und unterliegen einer *natürlichen Aufbereitung* (Abb. 19).

Deshalb können gleichalterige Ablagerungen je nach ihrer Entfernung von der Küste häufig sehr unterschiedliche Ausbildungen zeigen. Man spricht dann von der verschiedenen „Fazies der Gesteine"[4].

---

[1] gr. klásis = Zerbrechen. — [2] gr. bíos = das Leben.
[3] lat. accumuláre = anhäufen. — [4] lat. fácies = Antlitz, Aussehen.

Als klastische Sedimente können auch noch die „vulkanischen Tuffe" angesehen werden.

Je nachdem die Gesteinsbrocken oder Körner noch nicht miteinander verbunden oder schon wieder verfestigt sind, unterscheidet man zwischen *lockeren* und *festen* Trümmergesteinen.

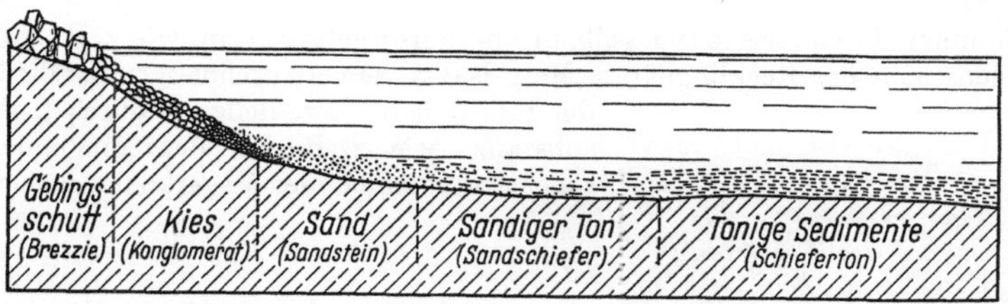

Abb. 19. Absatz lockerer Schichtgesteine gesondert nach der Wichte und der Entfernung von der Küste (grobes Schema)

Lockere Trümmergesteine: Sie umfassen zunächst den „Gebirgsschutt", weiter grobe „Schotter" (Korngröße > 30 mm), „Kies" (Korngröße 30 bis 2 mm) und ferner „Moränenschutt"; insgesamt also den Verwitterungsschutt des vom Flusse bewegten Materials („Gerölle") bzw. die vom Eise mitgeführten und zum Teil abgeschliffenen Gesteinsbrocken („Geschiebe"). Bei fortschreitender Zerkleinerung der festen Gesteinstrümmer durch die Bewegung des Wassers (Gerölle) bleibt nach Wegführung der Trübe („Schweb") der fast ausschließlich aus mehr oder weniger gleichgroßen, dicht gelagerten Quarzkörnern zusammengesetzte *Sand* (Fluß- bzw. Meeressand u. a.) übrig. Seine Körner haben eine Größe von etwa 2—0,02 mm. Schließlich bildet sich als Enderzeugnis vollständiger Zertrümmerung der Gesteinsbestandteile über Grob-, Mittel- und Feinsand zu „Schluff" (0,02—0,002 mm) der hauptsächlich aus Tonsubstanz (und Kalk) bestehende *Schlamm* oder Schlick des Meeres.

Zu den lockeren Gesteinen rechnet man auch den *Mutterboden* (bzw. „Acker- oder Dammerde"), das Verwitterungserzeugnis der mit Pflanzen bestandenen anstehenden Gesteine.

Verfestigte Trümmergesteine: Ehemalige lockere Trümmergesteine, deren Bestandteile durch ein Bindemittel aus umlaufenden Lösungen verkittet und später verhärtet wurden. So wurde z. B. aus Kalkschlamm Kalkstein, aus Tonschlamm Schieferton, aus Sand Sandstein, aus Kies Konglomerat, aus Gebirgsschutt eine Breccie usw. (s. Abb. 19).

An dem sehr wichtigen Vorgang der Gesteinsverfestigung sind neben den Sickerwässern, Kolloidentwässerung, Gebirgsdruck, Wärme und Zeit mitbeteiligt. Dieser Prozeß wird wissenschaftlich als „Diagenese"[1] bezeichnet.

---

[1] gr. diá = nach, génesis = Entstehung.

Die verfestigten klastischen Sedimente lassen sich zu folgenden Gruppen zusammenfassen:

Sandgesteine. Sie bestehen vorwiegend aus mehr oder weniger abgerundeten Quarzkörnern (zw. 2—0,02 mm), die durch ein toniges, kalkiges, dolomitisches, kieseliges oder mergeliges Bindemittel verkittet sind (Abb. 20).

Sie können durch Eisenoxyd gelb bis braunrot gefärbt sein, wie z. B. bei den Kalksandsteinen des Recklinghäuser Mergels oder den eisenschüssigen Sandsteinen der Haard usw. bzw. hellgrau durch Kohlensubstanz, wie z. B. bei den konglomeratischen Sandsteinen der Magerkohlenschichten.

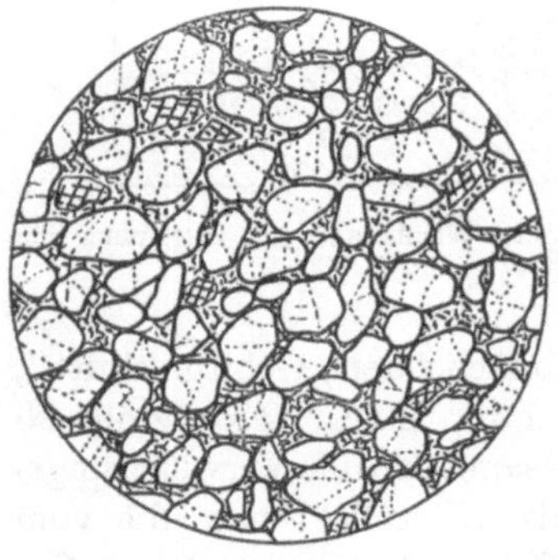

Abb. 20. Kalksandstein im Dünnschliff:
Gerundete Quarzkörner im Kalkzement.
Vergr. 20 ×. Nach RHEINISCH

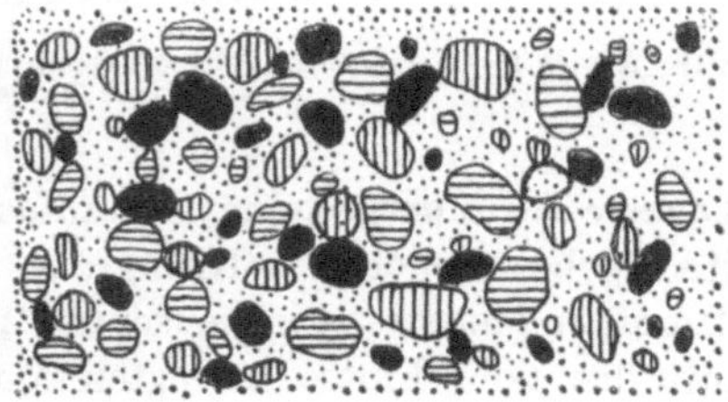

Abb. 21. Abgerollte Gesteinsbruchstücke durch
sandig-kieseliges Bindemittel verkittet.
Schema

Abb. 22. Rotliegendes Konglomerat des Roten Berges bei Menden. Aufn. d. Verf.

Hierhin gehören ferner:
  Quarzite, als ehemalige klastische Sande, deren Quarzkörner durch kieseliges Bindemittel verkittet sind;

Arkosen[1], d. h. feldspatreiche Sandsteine;

Konglomerate[2], d. h. Sandsteine mit groben abgerollten Mineralkörnern über 2 mm. Sie stellen gewissermaßen natürlichen Beton dar, wie z. B. das „Mendener" Konglomerat (Abb. 22), die „Nagelfluhgesteine" der Alpenvorberge oder die Karbonkonglomerate (Abb. 21);

Breccien[3] (oder Breschen) (Abb. 23, 24) mit nichtabgerollten, eckig-kantigen Gesteinsbruchstücken;

<table>
<tr><td>Abb. 23. Schema einer Breccie:
Grundmasse mit verschiedenartigen
eckigen Gesteinsbruchstücken</td><td>Abb. 24. Gangausfüllungsmasse mit Breccienstruktur:
Schiefertonbrocken, eingebettet in Kalkspat und
Quarz. William Köhler-Gang der Zeche Auguste
Victoria (Ruhrbezirk)</td></tr>
</table>

Grauwacken[4], ein unvollkommen aufgearbeitetes, graues Gestein mit eckigen Bruchstücken verschiedener älterer Gesteine (Feldspat, Kieselschiefer, Tonschiefer u. a.); besonders häufig im Devon und unteren Karbon.

Tongesteine. Sie stellen Verwitterungs- und Zersetzungsprodukte, und zwar feinstkörnige Gesteine (mit 20—40% Al_2O_3-Gehalt und Tongeruch) dar, die durch mehr oder weniger starke Verfestigung aus Tonschlämmen hervorgegangen sind.

Sie bestehen in der Hauptsache aus feiner Tonerde (Schüppchen von Aluminiumsilikaten) mit sehr kleinen Quarz-, Pyroxen-, Feldspat- und Glimmerteilchen. Das Korn (< 0,02 mm) ist auch mit dem Mikroskop kaum mehr erkennbar.

Ganz reiner Ton (ohne Quarz und Glimmer) heißt *Kaolin*[5].

Als *Schiefertone*[6] werden die meist gut geschichteten jüngeren, weichen und leicht verwitterbaren Tongesteine (vom Karbon aufwärts) bezeichnet. Sie sind durch kohlige Bestandteile grau gefärbt. Da sie leicht im Wasser zerfallen und von ihm weggeführt werden, sind sie häufig die Ursache ausgeprägter Senken im Gelände. Gewisse Schiefertone haben die Fähigkeit, Wasser aufzunehmen und durch Quellung wasserundurchlässig zu werden. Auf der leichten Zerfallbarkeit und dem Plastischwerden karbonischer Schiefertone beruht ihre Verwendung zur Zeigelsteinherstellung.

Tonschiefer nennt man die härteren und stärker verfestigten dunklen Tongesteine (sog. „Dach-, Tafel- und Griffelschiefer"), die meist ein höheres Alter als

---

[1] Nach einem französischen Lokalnamen.

[2] lat. conglomeráre = zusammenhäufen. — [3] ital. bréccia = Geröll.

[4] Alter bergmännischer Name. — [5] chin. kaou-ling = Gebein.

[6] Streng genommen gilt der Begriff „Schiefer" nur für tektonisch verformte (nichtgeschichtete) Tongesteine, die „geschiefert" sind, d. h. in dünne ebene Platten spalten.

die *Schiefertone* der Steinkohlenzeit besitzen. Sie sind fast durchweg durch Wirkung hohen Gebirgsdruckes (in größerer Tiefe) „geschiefert", und zwar meist schräg zur Schichtung. Die gut nach der Schieferung spaltenden geruchlosen Gesteine zerfallen im allgemeinen nicht im Wasser und bleiben unplastisch.

Tonsteine. Sie bestehen vorwiegend aus „Kaolingraupen" und wurmförmigen „Kaolinit- bzw. Leverrieritkristallen". Sie sind geochemischer Natur und haben sich als wichtige Identifizierungsmerkmale des Karbons erwiesen (vgl. S. 235).

Alaunschiefer werden die mit Schwefelkies und kohliger Substanz durchsetzten Tongesteine genannt.

Letten[1] nennt man ± geschichtete, im Wasser zerfallende sandige Tongesteine.

Lehm ist ein durch feinen Quarzsand und Brauneisenerz gelb gefärbter sowie durch Glimmer verunreinigter Ton.

Löß[2], ein kalkhaltiger, poröser, meist gelblicher, wasserdurchlässiger Staub aus feinsten Quarzkörnchen, von Feldspat und Glimmerblättchen mit Haarröhrenstruktur. Zuunterst enthält der standfeste, oft Steilwände bildende und meist ungeschichtete Löß häufig unregelmäßige Kalkkonkretionen (sog. „Lößkindel", Abb. 25). Er wird als Windbildung der Eiszeit angesehen.

Lößlehm ist ein durch Fossilfreiheit, *Kalkarmut* und Plastizität von gewöhnlichem Lehm verschiedenes hellbraunes Gestein, das nicht mit Salzsäure braust. Es handelt sich um verwitterten, meist entkalkten und schwach vertonten Löß.

Unter *Geschiebemergel* versteht man graublauen, tonig-kalkigen Moränenschutt mit unregelmäßig verteilten nordischen Geschieben. *Geschiebelehm* stellt verwitterten, vielfach rostfarbenen Geschiebemergel dar.

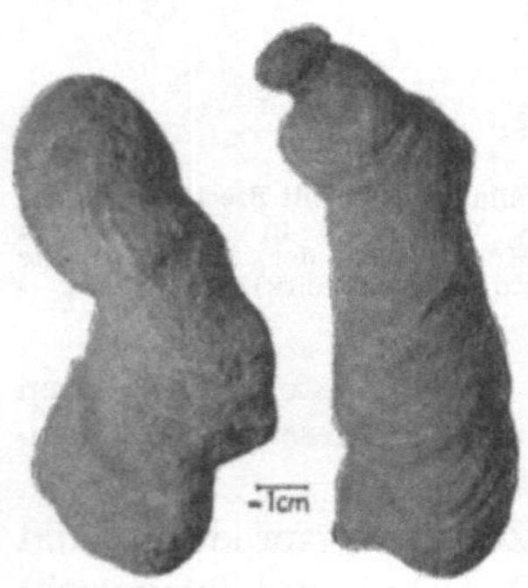

Abb. 25. Lößkindel. Konkretionäre Kalkbildungen im Lößlehm. Sandgrube bei Langendreer (Ruhrbezirk)

Dazu treten noch **Mischgesteine,** d. h. solche, die teils zu den Sandgesteinen, teils zu den Tongesteinen bzw. Kalkgesteinen gehören, wie z. B. die sandstreifigen *Sandschiefertone* des Karbons und die aus kalkigen, tonigen und sandigen Bestandteilen bestehenden *Mergel, Kalksandsteine, Pläner, Mergelschiefer* u. a.

β) *Chemische Schichtgesteine*
(Ausscheidungs- oder Fällungssedimente)

Die chemischen Schichtgesteine sind seltener als die mechanischen Sedimente. Sie entstanden durch chemische Prozesse infolge Ausfällung leicht löslicher Stoffe an Ort und Stelle aus übersättigten Lösungen bzw. durch natürliche Eindampfung.

Als wichtigste Vertreter dieser hauptsächlich in flachen Meeresbecken gebildeten Gesteine sind die oft mächtigen Ablagerungen von *Stein-, Kali-* und *Magnesiasalzen, Gips* und *Anhydrit* anzusehen.

---

[1] Die geologische Kennzeichnung der „Letten" deckt sich nicht mit dem rein bergmännischen Begriff.

[2] Löß von lose = locker (rheinisch).

Sie haben sich in der umgekehrten Reihenfolge ihrer Löslichkeit (zuerst Gips, dann Steinsalz und zuletzt Kalisalz) in Form von Schichten und Hohlraumausfüllungen abgesetzt.

Auch viele Ablagerungen von *Kalksteinen* und *Dolomiten* gehören hierhin[1].

Chemischer Natur ist ferner die Mehrzahl der auf Gängen (d. h. in Klufträumen der Gebirge) auftretenden *Erze* und *Minerale*.

Chemischer Natur sind z. T. auch gewisse *Kieselgesteine*, wie „Kieselschiefer", ferner bestimmte *Phosphorite* (Ablagerungen phosphorsauren Kalks).

Abgesehen von den Salzgesteinen sind die *Kalkgesteine*[1] (Kalkkarbonate) die wichtigsten. Diese sind dadurch gekennzeichnet, daß sie sich alle mit dem Messer leicht ritzen lassen und mit Salzsäure (unter CO_2-Bildung) brausen.

Wir unterscheiden:

Kalkstein. Dichtes helles bis graubläuliches Gestein, z. B. Kohlenkalk des Unterkarbons, Massenkalk des Devons.

Plattenkalk. Feinkörniges, meist gelbliches, plattig abgelagertes Gestein, z. B. lithographischer Schiefer von Solnhofen.

Marmor[2]. Nachträglich durch Kontaktmetamorphose (Druck und Temperatur) kristallinisch gewordener, zuckerkörniger Kalkstein, z. B. Marmor von Carrara (Italien). Als Marmor gelten in der Technik auch die polierfähigen Kalksteine des Sauerlandes.

Dolomit. Gemenge von Kalzium- und Magnesiumkarbonat $CaMg(CO_3)_2$, das meist sekundär durch Magnesiazufuhr aus Kalkstein entstanden ist, z. B. Zechsteindolomit, Dolomit des Massenkalks.

Kalksinter bzw. *Quellenkalk*. Dichte bis lockere Absätze aus Geysiren oder Ausscheidungen von Quellwassern, z. B. Wiesenkalk, Travertin (Kalksinter des Tiberflusses) u. a.

Rogenstein (Abb. 26). Gesteine, die aus einzelnen schalenförmig aufgebauten, miteinander verkitteten Körnern aus Kalk- oder Eisenstein bestehen und in bewegtem Flachwasser entstanden sind (sog. „Oolithe"[3]).

Mergel[4]. Meist gefärbte *Mischgesteine* aus Kalk und Ton in wechselndem Verhältnis (mit ± großem Sandgehalt), die leicht verwittern. Aus ihnen besteht der größte Teil der Deckgebirgsschichten im Ruhrgebiet, z. B. grüner, weißer und grauer Mergel. Je nach der Höhe des Kalkgehaltes spricht man hier u. a. von Mergel*kalk* (mergeligem *Kalk*) oder von Kalkmergel (kalkigem *Mergel*).

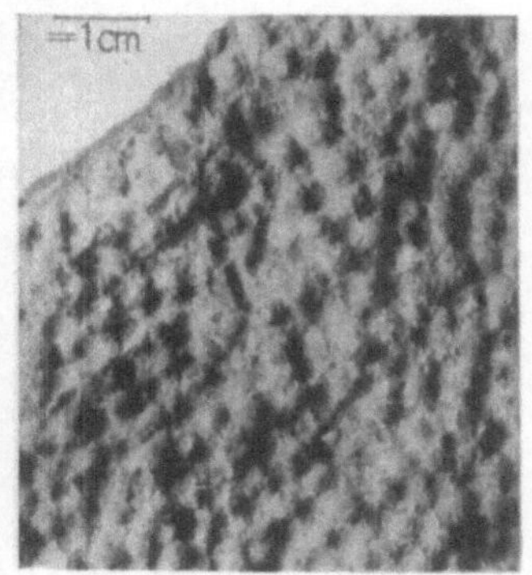

Abb. 26. Rogenstein. Aus einzelnen schalenförmig aufgebauten Körnern zusammengesetzt.

Chemischer Natur sind auch die für manche Schichtgesteine kennzeichnenden *Sondererscheinungen*, wie die sog. *Konkretionen*[5], meist knollige Absonderungen von Mineralsubstanz in wässerigem Milieu um einen Konzentrationspunkt, wie

---

[1] Sie können freilich z. T. auch noch zu den „klastischen" bzw. zu den „organischen" und „metamorphen" Gesteinen gestellt werden.

[2] lat. mármor. — [3] gr. oón = Ei, lithos = Stein.

[4] lat. margila = Mergel. — [5] lat. concrétio = Zusammenballung.

Abb. 27. Toneisensteinkonkretion aus dem Steinkohlengebirge der Zeche Prosper III im Ruhrbezirk

Abb. 28. Toneisensteinseptarie aus dem Karbon des Ruhrbezirks im Bruch. Aufn. d. Verf.

Abb. 29. Dendriten. Kristallskelette aus Mangan auf Solnhofener Schiefer

z. B. Schwefelkies-, Eisenspatknollen, Toneisensteinkonkretionen, die im Ruhrkarbon oft sehr stark werden (Abb. 27), Feuersteinknollen, Lößkindel (Abb. 25),

Septarien[1] (Konkretionen, die innerlich infolge nachträglicher Schrumpfung zerklüftet sind) (Abb. 28). Anderer Art sind die sog. *Sekretionen*[2] (Hohlraumausfüllungen), die von außen nach innen entstanden sind, wie z. B. die Achatmandeln (Abb. 309). Erwähnung verdienen noch die moosähnlichen, Pflanzenabdrücken sehr ähnelnden sog. *Dendriten*[3], d. h. Kristallskelette, die sich durch Ausscheiden von Oxyden und Hydroxyden des Eisens und Mangans auf Schicht- und Kluftflächen besonders von Kalksteinen gebildet haben (Abb. 29).

γ) Organische Schichtgesteine

Streng genommen sind die *organischen Sedimente* nicht mehr als eigentliche „Absatzgesteine" zu bezeichnen, da es sich in ihnen vornehmlich um Bildungen handelt, die auf die Lebenstätigkeit von Organismen (Pflanzen und Tieren) zurückzuführen sind.

Echt *organische* Gesteine sind in erster Linie die pflanzlichen („phytogenen[4]") Gesteine der *Kohlenreihe* (Torf, Braunkohle, Steinkohle) und die *Bitumina*, wie z. B. Erdöl und Asphalt.

Dazu rechnen ferner die durch Vermittlung von Tieren (wie Korallen, Foraminiferen, Muscheln u. a.) infolge Anhäufung kalkiger Schalenreste auf dem Meeresgrunde bzw. Ausscheidung von kohlensaurem Kalk aus dem Meereswasser

Abb. 30. Großes Barrierriff an der Ostküste Australiens bei Ebbe (nach GHEYSELINCK)

beruhenden „zoogenen"[5] *Kalkgesteine*, wie die mächtigen Ablagerungen der *Schreibkreide* (wenigstens z. T.) und die ungeschichteten riffbildenden *Korallenkalke* (Abb. 30 u. Abb. 31). Aber auch gewisse *Kieselgesteine*, wie Lydit, Kieselgur,

---

[1] lat. séptum = Scheide — [2] lat. secrétio = Ausscheidung.
[3] gr. déndron = Baum. — [4] gr. phytón = Gewächs.
[5] gr. zóon = Tier.

Diatomeenerde und manche *Phosphoritvorkommen*, wie z. B. die bekannten „Guano-lager[1]" (auf den Küsteninseln Perus), lassen sich hierhin stellen.

Abb. 31. Korallenstock in einem „gehobenen" Korallenriff an der Küste von Sansibar (Ostafrika).
Aufn. d. Verf.

Bezüglich der Sonderverhältnisse der *Kohlengesteine* sei auf die Ausführungen in einem späteren Abschnitt verwiesen.

c) Umwandlungsgesteine (metamorphe Gesteine)

Unter „*Umwandlungsgesteinen*" versteht man solche Gesteine, die durch natürliche Ursachen (Metamorphose[2]) derart umgebildet wurden, daß sie infolge lagenförmiger Anordnung ihrer einzelnen Minerale ein *kristallines Gefüge* und bisweilen auch eine *schiefrige*[3] *Textur* angenommen haben.

Diese Umbildung kann hervorgerufen sein durch mechanische Durchbewegung der Gesteinsmassen infolge gewaltiger Drucke bei der Gebirgsauffaltung (sog. „Dislocationsmetamorphose)"[4], durch eine sich auf weite Gebiete erstreckende hohe Erwärmung in großer Tiefe („Regionalmetamorphose")[5], aber auch durch unmittelbare, örtlich begrenzte Einwirkung empordringender, heißflüssiger Schmelzen und der dem Magma entströmenden Gase auf die durchbrochenen Gesteine („Kontaktmetamorphose")[6].

Hierbei ist neben der schiefrigen Textur eine *flasrige* Struktur, sog. „Augen-struktur", z. B. beim Augengneis, bzw. eine völlige *Umwandlung* bzw. Neubildung von Gesteinen entstanden.

Diese Umwandlungsformen stellen keine ursprünglichen Merkmale der Gesteine dar, sondern sind gewissermaßen als „Faziesbildungen" der Metamorphose anzusehen.

---

[1] Guáno (altperuanisch) = Vogelmist.

[2] gr. metamórphosis = Umgestaltung.

[3] Der Vorgang der Schieferung vollzieht sich, indem sich bestimmte Mineral-gemengteile (Glimmer, Talk oder Graphit) durch den großen Druck (Streß) mit ihren längeren Achsen senkrecht zum Druck stellen.

[4] lat. dislócere = umstellen. — [5] lat. régio = Land.

[6] lat. contíngere = berühren.

Die *kristallinen Schiefer* ähneln den Eruptivgesteinen durch ihre *Kristallinität* und ihren *Mineralbestand*, unterscheiden sich aber von ihnen durch ihre *gerichtete Textur*. Von den Sedimentgesteinen sind sie durch den meist auftretenden Mangel an gut erhaltenen Versteinerungen verschieden.

Die wichtigsten Vertreter der kristallinen Schiefer sind die *Gneise*[1], lagenförmige Gemenge kristallinisch-körniger Gesteine, bestehend aus Quarz, Feldspat und Glimmer mit einigermaßen paralleler Textur (Abb. 32).

Sie gliedern sich in „Orthogneise"[2] (= ehemalige Eruptiva), „Metagneise"[3] (bzw. Metagranite) (von granitischen Lösungen durchdrungene Sedimente) und in „Paragneise"[4] (= frühere Sedimente). Dazu treten *Phyllite*[5], feinschuppige farbige oder dunkle Gesteine mit großem Tongehalt und seidenartigem Glanz, ferner *Glimmerschiefer*, feinschiefrige Gemenge von Serizit und Quarz mit örtlich auftretenden Granaten (Abb. 33) und schließlich sog. *Leptite* und *Granulite*, hellfarbige dünngebänderte   Quarz-Feldspatgesteine mit Granaten.

Abb. 32. Roter Gneis mit schichtungsähnlicher Textur. Schwarzwald

Abb. 33. Glimmerschiefer mit dunklen Granaten (Granatoedern). Kanada

In wirtschaftlicher Beziehung stehen die metamorphen Gesteine weit hinter den Eruptiv- und Sedimentgesteinen zurück.

Das Vorkommen der kristallinen Schiefer beschränkt sich aber nicht auf die Gesteine der Urzeit (Archaikum). Auch Gesteine weit jüngerer Formationen können infolge starker metamorpher Veränderung kristalline Struktur zeigen, wie z. B. die fossilführenden liassischen Bündnerschiefer in den zentralen Teilen der Westalpen u. a. O.

---

[1] *Gneis* kommt von „Geneus", einem alten Wort sächsischer Bergleute, womit sie das taube feste Gestein zwischen den Erzgängen bezeichneten.

[2] gr. orthós = richtig, recht. — [3] gr. metá = nach.

[4] gr. pará = neben. — [5] gr. phýllon = Blatt.

2. Die natürlichen Lagerungsformen der Gesteine

Der entstehungsbedingten Verschiedenheit der drei Hauptgesteinsgruppen entsprechend weichen auch *ihre natürlichen Lagerungsformen* sehr voneinander ab. Sie sind davon abhängig, ob die Gesteine aus dem *Schmelzfluß* erstarrt, aus dem *Wasser abgesetzt* bzw. mit *Hilfe von Organismen* entstanden sind, oder ob sie *metamorph verändert* wurden.

a) Erstarrungsgesteine

Die Erstarrungsgesteine haben — im Gegensatz zu der bei den Schichtgesteinen vorzugsweise in einer Ebene entwickelten Ausdehnung — vielfach nach allen Richtungen verschiedene Erstreckungen. Handelt es sich doch in den aus der

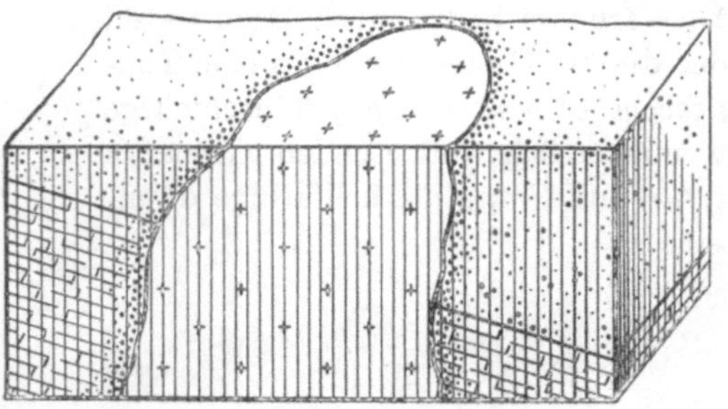

Abb. 34. Eruptivstock, die umgebenden Gesteinsschichten durchsetzend (mit Kontaktzone) (Schema)

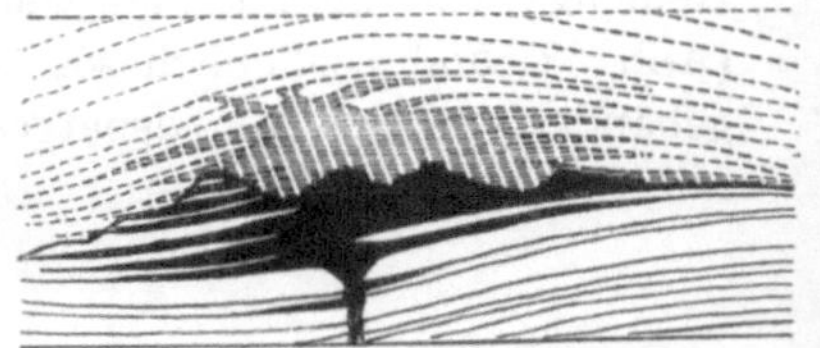

Abb. 35. Idealbild eines abgetragenen Lakkolithen mit zahlreichen Lagergängen und Apophysen. Nach HOLMES

Abb. 36. Steilaufgerichteter Basaltgang im Tuff bei Helgafells (Island). Aufn. L. GRÄFF.

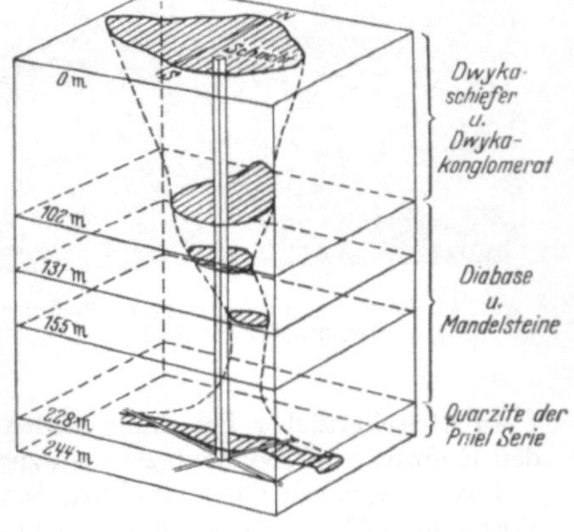

Abb. 37. Darstellung einer Durchschlagsröhre (Pipe)[1]. Kimberley (Südafrika). Nach DU TOIT

Tiefe in schmelzflüssigem Zustand aufgestiegenen Gesteinsmassen um sog. *Intrusivkörper* (Abb. 34) und nur ausnahmsweise um Auflagerungsgesteine.

---

[1] engl. pipe = Pfeife.

Man unterscheidet: *Massive oder Stöcke*, d. h. meist mächtige, unregelmäßig begrenzte Gesteinskörper (wie von Basalt, Phonolith und Trachyt), die das Nebengestein diskordant durchsetzen. Ich nenne nur die bekannten Granitmassive des Brockengebietes.

Erstarren die Eruptivgesteine als gewaltige Magmaherde in größerer Tiefe (5—10 km), so heißen sie *Plutone*[1] oder *Batholite*[2]. Hierzu treten die oberflächennahen *Lakkolithe*[3], pilzartige Eruptivgesteinsmassen mit uhrglasförmig gewölbten Köpfen (Abb. 35).

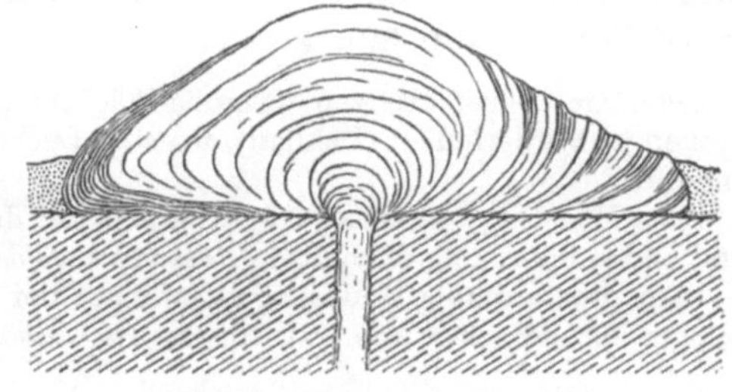

Abb. 38. Aufgestaute Quellkuppe eines dickflüssigen Eruptivgesteins. Nach REYER

Abb. 39. Lagerungsformen dünnflüssiger Eruptivgesteine. Deckenergüsse verschiedenen Alters (Schema)

Letztere kennzeichnen sich durch örtliche Auftreibung der überdeckenden Gesteinslagen und enden nach unten in einen Stiel. Ihre gangförmigen seitlichen Abzweigungen werden als *Apophysen*[4] (Abb. 35) bezeichnet. Häufige Erscheinungen sind auch die das Nebengestein querdurchsetzenden *Eruptivgänge* (plattenförmige Körper) (Abb. 36) und *Lagergänge* als Spaltenausfüllungen.

Eine Sonderform stellen die bis zur Oberfläche reichenden, mit vulkanischem Material gefüllten *Schlotröhren* dar, die nach unten in eine Spalte übergehen (Abb. 37).

Abb. 40. Basaltsäulen in Meilerstellung als Rest einer größeren Basaltmasse. Druidenstein bei Betzdorf (Siegerland). Aufn. d. Verf.

An der Erdoberfläche fallen die Eruptivgesteine zunächst als *Vulkanberge* in die Augen. Sie bilden bei *Dickflüssigkeit* des Lavamaterials über der Ausflußöffnung

---

[1] lat. plúto = Gott der Unterwelt — [2] gr. bathós = Tiefe.
[3] gr. lákkos = Grube. — [4] gr. apóphysis = Auswuchs.

Kuppen (sog. „Quellkuppen") (Abb. 38) oder bei *Dünnflüssigkeit* des
länger ausfließenden Materials flußartige *Lavaströme* mit wulstförmigen
Erstarrungsformen auf der Ober- und Unterseite (Abb. 14) sowie teppich-
artige *Decken* (Abb. 39).

Derartige Decken besitzen oft große Flächenausdehnungen, wie z. B. die Basalt-
decken in Vorderindien (Dekhan), wo eine Decke von 1 km Dicke r. 400 000 km²
umfaßt.

Viele Eruptivgesteinskörper schrumpfen bei der Erstarrung an der Oberfläche
und bilden dann kennzeichnende *Absonderungsformen*:

Besonders auffällig sind die *Säulenformen* der Basalte und Trachyte mit 6—3-
eckiger Grundform (Abb. 40), die *kugelschaligen* Absonderungen bei Diabasen

Abb. 41. Schalig abgesonderter
Melaphyr. Lahnrevier

Abb. 42. Wollsackverwitterung des Granits.
Brockengebiet (Harz). Aufn. d. Verf.

und Melaphyren (Abb. 41), sowie die *Bankung* und *Wollsackformen* beim Granit
(Abb. 42) und Andesit. Manche Massengesteine, wie der Granit, zeigen auch bestimmte, auf Erstarrung zurückzuführende *Kluftsysteme* (sog. „Granittektonik"),
Erscheinungen, die bes. gut bei ihrer Verwitterung sichtbar werden. Sie können
die steinbruchmäßige Gewinnung erleichtern.

b) Schicht- (Sediment-) gesteine

Im Gegensatz zu den aus der Tiefe hochgestiegenen Eruptivgesteinen
haben wir es in den *Schichtgesteinen* mit ursprünglich waagerecht (söhlig)
abgelagerten Gesteinsbänken zu tun (Abb. 19).

Die Mächtigkeit der Schichten (Lagen, Platten, Bänke) kann sehr verschieden
sein. Man spricht deshalb von dünn- bzw. dickbankigen Sedimenten.

Die über einer Bank (Flöz) lagernden Gesteinsschichten werden als deren „Hangendes", die darunter gelegenen als „Liegendes" bezeichnet. Dabei wird unter
„Mächtigkeit" der bankrechte Abstand der „Hangendfläche" von der „Liegend-
fläche" verstanden (Abb. 44)

Örtlich zeigen die Schichten Abweichungen von der horizontalen Lage. So sieht
man nicht selten sog. „Hakenschläge" an den zu Tage ausstreichenden Gesteinsbänken, die der Oberflächenneigung entsprechen (Abb. 45). Sie sind durch den

Abb. 43. Wechsellagernde Sandstein- und Sandschiefertonbänke im flözführenden Karbon

Abb. 44. Hangendes und Liegendes, Mächtigkeit, Streichen und Fallen eines Kohlenflözes
(Aufschluß bei Witten)

langsam, aber ständig wirkenden Gehängeschub infolge Wirkung der Schwere
entstanden. Hinzu kommen die lediglich ablagerungsbedingten Gesteinsumlage-

Abb. 45. Hakenschlagbildung von Kulm-
schieferschichten. Thüringer Wald

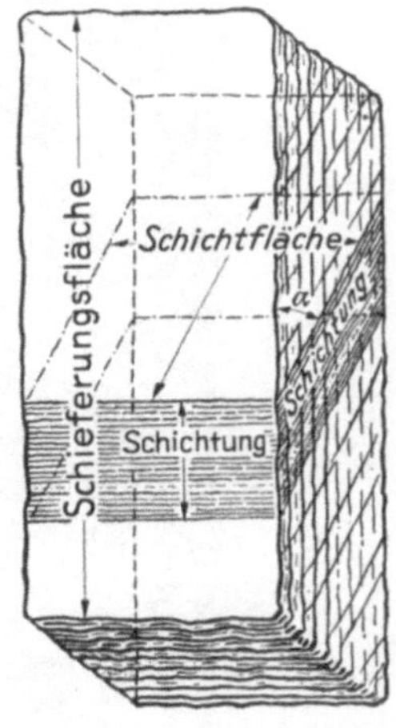

Abb. 46. Schieferplatte mit Schieferungs- und
Schichtungsflächen

rungen an der Erdoberfläche, wie
„Rutschungen", „Fließbewegungen",
„Hanggleiten" u. a.

Ihre richtige Erkenntnis ist für die
Praxis des Bergbaus bedeutungsvoll, weil durch sie nicht selten auf der Oberfläche und den darauf stehenden Gebäuden, „bergschadenähnliche" Erscheinungen entstehen können, für die oft der Bergbau
verantwortlich gemacht wird.

Sehr häufig beobachtet man in den Tongesteinen des alten Gebirges eine von der
Schichtung unabhängige, vielfach bessere Teilbarkeit des Gesteins in dünne Platten, die sog.
Schieferung in Form des „Stengelbruchs" (auch
als falsche oder „transversale"[1] Schieferung
bezeichnet) als Folge der sog. *regionalen Gesteinsdeformation* (vgl. S. 46).

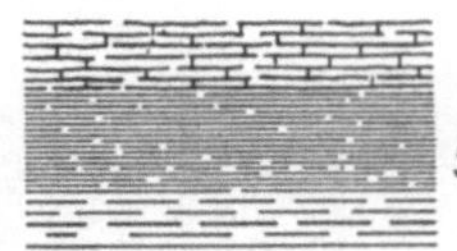

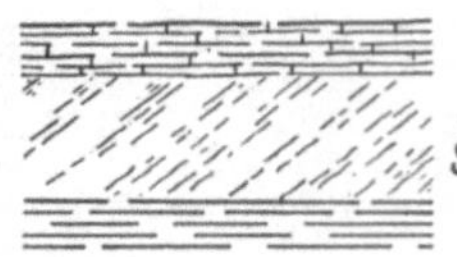

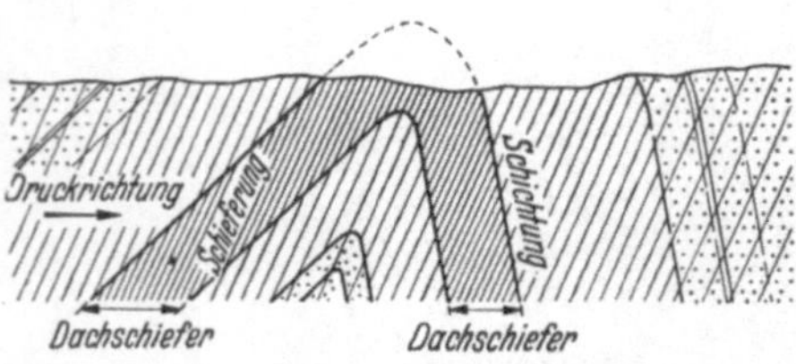

Abb. 47. Gefaltetes Dachschiefervorkommen mit ausgesprochener „Schieferung" (Schema)

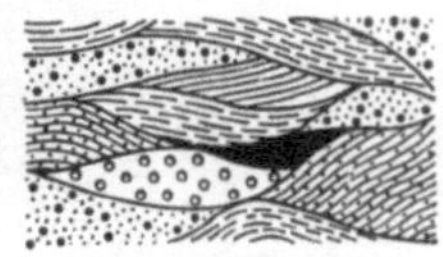

Abb. 48. Schichtenabsätze verschiedener
Ausbildung

Diese Druckschieferung steht mehr oder weniger rechtwinklig zur Druckrich-
tung und erzeugt u. a. im gefalteten Schiefer — aber auch in der Flözkohle —
eine durch sog. „Schlechten" hervorgerufene Auflösung in plattenförmige, gegeneinander verschobene Körper, deren Streichen in etwa mit dem Schichten-
streichen übereinstimmt, deren Fallen jedoch davon unabhängig ist (Abb. 47).

---

[1] transvérsum = quer.

Folgen mehrere Schichten aufeinander, so bezeichnet man sie als *Schichtenreihe, Schichtenfolge* oder *Schichtensystem* (Formation).

Dabei kann jede *einzelne Gesteinsbank* in sich sehr verschieden abgelagert sein. Zunächst können die Schichten *parallel gelagert* sein wie bei unmittelbarem Niederschlag des Materials aus dem Wasser (Meer), seltener *schräg* (diagonal) als Randabsatz in einem ehemaligen Becken oder als Aufschüttungen eines Deltas und schließlich *kreuzgeschichtet* infolge Zusammenströmens von Wildwässern oder Windverwehungen (Dünenschichtung). Kreuzschichtung tritt besonders gut an den Stößen von Sand- und Kiesgruben oder angewitterten Sandsteinbänken (auch in der Grube) in Erscheinung. Die Unterschiede dieser Schichtungsweisen gehen aus den Zeichnungen klar hervor (Abb. 48).

Wichtiger als die Art der Schichtung *innerhalb* einzelner Gesteinsbänke ist das *Lagerungsverhältnis zweier selbständiger mächtiger Gesteins-*

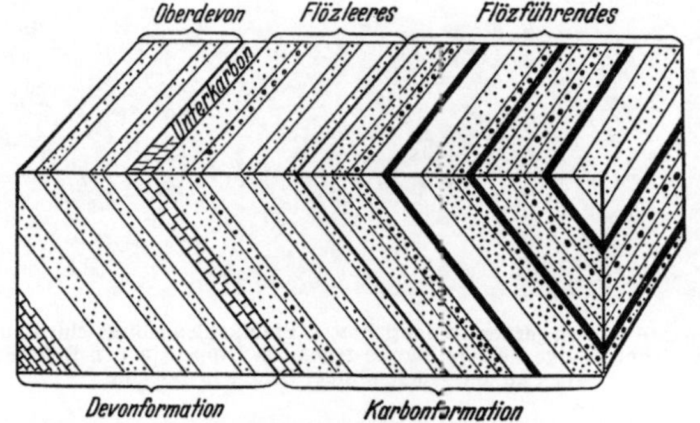

Abb. 49. *Konkordanz* von Schichten des Devons und Karbons im Ruhrbezirk.
Schematische Darstellung

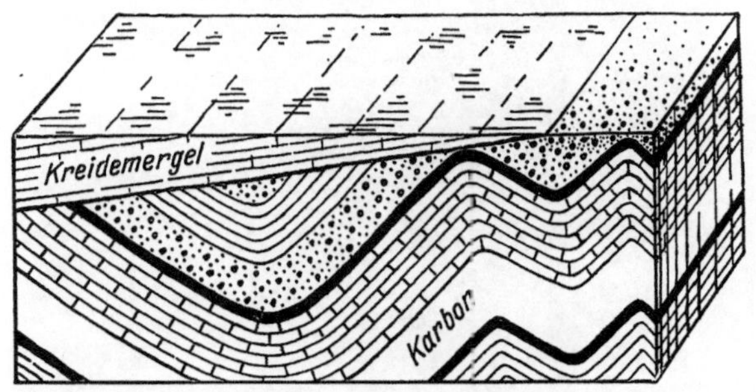

Abb. 50. *Diskordanz* von Kreide und Karbon im Ruhrbezirk (sog. „Faltungsdiskordanz"). Schema

gruppen (oder Formationen) *zueinander.* Hier gibt es *zwei* Erscheinungsformen:

Es können die Gesteinsablagerungen größerer Zeiträume — als Ergebnis ungestörter Ablagerung — zueinander *gleichförmig* gelagert sein und gleiches Streichen und Fallen haben, d. h. *Konkordanz*[1] aufweisen

---

[1] lat. concórdans = gleichlaufend.

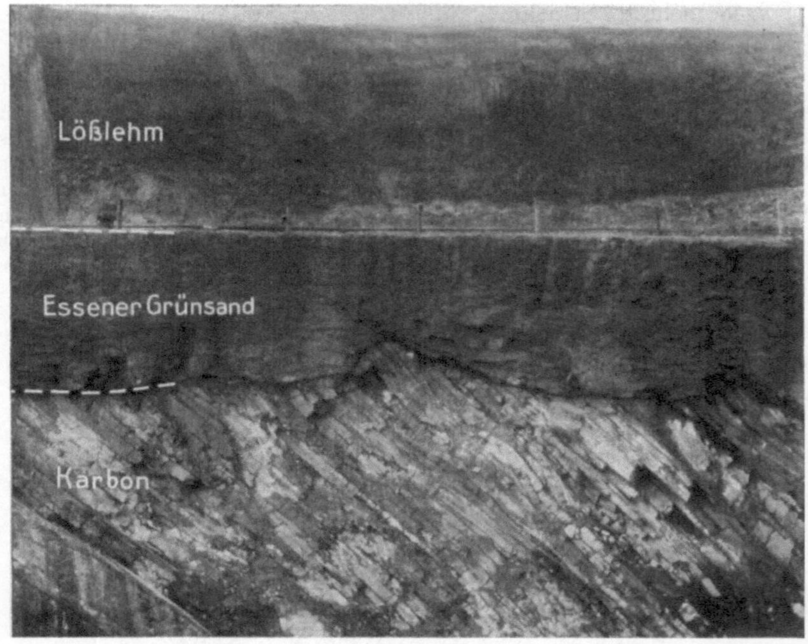

Abb. 51. Diskordante Überlagerung aufgerichteter Steinkohlengebirgsschichten durch Essener Grünsand und Lößlehm. Einige härtere Bänke ragen als Rippen in den Grünsand hinein. Steinbruch an der Querenburger Straße in Bochum

Abb. 52. Horizontal gelagerte (dunkle) Schichten des Devons überdecken diskordant aufgerichteten alten Granit (hell). Seapoint (südl. Kapstadt). Aufn. d. Verf.

(Abb. 49). Das ist z. B. im großen und ganzen bei den Ablagerungen der Karbon- und Devonformation im Ruhrbezirk der Fall. Sie können aber auch *ungleichförmig* zueinander gelagert sein und verschiedenes Streichen und Fallen haben, d. h. *Diskordanz*[1] zeigen (Abb. 50).

Zu den bekanntesten Beispielen augenfälliger Diskordanz gehört in Westfalen die ungleichförmige Überlagerung des gefalteten Steinkohlengebirges durch das nahezu ungefaltete Kreidedeckgebirge (Abb. 51).

Derartige Diskordanzen (auch tektonische oder Winkeldiskordanzen genannt) entstehen infolge Aufrichtung oder Faltung älterer Gesteinsschichten sowie teilweiser Abtragung vor Absatz der überlagernden jüngeren Schichten.

Da sie stets auf Unterbrechungen im Schichtenabsatz, also auf Zeitlücken, hinweisen, sind sie sehr geeignet, die tektonischen Vorgänge zu erkennen und zeitlich festzulegen.

Ein weiteres schönes Beispiel einer großen Diskordanz zeigt Abb. 52.

Außerdem spricht man noch von „Erosionsdiskordanzen". Sie stellen die natürliche Folge ungleichmäßiger Zerstörung älterer Schichten und Überlagerung durch jüngere dar (Abb. 53).

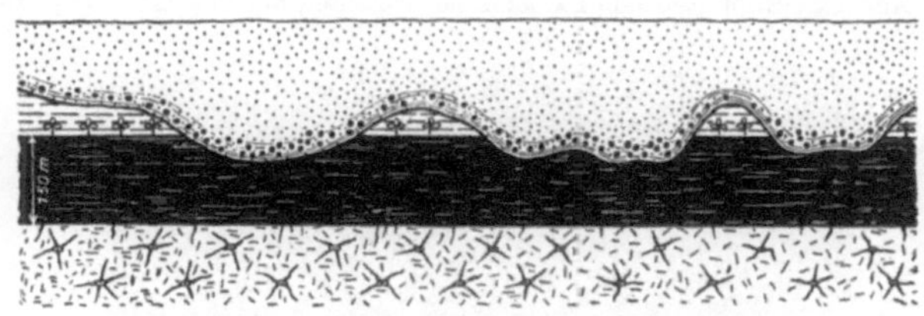

Abb. 53. Wiederausgefüllte Erosionsrinnen in einem Kohlenflöz (sog. „Erosionsdiskordanz"). Schema

c) Umwandlungsgesteine

Die sowohl aus Eruptivgesteinen wie Sedimenten hervorgegangenen *Umwandlungsgesteine*, die sog. „kristallinen Schiefer", erinnern in ihren Lagerungsformen noch sehr an die Gesteine, aus denen sie hervorgegangen sind. Es erübrigt sich daher, auf ihre Lagerungsverhältnisse im einzelnen einzugehen.

3. Die durch gebirgsbildende Vorgänge hervorgerufenen Änderungen (Störungen) der natürlichen Ablagerungsverhältnisse der Gesteine (Tektonik)[2]

Wie der Augenschein lehrt, haben die meisten Gesteinsabsätze ihre ursprünglichen Lagerungsverhältnisse nicht bewahrt. Sie sind vielmehr im Laufe der Zeit durch die sehr langsamen, aber ständig weiter wirkenden *gebirgsbildenden Bewegungen der Erdkruste* und ihre Auswirkungen weitgehend *geändert* (gestört) worden (Abb. 54).

Schon in der Grube und im geschichteten Gebirge fällt auf Schritt und Tritt in die Augen, daß die Gesteinsablagerungen zunächst ihre *ursprüngliche Lage*

---

[1] lat. discórdans = nichtübereinstimmend.

[2] Tektonik (= etwa „Architektur der Erdkruste").

verändert haben, d. h. *aufgerichtet, auf den Kopf gestellt* (Abb. 54), oder sogar *überkippt* (Abb. 55) worden sind.

Neben Veränderung der *Lage* haben die Ablagerungen auch *Formveränderungen* erlitten. Schließlich sind sie auch in ihrem *Zusammenhang* (Schichtenverband) gestört, d. h. zerbrochen worden.

Abb. 54. Auf dem Kopf stehende karbonische Schichten am Cap Selma (Spitzbergen)

Abb. 55. Überkippt liegende Engfalten ursprünglich horizontal abgelagerter Meeresschichten der oberen Trias im Hochvogelgebiet (Allgäu)

Die Enträtselung des Ablagerungsbildes und ihre Zurückführung auf die ursprünglichen Lagerungsverhältnisse sind für den Bergmann von besonderer Bedeutung. Offenbar hängt die Art der Störungen u. a. davon ab, ob sie vorwiegend durch *horizontale* (sog. „tangentiale") Bewegungen, d. h. Pressung bzw. Zusammenschiebung der Erdrinde, oder vorwiegend durch *vertikale* (bzw. „radiale") Krustenbewegungen, d. h. Zerrung, entstanden sind[1].

Bezüglich der *gebirgsbildenden Vorgänge* als äußerer Ursache der Veränderung der Lagerungsverhältnisse sei auf die Darstellung der „*Epirogenese und Orogenese*" (S. 109 ff.) verwiesen[1].

---

[1] Nach neueren Untersuchungen BREDDINS sollte die Erforschung der Tektonik unseres Steinkohlengebirges auf eine andere Grundlage gestellt werden. So sei der Gebirgsbau des westdeutschen Steinkohlengebirges nicht nur das Ergebnis „*ge-*

Es ist nun von Wichtigkeit, die Lage einer *geneigten* Schicht im Raume festlegen zu können. Der Bergmann und der Geologe bestimmen die Richtungselemente einer Schicht durch Festlegung des „Streichens" und „Fallens" vermittels des Kompasses.

Dabei versteht man unter „*Streichen*" einer Schicht ihren *söhligen Verlauf* (Erstreckung) in einer bestimmten Himmelsrichtung (Abb. 59). Es wird bestimmt durch den *Horizontalwinkel* (γ), welcher die *magnetische Nordrichtung*[1] mit einer „Streichlinie" der Schicht einschließt (Abb. 56). Die „Streichlinie" (Schnitt der Schichtebene mit der Horinzontalebene) ist eine söhlige Linie in der Schichtebene.

Dagegen bezeichnet das „*Einfallen*" die stärkste Neigung einer Schicht gegen die Horizontale. Es wird gemessen durch den *Vertikalwinkel*, den die söhlige Projektion der Fallinie mit dieser selbst einschließt (Abb. 56). Die „Fallinie" stellt eine in der Schichtebene rechtwinklig zur Streichlinie gezogene Linie dar (Abb. 56). Sie entspricht dem Weg eines auf der Schicht ablaufenden Wassertropfens.

Bei söhligen Schichten ist der Fallwinkel gleich 0^g, bei seigeren Schichten gleich 100^g.

Die Messung des Streichens und Fallens einer Schicht (vgl. dazu SCHULTE-LÖHR-WOHLRAB: Markscheidekunde, Berlin/Göttingen/Heidelberg: Springer 1958, S. 273 ff.) wird durch Abb. 57 u. 58 veranschaulicht.

Neben dem schnell wechselnden Streichen der Einzelschichten spricht man bei größeren Gebieten vom *Generalstreichen*. Es beträgt im Ruhrkarbon etwa 60° (Altgrad) bzw. 67^g (Neugrad).

In Mitteldeutschland sind hauptsächlich *drei Hauptstreichrichtungen* der gefalteten Gesteinsablagerungen bekannt (Abb. 60):

a) Die *variscische*[2] (erzgebirgische oder niederländische) Richtung von WSW nach ONO.

b) Die *hercynische*[3] Richtung von NW—SO.

c) Die *rheinische Richtung* von NNO—SSW (Verlauf des oberen Rheintals).

---

birgsbildender Faltung" (Schichtengleitfaltung, beruhend auf Gleitbewegungen auf den Schichtflächen), sondern noch eines *weiteren* mechanisch wesensverschiedenen, neben- und nacheinander wirkenden tektonischen Vorgangs, der sog. *regionalen tektonischen Gesteinsverformung*, die auf die gleichen horizontalen Druckkräfte zurückzuführen sei. Trotz manch enger Beziehungen zueinander bestehe jedoch zwischen beiden Vorgängen ein großer Unterschied. Stelle die „Faltung" einen *zweidimensionalen* Vorgang (Verlängerung in der Richtung quer zum wirkenden Schub) dar unter Schichtenlängung nach *oben* und *unten* aber ohne Auslängung nach der *Seite*, so sei die „tektonische Gesteinsverformung" (sog. Regionaldeformation) *dreidimensionaler* Natur. Zudem sei die Ausbildung der Gesteinsdeformation abhängig von der Gesteinsbeschaffenheit. Auf die Bedeutung dieser Art von Gesteinsverformung für die Erkenntnis der Lagerungs- und Gesteinsverhältnisse des Steinkohlengebirges kann hier im einzelnen nicht näher eingegangen werden, da sie noch nicht ausreichend durchdacht worden ist.

[1] Die Abweichung der Magnetnadel von der astronomischen Richtung (Richtung zum geographischen Nord- oder Südpol) wird Mißweisung (auch *magnetische Deklination*) genannt. Sie nimmt in Deutschland sowohl von West nach Ost wie im Laufe der Jahre ab.

[2] vom lat. cúra variscórum = das heutige Hof im Fichtelgebirge, wo der alte Volksstamm der Varisker saß.

[3] lat. hercýnia = Harzgebirge.

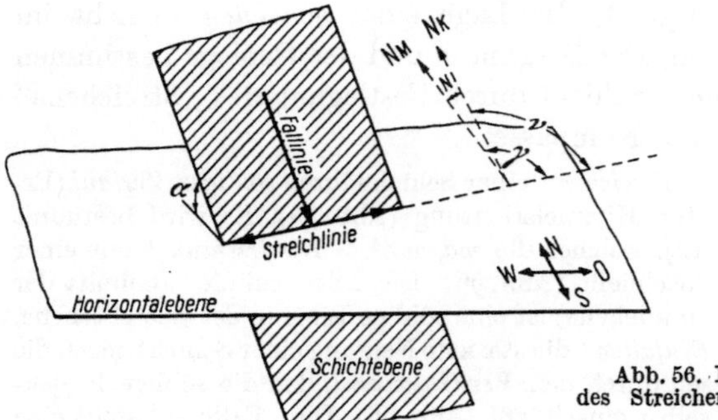

Abb. 56. Perspektivische Darstellung
des Streichens und Fallens einer Schicht

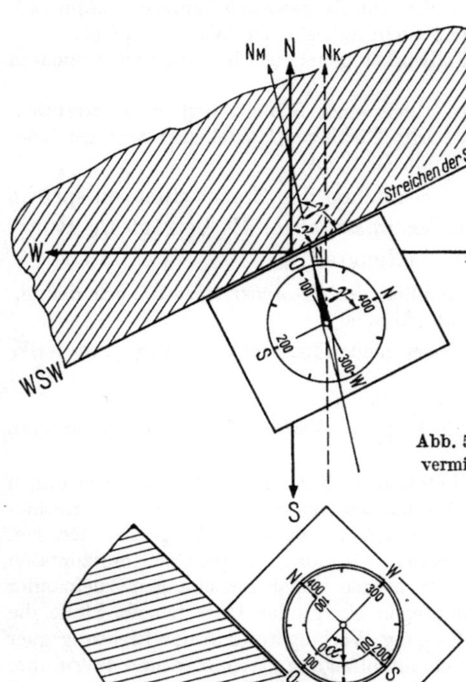

Abb. 57. Messung des Streichens einer Schicht
vermittels des Kompasses mit 400^g Einteilung

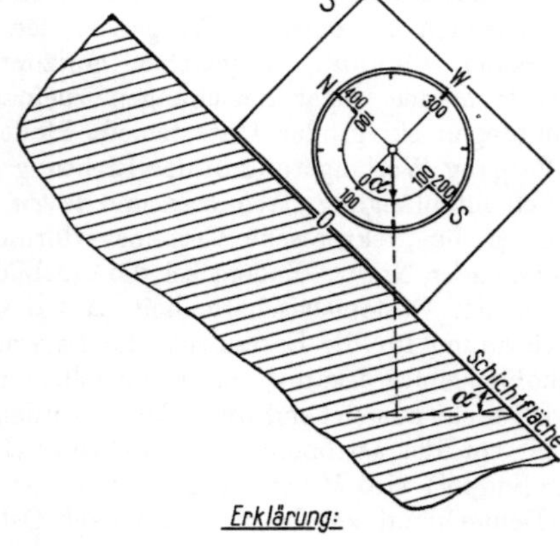

Abb. 58. Messung des Fallens unter
Verwendung des in Neugrad (0–400^g)
eingeteilten Kompasses

(Zeichnungen nach WOHLRAB)

<u>Erklärung:</u>

α = Fallwinkel   N = Nadelabweichung

γ = Streichwinkel   NK = Karten Nord

ν = Richtungswinkel   NM = Magnetisch Nord

Wie die Beobachtung lehrt, sind die Veränderungen, die die ursprünglichen Ablagerungen durch die Gebirgsbewegungen erlitten haben, sehr verschieden voneinander.

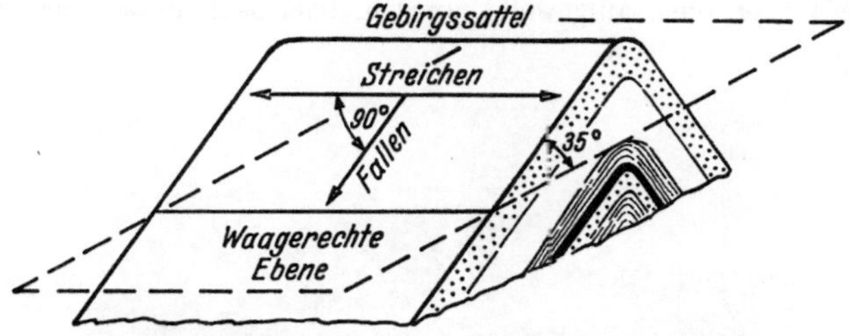

Abb. 59. Darstellung des Streichens und Fallens an einem Sattel

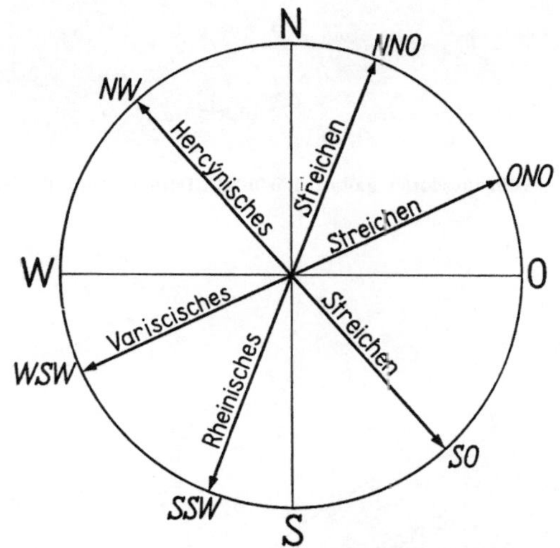

Abb. 60. Schematische Darstellung der drei Hauptstreichrichtungen in Mitteldeutschland

Man unterscheidet *bergmännisch* und *geologisch* gewöhnlich zwischen:
Schichtenbiegungen (Falten) und
Schichtenzerreißungen (Verwerfungen).

a) Schichtenbiegungen (Falten)

Da gewaltige Gebiete der Erde, besonders ihre Gebirge, sich aus Faltengebirgen zusammensetzen, gehört die *Faltung von Gebirgsschichten* zu den bekanntesten, aber auch wichtigsten geologischen Erscheinungen.

Falten sind Lagerungsänderungen, bei denen ehemals söhlig und flächenhaft abgelagerte Gesteinsschichten durch einen seitlich (tangential) wirkenden Schub auf eine kleinere Grundfläche zusammengedrückt wurden (Abb. 61). Sie stellen Schichtengleitfaltungen dar.

Rein äußerlich gleichen sie den Falten, die sich bilden, wenn man einen dicken Stoß von Papierblättern zusammenschiebt.

Infolge der durch den Seitenschub hervorgerufenen Verkürzung sind die Schichten teils nach oben aufgewölbt worden, teils nach unten durchgebogen,

Abb. 61. Tillmannsdorfer Falte bei Wülfrath-Dornap. Aufn. d. Verf.

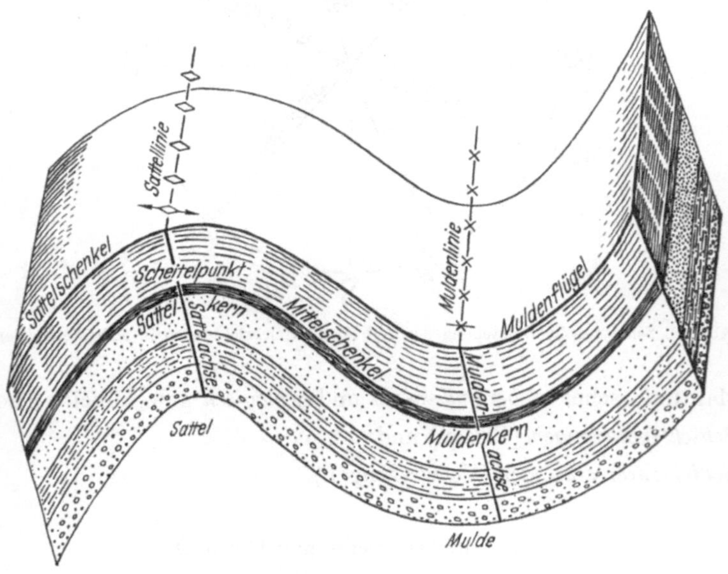

Abb. 62. Perspektivische Darstellung einer Falte (Sattel und Mulde)[3]

d. h. bilden „Wellenbergen" und „Wellentälern" ähnliche Formen. Bergmännisch-geologisch nennt man die ersteren *Sättel* (Antiklinalen)[1] und die letzteren *Mulden* (Synklinalen)[2].

---

[1] gr. antí = entgegen, klínein = neigen. — [2] gr. sýn = zusammen.

[3] „Sattellinie" ist in Abb. 62 durch *Sattelhöchstes*, Muldenlinie durch *Muldentiefstes* zu ersetzen.

Die Stärke der Gesteinsfaltung ist abgesehen von der Größe des Schubes abhängig von der Faltbarkeit der Gesteine. Sie ist z. B. beim Salz am größten.

Geologisch gesprochen ist das Gesamtelement der Faltung eine vollständige *Falte*, bestehend aus einem *Sattel* und einer *Mulde* (Abb. 61 u. 62).

Die geneigten Teile einer Falte heißen *Flügel* (geologisch „*Schenkel*", z. B. Mittelschenkel), die inneren Teile *Sattel-* oder *Muldenkerne*, der höchste Punkt *Sattelhöchstes*, der tiefste *Tiefstes*[1]. *Achsen* sind die Verbindungslinien der höchsten bzw. tiefsten Punkte übereinander liegender Sättel oder Mulden. *Achsenebene* ist die Fläche, welche die höchsten Punkte (Scheitel) der einzelnen Schichten eines Sattels schneidet (entsprechend *Muldenebene*). Abgetragene Sättel werden im Profil durch einen punktierten *Luftsattel* ergänzt. Haben die Achsenebenen eines Faltengebirges eine Neigung zur Horizontalen, so spricht man von „Vergenz" der Falten.

Faltenarten. Bevor auf die verschiedenen Faltenformen eingegangen sei, ist noch ein kurzes Wort über den *Mechanismus* der Faltung zu sagen:

Werden mehrere übereinanderliegende Gesteinsbänke *seitlich zusammengeschoben*, so erfolgen zwischen den einzelnen Bänken *schichtparallele Verschiebungen* übereinander (sog. „Biegefaltung") (Abb. 63). Sie kennzeichnen sich durch

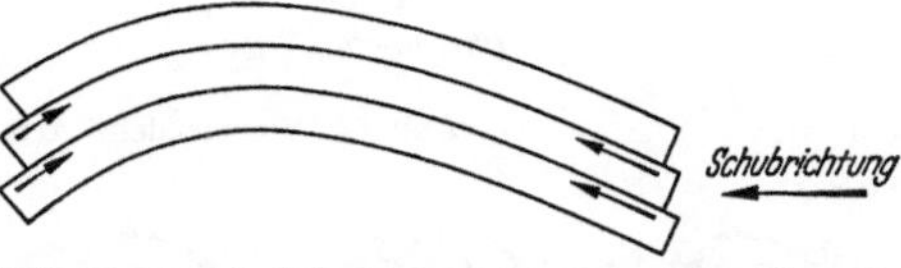

Abb. 63. Durch Schub erzeugte „*Biegefaltung*" (mit blattparalleler Verschiebung der Schichten)

die auf den Schichtflächen auftretenden „Rutschstreifen" oder „Spiegel". Darauf beruht auch die meist gute Ablösung der Kohle von den Hangendschichten.

Andererseits haben wir es hier auch noch mit der sog. *Regionaldeformation* durch gerichteten Tangentialdruck zu tun, die zu einer Verkürzung unter einem Volumverlust, aber auch zu einer Auslängung der Gesteine nach allen Richtungen — quer zum wirkenden Druck — durch Erzeugung der *Schiefrigkeit* führt.

Unter besonderen Umständen kann starker Schub auch eine *Fließfaltung* zur Folge haben, und zwar dann, wenn die Gesteine, wie z. B. das Salz auf Salzstöcken, verformbar werden. Da diese Falten meist bruchlos sind, ist anzunehmen, daß die Schichten unter der Wirkung des Gebirgsdrucks gewissermaßen plastisch geworden sind.

Wird eine Schichtenplatte nur nach unten oder oben abgebogen oder geknickt, so entsteht eine *s*-förmige *Flexur* (Abb. 75).

Hinsichtlich der äußeren Formen können je nach der Stellung der Flügel zur Faltenachse und der Neigung der letzteren zur Horizontalen (Vergenz) oder nach der besonderen Ausbildung der Falten sehr verschiedene Arten von Falten unterschieden werden:

Normalfalten[2], d. h. solche Falten, deren Flügel symmetrisch zur Faltenachse liegen. Man gliedert sie in *stehende, schräge, überkippte* und *liegende Normalfalten* (Abb. 64).

Isoklinalfalten[3], Falten, deren Flügel infolge starker Pressung fast parallel zueinander verlaufen (Abb. 65). Man unterscheidet: *stehende,*

---

[1] *Sattellinie* ist im *Abbaugrundriß* die Projektion des Sattelhöchsten in die Zeichenebene, im *Sohlengrundriß* die Projektion der Schnittlinie zwischen Sattelachsenfläche und Sohlenniveau in die Zeichenebene.

[2] lat. normális = maßgerecht. — [3] gr. ísos = gleich.

schräge, *überkippte* und *liegende Isoklinalfalten*. Beispiel: Rheinisches Schiefergebirge.

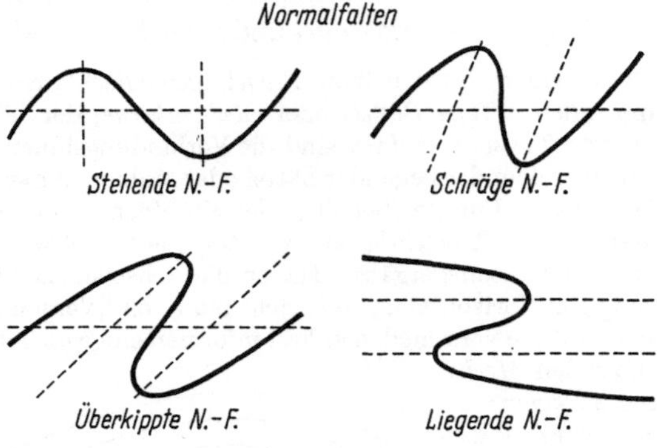

Abb. 64. Verschiedene Arten von Normalfalten

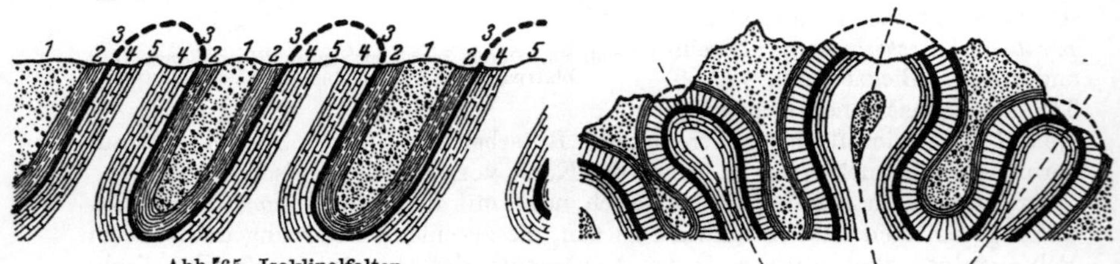

Abb. 65. Isoklinalfalten
(Urbild: Rheinisches Schiefergebirge)

Abb. 66. Fächerfalten (Urbild: Schweizer Jura)

Fächerfalten (Abb. 66), Falten, deren Flügel den Faltenachsen bald zu- bald abfallen. Auch hier gibt es stehende, schräge, überkippte und liegende Fächerfalten.

Als Abart der Falten nenne ich noch die *Zickzack-* (oder Spitzbogen-) *falten* mit steilen und flachen Faltenstücken (Abb. 67).

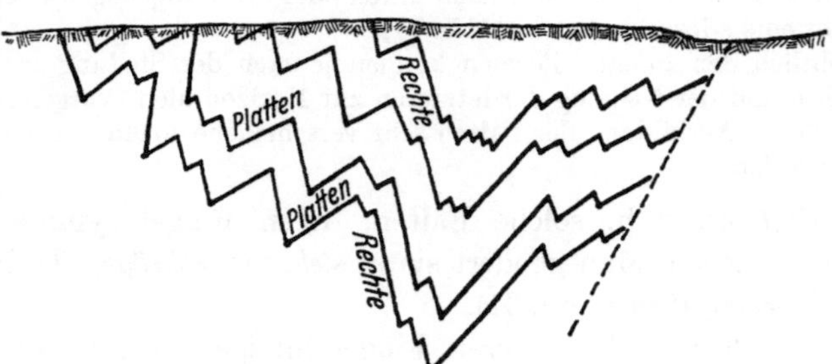

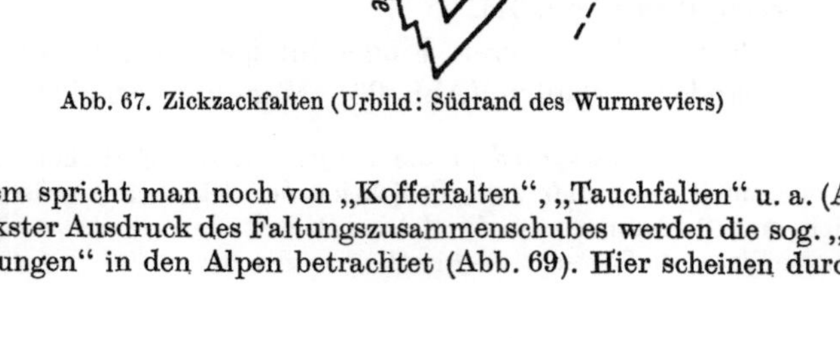

Abb. 67. Zickzackfalten (Urbild: Südrand des Wurmreviers)

Außerdem spricht man noch von „Kofferfalten", „Tauchfalten" u. a. (Abb. 68). Als stärkster Ausdruck des Faltungszusammenschubes werden die sog. „Deckenüberschiebungen" in den Alpen betrachtet (Abb. 69). Hier scheinen durch Überfaltungsvorgänge (Gleitfaltung) ältere große Schollen (Schichtenkomplexe) auf viele Kilometer (100 km und mehr) über das Vorland hinaus in Form sog. „Überfaltungsdecken" über meist jüngere Schichten hinübergeschoben worden zu sein

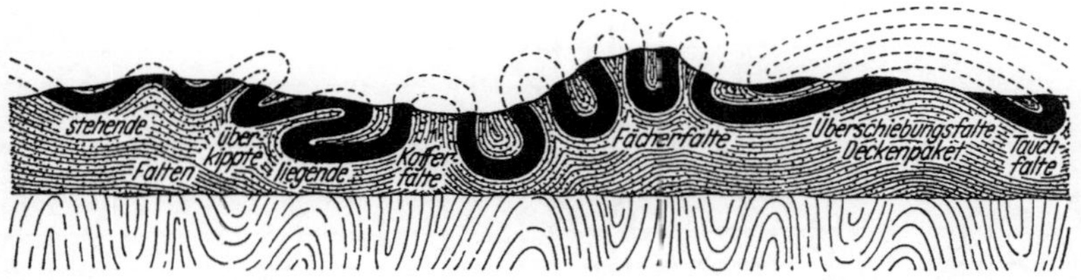

Abb. 68. Verschiedene Faltenarten über einer Abscherungsfläche (durch Luftsättel ergänzt)

(Abb. 69 a u. b). Dabei haben die älteren Schubmassen die Beziehung zu ihrer ursprünglichen (autochthonen) Unterlage häufig verloren und sind „wurzellos" geworden, so daß sie gewissermaßen auf der neuen Unterlage „schwimmen", wie z. B. die bekannten Felsklippen der „Mythen" bei Brunnen (Schweiz). Ihrer Deutung als reine Faltungserscheinungen wird aber neuerdings widersprochen.

Für die Ausbildung von Falten ist auch die Frage von Wichtigkeit, ob sich die Schichten bei der Zusammenschiebung „frei" bewegen konnten, d. h. ob eine freie Faltung möglich war, oder ob die

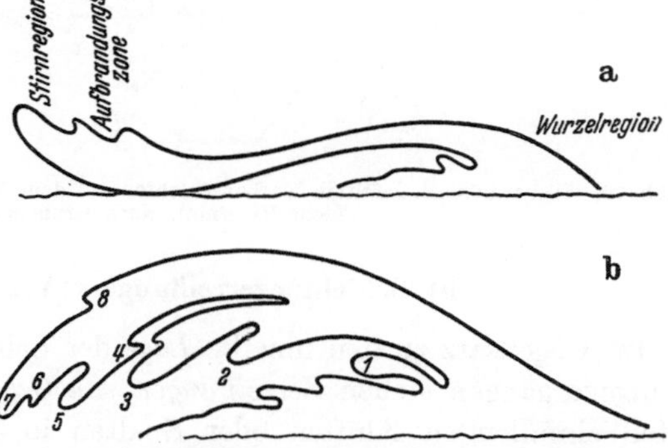

Abb. 69. Schematische Darstellung einer Überfaltungsdecke (a) und einer verzweigten Überfaltungsdecke (b) in den Alpen. Die Zahlen geben die Reihenfolge der Faltung an. Nach A. HEIM

Schichten „blockiert" waren, wodurch u. a. eine Stauchungsfalte bzw. eine „disharmonische" Faltung entstehen konnte. Letztere tritt besonders häufig bei der Pressung wechsellagernder harter Bänke mit dünnen und weichen Schichten, wie im Steinkohlengebirge, in Erscheinung (Abb. 70).

Von großer Bedeutung für das Verständnis der Faltengebirgsbildung überhaupt sind die Ergebnisse der neueren Untersuchungen u. a. in der sog. „Karbonmolasse" des Ruhrbezirks geworden.

Nach der noch zu Beginn des Jahrhunderts üblichen Auffassung von der Tiefenfaltenentwicklung des Ruhrsteinkohlengebirges sollten die Falten vom Hangenden zum Liegenden eine im wesentlichen gleichmäßige *harmonische*, nach der Tiefe allmählich abklingende Ausbildung zeigen. Die neueren Aufschlüsse zeigen jedoch, daß die Flöze nach der Tiefe nicht immer parallel, sondern meist *ungleichmäßig* („disharmonisch") verlaufen, wobei die Schichtlängen einer Falte im allgemeinen nach der Tiefe größer werden (Abb. 70) (sog. „Stockwerkstektonik"). Außerdem zeigen die Falten eine starke Abhängigkeit ihres Charakters von der Gesteinsausbildung.

Da diese Erscheinungen nicht nur für die Wirkung reiner *Faltung*, sondern auch für die Bedeutung der *Regionaldeformation* sprechen, zwingen sie zu einer Überprüfung unserer heutigen tektonischen Auffassung.

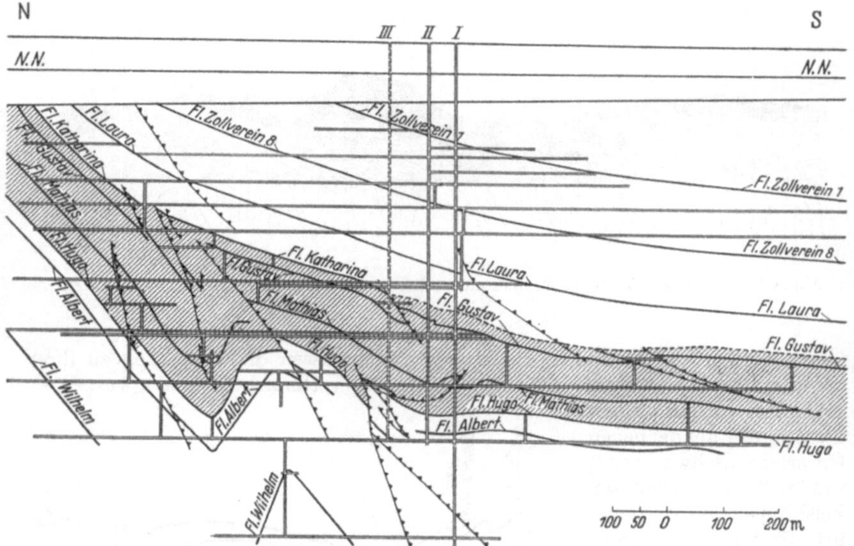

Abb. 70. **Disharmonisch gefaltete Karbonschichten auf dem Nordflügel der Essener Hauptmulde (Zeche Hibernia). Nach Grubenbildern**

b) Schichtenzerreißungen (Verwerfungen)

Im Gegensatz zu den nur die *Lage* der Schichten verändernden Faltungsvorgängen stehen *Zerreißungen von Gebirgsschichten* längs von $\pm$ steil einfallenden Klüften oder Spalten in der Erdkruste. Derartige Brüche oder Scherrisse entstehen, wenn Schichten über ihre Zusammenhangskraft (Kohäsionsgrenze[1]) hinaus durch *Zug* oder *Schub* beansprucht werden, d. h. ihre Dehnungselastizität[2] verlieren. Sie stellen die *eigentlichen bergmännischen Störungen* dar.

Wegen ihrer besondern Bedeutung für den westfälischen Bergmann sollen sie hier näher betrachtet werden.

Wir unterscheiden zwischen *Dehnungsstörungen* (Abschiebungen) und *Pressungsstörungen* (Überschiebungen, Verschiebungen).

Um zu einer klaren begrifflichen Erfassung der verschiedenen Störungen zu gelangen, ist es im Ruhrbezirk üblich, die *Bewegungsvorgänge* wie *Abschiebung*, *Überschiebung* und *Verschiebung* zweier Schollen gegen- oder nebeneinander von der *Fläche* zu unterscheiden, *auf der sich die Bewegung abspielte*. Wir nennen sie *Sprung, Wechsel und Blatt*.

---

[1] lat. cohaerére = zusammenhalten.
[2] gr. elastreín = antreiben.

Demgemäß spricht der Ruhrbergmann von *Abschiebungen* (auf Sprüngen), *Überschiebungen* (auf Wechseln) und *Verschiebungen* (auf Blättern). Hinsichtlich ihrer insgesamt ziemlich gleichzeitigen *Altersfolge* ist zu bemerken, daß im einzelnen die Wechsel als älteste zur Zeit der Auffaltung entstanden. Gegen Schluß bzw. nach der Hauptfaltung folgten die Sprünge und zuletzt die Blätter.

Bei diesen Erscheinungen kann es sich nur um Grenzfälle handeln, da in der Natur alle Übergänge vorhanden sind. Bei den Angaben der Verwerfungsvorgänge ist immer der *relative* Sinn der Bewegung gemeint. So wird z. B. bei „Abschiebungen" angenommen, daß sich bei geneigten Verwerferflächen (Sprüngen) der im Hangenden befindliche Teil abwärts bewegt hat.

α) *Abschiebungen auf Sprüngen*

Begriffsbestimmung und Einteilung. Unter einer *Abschiebung* (Abb. 71) versteht man die abwärts gerichtete Bewegung eines Gebirgsstückes

Abb. 71. Bild einer zerbrochenen Spateisensteinplatte mit gleichfallender „Abschiebung" und kleiner gegenfallender „Aufschiebung". Siegerland. Nach KNEUPER

auf einer bergmännisch als *Sprung* bezeichneten Kluft unter Mitwirkung der Schwerkraft. Der im Hangenden des Sprungs befindliche tektonisch bewegte Gebirgsteil liegt also tiefer als der im Liegenden gelegene. Natürlich treten auch Schrägabschiebungen auf.

Für die zeichnerische Darstellung von *Abschiebungen* eignet sich zunächst der Schnitt senkrecht zur Verwerfungsfläche durch einen querschlägigen Sprung (Abb. 72). Dabei bezeichnen:

w = *Sprungweite (flache Sprunghöhe)* = Abstand der verworfenen Schichten auf der Verwerferfläche gemessen.

t = *seigere Sprunghöhe* (Seigerverwurf) = seigerer Abstand der verworfenen Schichten.

s = *söhlige Sprungweite* = Projektion der flachen Sprunghöhe auf die Horizontale.

Sehr anschaulich für die Vorstellung bergmännischer Störungen ist neben der profilarisch-perspektivischen Darstellung auch die Wiedergabe nach dem „Raumbildverfahren" im Würfeldiagramm (nach STACH) (Abb. 73).

Je nach der Richtung der Sprungklüfte zum Streichen der Gebirgsschichten spricht man ganz allgemein von *streichenden, querschlägigen* (Abb. 72) und *diagonalen* (spießwinkeligen) Sprüngen (Abb. 73). Bei den Sprüngen unterscheidet man ferner je nach dem gleichen oder verschiedenen Einfallen der Schichtebene und Sprungebene *gleichfallende* und *gegenfallende* Sprünge (Abb. 74) und bei jeder Gruppe wieder Sprünge, die *steiler* oder *flacher* als die Schichten einfallen.

Entstehung. Man sieht in ihnen vorwiegend *Zerrungserscheinungen*, die während und nach der Auffaltung des Gebirges eingetreten sind. Tatsache ist jedenfalls, daß durch einen Quersprung das Gebirge meist um ein Stück, die sog. söhlige „Sprungweite" (Abb. 72), auseinander gezogen wird. Zweifellos können gewisse Sprünge auch als Folgeerscheinungen einer Flexur[1] gedeutet werden (Abb. 75).

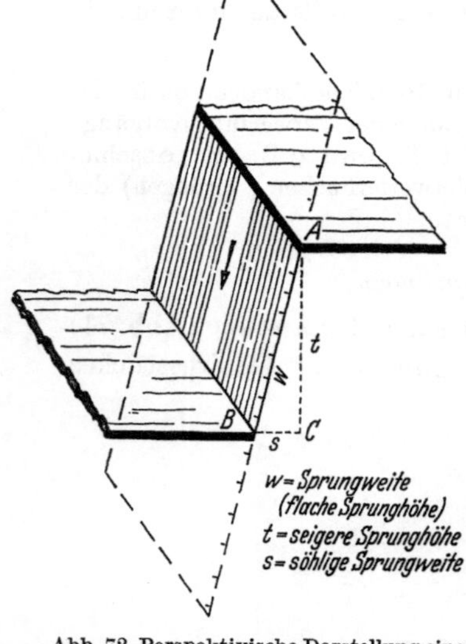

Abb. 72. Perspektivische Darstellung eines querschlägigen Sprunges

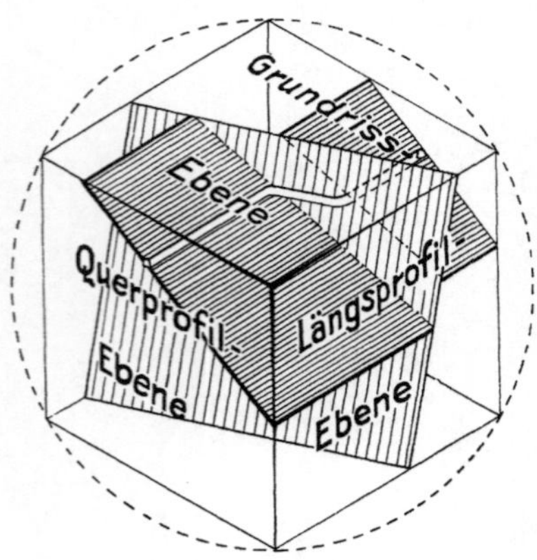

Abb. 73. Darstellung eines diagonalen Sprunges im Würfeldiagramm. Nach STACH

Nach dem tektonischen Bilde des Ruhrkohlengebirges erscheint dieses durch Dehnung erheblich gelängt worden zu sein, und zwar um etwa 5—7%.

---

[1] lat. flexúra = Biegung.

Auch durch Pressung können Sprünge entstehen, und zwar durch Aufreißen von großen Quersprüngen infolge Wirkung des Gebirgsdrucks und Seitenlängung bei der Regionaldeformation (s. S. 38 u. 39).

Verhalten. Das Verhalten der Sprünge ist recht verschiedenartig. Daher lassen sich über die Längen- und Tiefenerstreckungen, Mächtigkeiten und Verwurfs-

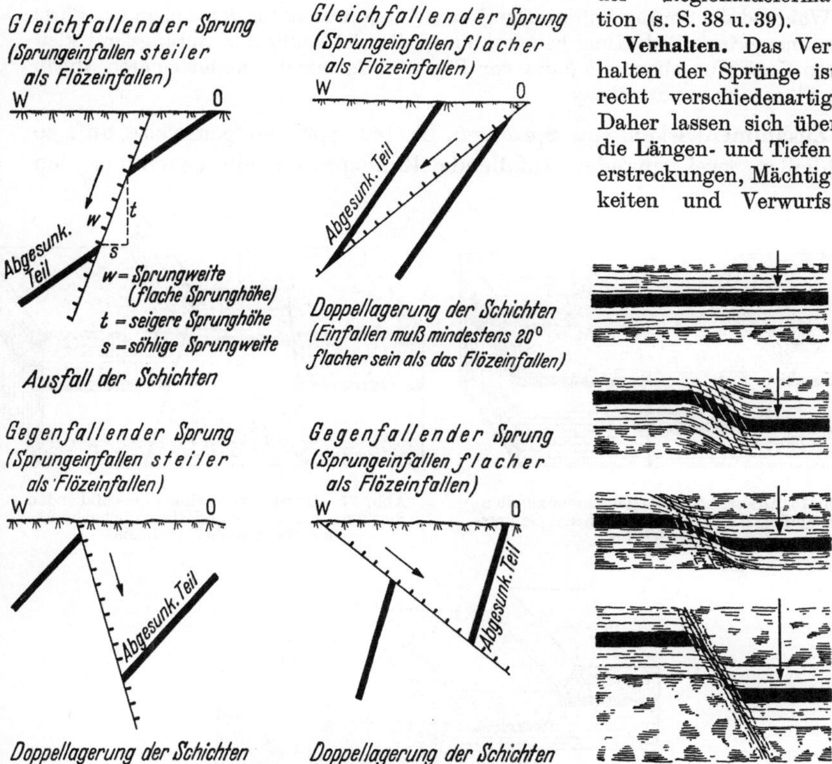

Abb. 74. Schema gleichfallender und gegenfallender Sprünge im Ruhrbezirk (Querschnitt)

Abb. 75. Schema der Entstehung eines Sprunges aus einer Abbiegung (Flexur)

höhen u. a. der Sprünge keine allgemein gültigen Regeln aufstellen. Während die Verwurfshöhe hunderte von Metern erreichen kann, schwankt ihre Längenerstreckung zwischen wenigen Metern und vielen Kilometern bei oft schnell wechselnder Verwurfshöhe.

Für den Ruhrbezirk ist allen gemeinsam das vorwiegend SO-NW verlaufende Streichen und das meist zwischen 60—70 Altgrad liegende Einfallen der Sprünge. Viele Verwerfungsspalten sind mit tonigem und bisweilen feuchtem Gesteinszerreibsel (sog. „Mylonit") gefüllt. Die Mehrzahl führt auch Minerale. Örtlich können sich diese zu „Vererzungszonen", d. h. bauwürdigen Lagerstätten anreichern, wie z. B. auf den Zechen Auguste Victoria, Graf Moltke und Christian Levin im Ruhrbezirk. Hier stellen die Querklüfte echte „Thermalspalten" dar. Vielfach zeigen die Störungsflächen Krümmungen und Rutschstreifen („Harnische"), die auf Bewegungen von Schollen gegeneinander zurückzuführen sind.

Da die Sprünge häufig erhebliche *Wassermengen* führen sowie gelegentlich auch *Gase* austreten lassen, sind die großen Sprünge im allgemeinen vom Ruhrbergmann wenig geschätzt. Vielfach sind die Sprünge keine einfachen durchgehenden Spalten, sondern mehr oder weniger mächtige Zonen von Einzelklüften (sog. „Sprungzonen"), die hier eine Breite bis zu 100 m, selten mehr, erreichen können.

Während die Sprünge mit großem Verwerfungsausmaß für den Abbau der Flöze nur eine geringe Bedeutung haben, können die viel häufigeren Sprünge mit kleineren Verwerfungsbeträgen (etwa von Flözmächtigkeit) den unmittelbaren Abbau der Flöze sehr beeinträchtigen.

Zusammenwirken von Sprüngen. Treten Sprünge paarweise auf, so schließen zwei einander zufallende Randsprünge ein gegenüber den

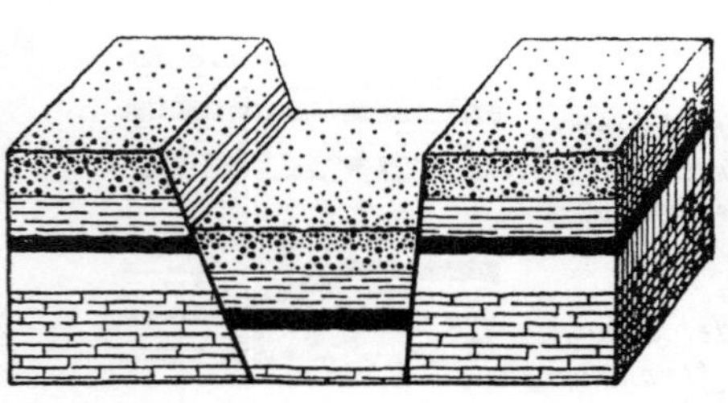

Abb. 76. Graben: Zwischen einander zufallenden Sprüngen relativ eingebrochenes Gebirgsstück (Schema)

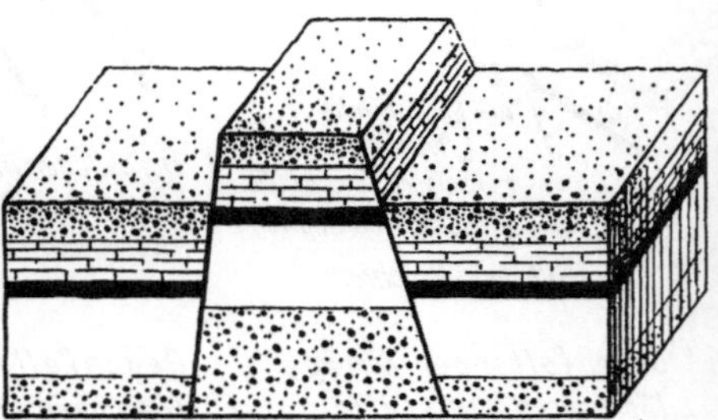

Abb. 77. Horst: Von einander abfallenden Sprüngen begrenztes, relativ stehengebliebenes Gebirgsstück (Schema)

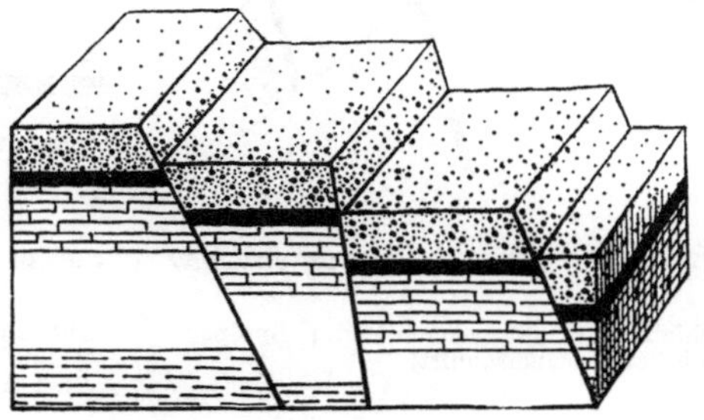

Abb. 78.
Schema eines Staffelbruchs: Längs gleichfallender Sprünge treppenförmig abgesunkene Schollen

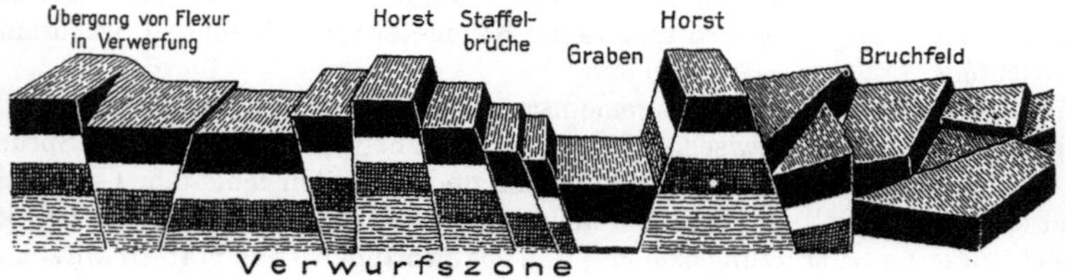

Abb. 79. Blockdiagrammatische schematische Darstellung verschiedener Brucharten

Nachbarschollen relativ „eingebrochenes" Gebirgsstück, d. h. einen *Graben* ein (Abb. 76), der sich nach unten keilförmig zuspitzt. Anderer-

seits bildet ein von zwei voneinander abfallenden Randsprüngen eingefaßter (relativ „stehengebliebener" bzw. gehobener) Krustenteil einen
Horst (Abb. 77). Fallen mehrere Sprünge nach derselben Richtung ein,
so können sie treppenstufenförmig voneinander abgesunkene Gebirgskörper, sog. *Staffeln* oder Verwerfungstreppen (Abb. 78), erzeugen (vgl.
auch Abb. 79).

Einwirkung von Sprüngen auf Falten. Kennzeichnend für den Einfluß verwerfender Sprünge auf einen *gefalteten* Gebirgskörper ist ihre
Einwirkung auf Sättel oder Mulden. Durch zwei Sprünge wird ein abgesunkener *Muldenteil breiter*, während ein abgesunkenes *Sattelstück*
(im Grundriß des abgesunkenen Sattels) *schmaler* wird (Abb. 80).

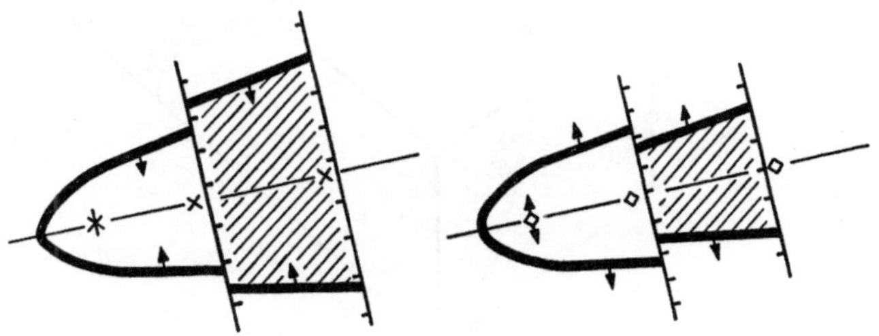

Abb. 80. Einfluß zweier Sprünge auf eine Mulde und einen Sattel: Abgesunkener Muldenteil (links)
wird breiter, abgesunkener Sattelteil (rechts) wird schmaler

Ausrichten von Sprüngen. Von besonderer Bedeutung für die Praxis des Bergbaus ist die Frage nach der *Ausrichtung* verworfener Flözteile.

Sie setzt eine gute Kenntnis gewisser grundlegender geologischer Elemente und
der Untersuchungsmethoden sowie das Verständnis für die bildungsgeschichtlichen
und bewegungsmechanischen Vorgänge bei der Entstehung der Störungen voraus.

Wenn die Ausrichtung von Störungen in der Grube im einzelnen auch nach
näherer Anweisung der besten Kenner der örtlichen Lagerungsverhältnisse, der
Zechenmarkscheider, erfolgt, so ist es doch auch für den praktischen Bergmann
sehr nützlich, die wichtigsten „Faustregeln" zu kennen, derer man sich seit alter
Zeit mit Erfolg bedient. Voraussetzung für die richtige Anwendung der Regeln
ist freilich, daß die *Art der Störung vorher richtig erkannt wird*.

Die Regeln lauten:

1. Man findet den verworfenen Flözteil wieder, indem man das Flöz als Teil
eines verworfenen Sattel- oder Muldenflügels betrachtet und die Fortsetzung im
Sinne dieser Annahme sucht (Abb. 81).

2. Fährt man das *Hangende* eines Sprunges an[1], so hat man das verworfene
Flözstück nach Durchörterung der Sprungkluft in Richtung auf das *Hangende* der
verworfenen Schichten zu suchen. Fährt man das *Liegende* des Sprunges an, so
hat man nach Durchbrechung der Sprungkluft das verworfene Flözstück in
Richtung auf das *Liegende* der verworfenen Schichten zu suchen (Abb. 81).

Das Hangende wird angefahren, wenn die Kluft dem Bergmann zufällt, d. h.
zuerst in der Sohle angetroffen wird und umgekehrt.

---

[1] Sog. von Carnallsche Regeln.

Um zu einer richtigen Erkenntnis der Störungen zu gelangen, ist es in jedem Fall wichtig, auch die in benachbarten Aufschlüssen (Querschlägen u. a.) sichtbar werdenden tektonischen und stratigraphischen Verhältnisse eingehend zu studieren.

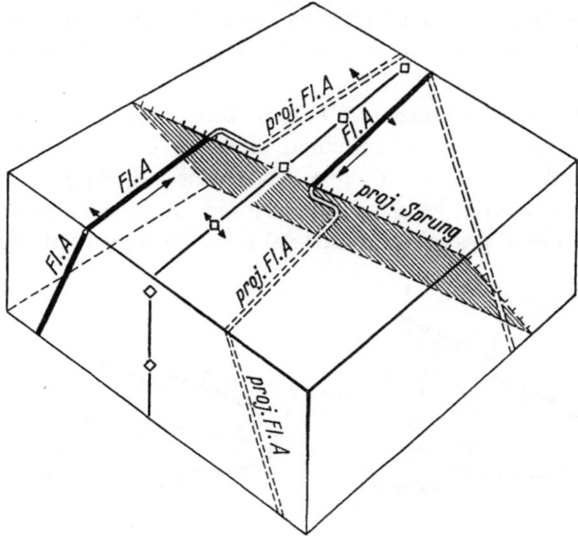

Abb. 81. Ausrichtung zweier verworfener Flözstücke hinter einem Sprung (unter Ergänzung zu einem Sattel)

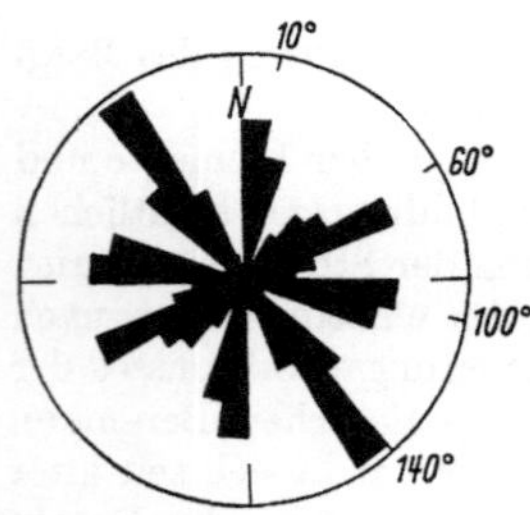

Abb. 82. Tektonische Trennflächen nach Wertigkeitszahl und Streichrichtung. (Clausthaler Tektonische Hefte, H. 2)

Treten mehrere, durch gleiche Ursachen hervorgerufene Klüfte (Schlechten) auf, so bilden sie ein „Kluftsystem". Trägt man die Streichrichtungen verschieden gerichteter Klüfte in eine Windrose eines Gebietes ein, so erhält man eine sog. „Kluftrose" (Abb. 82). Sie kann u. a. von Bedeutung für die Erkenntnis der Richtung sein, aus der der veranlassende Druck gekommen ist.

β) Überschiebungen auf Wechseln

Begriffsbestimmung. Im Gegensatz zu den Sprüngen sind die Überschiebungen auf Wechseln die Folgeerscheinungen starker Pressungsvorgänge bei der Faltung. Sie kennzeichnen sich dadurch, daß ältere Gebirgsschichten auf jüngere geschoben sind (Abb. 83).

Wie bei den Sprüngen unterscheidet man auch bei den Wechseln *gleichfallende* und *gegenfallende* Wechsel (Abb. 84). Fällt die *gleichfallende* Überschiebungskluft (Wechsel) steiler als das Flöz ein, so tritt die im Ruhrbezirk oft zu beobachtende „Doppellagerung" der Schichten ein. Abb. 84 erläutert die bei Überschiebungen zu beachtenden Begriffe.

Der Bergmann spricht bei den durch eine Wechselfläche getrennten Stücken vom *hangenden* bzw. *liegenden* Wechselteil.

Abb. 83. Überschiebung (Wechsel) mit Hakenschlag längs des Gelsenkirchener Sattels. Schachtanlage Sälzer-Amalie (Essen) unterhalb der 9.—975 m-Sohle (nach Aufnahme der Zeche)

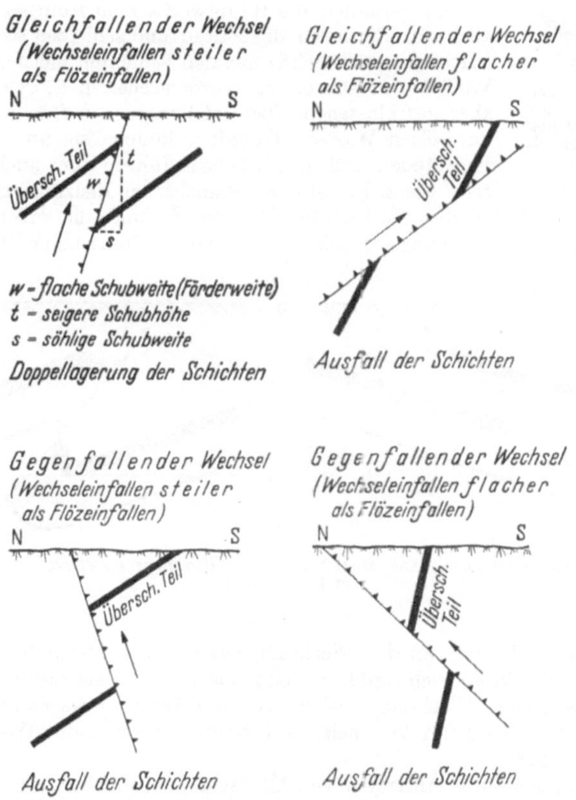

Abb. 84. Darstellung gleich- und gegenfallender Wechsel im Querschnitt

Entstehung. Die Wechsel stehen in ursächlichem Zusammenhang mit der Gebirgsfaltung. Sie sind als Ergebnis einer durch gesteigerten Druck eingetretenen Abscherung verfestigter Gesteinsschichten längs einer Überschiebungs(scher)fläche bei Überschreiten der Elastizitätsgrenze über ihre Biege-, Zug- und Scherfestigkeit hinaus anzusehen (Abb. 85).

Werden Normalfalten durch starke Pressung immer stärker beeinflußt, so kann der sog. „Mittelschenkel" der Falte ausgedünnt werden und zerreißen, so daß durch sog. „Auswalzung des Mittelschenkels" eine Faltenüberschiebung entsteht.

Andererseits können sich Überschiebungen infolge starken Drucks auf schon vorher versteifte und für die Faltung nicht mehr geeignete Gesteinsschichten längs vorher aufgerissener Scherflächen bilden (sog. „Überschiebungen 2. Ordnung").

Die *Ausrichtung* eines überschobenen Flözteiles kann auf verschiedene Weise erfolgen (Abb. 86).

Verhalten. Als Druckerscheinungen im Gefolge der Faltungen verlaufen die Hauptwechsel im Ruhrbezirk fast parallel zum Streichen der Falten und schließen sowohl im Einfallen als im Streichen mit den Schichten meist einen spitzen Winkel ein. Die oft stark verruschelten („mylonitisierten") aber geschlossenen Überschiebungszonen führen naturgemäß nur selten Wasser. Trotzdem können sie unter besonderen Umständen örtlich Grubengas führen oder auch Erzbringer sein, wie z. B. auf den „Ramsbecker Bleizinkerzgängen".

Abb. 85. Entstehen einer Überschiebung durch Auswalzung des Mittelschenkels (Schema)

Kennzeichnend für die Wechsel im Ruhrbezirk sind die oft beobachteten „Mitfaltungen", „Schleppungserscheinungen" und „Hakenschläge" (Abb. 87) der

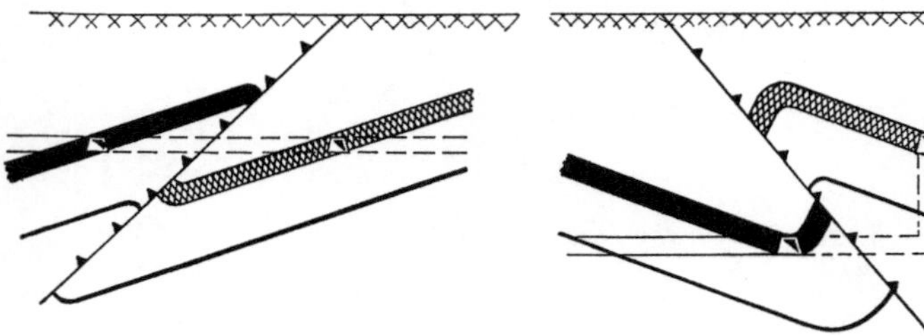

Abb. 86. Horizontale und vertikale Ausrichtung eines überschobenen Flözstückes in Aufschluß und Projektion

überschobenen Schichten an den Wechseln. Die flache Schubweite (Förderweite) kann sehr groß sein und schwankt bei den *mitgefalteten*, meist südlich einfallenden Hauptwechseln (sog. Wechseln 1. Ordnung) des Ruhrbezirks zwischen 300 und 2000 m. Bei den nichtgefalteten, meist nach Norden einsinkenden Wechseln ist das Maß weit geringer.

Durch gruppenweises Auftreten von Überschiebungsflächen, wie z. B. im Bereich der nordfallenden Wechsel des Ruhrbezirks, wird im Gebirge häufig eine kennzeichnende „Schuppenstruktur" erzeugt (Abb. 88).

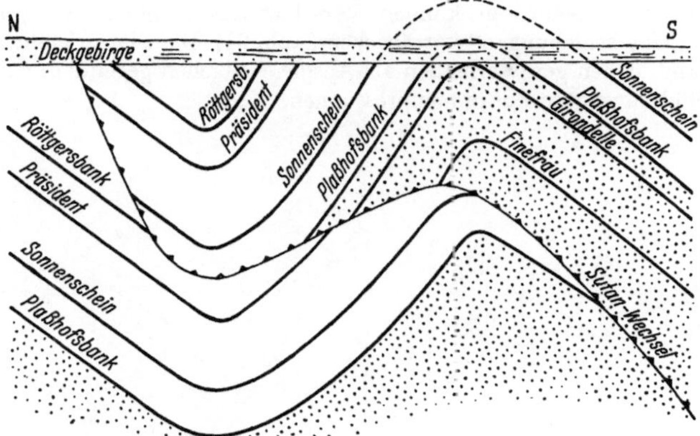

Abb. 87. Schematische Darstellung einer mitgefalteten Überschiebung (Wechsel mit Hakenschlägen) im Ruhrbezirk

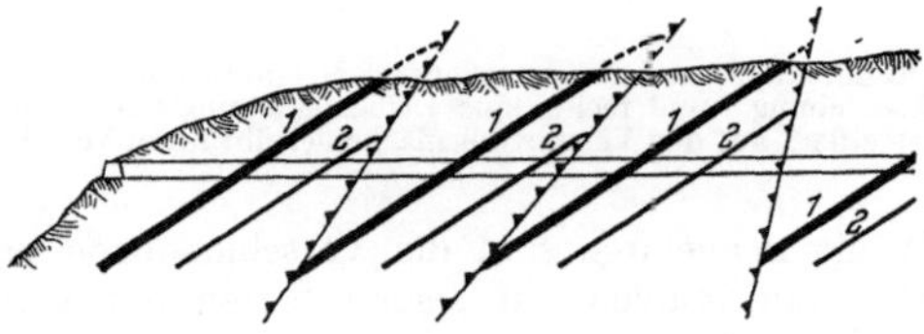

Abb. 88. Durch Überschiebungen (Wechsel) hervorgerufene Schuppenstruktur (Schema)

γ) *Verschiebungen auf Blättern*

Begriff, Entstehen und Verhalten. Unter *Verschiebungen* sind Gebirgsstörungen zu verstehen, längs deren meist steilgestellten Flächen (sog. „Blätter") mehr oder weniger söhlige Bewegungen von Gebirgsteilen eingetreten sind (Abb. 89 u. 90).

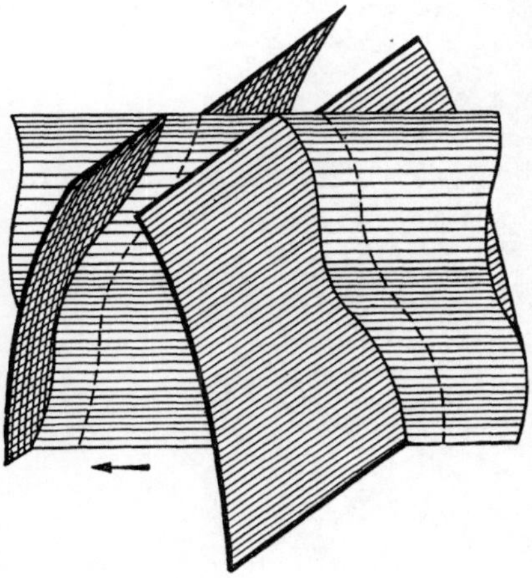

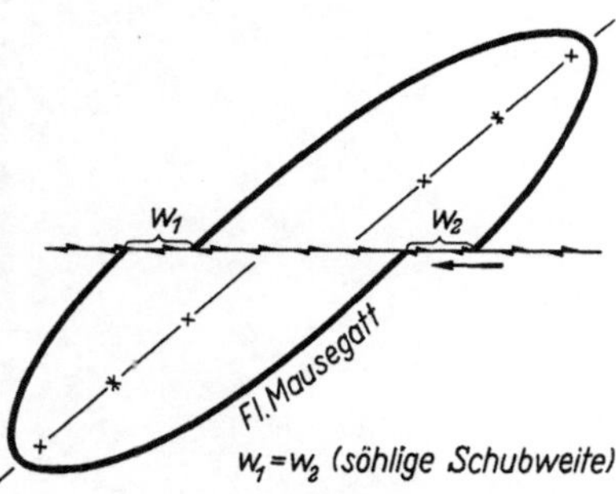

Abb. 90. Verschiebung einer Mulde (Grundriß). Auf beiden Seiten des Blattes der gleiche Verschiebungsbetrag ($W_1 = W_2$)

Abb. 89. Blattverschiebung einen Sattel durchsetzend. Nach STACH

Bei schlechten Aufschlüssen können Verschiebungen Bilder von „Abschiebungen" und „Überschiebungen" vortäuschen (Abb. 91). Die Blätter stellen Scherflächen dar und dienen gewissermaßen als Ausgleichsflächen gegenüber den durch Tangentialschub erzeugten Zusammenpressungen.

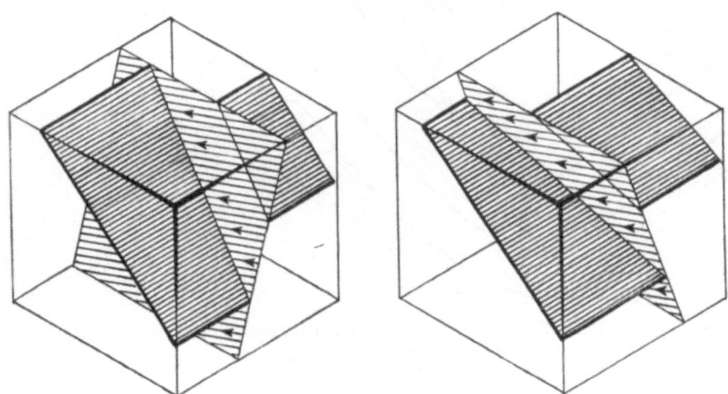

Abb. 91. Isometrische Raumbilder zweier entgegengesetzt einfallender *Blattverschiebungen*. Sie täuschen links eine „Abschiebung" und rechts eine „Überschiebung" vor. Nur die genaue Beobachtung der „Rutschstreifen" auf den Verwerfungsflächen ergibt ihren Verschiebungscharakter

Im gefalteten Steinkohlengebirge sind die Verschiebungen dadurch deutlich kenntlich, daß Sättel und Mulden auf beiden Seiten des Verschiebungsrisses gleiche Breite haben (Abb. 90).

Im Ruhrkarbon unterscheidet man meist „querschlägig" (NW—SO) und „diagonal" (WNW—OSO) bzw. W—O gerichtete Seitenverschiebungen.

Die nach der Tiefe vielfach durch weitspannige „Rutschwellen" ausgezeichneten Verschiebungsklüfte zeigen außerdem oft ± horizontal verlaufende Harnischstreifen (Abb. 92).

Abb. 92. Blattverschiebung mit Rutschwellen und Harnischstreifen. Kulmschichten im Arnsberger Sattel. Aufn. d. Verf.

Daß sich längs solcher Flächen kein Absinken, sondern nur eine Horizontalbewegung abgespielt haben kann, braucht kaum betont zu werden.

Die söhlige Schubweite der steil stehenden Blätter ist im Ruhrbezirk meist gering und bewegt sich zwischen wenigen bis höchstens mehreren 100 m. Die früher als selten angesehenen Verschiebungen sind in den letzten Jahrzehnten im Ruhrbezirk, besonders in Form der „diagonalen Blätter", überaus häufig, u. zw. vielfach gruppenweise auftretend, festgestellt worden. Nach zweifelsfreien Beobachtungen auf der Zeche Auguste Victoria u. a. sind sie die „jüngsten" Verwerfungen.

Kennzeichnend für den Ruhrbezirk ist, daß längs der diagonalen Verschiebungen der südlich der Blätter gelegene Gebirgsteil fast stets nach Nordwesten, der nördliche nach Südosten verschoben ist (Abb. 90).

Außer den genannten gibt es noch eine Reihe weiterer Störungsarten, wie die für das Siegerland kennzeichnenden „Deckel", ferner „Aufschiebungen" und „Unterschiebungen", „Schaufelflächen" sowie widersinnige Schleppungen. Sie haben für den tektonischen Bau des Ruhrbezirks keine besondere Bedeutung. In manchen Erzrevieren spricht man noch von „faulen Ruscheln", die vornehmlich im Harz eine Rolle spielten. Sie stellen ausgedehnte Zonen verruschelter Tonschiefer dar, die die Erzgänge teils begrenzen, teils besenartig zerschlagen.

Bemerkenswerterweise entsprechen die vorgeschilderten „Kleinstörungen" den „großtektonischen", d. h. den gebirgsbildenden Erscheinungen (Hauptsätteln, Hauptmulden, Großverwerfungen, Gräben, Horsten und Staffeln), die den Lagerungsverhältnissen des Gesamtkarbons ihren Stempel aufgedrückt haben. Genauere Untersuchungen der Kohle zeigen weiter, daß sie sich auch in den *Mikrostörungen* (im mikroskopischen Bilde der Kohle) widerspiegeln (Abb. 93), so daß von den letzteren aus auf klein- bzw. großtektonische Störungen des Gesamtkarbons geschlossen werden kann.

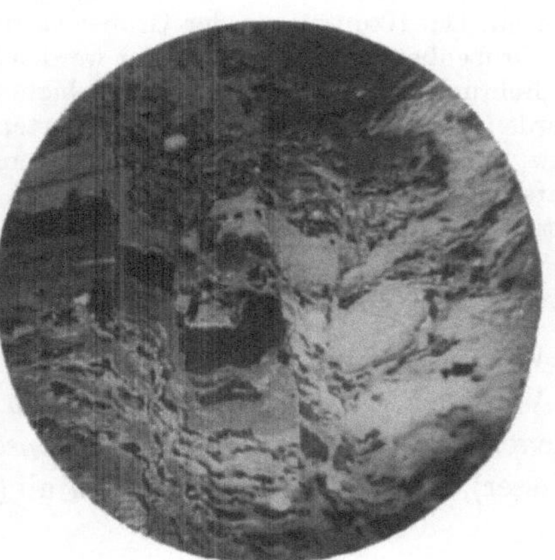

Abb. 93. Mikroaufnahme einer staffelförmig verworfenen Kohle aus Flöz Hugo (Zeche Hannibal). Nach RAUB

4. Grundwasser und Quellen

„Vom Himmel kommt es, zum Himmel steigt es und wieder nieder zur Erde muß es, ewig wechselnd."

GOETHE.

Die Lehre vom *Grundwasser und den Quellen*, d. h. von der Entstehung, der Bewegung, dem Verlauf und dem Wiederaustritt des unter Tage umfließenden Wassers, besitzt besonders für den Bergmann große praktische Bedeutung.

Ist doch das Grundwasser ein natürlicher Feind des Bergmanns, mit dem er den Kampf aufzunehmen hat, zumal die Gruben der meisten Steinkohlenbezirke viel

mehr Wasser als Kohle fördern. Dieses Mißverhältnis kann häufig den Rein-
erlös einer Zeche stark beeinträchtigen. Nach SEMMLER soll im Ruhrbezirk die
Hebung eines Zuflusses von 3 m³/min/Jahr aus 500 m Teufe etwa 630000 DM
oder 0,70—3,50 DM/je 1 t Kohle betragen. Je nach dem Kohlenrevier ist das Verhältnis der Kohlenförderung zur Wasserhebung sehr verschieden. Es beträgt im
Ruhrbezirk etwa 1 : 1,3[1], an der Saar 1 : 1,9, in Oberschlesien und in Niederschlesien 1 : 4,1. Insgesamt beläuft sich die im Jahre 1955 im Ruhrbezirk gehobene
Wassermenge auf r. 164 Mio m³ = 325 m³/min bei einer durchschnittlichen Wasser-
hebungstiefe von 750 m und 121 Mio t geförderter Kohle.

Das Grubenwasser entstammt zum Teil unterirdischen Quellen, d. h.
Austrittsstellen des Wassers aus Sandstein- bzw. Konglomeratbänken
oder des auf Verwerfungsspalten in der Grube zusitzenden Kluftwassers.

Es ist fast nie rein und enthält viele Fremdstoffe in fester Form oder in Lösungen. Die Hauptmenge der Grubenwässer ist salzig und schlammig, so daß sie
im Grubenbetrieb nicht verwendet werden kann.

Bohrungen nach *Nutzwasser* im Gebiete des zu Tage ausgehenden Ruhrkarbons
werden zweckmäßig in ± flach gelagerten Sandstein- oder Konglomeratbänken
bzw. auf den im Gelände erkannten geologischen Verwerfungslinien angesetzt.
Tatsächlich liegen die meisten Brunnen im Ausgehenden des Ruhrkarbons auf derartigen Verwerfungslinien (Sprüngen).

a) Grundwasser

Wie gelangt nun das eigentliche *Grundwasser* in den Boden?

Von den auf die Erde fallenden Niederschlägen (Regen, Schnee,
Hagel, Tau, Nebel) (Abb. 94) *verdunstet* ein großer Teil (Verdunstungs-
wasser), ein Teil fließt *oberirdisch* ab (Oberflächenwasser) oder wird von

Abb. 94. Schematische Darstellung vom Kreislauf des Wassers

den *Pflanzen angesaugt* bzw. von den Tieren aufgenommen und zu ihrem
Aufbau verwendet. Ein letzter großer Teil *sickert*, der Schwere folgend,
in die porösen Bodenschichten *ein* (Sickerwasser) oder versinkt auf
Klüften in die Tiefe und bildet über der nächsten wasserstauenden
Schicht das sog. *Grundwasser*, das Quellen und Brunnen speist.

---

[1] Der Ruhrbezirk fördert also 30% mehr Wasser als Kohle.

Wissenschaftlich unterscheidet man beim Grundwasser das aus atmosphärischen
Niederschlägen stammende sog. „vadose"[1] Wasser und das aus aufsteigenden Gesteinsschmelzen aus der Tiefe frei gewordene und noch nicht am Kreislauf des
Wassers beteiligt gewesene „juvenile"[2] Wasser. Letzteres spielt für den Bergbau
nur eine sehr geringe Rolle.

Die frühere Annahme, daß die Verteilung der Niederschläge je etwa ⅓ betrüge,
ist irrig. Weitaus die größte Menge verdunstet. Der Anteil der übrigen Faktoren ist
je nach den klimatischen, jahreszeitlichen und örtlichen Verhältnissen ganz verschieden. Beispielsweise fließen in Großstädten r. 80—90% der Niederschläge oberflächlich ab, während z. B. Waldgebiete das Wasser größtenteils festhalten und
eindringen lassen.

Nicht alle Gesteine lassen das Wasser in gleichem Maße in den Boden
einsickern. Es gibt vielmehr *durchlässige* bzw. *wenig durchlässige* Gesteine
(sog. „Wasserführer" oder „Wasserleiter") sowie *undurchlässige* Gesteine
(sog. „Wasserstauer").

Durchlässig sind lockere Gesteine, wie Sande, Kiese, Sandsteine und zerklüftete
Gesteine, und zwar um so stärker, je gröber das Korn ist. *Wenig oder schwerdurch-
lässig* sind feiner Sand, Mergel und Lehm. *Undurchlässig* sind Tongesteine ohne
wesentliche Spalten und Poren, dichte Kalke, Quarzite und Letten sowie die nicht

zerklüfteten Massen- und kristallinen Gesteine.

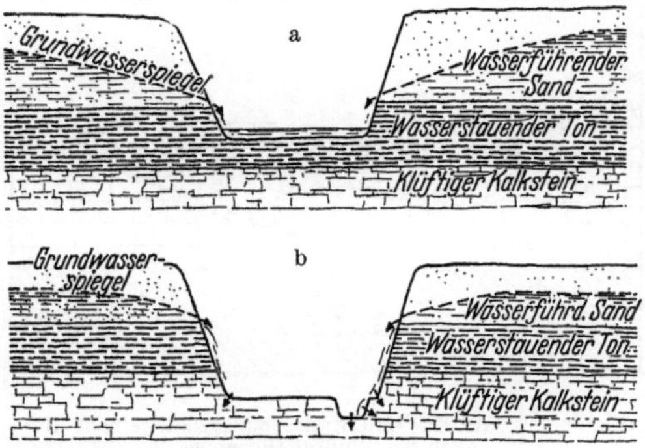

Die Durchlässigkeit der Gesteine ist neben der Körnigkeit
und Klüftigkeit u. a. naturgemäß stark von der Größe der
Gesteinshohlräume abhängig.
Die Summe aller Hohlräume
bezeichnet man als *Porenvolumen*. Dieses ist z. B. bei Sanden recht erheblich.

Würde Sand aus gleichgro-
ßen Kugeln bestehen, so betrüge das Maximum des Poren-
volumens 47,6%. Da aber das
nicht der Fall ist, hängt das
Porenvolumen vorwiegend von
der Art der Packung (Sperrig-

Abb. 95. Unrichtige Anlage einer Baugrube a: Das Grundwasser staut sich auf den undurchlässigen Tonschichten.
Richtige Anlage b: Das Grundwasser verliert sich im klüftigen Kalkstein (Schema)

keit), Gestalt der Körner und dem Bindemittel usw. ab. Im allgemeinen beträgt
der Porenraum lockerer Sande 36—42% — seine Größe ist wichtig wegen mög-
licher Ölführung der Gesteine. Dagegen sinkt er bei festem Sandstein (wegen
± starker Verkittung der einzelnen Quarzkörner) auf 1,5—2%.

Die sehr verschiedenen Eigenschaften der wasserstauenden und wasserleitenden
Schichten sind u. a. auch von Bedeutung für rein bauliche Maßnahmen, z. B. bei
Anlage von Baugruben, Schützengräben (Abb. 95) u. a.

Auch die Schichten des Steinkohlengebirges an der Ruhr bestehen aus
Wasserstauern und *Wasserleitern*. *Grundwasserleiter* sind die mächtigeren
Sandstein- und *Konglomeratbänke* mit ihren Schichtfugen, den zahlreichen

---

[1] lat. vadósus = seicht. — [2] lat. juvenílis = jugendlich.

sich kreuzenden Klüften und dem $\pm$ Porenvolumen. *Grundwasserstauer* stellen dagegen die undurchlässigen *tonigen* Gesteine (Schiefertone und tonige Sandschiefer) dar.

Durch die infolge Abbaus eintretende Zerreißung und Anfahren wasserführender Schichten durch Grubenbaue werden Grundwasserzuflüsse frei.

Im Gegensatz zum *Grundwasser* steht die *Bergfeuchtigkeit*. Man versteht darunter das in den Gesteinen kapillar und in Poren gebundene und von der Zirkulation und Gewinnbarkeit ausgeschlossene Wasser. Seine Menge ist — je nach dem Gefüge der Gesteine — sehr verschieden und beträgt in reinem Quarz weniger als 1%, in der Kreide 20%, im Ton 25%, in der Braunkohle 50% und mehr.

Wie erwähnt, *staut* sich das in den Boden eindringende Wasser auf der nächsten *undurchlässigen* Schicht (Wasserstauer) auf und erfüllt alle Poren und Spalten des Gesteins bis zur oberen, im allgemeinen ebenen Begrenzungsfläche dieser Wasseransammlungen, dem „Grundwasserspiegel".

In Gegenden, in denen die erste wasserstauende Schicht sehr hoch liegt, steht auch der Grundwasserspiegel nur wenige Meter unter der Oberfläche. Dagegen kann er sich in Trockengebieten mit durchlässigen Schichten (klüftigen Kalkgebieten) erst in 50—100 und mehr Meter Tiefe befinden.

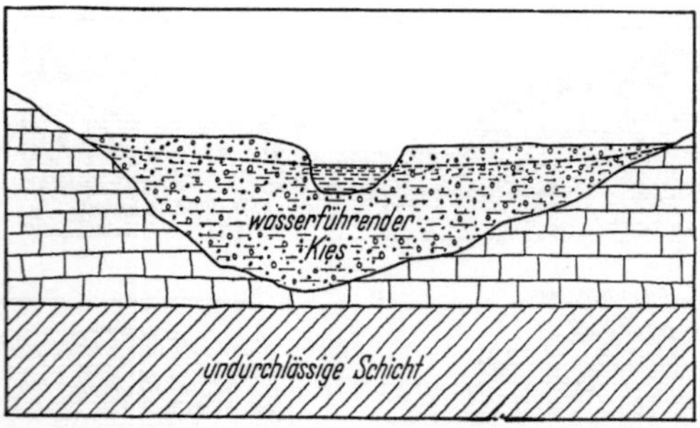

Das Grundwasser ist dem Gesetz der Schwere folgend ständig in Bewegung. Es ist also bestrebt, zu dem tiefsten entwässernden Punkte, vielfach einem Flußtale, abzufließen (Abb. 96).

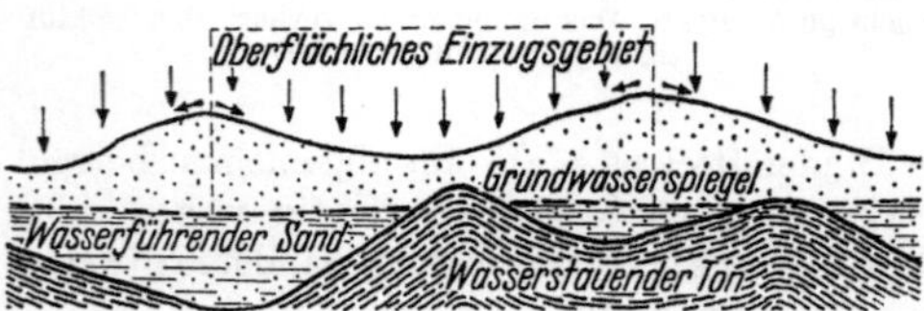

Abb. 96. Verlauf des Grundwasserspiegels in einem kieserfüllten Flußtal (Schema)

Abb. 97. Gegensatz zwischen oberflächlichem und unterirdischem — durch unterirdische Wasserstauer bedingten — Wassereinzugsgebiet

Müssen auf diesem Wege petrographisch verschiedenartige, d. h. mehr oder minder durchlässige Gesteine durchwandert werden, so bleibt der Grundwasserspiegel nicht mehr eben, sondern bildet je nach ihrer Durchlässigkeit eine wellenförmige Oberfläche.

Die Grundwassermengen eines Gebietes sind abhängig von der Höhe der Niederschläge, den klimatischen Sonderverhältnissen, der Größe der Porenvolumen der Speichergesteine und der Art und dem Umfang des „Wassereinzugsgebietes".

Hierbei muß ein *oberflächliches* und ein *unterirdisches Wassereinzugsgebiet* unterschieden werden (Abb. 97). Ersteres ist durch die Oberflächenverhältnisse, letzteres durch die Lage der unterirdischen Grundwasserscheiden bedingt, die sog. „Grundwasserseen" erzeugen.

Entsprechend der Niederschlagshöhe von etwa 70 cm/Jahr im Ruhrbezirk entfallen also allein auf 1 km² r. 700000 m³ Wasser. Von diesen Mengen gelangt freilich nur ein Teil ins Grundwasser.

Das freibewegliche Grundwasser fließt der Schwerkraft bzw. dem Gefälle der aufstauenden Schicht folgend in gleichmäßig ausgebildeten unverfestigten Ge-

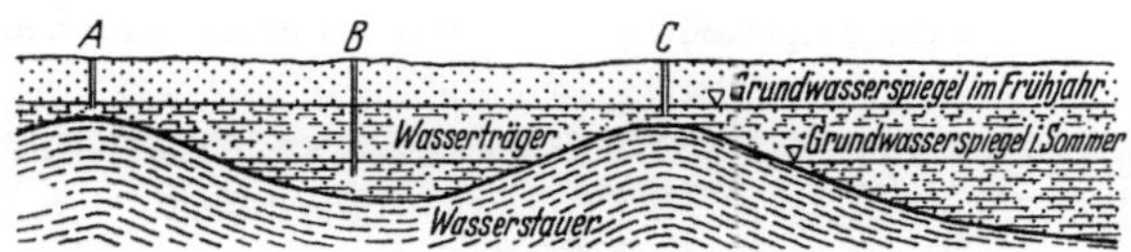

Abb. 98. Unterschiede in der Ergiebigkeit von Brunnen im Frühjahr und im Sommer. Brunnen *A* und *C* stehen im Sommer trocken

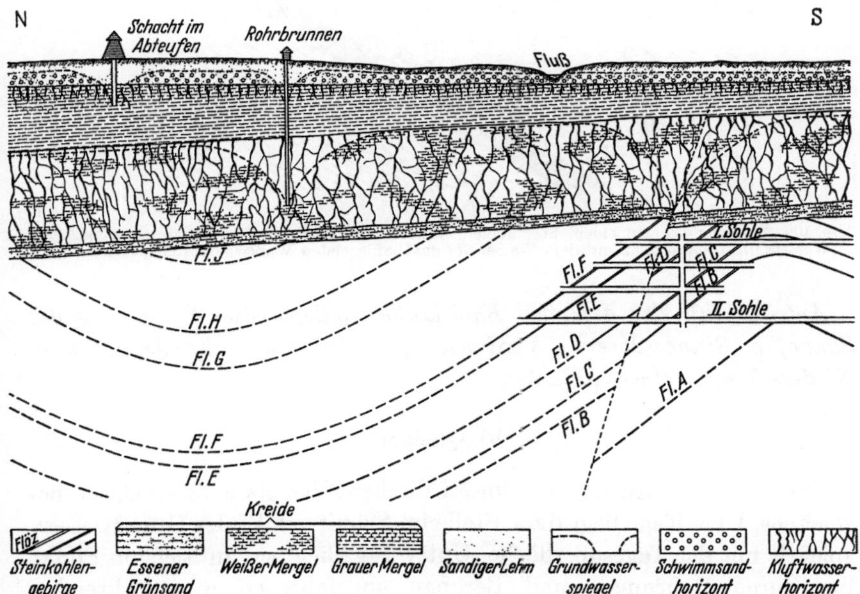

Abb. 99. Schematisches Bild der paraboloidischen Grundwasserabsenkung im Deckgebirge einer westfälischen Steinkohlengrube durch Bergbaubetrieb und durch Einwirkungen von Tage aus. Aus KUKUK 1938

steinen als breiter *Grundwasserstrom*, oder auch in ± breiten Rinnsalen (jedoch nicht in „Adern")[1], langsam dahin (im Sand mit wenigen Metern, im Schotter mit r. 40 m/Tag). Da die Höhe des Grundwassers von der Menge der Niederschläge abhängig ist, kann *der Spiegel* des Grundwassers während des Jahres steigen und fallen, u. zw. unter Umständen *sehr erheblich*, d. h. um mehrere Meter (Abb. 98).

Diese Tatsache ist für den Bergbautreibenden besonders wichtig, weil häufig in Bergbaugebieten sinkende Ergiebigkeiten von Brunnen zu Unrecht dem Bergbau zur Last gelegt werden, während sie auf ganz natürlichen Ursachen beruhen.

---

[1] „Ader" als geologisch-hydrologischer Ausdruck ist ein irreführender Begriff, da es sich meist nicht um schlauchförmige Fluß- oder Sickerwege handelt.

Nachstehend sei noch auf einige Sondererscheinungen hingewiesen. So ist die Brunnenergiebigkeit abhängig von dem Durchteufen eines oder mehrerer Grundwasserleiter. Längerer Pumpbetrieb von Tage aus bzw. ein Wasserdurchbruch in der Grube kann sich nach Abb. 99 auf die Grundwasserspiegel der Grundwasser führenden Deckgebirgsschichten auswirken.

Zum Nachweis der Herkunft im Abbau auftretenden Wassers kann man sich mit Erfolg des in Abb. 100 dargestellten Färbeversuchs mit Uranin bedienen.

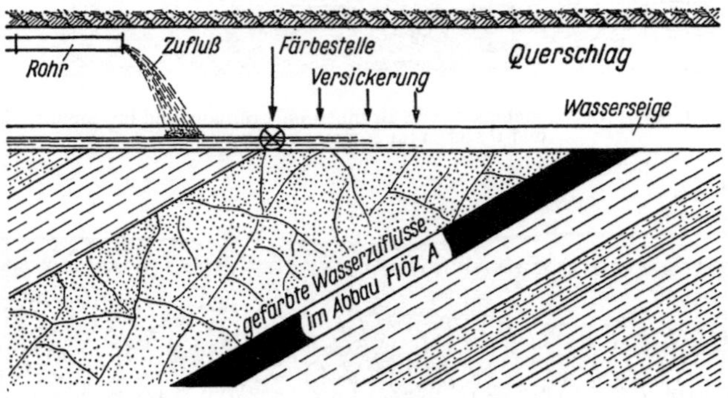

Abb. 100. Färbeversuch auf einem Steinkohlenbergwerk zum Nachweis des Zusammenhanges des Wassers im Abbaubetrieb mit dem Wasser der darüberliegenden Wasserseige (nach Semmler)

Antriebskraft der gesamten Kreislaufbewegungen des Wassers ist die Sonne, im Sinne: Meer — Verdunstung — Aufstieg — Kondensation — Niederschlag — Meer (Abb. 94).

b) Quellen

Der natürliche Austritt des unterirdischen Wassers wird als *Quelle* bezeichnet. Über Tage liegt diese Stelle im Schnittpunkt des Grundwasserspiegels mit der Tagesoberfläche. Unter Tage liegt sie am tiefsten Punkt der durch Bohrungen und Bergbau angefahrenen wasserführenden Zonen.

Viele dieser Quellen führen Mineralsubstanz.

Sie werden als „Heil- und Mineralquellen" bezeichnet, wenn sie mehr als 1 g/kg „gelöste feste Bestandteile" oder mehr als 1 g/kg freie Kohlensäure besitzen.

Je nach der Tiefe, aus der das Wasser aufsteigt, sind die Mineralquellen „*kalt*" (unter 20° C), „*warm*" (über 20° C) oder „*heiß*" (z. B. Gastein mit 41° C, Wiesbaden mit 65,7° C und Aachen mit 73° C). Die Wärme entspricht normalerweise der Tiefe, aus der die Quellen stammen.

Bei den Heil- oder Mineralquellen unterscheidet man u. a.: Säuerlinge (kohlensäurehaltiges Wasser), Solquellen (Kochsalzwässer mit mehr als 1,5% NaCl), Schwefelwässer, eisenhaltige Wässer, sulfatische Wässer, radioaktive (radiumhaltige) Wässer.

Die Quellen sind teils „aufsteigend", teils „absteigend".

Zu den *ersteren* gehören (Abb. 101) *Schichtquellen* (1) — *Überfallquellen* (2) — *Stauquellen* (3) — *Verwerfungsquellen* (4) — *Kluftquellen* (5) — *Zapfquellen* (6).

Die wichtigsten *aufsteigenden* Quellen sind solche, die durch hydrostatischen Druck oder Gasauftrieb bewegt werden. Vorwiegend handelt es sich um sog. *artesische*[1] *Quellen* (Abb. 102).

Sie bilden die Austrittsstellen (artesisch) „gespannter" Wasser, d. h. solcher, bei denen sich infolge Überdeckung durch eine undurchlässige Schicht oder Lagerung zwischen *zwei undurchlässigen* Schichten ein freier Grundwasserspiegel nicht bilden kann. Artesische Quellen bzw. Brunnen sind vielfach besonders wasserergiebig, weil das Wasser hier als gespanntes Wasser unter ± großem Druck austritt (Abb. 102). Dabei ist die Steighöhe dieses Wassers infolge der Reibung etwas geringer als die des freien Grundwasserspiegels des gespannten Wassers.

Alle Quellwasser enthalten *Fremdstoffe*, die vorwiegend den durchflossenen Gesteinen entstammen. Die hauptsächlichsten Stoffe sind *doppelkohlensaurer Kalk* = $Ca(HCO_3)_2$, der sich beim Austritt des Wassers unter Verlust von CO_2 als Kalktuff ($CaCO_3$) abscheidet, ferner *Eisenocker* ($FeO \cdot OH$) infolge Zerlegung von Eisenbikarbonat $Fe(HCO_3)_2$ durch Eisenbakterien sowie Kalk bzw. Magnesiumsulfat und Schwefel. Häufig ist auch ein *Steinsalzgehalt*, der im Ruhrbezirk bis auf 16% steigen kann.

Im Ruhrbezirk unterscheiden wir „Deckgebirgssolen" (mit einem Gehalt an Brom, Jod und Kalium) und daran freie, aber Bariumchlorid

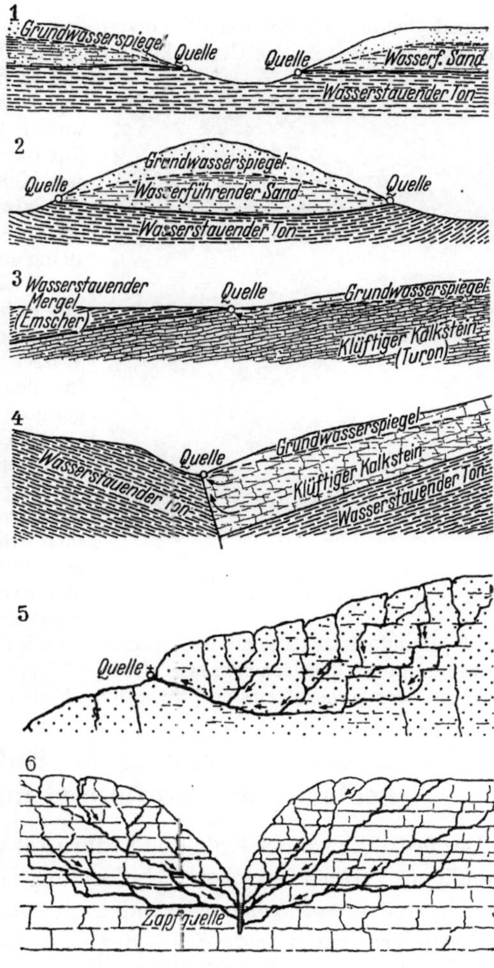

Abb. 101. Verschiedene Arten absteigender Quellen:
1. Schichtquelle, 2. Überfallquelle, 3. Stauquelle,
4. Verwerfungsquelle, 5. Kluftquelle, 6. Zapfquelle

Abb. 102. Artesische Brunnen in einer muldenförmigen
Ablagerung. Wasserführender Sand von stauenden Schichten
über- und unterlagert

---

[1] Nach der französischen Landschaft Artois, wo man sie vor Jahrhunderten zum ersten Male anlegte.

führende echte „Thermalsolen". Letztere können wegen ihrer Wärmeeinwirkung auf das Nebengestein das Grubenklima ungünstig beeinflussen.

Abb. 103.   Artesische Quelle bei Schermbeck
(a. d. Lippe). Aufn. d. Verf.

Der *Bedarf* des Menschen an *Trink- und Gebrauchswasser* wird aus Grundwasser, Quellen oder Brunnen gespeist. Für die Benutzung des Wassers kommt sein Keimgehalt, der Gehalt an Ca- und Mg-Salzen (gemessen nach Härtegraden) — ein deutscher Härtegrad = 10 mg gelöstes CaO in 1 l Wasser — und an Kochsalz NaCl in Betracht. Man unterscheidet „weiche" Wasser (bis 6 deutsche Härtegrade) und „harte" Wasser (über 18 Grad). Letztere sind für den industriellen Gebrauch weniger geeignet.

Die Großstädte decken ihren Bedarf meist aus dem Grundwasser, der je Kopf und Tag (einschließlich des industriellen Verbrauchs) auf 100—200 l angenommen wird, bzw. aus Talsperren. Ein Nachteil des Grundwassers ist sein fast steter Gehalt an Eisen und Mangan, wodurch es bei längerem Stehen trüb, aber nicht gesundheitsschädlich wird. In der Technik der Trinkwassergewinnung wird verunreinigtes Oberflächenwasser durch Chlorgas oder vermittels sog. „biologischer" oder langsamer Sandfilter durch „Bodenbakterien" gereinigt.

B. Die an der Ausformung der Erdoberfläche beteiligten geologischen Kräfte und ihre Wirkungen

Der feste Panzer der Erde (die Erdkruste) war und ist noch heute einer ständigen Veränderung bzw. Umformung unterworfen. Ihre Ursachen sind in den unaufhörlich wirkenden *geologischen* Kräften des Weltalls, insbesondere den *Klimakräften,* der *Anziehung durch Sonne und Mond* sowie in den *organischen Kräften* zu sehen.

Die im Laufe gewaltiger Zeiträume entstandenen großen Veränderungen der Erdoberfläche werden im allgemeinen durch Vergleich mit den zu heutiger Zeit vor unseren Augen sich abspielenden wirksamen Einflüssen erklärt (sog. „aktualistische[1]" Betrachtungsweise). Nicht zu vergessen sei jedoch, daß sich nicht alle geologischen Probleme so lösen lassen, da das die Gegenwart kennzeichnende Zusammenwirken von Faktoren keinen unbedingten Normalzustand früherer geologischer Zeiten darstellt, sondern nur ein Sonderzustand der Jetztzeit ist.

Je nach dem Sitz dieser Kräfte in der Atmosphäre oder im Innern der Erde unterscheidet man einmal von *außen* („exogen")[2] und ferner von *innen* („endogen")[3] heraus wirkende Kräfte. Eine scharfe Grenze läßt sich hier nicht ziehen.

---

[1] franz. actuel = jetzig. — [2] gr. exós = außen, génesis = Entstehung.
[3] gr. endós = innen.

1. Die äußeren (exogenen) Kräfte

Die außenbürtigen (exogenen) Kräfte gehen letzten Endes auf die Einwirkung der Sonne bzw. des Mondes zurück. Sie hängen naturgemäß eng mit der die feste Kruste umspülenden Wasser- und Lufthülle zusammen. Das Endziel dieser an einer Umgestaltung der Erdoberfläche arbeitenden Kräfte ist der *Ausgleich aller Unregelmäßigkeiten der Oberfläche.*

Ihnen wirken die *innenbürtigen* (endogenen) Kräfte, wie Vulkanausbrüche, Erdbeben, aufsteigende Gebirge und weitspannige Krustenverbiegungen ständig entgegen.

Da die äußeren Kräfte einerseits die Gebirge einebnen, andererseits das gestörte Gesteinsmaterial an besonderen Stellen wieder absetzen, erscheinen sie teils als *zerstörende*, teils als *aufbauende* Kräfte.

Die *zerstörenden* Wirkungen treten zunächst in der *Verwitterung* der Gesteine sichtbar in Erscheinung. Fließendes Wasser, Eis und Wind führen dann unter Mitwirkung der Schwerkraft das aufgelockerte Gesteinsmaterial in Form von Schlammströmen und Bergrutschen, als Moränenschutt oder Wanderdünen aus dem Abtragungsraum weg.

Die *aufbauenden* Kräfte äußern sich u. a. im Wiederabsatz des lockeren Gesteinsmaterials an anderer Stelle, und zwar besonders im Meere, in Süßwasserbecken oder in Wüsten, wo es durch verschiedene Einwirkungen schließlich wieder zu *festen Gesteinen* (neuen Sedimenten) verkittet wird.

Betrachten wir daraufhin das Antlitz der Erde.

a) Allgemeine Wirkungen der Verwitterung

Von allen Kräften, die das Oberflächenbild der Erde beeinflußt haben, ist nach dem Ergebnis der geologischen Forschung die *allgemeine Verwitterung* die am stetigsten wirkende Kraft (Abb. 104). Sie reicht auch am tiefsten, obwohl sie nach außen nicht immer in vollem Ausmaße in Erscheinung tritt.

Abb. 104. Verwitterungsbild aus den Dolomiten. Zu beachten die hochgradige ältere Abwitterung der horizontal gelagerten Bänke und die jüngere Verwitterung durch Gesteinszerfall und Abführung des Gesteinsschuttes

Bei der Verwitterung kann man von einer *physikalischen, chemischen* und einer *organischen Verwitterung* sprechen, wenn sich auch ihre Wirkungen häufig derart überschneiden, daß die Einzeläußerungen kaum noch voneinander zu trennen sind. Jedenfalls unterliegen ihren Gesamtkräften allmählich *alle* Gesteine, wenn auch in sehr verschiedenem Grade und nach sehr verschiedener Dauer.

Selbst scheinbar unlösliche Gesteine, wie Quarz, Silikate und Eruptivgesteine werden allmählich zerstört. Sogar ganze Gebirge können hierdurch im Laufe der Zeit der Abtragung anheimfallen (Abb. 105).

Abb. 105. Sattelaufwölbung ehemals horizontal abgelagerter Schichten, die durch Erosion zum Teil wieder abgetragen und im Kern freigelegt sind (Flugzeugaufnahme), Sheep Mountain in Wyoming (USA)

Sehr augenfällig zeigt sich die Gesamtheit der Verwitterungserscheinungen im Auftreten harter Gesteinsmauern aus weichem Hüllgestein, wie z. B. der bekannte bayerische „Pfahl", der in einer Länge von r. 150 km als mauerartige Rippe im Gelände herausragt, weiter der „böhmische Pfahl" (Abb. 106) und die harten „Porphyrklippen der Bruchhauser Steine" bei Brilon.

Die *physikalische* (bzw. mechanische) *Verwitterung* wird meist durch kleine Risse und Klüfte eingeleitet und durch Zerlegung in Bänke, Blöcke (Abb. 107), Brocken, Körner und Grus fortgeführt. Diese Vorgänge werden durch die vielfach vorher nicht sichtbaren Schichtfugen, Eintrocknungs- sowie Abkühlungsflächen unterstützt. Dazu treten noch die durch Sprengwirkungen des *Spaltenfrostes* (s. weiter unten) hervorgerufenen Gesteinszerstörungen.

Bedeutsam ist auch die vornehmlich in den Tropen durch *Sonnenbestrahlung* („Insolation")[1] hervorgerufene Gesteinszerstörung infolge raschen Wechsels zwischen stärkster Erhitzung bei Tage und großer nächtlicher Abkühlung.

Abb. 106. Herausgewitterte Quarzrippe, sog. „Böhmischer Pfahl". Aufn. d. Verf.

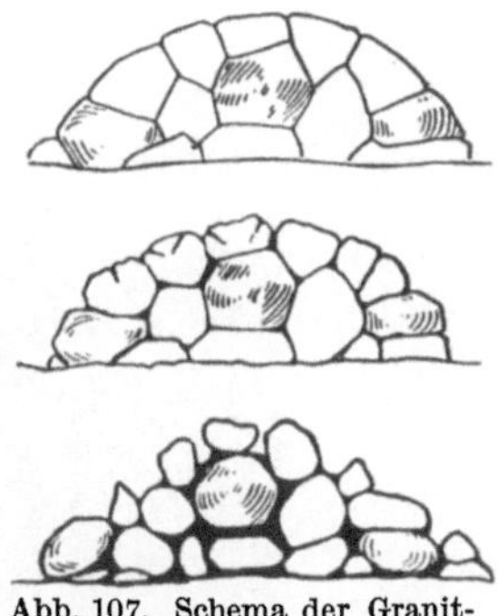

Abb. 107. Schema der Granitverwitterung unter Auflösung in Blöcke (in drei Stadien)

Hierbei wird durch den Unterschied in den Ausdehnungskoeffizienten der einzelnen Minerale innerhalb der bei Tage erhitzten und bei Nacht und durch Gewitterregen wieder abgekühlten Gesteine ein ständiger gesteinszerstörender Spannungsausgleich erzeugt. Er äußert sich u. a. in Form von glatten Trennflächen (sog. „Kernsprüngen") (Abb. 108), Glättung durch „Abschuppungen" (Abb. 109), Herausbildung von „Kugelblöcken" (Abb. 110).

Abb. 108. Durch „Insolation" in drei Teile gespaltener Granitblock. Schneekoppe (Riesengebirge) Aufn. d. Verf.

Von ebenso großer Bedeutung ist die *chemische Verwitterung* der Gesteine. Diese Lösungsverwitterung führt die durch physikalische Vor-

---

[1] lat. insoláre = bestrahlen.

gänge begonnene Zerlegung der Gesteine durch tiefgründige Zersetzung infolge von Oxydations- und Reduktionsvorgängen sowie seitens der an chemisch wirksamen Bestandteilen (Sauerstoff und Kohlensäure) reichen Wässer bis zur völligen Zerstörung der Gesteine (sog. Korrosion)[1] fort.

Abb. 109. Durch Abschuppung geglättetes Granitmassiv. Spitzkopje (SWA)

Abb. 110. Verwitterung des Granits zu Kugelblöcken. In der Mitte ein Wackelstein.
Seapoint bei Kapstadt

So werden aus Tonschiefern tonige Böden, aus festem Sandstein oder Granit lockere Sande oder Grus, aus gewissen Graniten Kaolintone, aus basischen Eruptivgesteinen Serpentine u. a.

Die *chemische* Verwitterung bewirkt u. a., daß aus den bei der Zersetzung der gesteinsbildenden Minerale zurückbleibenden kalihaltigen und wasserführenden Tonerde- und Magnesiasilikaten z. T. *Kolloide* (leimartige Lösungen von Stoffen in allerfeinster Verteilung), die sog. „*Sole*", werden. Sie bilden bei Entwässerung oder Ausflockung (Koagulation)[2] eine gallertartige Masse, das sog. „Gel", das aus amorphem Zustand allmählich in eine kryptokristalline Form übergehen kann.

[1] lat. corródere = zernagen. — [2] koaguláre = gerinnen.

Das Ausmaß der Verwitterung ist in erheblichem Umfange klimatisch bedingt, d. h. es hängt sehr davon ab, ob die Verwitterungsvorgänge in regen- und vegetationsarmen *Trockengebieten* (sog. „ariden"[1] Zonen), wo die Verdunstung überwiegt, in vegetationsreichen *Feuchtgebieten* (sog. „humiden"[2] Zonen) der Erde, wo Niederschlag größer als Verdunstung ist, oder in schneereichen (sog. „nivalen")[3] Klimabereichen vor sich geht.

Für *tropische* bis feuchte Klimazonen ist z. B. die Entstehung der ziegelroten, eisenoxydreichen, oberflächlichen „Lateritverwitterung"[4] (Roterde), die Bildung der „Bauxitvorkommen" (s. S. 211), der „Verkieselungserscheinungen", des „Gesteinszerfalls" (Abb. 111) und weiter der nicht seltenen Sonderformen der „Pilzfelsen" (Abb. 165) und „Wackelsteine" (Abb. 110) besonders

Abb. 111. Zerfall kugelschaliger Diabasblöcke in der Namibwüste (SWA)

kennzeichnend. Demgegenüber werden in *humiden* Gebieten durch chemische Verwitterungsvorgänge u. a. verschiedenartige *Böden* erzeugt.

Den *humiden* wie *ariden* Gebieten gemeinsam sind Erscheinungen der netz- oder gitterförmigen Reliefs an Felsenwänden, Quadern, Säulen und Bastionen im Gebirge.

Die *nivalen* Gebiete sind u. a. gekennzeichnet durch die sog. „Brodel- und Polygonböden" und die eiszeitlichen „Bändertone".

Aber auch die *organischen* Kräfte spielen eine Rolle (sog. *biologische* Verwitterung). Neben der unmittelbaren Wirkung organischer Säuren vermitteln sie die Bildung des „*Bodens*" bzw. die ständige Veränderung der Ackerkrume. Dabei beteiligen sich die *Lebewesen* (Pflanzen und Tiere) sowohl mechanisch-physikalisch als chemisch an der Verwitterung, d. h. an der Zerstörung der Gesteine.

Ihre Mitwirkung vollzieht sich, indem Wurzeln in die Gesteinsspalten eindringen und durch ihren Wachstumsdruck an Absprengungen kleinster Gesteinsstücke teilnehmen und dem Wasser sowie dem Spaltenfrost die Wege bereiten. Algen, Flechten und Moose bearbeiten durch Ausscheiden von Säuren den nackten Felsen, während riesige Mengen von Spaltpilzen und Bodenbakterien (Salpeterbakterien) durch ihre Lebensbetätigungen die organischen Bodenbestandteile zerlegen und neue Verbindungen bilden. So verarbeiten sie schädlichen Ammoniak zu einem für die Pflanze verdaulichen Stickstoff, wobei die bei der Zersetzung der Pflanzen entstehenden Säuren (Humus- und Kohlensäure) die Bodenbestandteile weiter verändern.

Auch die Tiere haben wesentlichen Anteil an der Umgestaltung des Bodens. Mäuse, Maulwürfe und Engerlinge u. a., insbesondere aber die Regenwürmer,

---

[1] lat. áridus = trocken. — [2] lat. húmidus = feucht.
[3] lat. nívis = Schnee. — [4] lat. láter = roter Ziegelstein.

wühlen den Boden um und tragen im Laufe der Zeit zu seiner Auflockerung (sog. „Krümelstruktur") bei[1].

Endergebnisse der *Verwitterung* ist die Bildung des *Bodens* (Humusbodens) (Abb. 112) als Grundlage des Acker- und Waldbaus.

Abb. 112. Verwitterung von Basalt zu Humusboden. Vogelsberggebiet. Aufn. d. Verf.

Auf die Verwitterung zu Tage ausstreichender *Mineralvorkommen* kann hier nur hingewiesen werden. Sie spielt sich meist unter chemischer Umwandlung und starker Farbveränderung des Gesteins ab.

b) Sonderwirkungen des Wassers

Die wichtigsten, gleichzeitig aber auch augenfälligsten Erscheinungen der allgemeinen Geologie sind die *Sonderwirkungen* des einen ewigen Kreislauf (s. Abb. 94) beschreibenden atmosphärischen *Wassers*.

Die Tätigkeit des Wassers vollzieht sich nach drei Richtungen, und zwar der **Zerstörung** von Gebirgsteilen, der **Fortführung** des entstandenen Gesteinschutts und seiner **Wiederablagerung** (Sedimentation) *an anderer Stelle*.

Die Zerstörung der Gesteine an der Erdoberfläche durch das *Wasser* (die teilweise mit den allgemeinen Verwitterungsvorgängen zusammenfällt) kann auf verschiedene Weise erfolgen, und zwar vorwiegend *chemisch* und *physikalisch-mechanisch*.

α) *Chemische Wirkungen des Wassers*

Bei seinem Einsinken auf Klüften und dem Verlauf durch die Erdschichten löst das Wasser sowohl an der Erdoberfläche als in der Tiefe

---

[1] Schließlich ist auch der *Mensch* an der Umbildung der Oberflächenschichten maßgeblich beteiligt. Er legt Meere und Sümpfe trocken, macht den Boden urbar, verbindet Länder durch Kanäle, trägt Berge ab, ebnet ein und entnimmt dem Boden die mit ihm verwachsenen nutzbaren Lagerstätten usw. Sein Einfluß auf den Boden ist viel größer als gemeinhin angenommen wird.

viele Stoffe auf, führt sie weg und verändert u. U. die Beschaffenheit des von ihm durchflossenen Gesteinskörpers.

Hierdurch entstehen innerhalb der löslichen Gesteine (wie Steinsalz, Salpeter und Gips) ± große Hohlräume, wie die sog. „Schlotten" im Deckgebirge des Mans-

Abb. 113. Erdfälle über dem abgelaugten Salzstock von Suria (Spanien). Aufn. d. Verf.

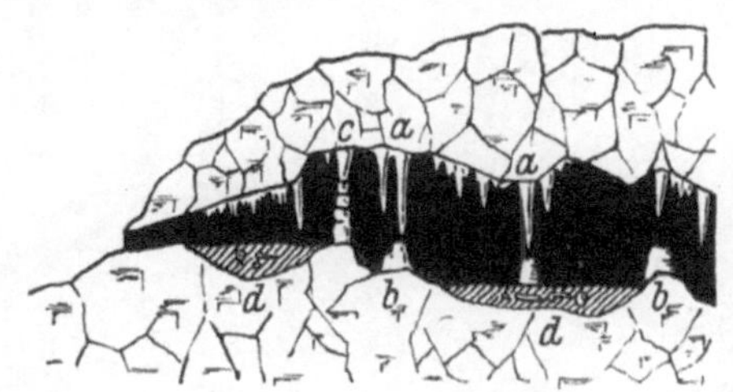

Abb. 114. Schematisches Bild einer Tropfsteinhöhle im Kalkgebirge mit Stalaktiten (a), Stalagmiten (b), Säulen (c) und Höhlenlehm mit Knochen diluvialer Säugetiere (d)

felder Kupferschiefers. Sie können u. U. später beim Zusammenbruch der Deckschichten an der Oberfläche als deutlich sichtbare „Erdfälle" (Abb. 113) in Erscheinung treten.

Anderer Natur sind die Einwirkungen des kohlensäurehaltigen Sickerwassers durch Auflösung des Gesteins im Kalkgebirge. Die bekanntesten Erscheinungen stellen die „Höhlen" dar, die sich, mindestens z. T. besonders in tektonisch gestörten Kalkgebieten, durch die mechanische und chemische Tätigkeit unterirdischer Höhlenflüsse herausbilden.

Auf diesem Wege geht Kalkstein als doppelkohlensaurer Kalk[1] in Lösung ($CaCO_3 + H_2O + CO_2 = CaH_2(CO_3)_2$). Der weggeführte Kalk wird bei Berührung mit der Luft durch langsames Verdunsten der Sickerwässer und Entweichen der Kohlensäure an anderen Stellen der Höhle wieder als einfach kohlensaurer Kalk in Form von „Tropfstein" (Kalksinter) abgesetzt (Abb. 114).

---

[1] Ein Teil Kalk auf 1000 Teile Wasser.

Hierbei bilden sich die zapfenartig von oben herabhängenden zierlichen „Stalaktiten"[1] und die ihnen von unten entgegenwachsenden plumpen „Stalagmiten"[2], ferner die „Säulen" sowie die „Vorhänge" (Kalksinterkrusten) längs von Klüften (Abb. 114).

Ich erinnere hier nur an die zahlreichen Höhlen im devonischen Massenkalk Westfalens, wie die „Dechenhöhle" (Abb. 115), die „Sundwiger Höhle", die „Attendorner Höhle", die „Hönnetaler Höhlen" u. a.

Abb. 115. Reiche Tropfsteinbildungen in der Dechenhöhle (Westfalen). Aus KUKUK 1938

Dabei kommt es im Kalkgebirge teils durch Wegführen des kohlensauren Kalkes und Anreichern der kohlensauren Magnesia, teils auch durch Aufstieg $MgCO_3$-haltiger Lösungen auf Klüften aus der Tiefe an vielen Stellen (vorwiegend längs von Spalten) zur Umwandlung in „Dolomit".

Durch die auflösende Wirkung mit Kohlensäure beladener Regen- bzw. Schneeschmelzwässer von Kalkgestein (Abb. 116), Gips oder Salz entstehen häufig u. a. auf der geneigten Gesteinsoberfläche „Verkarstungserscheinungen": Furchen bzw. Regenrillen. Die meist an vegetationsarmen Hängen herausgearbeiteten Bildungen

---

[1] gr. stalaktós = tröpfelnd. — [2] gr. stálagma = Tropfen.

zeigen bisweilen ± parallel zueinander verlaufende, bis mehrere Meter tiefe Rillen
mit dazwischen stehengebliebenen, oft scharfgekanteten Rippen oder Graten. Sie
werden als „Schratten"[1] oder
„Karren" bezeichnet (Abb. 117).

In enger Beziehung zu diesen
Lösungsvorgängen stehen die sog.
„Dolinen"[2], d. h. trog- oder trom-
petenförmige Einsturztrichter der
Karstgebiete über oberflächennahen Höhlen. Diese vielfach mit
dem Lösungsrückstand des Kalkes
(„terra rossa")[3] gefüllten Senken
sind auch in Kalkgebieten des
Sauerlandes, wie z. B. im Felsen-
meer bei Sundwig und im Bergischen Lande, keine Seltenheit.

Ähnliche Ursachen liegen den
„geologischen Orgeln" und „Naturschächten" im Kalkgebirge zugrunde.

Wirtschaftlich haben die Orgeln

Abb. 116. Beginnende „Karrenbildung" auf einem
faustgroßen Kalkbrocken. Aufn. d. Verf.

örtlich dadurch Bedeutung gewonnen, daß sich vielfach in ihnen nutzbare Lagerstätten (Blei-, Zink- und Eisenerze metasomatischer Natur) abgesetzt haben. Von

Abb. 117. Fortgeschrittene Karrenbildung auf der Reiteralpe bei Reichenhall. (Aufn. E. Baumann)

wissenschaftlichem Interesse sind die in den „Naturschächten" der Kohlengrube
von Bernissart (in Belgien) erschlossenen Funde von Resten großer Kreidesaurier
(Iguanodonten).

---

[1] Nach alter unklarer Vorstellung von Schratten = Dämonen.
[2] slow. dólina = Trichterloch. — [3] ital. = rote Erde.

β) *Mechanische Wirkungen des Oberflächenwassers*

Die größte Bedeutung für die Herausarbeitung der Oberflächenformen kommt den rein *mechanischen* Wirkungen des oberflächlich fließenden Wassers zu. Sie äußern sich vornehmlich in der linearen *Zertalung (Erosion*[1]) fast ebener Oberflächengebiete, d. h. in dem Herausbilden zahlloser, stellenweise immer tiefer und breiter werdender Talrinnen (Längs- und Quertäler), ferner in der flächenhaften *Abtragung* des Landes durch das Meer (marine *Abrasion*) und auch in der *Einebnung* oberflächlicher Unregelmäßigkeiten (*Denudation*).

Abb. 118. Seitenschlucht des Grand Canyon (USA). Zeigt die charakteristische Erosionsform der Schichten des Colorado-Plateaus in allen Einzelheiten (nach GHEYSELINCK)

Taleinschneidende Tätigkeit (Erosion). Es erhellt ohne weiteres, daß die lebendige einschneidende Kraft des Wassers eine Funktion seiner Menge und seines Gefälles ist. Je größer diese sind, desto stärker ist auch die Stoßkraft des Wassers bzw. die Schnelligkeit, mit der der Fluß sich in das Gestein hineinarbeitet. Hierbei wirkt das Wasser des Flusses gleich einer „Säge“, deren Sägezähne die vom Wasser mitgeführten Gerölle bilden.

Gestalt und Lage der dadurch entstehenden Erosionstäler ist abhängig von der Härte des Gesteins, der Schichtung und Durchlässigkeit sowie von den klima-

---

[1] lat. eródere = ausnagen.

Abb. 119. Erosionsrinne im Fluß-
oberlauf. Breitachklamm bei
Oberstdorf.   Aufn. d. Verf.

Abb. 120. Tiefenerosionsschlucht im Oberlauf des Yellowstone Flusses im Nationalpark (USA).   Aufn. d. Verf.

tischen Verhältnissen (Abb. 118).
In hartem Gestein sind die Täler
tief und eng (Abb. 119), in weichen Schichten flach und breit
(Abb. 120). Besonders augenfällig wird das V-förmige Einsägen eines Flusses bei Wasser-
fällen, die infolge ihres Rück-
schreitens langsam talaufwärts
wandern.

Eines der bekanntesten Beispiele ist der „Niagarafall" in
Amerika (Abb. 121 u. 122), der
sich seit Ende der letzten Eiszeit
eine Schlucht von r. 10,5 km
nach rückwärts geschaffen hat[1].

Bemerkenswerterweise ist die
Lage der Täler und Berge nicht

---

[1] Bei einem Rückschritt von
etwa 0,8 m je Jahr ist die
Schlucht in etwa 13000 Jahren
entstanden. Diese Zahl ist auch
ein Maßstab für die seit Abschmelzen der Gletscher verflos-
sene Zeit.

Abb. 121. Niagarawasserfall (American and Horseshoe
Fall), r. 52 m hoch

unmittelbar von dem tektonischen Aufbau des Gebirges, sondern vorwiegend von der Härte seiner Gesteine abhängig. Daher können Täler ebensogut in tektonischen Sätteln wie in Mulden entstehen.

Abb. 122. Schnitt durch den Niagarafall, zeigt die Aushöhlung der weichen Niagaramergel (2) und des Medinasandsteins (4) unter dem harten Niagarakalk (1). Nach KAYSER

Die Wirkungen des fließenden Wassers zeigen sich am klarsten beim Verfolg eines im Gebirge entspringenden Flußlaufes bis zu seiner Mündung ins Meer.

Hier lassen sich *drei* Stufen unterscheiden: Im *Oberlauf* schneidet sich der Fluß infolge der großen Stoßkraft des schnellfließenden Wassers in Verbindung mit dem Fortführen groben Schutts tief in das Gebirge ein. Die harten Gesteinsbrocken werden zu „Geröllen". Sie erzeugen durch die drehende Kraft des wirbelnden Wassers im Untergrunde „Auskolkungen" und „Strudellöcher" (Abb. 123), so daß sich beim Durchsägen der Zwischenwände allmählich das Flußbett vertieft. Schließlich können die bekannten malerischen und steil-

Abb. 123. Erosionsschlucht mit Auskolkungen im Gneis des Verzascatales bei Locarno (Schweiz)

wandigen Schluchten, sog. „Canons"[1] oder „Klamms", entstehen, wie die bekannte Partnachklamm bei Partenkirchen, die Breitachklamm bei Oberstdorf und der Grand Canyon in Colorado (Abb. 118).

---

[1] span. cañon = Röhre (schluchtförmiges Erosionstal).

Im *Mittellauf* gräbt sich der Fluß infolge verminderter Geschwindigkeit nur noch unerheblich in den Untergrund ein, *schüttet* aber *auf* und verbreitert sein Bett, befördert das Geröllmaterial aus dem Oberlauf langsam abwärts und schneidet sich allmählich wieder ein (Abb. 124).

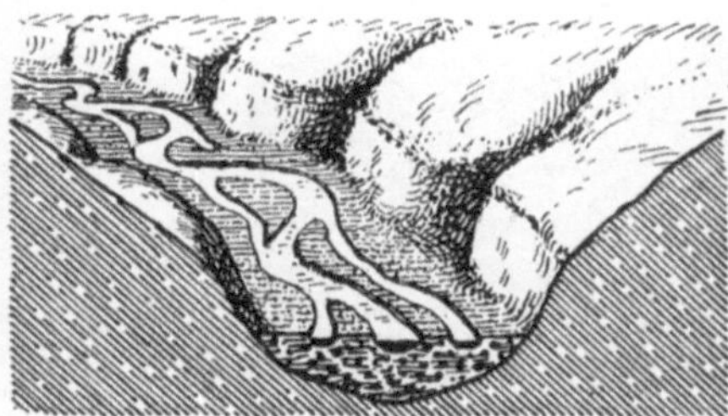

Abb. 124. Erosive Talbildung im Fluß-Mittellauf

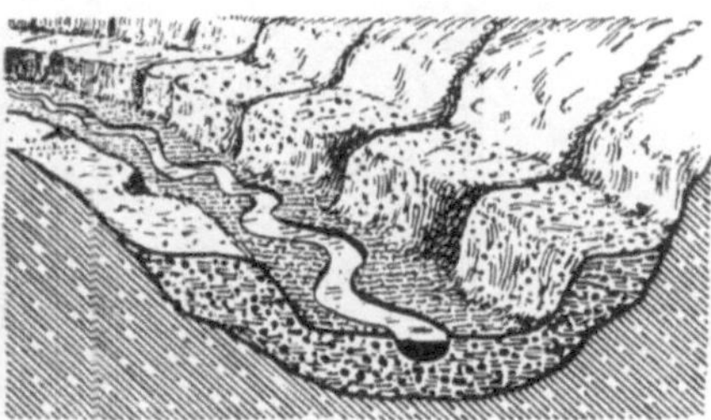

Abb. 125. Schotterterrassenbildung im Fluß-Unterlauf

Abb. 126. Mäandrierender (langsam in Schlingen fließender) Fluß im Vorland des Yellowstonepark- gebietes. Aufn. d. Verf.

Im *Unterlauf* erzeugt der Fluß durch erneutes Einsägen in seine Aufschüttung beim Aufsteigen des Gebirges im Oberlaufe auf beiden Seiten die sog. „Terrassen" (Abb. 125). Wiederholt sich die durch Niveauveränderungen bedingte Verlagerung der Einschnittsgrundfläche sowie die *Auf- schotterung* zeitlich einige Male, so entstehen mehrere „Flußterrassen" als Beweis für die verschiedenen ehemaligen Höhenlagen des Flusses. Jede ist um so älter je höher sie liegt. Schließlich nimmt die Transportkraft des Flusses derart ab, daß er gezwungen ist, sein Gesteinsmaterial (Kies, Sand u. a.) ab- zusetzen.

Bei besonders träg fließenden Flüssen kommt es auch noch zur Bildung von Flußwindungen, sog. „mäandrischen"[1] Krümmungen des Fluß- laufes (Abb. 126).

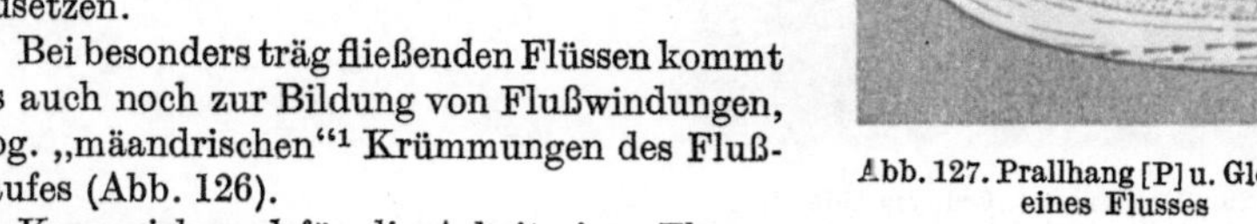

Abb. 127. Prallhang [P] u. Gleithang [G] eines Flusses

Kennzeichnend für die Arbeit eines Flusses ist das ausgenagte *Steilufer* (Prallhang) [P] an der Außenseite der Flußkurve und das angelagerte *Schwemmland* (Gleithang) [G] auf deren Innenseite (Abb. 127).

[1] lat. maeánder = gewundener Fluß.

Das fließende Wasser hat aber auch eine sehr wichtige *aufbauende* Tätigkeit. Mündet z. B. der Fluß unmittelbar in einen See oder in das Meer, so lagert er beim

Abb. 128. Vorgeschobenes Fächerdelta des Maggiaflusses im Lago Maggiore bei Locarno (Schweiz)

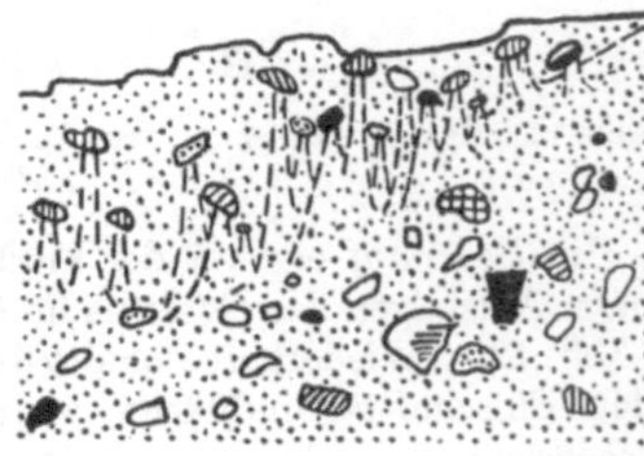

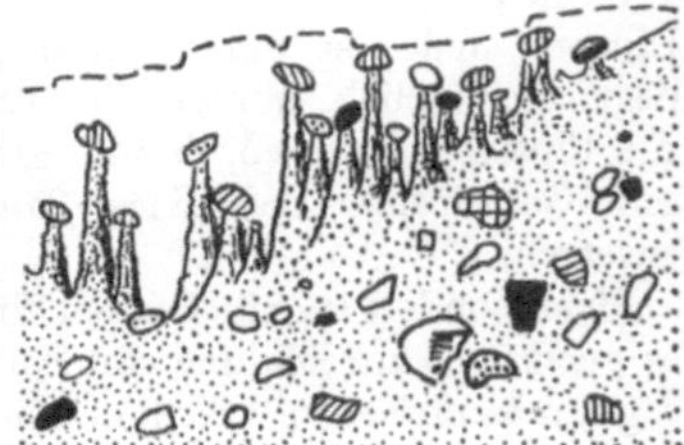

Abb. 129. Erdpfeiler („Erdpyramiden")
aus blockreichem Geschiebelehm herausgewaschen.
Am Ritten bei Bozen (Tirol)

Abb. 130. Schematische Darstellung
der Entstehung von Erdpyramiden

Erlahmen seiner Schleppkraft die mitgeführten Schuttmassen auf flach geneigter Ebene im weiten Umkreis der Mündung in der Reihenfolge von schweren zu leichten

Geröllen als mächtige *Schuttdelten* ab. Ihre Stirn rückt immer weiter ins Wasser vor (Abb. 128).

So landete der Po in r. 20 Jahren ein Delta von etwa 10 qkm an. Ähnliche Delten bildeten die Rhone, der Mississippi, der Nil, der Ganges, der Hoangho u. v. a.

Bei Einmündung eines schuttführenden Flußlaufes quer zum Verlauf eines schmalen Seebeckens kann es durch Absatz des Materials zur Herausbildung von zwei Einzelseen kommen, wie sie z. B. der Lütschinebach im Thuner und Brienzer See (Schweiz) schuf.

Im nachstehenden gewinnen wir eine Vorstellung von der gewaltigen Menge des jahrein jahraus von Flüssen in Form von Schwemmfächern ins Meer beförderten lockeren Materials. So sollen in einem Jahr an Schlamm (Festlandschutt) absetzen der:

$$\text{Rhein} \ldots\ldots\ldots \text{ r. } \quad 4\,500\,000 \text{ cbm}$$
$$\text{Hoangho} \ldots\ldots \text{ r. } \quad 475\,000\,000 \text{ cbm}$$
$$\text{Amazonas} \ldots\ldots \text{ r. } 1\,100\,000\,000 \text{ cbm}$$

Allein die durch den Rhein in einem Jahre ins Meer abgeführte Gesteinsmenge entspricht einem Würfel von r. 165 m Kantenlänge.

Hierbei sei an die Bedeutung der großen Sammelmulden (Geosynklinalen) vor den aufsteigenden Gebirgen für die Aufnahme des Gesteinsschutts erinnert.

Eigenartige Kleinformen der Erosion stellen die bekannten, bis 20 m hohen *Erdpyramiden* dar, die besonders schön am Ritten bei Bozen entwickelt sind (Abb. 129).

Es handelt sich um spitze und hohe, durch größere Gesteinsblöcke (Decksteine) gekrönte „Erdpfeiler" aus zusammenhängendem lockerem Geschiebelehm, die durch fließendes Wasser (Regen) herausgearbeitet wurden. Die Decksteine haben die Säulen vor der Abspülung geschützt (Abb. 130).

Wirkung der Meeresbrandung (Abrasion)[1]. Von hervorragendem Einfluß auf die Gestaltung der Küste und anschließender Landgebiete ist die Tätigkeit der brandenden Meereswogen durch Vordringen des zusammenhängenden Meeres (sog. „Abrasion"). Hierbei wirkt sowohl die Kraft der Meereswogen als der Angriff der der Küste vorgelagerten und durch die Wellen bewegten Gesteinstrümmer auf diese.

Die Wirkung des Meeres setzt vielfach mit der Herausbildung einer „Brandungshohlkehle" (Abb. 131) ein. Je nach der Beschaffenheit des Gesteins kommt es dabei nicht selten zu merkwürdigen anderen Bildungen wie Felsentoren (Abb. 133), Grotten, Felsnadeln (Abb. 134), Prielrinnen im Wattenschlick (Abb. 135) u. a. Im Laufe der Zeit kann die gesamte Steilküste landeinwärts rücken, wodurch eine selbstgeschaffene *Strand-* oder *Küstenterrasse* („Abrasionsterrasse") entsteht (Abb. 132). Gleichzeitige Senkung des Landes unter den Meeresspiegel[2] beschleunigt diese Vorgänge. Hierbei stößt das Meer auf der flach ansteigenden Abrasionsebene immer weiter ins Land vor: es *transgrediert* bzw. „ingrediert" und

---

[1] lat. abrásio = Abkratzung.

[2] Der Spiegel des Meeres hat nicht immer die gleiche Höhe. So soll u. a. der Meeresspiegel in den letzten 20000 Jahren infolge Abschmelzen des Inlandeises um 100 m angestiegen sein. Höhenmessungen (von Gebirgen u. a.) werden daher nicht auf den Meeresspiegel, sondern auf Normal-Null (NN), d. h. auf eine in der Nähe von Hoppegarten bei Berlin eingemessene Fläche 37 m über der Lage des Mittelwassers deutscher Meere bezogen.

lagert dabei unter Aufarbeitung des zerstörten Anstehenden und Verkittung seiner Bruchstücke eine neue Schicht (ein „Transgressionskonglomerat") ab, wie wir es z..B. an der Basis des Zechsteins und der cenomanen Kreide im Ruhrbezirk beobachten. Die Wirkungen der brandenden Meereswoge gehen abgesehen von Wind und Meeresströmungen in erster Linie auf die Gezeiten zurück.

Abb. 131. Durch Meeresbrandung hervorgerufene Hohlkehle im Buntsandstein der Küste Helgolands

Abb. 132. Abrasionsebene auf Helgoland bei Springniedrigwasser freigelegt

Abb. 133. In der Brandungszone entstandenes Felsentor. Bogenfels bei Pomona (SWA)

Allgemeine Landerniedrigung (Denudation)[1]. Die an einer Freilegung der Festlandoberfläche durch Verwitterung bzw. flächenhaften Erniedrigung der Geländeformen beteiligten Abtragungskräfte werden unter dem Begriff der *Denudation* zusammengefaßt. Ihr. Endziel ist die Einebnung von Hochflächen zu Rumpfflächen, sog. *Fastebenen* (Peneplains)[2]. Sie erfolgt durch die zwar langsam, aber pausenlos fortschreitende Ausräumung und Wegführung des verwitterten Gebirgsschuttes durch Regen, Eis und Wind.

Hierbei setzt sich das Gesteinsmaterial zunächst am Fuß des Gebirges wieder ab, bis es durch Wasser und Wind weiter (ins Meer) verfrachtet wird.

Ich erinnere an die im Laufe der Zeit entstandenen Einebnungsflächen der alten Gebirge, wie z. B. die Schildgebiete (Skandinavien und Südafrika), ferner die sog.

---

[1] lat. denudáre = entblößen.

[2] lat. paene = fast, engl. plain = Ebene.

„präpermische Fläche des Rheinischen Schiefergebirges" (Abb. 136), des Harzes und der Ruhrsteinkohlenablagerung (unter dem Deckgebirge). Die äußere Form der Gebirgsoberfläche ist in erster Linie abhängig von der petrographischen Beschaffenheit (Härte) der anstehenden Gesteine und erst in zweiter Linie vom tektonischen Bau.

Deshalb ist die Höhe eines Gebirges eine Funktion ihres Alters, d. h. je älter ein Gebirge ist, um so stärker ist es erniedrigt. Alle Hochgebirge sind daher junge Gebirge.

Trotz der Jahrmilliarden dauernden starken Abtragungskräfte ist die gesamte Erdoberfläche aber noch nicht zur Fastebene geworden. Die Ursache liegt in der immer erneut einsetzenden Wiederbelebung tektonischer und zertalender Kräfte.

Abb. 134. Felsnadel der Insel Helgoland, durch das brandende Meer in Verbindung mit den Wirkungen des Spaltenfrosts herausgearbeitet

Abb. 135. Prielrinne im Wattenschlick von Cuxhaven mit Gleithang und Prallhang. Aufn. d. Verf.

Abb. 136. Eingeebnete Rumpffläche (Peneplain) des Rheinischen Schiefergebirges. Unterdevon des Rheintals bei St. Goar. Nach HOLZAPFEL

c) Sonderwirkungen des Eises

Auch im gefrorenen Zustande hat das Wasser große Einwirkungen auf die Oberfläche. Das durch Kapillarwirkungen von den feinsten Gesteinsklüften aufgenommene Wasser nimmt *gefroren* einen größeren Raum ein und übt dadurch eine Sprengwirkung (sog. „Spaltenfrost") aus, die sehr erheblich zur Zerstörung auch des festesten Gesteins beiträgt.

Ganz besonders einschneidend und mannigfaltig ist die Wirkung der *Gletscher*. Unter Gletschern sind Eisströme zu verstehen, die aus dem in den tiefen Gipfelmulden des Hochgebirges angehäuften lockeren „Firnschnee"[1] hervorgehen. Sie schieben das durch seine eigene Last kristallingrobkörnig gewordene Eis — in einer bisweilen mehrere hundert Meter erreichenden Mächtigkeit — in geschlossener Form unter Wirkung der Schwerkraft zu Tal (Abb. 137).

Unterhalb der Schneegrenze (etwa zwischen 2400 und 3200 m in den Alpen) schmelzen die Gletscher unter dem Einfluß höherer Temperatur und Sonnenbestrahlung allmählich ab. Damit stellen die Gletscher ein Bindeglied im Kreislauf des Wassers zwischen Erdoberfläche und Lufthülle dar.

Infolge der lagenweisen Entstehung des Gletschereises (etwa 8 m Schnee = 1 m Firneis) zeigt das Eis im oberen Teil des Gletschers (im sog. „Nährgebiet") eine deutliche Schichtung. Die Abwärtsbewegung des Firneises vollzieht sich, der Schwerkraft folgend, unter Mitwirkung der sog. „Regelation"[2] (teilweises Auftauen des Eises unter Druck und wieder Gefrieren) auf geneigten Talböden. Dabei gleitet der Gletscher ins tiefer gelegene sog. „Zehrgebiet" in Form langsamen Fließens. Seine Geschwindigkeit ist je nach den klimatischen Verhältnissen verschieden. Sie beträgt z. B. in den Alpen etwa 10—50 cm/Tag, in Grönland bis 20 m/Tag. Die Geschwindigkeit eines Oberflächenpunktes des Gletschers ist nicht überall gleich, sondern in der Mitte größer als an den Rändern. Infolge dieser Ungleichmäßigkeit ist der Eisstrom — bes. an Stellen starken Gefälles und an seinen Rändern — von Gletscherspalten und Seraks (Abb. 138) sowie von Längs- und Querspalten durchsetzt (Abb. 139).

Ausdehnung und Dicke der Gletscher ist sehr verschieden. So hat der größte Gletscher der Alpen (der Aletschgletscher) bei einer Länge von 24 km eine Flächen-

Abb. 137. Fiescher Gletscher mit Mittelmoräne. Fiesch im Kanton Wallis (Schweiz)

---

[1] firn = farn = letztjährig.
[2] lat. re = zurück, geláre = gefrieren.

ausdehnung von r. 130 km² und (bei 800 m Dicke im oberen Teil) einen Eisinhalt von r. 11 Mia m³. Demgegenüber ist die Mächtigkeit der heutigen grönländischen Binneneisgletscher bis zu 3000 m ermittelt worden.

Vielfach fördern die Gletscher auf ihrem Rücken einen oder mehrere Schuttwälle, sog. „Moränen"[1], und zwar „Seiten-" und „Mittelmoränen" zu Tal (Abb. 140).

Abb. 138. Gletscherspalten und Seraks am Abfall des Rhonegletschers an der Furkastraße. Aufn. d. Verf.

Die örtlich ausgedehnten, wallartigen Seitenmoränen bauen sich aus eckigen und unsortierten Gesteinstrümmern auf, die von den überragenden oder seitlichen Bergflanken durch Wandverwitterung oder Lawinen auf die Gletscheroberfläche gelangen. Die Mittelmoränen entstehen dagegen aus der Vereinigung von zwei, einen Felssporn einschließenden, Seitenmoränen führenden Gletschern zu einem einzigen (Abb. 140).

Stellenweise gerät der Gesteinsschutt durch Spalten in den Untergrund des Gletschereises. Er wird dann mit den auf der Gletschersohle angesammelten und z. T. in das Eis eingebackenen Gesteinsbrocken zur „Grundmoräne" verarbeitet (Abb. 141).

Abb. 139. Großglocknerferner (Pasterzenkees) von zahlreichen Längs- und Querspalten sowie Scherflächen durchsetzt. Aufn. d. Verf.

Durch Einwirkungen der Sonne kann die Oberfläche des Gletschers ins Schmelzen geraten. Dabei fließen die entstehenden Schmelzwasser zunächst oberflächlich (Abb. 142) oder auf Gletscherspalten ab (Abb. 143).

Bisweilen bilden sich auf den Gletschern auch noch Sondererscheinungen wie Gletschertische (Abb. 144) u. a. m. heraus. Am Gletscherende („Gletscherzunge") bricht das Wasser („Gletschermilch") als milchig-grüner „Gletscherbach" aus dem „Gletschertor" hervor (Abb. 145).

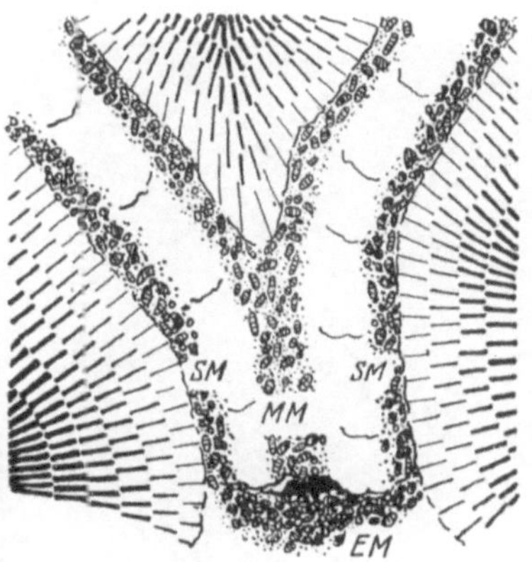

Abb. 140. Schematische (unmaßstäbliche) Darstellung eines Gletschers mit seinen Moränen: *SM* = Seiten-, *MM* = Mittel- und *EM* = Endmoränen

---

[1] Walliser Lokalausdruck, der später von der Wissenschaft übernommen wurde.

Der „Abschmelzpunkt" der Gletscherzunge bleibt nicht immer der gleiche, sondern verschiebt sich im Laufe der Jahre durch Vorrücken und Zurückweichen der Gletscher. In den Alpen (aber auch in der Arktis) ist seit etwa 200 Jahren ein starker Rückgang der Gletscher zu verzeichnen (Abb. 146 u. 147).

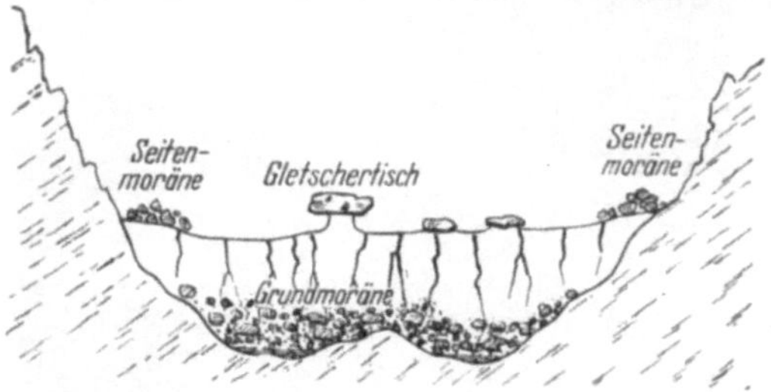

Abb. 141. Schematischer Querschnitt (unmaßstäblich) durch einen Gletscher mit Seiten- und Grundmoräne sowie Gletschertisch

Trotz ihrer vorwiegend gleitenden Abwärtsbewegungen üben die Gletscher doch einen beachtlichen Einfluß auf den Felsuntergrund aus, wenn auch ihre Tiefenwirkungen nicht so weitgehend sind, wie früher angenommen wurde[1].

Im Gegensatz zu der nur *linienhaft* einschneidenden, gewissermaßen sägenden Wirkung des fließenden Wassers bearbeitet („poliert") das Gletschereis durch die im Eise eingeschlossenen Gesteinstrümmer den Felsuntergrund *flächenhaft* (gleich einer Feile oder einem breiten Hobel).

Hierbei vertieft sich das Gletschertal. Die an der Unterseite

Abb. 142. Schmelzwasserrinne auf der Oberfläche des Pasterzenkees im Großglocknergebiet. Aufn. d. Verf.

Abb. 143. Gletscherspalte im Eise des Aletsch-Gletschers (Schweiz). Aufn. d. Verf.

Abb. 144. Gletschertisch auf dem Aletsch-Gletscher (Schweiz). Aufn. d. Verf.

[1] Das Ausmaß der Bodenabhobelung wurde an einem Alpengletscher zu 2 cm/ Jahr festgestellt.

der Eisströme mitgeführten Gesteinsgeschiebe werden dabei teils gekritzt, teils
selbst geglättet.

Die hobelnde Wirkung („Gletschererosion") hat kennzeichnende Sondererscheinungen zur Folge. Hierzu gehören die bekannten, in der Gletscherrichtung
verlaufenden (sich stellenweise kreuzenden) Schrammen („Gletscherschliffe") als
Gleitbahnen auf dem felsigen Untergrund und die bis hoch hinauf reichende Politur

Abb. 145. Gletschertor in der Gletscherzunge des Rhonegletschers im Jahre 1927
(Ursprung der Rhone). Aufn. d. Verf.

an den Felswänden (Abb. 148). Bemerkenswert sind auch die als „Rundhöcker"
(Abb. 149) bezeichneten gerundeten Felsriegel der Täler sowie die Auskolkungen
im Felsuntergrund, wie z. B. in dem bekannten Gletschergarten zu Luzern (Abb. 150)
und an der Alpenstraße (Abb. 151). Sie entstehen dadurch, daß das auf
Spalten des Gletschers herabstürzende Schmelzwasser auf dem Boden des Gletschers lagernde harte Gesteinsgerölle (sog. „Rollsteine") in drehende Bewegung
versetzt und so in Gletschermühlen die „Gletschertöpfe" erzeugt. Sicherlich die
Mehrzahl der Hochgebirgsseen, insbesondere die Karseen, dürften die Ausformung
ihres Untergrundes dem Gletschereis und der Abriegelung durch moränalen Schutt
verdanken (Abb. 153).

Besonders kennzeichnend für den Weg der Gletscher sind die breiten,
U-förmigen Ausformungen der anfangs V-förmigen Erosionstäler, die sog.
„Trogtäler" (infolge „Exaration")[1] (Abb. 154).

Ihnen streben vielfach seitlich höher gelegene „Hängetäler" zu.

Dort wo sich Abschmelzen und Nachschub der Gletscher das Gleichgewicht
halten, hinterlassen sie ungeschichteten Schutt, der vielfach „Blockpackung"

---

[1] lat. exaráre = auspflügen.

Abb. 146. Abbruch des Rhonegletschers an der Grimselstraße (Schweiz) im Jahre 1907. Der Gletscher ist heute weit stärker zurückgegangen. Der Umfang des früheren Verbreitungsgebietes vor 1907 geht aus der punktierten Linie hervor

Abb. 147. Abbruch des Rhonegletschers im Jahre 1949. Zeigt den gewaltigen Rückschritt des Gletschers in den letzten 42 Jahren (Aufn. R. VOSSEN)

Abb. 148. Glazial angeschliffener Granit an der Grimselstraße (Schweiz)

Abb. 149. Vom Gletscher überschliffener Felshügel, sog. „Rundhöcker". Stubaier Alpen

Abb. 150. Auskolkungen im Felsuntergrund mit Rollsteinen. Gletschergarten von Luzern

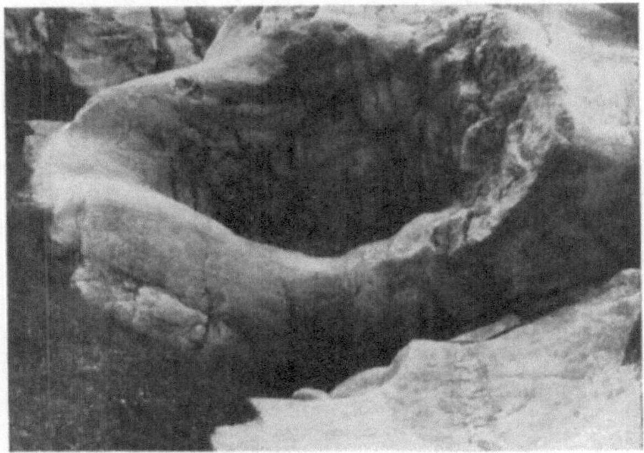

Abb. 151. „Gletschertopf" im Wettersteinkalk des Gletschergartens an der deutschen Alpenstraße bei Inzell (Obb.). Aufn. d. Verf.

Abb. 152. Karsee (Seealpsee) im Nebelhorngebiet bei Oberstdorf (Allgäu). Aufn. d. Verf.

Abb. 153. Kleines durch eine bogenförmige Moräne abgeschlossenes Karbecken. Silvrettamassiv. Aufn. d. Verf.

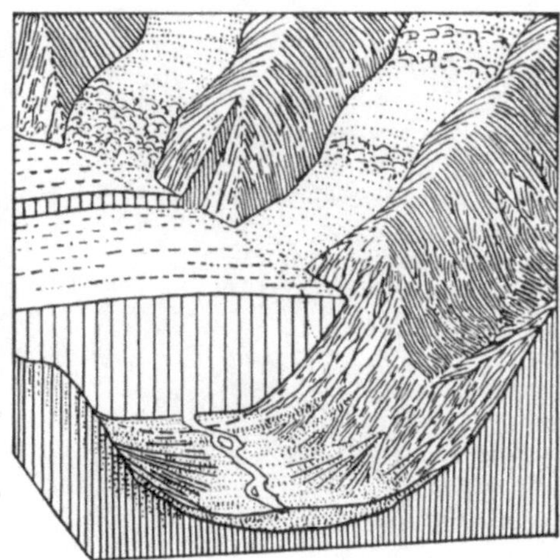

Abb. 154. Arbeitsweise („Exaration") eines Gletschers in den Alpen (Schema nach DAVIS)

(ohne Orientierung und Sortierung) aufweist. Er bleibt in Form hoher wallförmig aufgestauter „*Endmoränen*" liegen (Abb. 155).

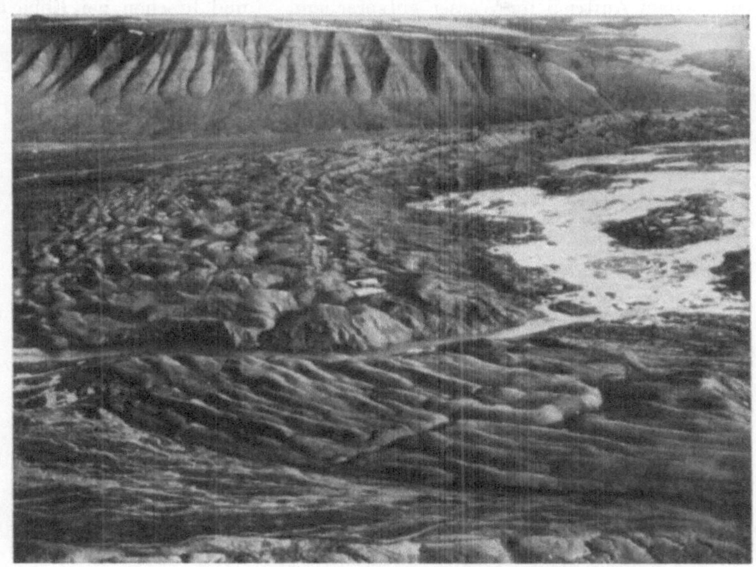

Abb. 155. Bogenförmige Stauchendmoränen des Usher-Gletschers (Spitzbergen) mit Durchbruchstälern der Schmelzwässer infolge Rückzuges der Gletscherzunge. Aufn. K. GRIPP

Abb. 156. Großer Findlingsblock, sog. „Brunstein", vor der Bergschule zu Bochum

Nicht selten transportiert das Eis auch $\pm$ große Einzelblöcke, sog. „Findlinge" oder „erratische Blöcke" (Abb. 156), und setzt sie ab. Ihre äußerste Lage kennzeichnet die Vereisungsgrenze der Gletscher im Sinne des Eisvorstoßes.

In den Polargebieten steigen die Inlandgletscher bis ins Meer hinab (sog. „Gezeitengletscher"). Beim Eintauchen ins Meer heben sich die Enden der Gletscher bei Flut — dem Auftrieb im Wasser entsprechend — und brechen bei Ebbe ab

Abb. 157. Schematischer Schnitt durch einen kalbenden Gletscher

Abb. 158. „Kalbender" Gletscher auf Spitzbergen

Abb. 159. Abbruch des Aletschgletschers in den Märjelensee mit gedrifteten Gletschereisblöcken.
Aufn. d. Verf.

(s. Abb. 157). Das unter großem Getöse vor sich gehende Loslösen wird als „Kalben" der Gletscher bezeichnet (Abb. 158).

Die losgelösten Teile eines Gletschers schwimmen als Eisberge selbständig im Meer weiter, wobei sie nach ihrer Wichte nur mit etwa $^1/_9$ ihrer Höhe aus dem Wasser herausragen. Durch die Regellosigkeit ihrer Verbreitung und die Eigenart ihres unter Wasser vielfach weit vorspringenden Eissporns bilden sie eine ständige Gefahr für die Schiffahrt. Stellenweise, wie im Märjelensee am Aletschgletscher

(Schweiz), stranden die freigewordenen Eisblöcke und bleiben beim Sinken des Wasserspiegels am Ufer liegen (Abb. 159).

Während der pleistozänen Eiszeit waren ganz Nord- und Teile Mitteleuropas vom „Inlandeis" überdeckt, das auf seinem Rücken Moränen und skandinavische Einzelgeschiebe bis nach Mitteldeutschland verfrachtete und dabei maßgebenden Einfluß auf die Bodengestaltung Norddeutschlands ausübte.

Abb. 160. Herabstürzende *Lawine* von Lockerschnee (durch einen Lärchenwald). Zermatt

Im Gegensatz zu den festen Gletschern bestehen die besonders im Frühjahr gefürchteten *Lawinen*[1] aus lockeren Schneeanhäufungen. Ihre Gefahr für den Menschen liegt darin, daß sie oft durch nicht vorauszusehende Anlässe (Windstoß, Schneeschmelze, mechanische Erschütterungen) ins Rutschen kommen und mit großer Gewalt und oft alles zerstörender Wirkung zu Tal gehen können (Abb. 160).

d) Sonderwirkungen des Windes

Auch der *Wind* arbeitet an der Zerstörung der Gesteine. Zunächst beteiligt er sich an der *Wegführung* („Deflation[2]") des losen, d. h. größten-

---

[1] rätorom. lábi = hinabgleiten. — [2] lat. defláre = wegblasen.

teils verwitterten Gesteinsmaterials der Gebirge und weiter an seiner *Wiederablagerung* (als „äolisches" Sediment), nicht selten fern vom Orte der Verwitterung.

So führt richtungsgleicher Wind in unbewachsenen Gebieten den am Strand abgelagerten, trockenen Meeressand (aber auch vulkanische Asche und anderes

Abb. 161. „Wanderdünen" am Strande. Der große Pfeil veranschaulicht die Hauptwindrichtung

feinkörniges Material) oft weit ins Land, bis ein Hindernis (Pflanze, Gesteinsblock) sie zu hügeligen Ablagerungen, den *Dünen*[1], aufschüttet.

Die meist einen Böschungswinkel von 3—10° auf der Stoßseite (Wind- oder Luvseite) und 25—30° auf der Leeseite (im Windschatten) zeigenden, bald einzeln, bald hintereinander angeordneten Küsten- und Binnendünen haben meist keine. feste, sondern eine stets wechselnde Form und Lage: „Die Düne wandert" (Abb. 161). So rücken u. a. die Küstendünen der Kurischen Nehrung, soweit sie nicht durch Bestockung festgehalten werden, jährlich 5—15 m vor, wobei sie eine Höhe bis zu 60 m erreichen.

Abb. 162. Zeugenberg (Karruschichten) bei Windhuk (SWA). Aufn. d. Verf.

Auch „fossile" Dünen sind keine seltenen Erscheinungen.

Besonders kräftig wirkt der Wind in Trockenklimaten, und zwar in der Steppe; noch stärker aber in den vegetationslosen Wüsten. Hier hebt der Wind den hauptsächlich durch die Sonne (Insolation) erzeugten feinen Verwitterungsschutt des Gebirges ab und läßt das grobe Material in Form ausgedehnter „Kies-" und „Steinwüsten" zurück.

Abb. 163. Große Sicheldünen (Barchane) in der Wüste Turkestans

Stellenweise ruft der Wind durch Ausblasung sehr ausgedehnte „Hohlformen" (Wannen) an der Oberfläche hervor, wie z. B. in der Namibwüste

Südwestafrikas. Anderorts arbeitet er örtlich in Verbindung mit Regengüssen aus den verwitterten Deckschichten die sog. „Insel-" oder „Zeugenberge" (Abb. 162) heraus. Wieder in anderen, pflanzenfreien Gebieten häuft der Wind den Sand zu

---

[1] gr. dín — Angewehtes, vielleicht auch keltisches oder altgermanisches Wort.

den bis 100 m hohen, unregelmäßigen „Sicheldünen" oder „Barchanen"[1] an, wie
z. B. in Turkestan (Abb. 163), in der Sahara u. a. O. Die Lage der Dünenhügel
in der Wüste ändert sich infolge der Weiterwirkung des Windes häufig von Tag
zu Tag, so daß es vielfach nicht möglich
ist, feste Straßen durch derartige Wüsten-
gebiete zu legen.

Auf die Tätigkeit des Windes sind auch
noch die weite Strecken (insbes. in Trocken-

Abb. 164. Durch Sandschliff herausgearbeitetes
Relief im Steinbild des Sphinx (Oberägypten).
Aufn. d. Verf.

Abb. 165. Durch Windschliff entstandener
Pilzfelsen im Kalkgebirge, sog. „Steinerne
Agnes" (Watzmanngebiet)

gebieten Chinas und der Mongolei) einnehmenden, sehr mächtigen „Lößböden"
zurückzuführen, die durch Ausblasen aus Wüstengebieten bzw. Moränen, Sand-
und Schotterfeldern der Eiszeit entstanden sind.

Neben der abblasenden Tätigkeit leistet der Wind — besonders in
ariden Gebieten — auch noch eine ausnagende Arbeit (*Korrasion*)[2]. Er
greift den durch Wirkung der Sonnenbestrahlung zermürbten anstehenden Felsen durch den stän-
digen Anprall der vom
Wind bewegten Sandkörn-
chen (gleichsam wie ein
Sandstrahlgebläse) ± stark
an und schleift ihn dabei ab.

Auf diese Weise entstehen
ausgeprägte Gesteinsreliefs, besonders, wenn härtere und wei-
chere Gesteinsbänke miteinander wechsellagern (Abb. 164).

Unter anderem kommt es zu
polierten Flächen an den Felsen
(sog. „Windschliffe"), pilzför-

Abb. 166. Tischfelsen. Durch Sandschliff freigelegte eisen-
schüssige Platte auf weichen Sandsteinsockeln in den
Laramieschichten der Badlands in Süd-Dakota (USA).
Aufn. d. Verf.

migen Gebilden (Abb. 165), ferner zu Tischfelsen (Abb. 166), „Wabenverwitte-
rungserscheinungen" u. a. m. Häufig erzeugt der Wind an den losen Gesteins-

---

[1] turkmenisch = barchán. — [2] lat. corrádere = ausnagen.

trümmern der Stein- und Kieswüsten einen glänzenden Überzug („Wüstenlack"), während er Einzelgesteine durch Herausbildung kennzeichnender Flächen und Kanten zu „Windkantern" oder „Facettengeschieben" (Abb. 167) umformt.

Abb. 167. Windgeschliffenes Granitgeschiebe (sog. „Dreikanter") vom Strand auf Sylt. Aufn. d. Verf.

Abb. 168. Wellenfurchen (Rippelmarken) zeigender Dünenkamm. Nordafrika

Durch Bewegung des lockeren Sandes auf der Oberfläche der Dünen entstehen Wellenfurchen (sog. „Rippelmarken")[1], deren Längsrichtung senkrecht zur Windrichtung verläuft (Abb. 168).

2. Die inneren (endogenen) Kräfte

Wie schon einleitend dargelegt wurde, umfassen die *inneren Kräfte* solche, die ihren Sitz im *Innern* der Erde haben. Bei den in dieser

[1] engl. ripple = kräuseln, mark = Zeichen.

Richtung wirkenden Kräften unterscheidet man zweckmäßig zwischen dem eigentlichen *Vulkanismus*[1] (bzw. *Plutonismus*)[2] und den *Bewegungsvorgängen der Erdkruste*. Dabei versteht man unter *Vulkanismus* (im engeren Sinne) die Erscheinungen bzw. Äußerungen des Magmas an der Oberfläche, unter *Plutonismus* Veränderungen und Bewegungen des Magmas in der *Tiefe* und unter *Bewegungsvorgängen* der Erdkruste Erdbeben und gebirgsbildende Vorgänge.

a) Der Vulkanismus

Von allen die Erdoberfläche beeinflussenden Kräften hat keine die Aufmerksamkeit und die Vorstellungskraft des Menschen in solchem

Abb. 169. Ansicht des Vesuvs (mit Neapel im Vordergrunde)

Grade angeregt wie der *Vulkanismus*. Er umfaßt alle Erscheinungen, die mit dem Aufstieg glutflüssiger Gesteinsschmelzen (Magmen) aus der Erdtiefe in irgendeinem Zusammenhang stehen.

Die augenfälligsten *äußeren* Erscheinungen des *Vulkanismus* sind die „Vulkane" (Abb. 169) und weiter ihre „Ausbrüche". Unter *Vulkanen* sind abgestumpft kegelförmig aufgebaute, mit einer Einsenkung (dem Krater)[3] in der Mitte versehene Berge zu verstehen, die durch den meist rundlichen Eruptionsschlot oder durch tiefreichende Spalten mit dem Hauptmagma der Tiefengesteinskörper, den „Plutonen", in Verbindung stehen (Abb. 170). Sie ermöglichen den Aufstieg des Magmas.

Der Durchmesser der Krater (auch „Caldera"[4] gen.) ist sehr verschieden und schwankt zwischen einigen Metern und Kilometern.

---

[1] altital. vulcánus = Gott des Feuers. — [2] lat. plúto = Gott der Unterwelt.
[3] gr. kratér (entsprechend der Form des Mischkruges für Wein und Wasser).
[4] span. kaldéra = Kessel.

Bei den von Ruhepausen unregelmäßiger Dauer unterbrochenen gewaltigen Eruptionen der Vulkane werden neben großen Massen feurig-flüssiger *Gesteinsschmelze* (Lava) — oft unter starkem Geräusch und Erzittern des Bodens — ungeheure Mengen feiner Aschen und Sande (feinzerteilte, entgaste Lavamasse)

Abb. 170. Schematische Darstellung eines Vulkans vom Aetnatypus (nach RITTMANN) mit Einschnitt, um den inneren Aufbau zu zeigen.
A = geschichteter Tuff,   *K* = Embryonal-Vulkan,   *L* = Lavaströme,   *E* = Magma

Abb. 171. Gespaltener Zentralkegel des Vesuvs. Aufn. d. Verf.

herausgeschleudert (Abb. 170). Meist sind die Ausbrüche von heftigen Dampf- und Gasausbrüchen (Wasserdampf, Schwefelwasserstoff, Methan, Kohlensäure und andere Gase) begleitet, die als Explosionswolke dem Krater entsteigen (Abb. 171) und häufig über dem Vulkan eine pinienförmige Rauchwolke oder Fahne bilden.

Diese Gase sind wohl als die Hauptenergiequellen der vulkanischen Ausbrüche anzusehen.

Die verderblichen Wirkungen solcher Ausbrüche — es sei nur an die große Eruption des *Vesuvs* (79 n. Chr.) mit ihrer Verschüttung von Pompeji und Herculaneum sowie an die Ausbrüche des *Krakataus* in der Sundastraße (1883) und des *Vulkans Mont Pélée* auf der Insel Martinique (1902) erinnert, denen über 36 000 bzw.

r. 26000 Menschen zum Opfer fielen — sind bekannt und gefürchtet. Bis 1914 sollen auf der Erde weit mehr als 200000 Menschen durch vulkanische Ausbrüche umgekommen sein, abgesehen von den unzähligen Opfern in vorgeschichtlichen Erdperioden. Eine besondere Art der Ausbrüche stellen die sog. *Glutwolken*

Abb. 172. Ausbruch des Inselvulkans Whakai an der Nordküste von Neuseeland (nach GHEYSELINCK)

Abb. 173. Unpassierbare Blocklava. Lavastrom des Vesuvgebietes. Aufn. d. Verf.

(„nuées ardentes") dar, die dem Mont Pelée entströmten. Auf derartige Vorgänge werden auch die bekannten „Traßablagerungen" des Brohl- und Nettetales (Eifel) zurückgeführt.

Örtlich erheben sich auch neue Vulkane aus dem Meere unter starker Dampf-entwicklung (Abb. 172), um gelegentlich wieder zu verschwinden.

Je nach Beschaffenheit der Auswurfsmasse ist der Charakter der Ausbrüche verschieden.

Ist das ausfließende Material *dünnflüssig* (kieselsäurearm und gasreich), so ergießt sich der glühende Gesteinsbrei, die „Lava"[1], über den Hauptkraterrand den Hang herunter oder fließt seitlich in Form eines alles verheerenden Stromes heraus.

Die Lava kann dabei Temperaturen von 1000—1300° und eine Geschwindigkeit von 2—55 km/Std. erreichen.

Sehr gasreiche Lavaströme erstarren nach dem Erkalten zu einem Haufwerk rauher Blöcke („Blocklava") (Abb. 173), das kaum zu begehen ist.

Dagegen erzeugt gasarme dünnflüssige Lava die gekröseartige „Fladenlava" (Abb. 174) mit den kennzeichnenden Sondererscheinungen der „Stricklava" (Abb. 175) und der „Schlangenlava" (Abb. 176) u. a., die von einer glasglänzenden grauen Haut überzogen sind.

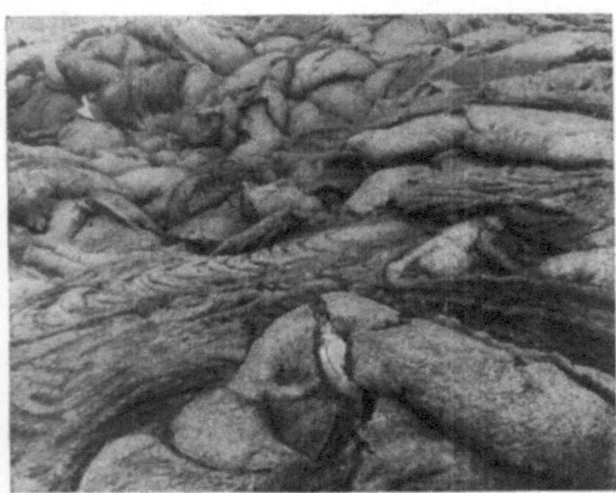

Abb. 174. Gekröseartig zusammengeschobene Fladenlava mit fließender Lava (weiß) aus Spalten hervorsteigend. Vesuvkrater. Aufn. d. Verf.

Ist aber die Lava *zähflüssig* (kieselsäurereich und gasarm), so erstarrt sie zu Kuppen, sog. *Quellkuppen* (Abb. 177) oder „Schildvulkanen" (sog. *massigen Vulkanen*), wie z. B. bei vielen Trachyt-, Basalt- und Phonolithausbrüchen.

Die Absonderungserscheinungen der Lava zeigen meist deutliche Beziehungen zur äußeren Gestalt der Kuppen. So stehen Säulen und Pfeiler senkrecht zu den als Abkühlungsebenen anzusehenden Begrenzungsflächen. Sie stehen daher innerhalb der Kuppen häufig in fächerartigen Stellungen, während sie in den senkrechten Teilen (z. B. in Stielstücken) waagerecht gelagert sind

Abb. 175. *Stricklava.* Durch Fließbewegungen zusammengeschobene, erstarrte Lavahaut im Vesuvkrater. Aufn. d. Verf.

(Abb. 177). Ihre Trennflächen haben große praktische Bedeutung für die Gewinnung der Gesteine im Bruchbetrieb.

Stellenweise beobachtet man auch seitlich der Hauptkegel auf radialen Spalten aufgestiegene Lavamassen, sog. „parasitäre" Vulkane (Abb. 178). So zählt man z. B. am Ätna etwa 200 derartige Embryonalkrater[2].

---

[1] lat. laváre = überschwemmen. — [2] gr. émbryon = Keimgebilde.

Werden aus den Vulkanen durch die aufsteigenden Gasmassen neben „Schlackenfetzen" auch feste, nußgroße „Lapilli"[1], vulkanische „Bom-

Abb. 176. Schlangenlava im Vesuvkrater. Aufn. d. Verf.

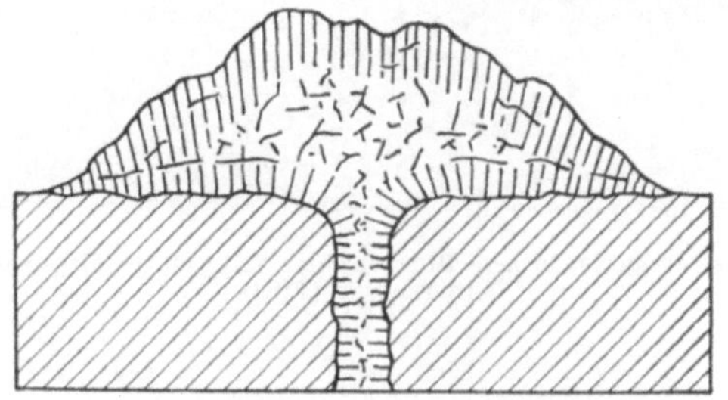

Abb. 177. Basaltkuppe mit Absonderungsflächen

Abb. 178. Mehrere parasitäre Krater des Ätnas, auf einer axialen Spalte liegend. Aufn. d. Verf.

ben" (Abb. 179) und lose „Aschenmassen" (ähnlich den bekannten Bimssteinen im Neuwieder Becken) herausgeworfen, so erzeugen sie beim Niederfallen um den Ausbruchskanal herum — zusammen mit Lagen

---

[1] ital. lapilli = Steinchen.

flüssiger Lava geschichtete kegelförmige *Aufschüttungsgebilde*, die sog. Misch-, Schicht- oder *Stratovulkane*[1] (Abb. 180).

Die vorwiegend nach außen (aber auch nach innen) geneigten Schichten der Vulkane werden stellenweise noch von zwischengelagerten oder radial ausstrahlenden Lavagängen durchsetzt (Abb. 170).

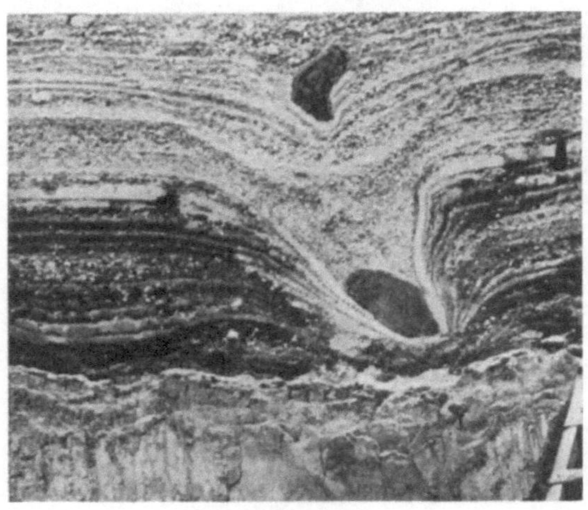

Abb. 179. Horizontal gelagerte, lockere Bimsschichten mit „eingeschlagenen" Basaltbomben. Niedermendig (Eifel)

Abb. 180. Vom Meere angeschnittene Tuff- und Lavadecken des Vulcanellokraters auf der Insel Vulcano (Liparische Inseln). Aufn. Haardt

Die ringförmig aufgebauten Vulkane können einzeln oder reihenförmig angeordnet sein. Dabei unterscheidet man u. a. den *Kegelberg* (*mit Krater*), das *Ringgebirge* (*mit Zentralkegel*), sog. „Sommatypus", wie der Vesuv (Abb. 169) und der Ätna,

---

[1] lat. strátum = Schicht.

den *Doppelberg*, wie der Kilimandscharo, und die *Vulkangruppe*, z. B. die Phle-
gräischen Felder bei Neapel.

Im Laufe der Zeit haben die Vulkanberge vielfach die reine Kegelform verloren
und sind nur noch „Vulkanruinen", d. h. durch Abtragung des Tuff- und Aschen-
mantels freigelegte Schlotreste, die nun als „Härtlinge" herausragen.

Der Ausbruch der Vulkane ist auf bestimmte Zonen (Schwächestellen) der Erdkruste beschränkt. So tritt die Mehrzahl der tätigen Vulkane in der Nähe der durch
Randspalten gekennzeichneten Küstenränder der Kontinente, wie längs der Kor-
dilleren-Andenlinie (am Pazifischen Ozean), am Ostrand Ostasiens und Australiens,
ferner der großen Gräben Ostafrikas auf. Nur wenige Vulkane liegen im Innern
der Festländer. Die Vulkane sind also vorwiegend Begleiterscheinungen bis in die
Jetztzeit reichender Krustenbewegungen.

Gegenüber den zahlreichen erloschenen, richtiger „ruhenden", Vulkanen mit
r. 4000 ist die Zahl der tätigen bzw. noch heute entstehenden Vulkane mit r. 450
recht gering. Die gesamte Förderleistung der tätigen Vulkane an Gesteinsmaterial
soll sich im Jahr insgesamt auf etwa 1 Mill. m³ belaufen.

Wesen des Vulkanismus. Die Ansichten der Forscher über das Wesen des Vulkanismus sind noch keineswegs übereinstimmend, sondern abhängig von der jeweiligen Vorstellung über die Beschaffenheit des Erdinnern. Sicherlich spielt beim
Ausbruch der Gasgehalt des Magmas als treibende Kraft eine große Rolle, da ja
das Magma aus sich heraus nicht ausbruchsfähig ist. Auch darüber besteht kein
Zweifel, daß eine Eruption durch tektonische Vorgänge vorbedingt ist. Manche
Wissenschaftler sehen analog den atmosphärischen Luftbewegungen (Zyklone
und Antizyklone) in den Magmaströmungen und -wirbeln des plastischen Untergrundes der Erdkruste die Ursache der vulkanischen Erscheinungen.

Auf die verwickelten Vorgänge und Erscheinungen des *Tiefenvulkanismus*, des sog. „Plutonismus", d. h. der von unten hochgedrungenen, aber
in der Tiefe steckengebliebenen Tiefengesteinskörper (Plutone oder
Batholithe, sog. „subkrustale Intrusionen") kann an dieser Stelle nicht
näher eingegangen werden.

b) Nachvulkanische Erscheinungen

Im Anschluß an die vorgeschilderten Erscheinungen der Vulkane sei
hier noch kurz der zahlreichen *vulkanischen Nachwirkungen* — als letzter
Phase des meist tertiären Vulkanismus — gedacht. Dabei ist ihre ursäch-
liche Natur, als absterbende Entgasung des vulkanischen Magmas, oft
lange nach der eigentlichen Eruptionszeit heute vielfach nicht mehr
ohne weiteres zu erkennen.

Hierhin gehören z. B. das in vielen ehemals vulkanischen Gebieten der Erde, wie
in der Eifel (Laacher Seegebiet), Böhmen u. a. O. beobachtete Auftreten *heißer
Quellen* (Thermen), ferner die *heißen Gasaushauchungen* (Exhalationen[1]) von Wasserdampf, Chloriden u. a., sog. „Fumarolen"[2], (Abb. 181), von weniger warmen

---

[1] lat. ex = aus, haláre = hauchen.

[2] lat. fumáre = rauchen. Die Fumarolen werden vielfach wirtschaftlich aus-
genutzt, wie in Island zur Beheizung der Stadt Reykjavik und in Italien zum
Betrieb des bekannten großen Elektrizitätswerkes Larderello (Toskana).

Schwefeldämpfen (Schwefelwasserstoff und schwefelige Säure) (sog. „Solfataren"[1]) (Abb. 182) und von trockener Kohlensäure gewöhnlicher Temperatur (sog. „Mofetten")[2]. Als letzte Nachklänge sind die *Säuerlinge* (Wässer mit absorbierter Kohlensäure) anzusehen.

Abb. 181. Dampfausströmungen (Fumarolen) im Yellowstone Park (USA). Aufn. d. Verf.

Abb. 182. Schlammvulkan auf dem Kraterboden der Solfatara bei Pozzuoli (Neapel). Aufn. d. Verf.

Zu den ihrer äußeren Erscheinung nach schönsten postvulkanischen Naturerscheinungen zählen die *Geysire*[3], d. h. in längeren oder kürzeren Zeitabschnitten (intermittierend)[4] hochspringende, mineralführende heiße Quellen, die hellen feingeschichteten und oft auch gefärbten Sinter abscheiden. Die besonders auf Island, Neuseeland und im Yellowstone Park (Ver. Staaten) auftretenden Geysire sind

---

[1] ital. solfatára = Schwefelgrube, vom lat. súlfur = Schwefel.
[2] ital. moféta = Ausdünstung. — [3] isländ. geyse = wüten.
[4] lat. intermíttere = unterbrechen.

ebensowohl durch Gewalt und Form ihrer Ausbrüche (Abb. 183, 184), als den Reiz
ihrer aus Kalk- oder Kieselsinter[1] (Geyserit) bestehenden, vielfach kaskadenförmig
aufgebauten Quellabsätze (Terrassen) berühmt geworden (Abb. 185 u. 186). Aus unserem Vaterland sei der

Abb. 183. „Giant Geysir"
im Yellowstone Nationalpark (Ver. Staaten).
60 m Höhe

Abb. 184. Schief aufsteigende Wasser-
dampfausbrüche des Riverside-Geysirs.
Yellowstone Nationalpark (Ver. Staaten).
Aufn. d. Verf.

Abb. 185. Buntfarbige Kalksinterterrasse, sog. „Minerva-Terrasse". Mammuth-Hotsprings
im Yellowstone Park (USA). Aufn. d. Verf.

bei Andernach (Rheinland) gelegene, heute gedrosselte „Namedysprudel" genannt,
der alle 4 Stunden während 5 Minuten r. 40 m³ Wasser von etwa 18° bis zu 60 m
hochwarf.

Hinsichtlich der Herkunft der Geysirwässer, die man früher für lediglich juvenil
(endogen) hielt, ist man heute der Ansicht, daß sie wohl größtenteils vadoser

---

[1] altnord. sindr = Schlacke.

Abb. 186. Geschlossenes Geysirbecken (Punschbowle) mit ständig brodelndem Wasser. Yellowstone Park (USA). Aufn. d. Verf.

Abb. 187. Winkelsmaar bei Manderscheid. Typisches Eifelmaar

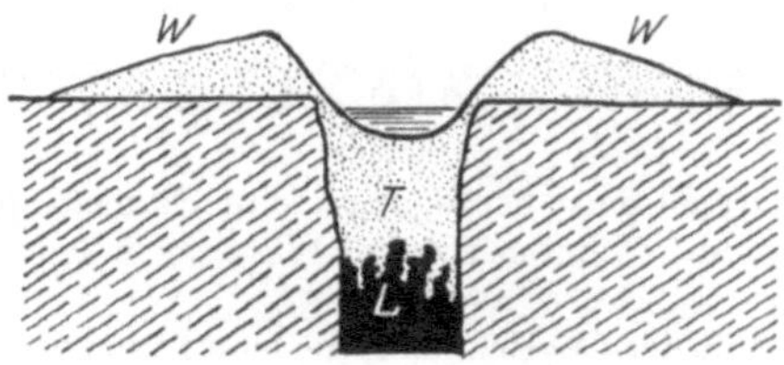

Abb. 188. Schematischer Schnitt durch ein Eifelmaar im Grundgebirge.
L = Lava, T = Tuff, W = Kraterwall

(exogener) Natur sind. Bemerkenswerte Erscheinungen sind auch die nicht seltenen „warmen“ Schlammvulkane vulkanischer Gebiete. Dagegen haben die durch aufsteigende Erdölgase entstandenen „kalten“ Schlammkegel nichts mit Vulkanismus gemein.

Als letzte Erscheinung sei auf eine Sonderform erloschener Vulkane hingewiesen, nämlich auf die heute meist mit Wasser (Grundwasser) erfüllten alten Explosionskrateröffnungen gasreichen Magmas, die „Maare“[1] (Abb. 187 u. 188). Man kennt sie u. a. als jüngste Erscheinung des Eifelvulkanismus (etwa 12000 v. Chr.) und aus der schwäbischen Alb (mit ihren vielen Vulkanembryonen).

c) Veränderungen der Erdoberfläche durch Bewegungsvorgänge in der Erdkruste

Wie Feinnivellements einwandfrei bewiesen haben, ist die Erdkruste aber kein totes starres Gebilde. Sie ist vielmehr fast überall in ständiger, wenn auch meist langsamer Bewegung. Diese äußert sich in *Erdbeben*, *Hebungen und Senkungen* sowie in *gebirgsbildenden Vorgängen*.

α) *Erdbeben*

Zu den bekanntesten Erscheinungsformen der unterirdischen Kräfte gehören die in manchen Gegenden der Erde häufigen und gefürchteten *Erdbeben*.

Allein in einem Jahre soll die Erde von über 10000 größeren Erdbeben betroffen worden sein.

Man versteht unter *Erdbeben* natürliche Erschütterungen eines Teiles der Erdkruste. Sie gehen meist von einem tiefergelegenen Herde („Hypozentrum“)[2] aus und verbreiten sich in Form $\pm$ senkrechter Stöße und in Wellenform nach allen Seiten, auch durch das Erdinnere, mit abnehmender Kraft.

Ihre Fortpflanzungsgeschwindigkeit ist sehr verschieden und abhängig von der Gesteinsbeschaffenheit.

Die vorwiegend senkrecht über dem Herde („Epizentrum“)[3] entstehenden Krustenbewegungen können sowohl $\pm$ große Veränderungen an der Tagesoberfläche (wie klaffende Erdrisse, Geländetreppen) als auch zerstörende Wirkungen an den mit dem Boden fest verbundenen Gegenständen, wie Verbiegungen von Schienen (Abb. 189), Beschädigungen menschlicher Wohnungen, ja Zerstörung ganzer Städte, so von San Franzisko (Kalifornien), Messina (Italien), Yokohama (Japan) u. a. zur Folge haben.

Die Erdbeben spielen sich hauptsächlich in zwei breiten, die Erde umspannenden Zonen ab. Die eine verläuft fast meridional längs der Küste des Pazifiks. Die zweite fast äquatoriale, durchzieht Indien, Himalaja, Kaukasus, Alpen und den westindischen Archipel. Sie entsprechen in etwa auch den beiden Vulkangürteln der Erde.

---

[1] lat. máre = Meer. — [2] gr. hypó = unterhalb, lat. céntrum = Mittelpunkt.
[3] gr. epí = auf.

Je nach ihrer tieferen Ursache kann man mehrere Arten von Erdbeben, und zwar: *tektonische, vulkanische* und *Einsturzbeben* unterscheiden.

Die weitaus meisten Beben (r. 90%), insbesondere die sog. „Weltbeben", sind *tektonischer Natur*, sog. „Dislokationsbeben". Es wird angenommen, daß es sich in ihnen vornehmlich um Bewegungen mit Höhenveränderungen von Gebirgsteilen

Abb. 189. Schienenverbiegungen bei Rangapara (Indien) infolge Erdbebens (nach SIEBERG)

längs von Bruchspalten, sog. „Schütterlinien", handelt, die durch ruckartige Auslösungen elastischer Spannungen in der Erdkruste hervorgerufen sein sollen. Wahrscheinlich ist die tiefere Ursache dieser stellenweise weitreichenden Bewegungen u. a. in gesteinsumbildenden Vorgängen in größerer Erdtiefe zu suchen. Die tektonischen Beben bevorzugen Gebiete mit jungen Faltengebirgen, Einbruchzonen oder Küstenränder, wie z. B. Ränder des Stillen Ozeans, Japan, St. Franzisko. Auch in Deutschland fehlen sie nicht, wie z. B. in der Rauhen Alb, am Nordrand des Hohen Venns, im westlichen Niederrheingebiet, im Mainzer Becken und im Kaiserstuhlgebirge.

Vulkanische Beben (etwa 7%) haben ihre Ursache in Vulkanausbrüchen, im Aufsteigen von Gesteinsschmelzen in vulkanischen Schloten oder in unterirdischen Gasexplosionen. Sie sind regional in Europa auf Italien und Island begrenzt. In Deutschland sind sie unbekannt.

Unter *Einsturzbeben* sind Einbrüche unterirdischer Hohlräume infolge örtlicher Auslaugung löslicher Gesteine, wie Kochsalz oder Gips, durch Sickerwässer, so z. B. im Mansfeldischen bzw. durch künstliche Eingriffe des Bergbaus (mit ihren „Pingenbildungen" an der Oberfläche) zu verstehen. Mit etwa 3% spielen sie nur eine untergeordnete Rolle.

Beben kommen auch auf dem Meeresboden (submarin) infolge von Krusteneinbrüchen und untermeerischen Vulkanaufstiegen vor, so im Stillen und Indischen Ozean. Sie sind dann oft von gewaltigen, tief ins Land reichenden Flutwellen mit großen Küstenzerstörungen begleitet, wie die Beben von Lissabon (1755) und

Messina (1908) beweisen. Diese sog. „Seebeben" sind wahrscheinlich häufiger als die Erdbeben.

Die durch die Beben erzeugten Erschütterungen des Bodens in Form longitudinaler und transversaler Wellen werden nach Art und Stärke durch selbstregistrierende Apparate (*Seismographen*)[1] der Erdbebenwarten gemessen. Im Prinzip handelt es sich in ihnen u. a. um eine schwere Masse in Pendelform, deren beim Stoß erzeugte, durch Hebelübertragung vergrößerte Bewegungen auf einem durch ein Uhrwerk in Umlauf versetzten und mit Zeiteinteilung versehenen Papierstreifen aufgezeichnet werden. Die hierbei entstandenen Kurven nennt man *Seismogramme*[2].

Seit 1955 ist auch bei der Westfäl. Berggewerkschaftskasse in Bochum eine neuartige Erdbebenstation im Aufbau begriffen.

β) *Hebungen und Senkungen*

Wie schon kurz erwähnt wurde, zeigen viele Beobachtungen deutlich, daß größere oder kleinere Teile (Schollen) der Erdrinde sich im Laufe der Zeit (vielfach längs von Verwerfungsspalten) *gehoben* oder *gesenkt* haben, und möglicherweise Ausgleichsbewegungen zur Behebung „isostatischer"[3] Störungen ausführten. Dadurch entstanden an der Oberfläche Hochländer bzw. Tiefgebiete, Berge und Schwellen, Meeresbecken, Seen und Sümpfe.

Hierbei kommt es vielfach zu großen *Strandverschiebungen*. Sie haben ihre Ursache darin, daß sich das Meer durch (epirogene) Hebungen des Festlandes zurückzieht und den Meeresboden trocken legt (sog. *Regression*)[4]. Andererseits tritt durch epirogene Senkungen ein Überfluten der Festlandsränder (*Transgression*[5] *des Meeres*) ein, wie zur Kreidezeit in Mitteleuropa. Auch heute noch vollziehen sich Verschiebungen der Höhenlage einzelner Erdteile besonders an den Küsten der Kontinente (Abb. 190).

Je nachdem sich diese Vorgänge (sog. „Oszillieren"[6] der Erdkruste) unvermittelt oder in langen Zeitläufen abspielen, spricht man von „plötzlichen" Bewegungen und „langsamen" Hebungen oder Senkungen der Erdkruste (säkularen[7] Bewegungen).

Die *plötzlichen*, ruckweise sich äußernden Niveauverschiebungen sind meist die Folgeerscheinungen großer Erdbeben. So hob sich im Jahre 1835 die Küste von Chile plötzlich um 8 m. Im Jahre 1891 entstand in Japan anläßlich eines Erdbebens eine 200 km lange Spalte mit 20—30 m Verwurfshöhe.

Langsame Hebungen und Senkungen desselben Ortes sind an vielen Stellen der Erde festgestellt worden. Zum Beispiel weisen in dem in der Nähe des Meeres bei Neapel gelegenen Ort Pozzuoli mehrere von „Bohrmuscheln" angebohrte Säulen der „Ruine des römischen Serapistempels" (Abb. 191) darauf hin, daß der Boden, auf dem der Tempel errichtet wurde, nach der Erbauung zunächst um r. 6 m unter den Meeresspiegel sank, um dann (1538) infolge vulkanischer Vorgänge (Aufstieg

---

[1] gr. seismós = Erdbeben. — [2] gr. grámma = Schrift.
[3] gr. ísos = gleich, stásis = Stellung. — [4] lat. regrédere = zurückschreiten.
[5] lat. transgrédere = überschreiten. — [6] lat. oscillátio = das Schaukeln.
[7] lat. saéculum = Jahrhundert.

des Monte Nuovo) wieder herausgehoben zu werden. Weiter zeigen meist hochgelegene alte „Strandterrassen" u. a. Fennoskandias und der afrikanischen Nordost-

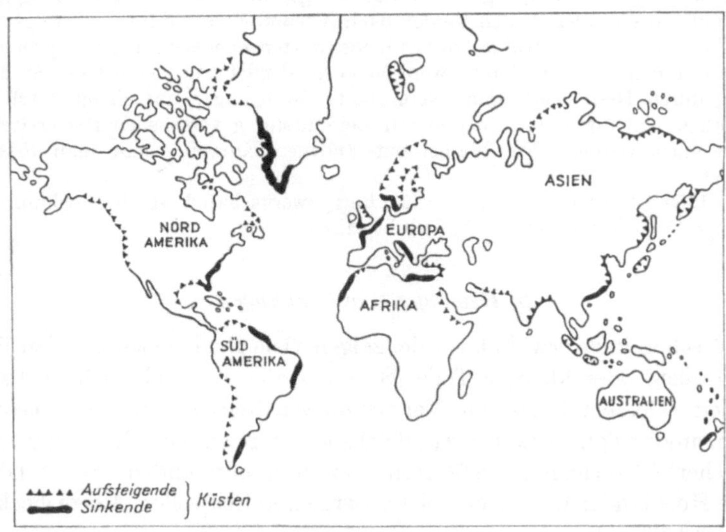

Abb. 190. Heutiger Zustand an den Küsten der Kontinente

Abb. 191. Drei Marmorsäulen des Serapis-Tempels zu Pozzuoli (Neapel) mit einer durch marine Bohrmuscheln angebohrten 3-m-Zone, die auf säkulare Krustenbewegung hinweist. Aufn. d. Verf.

Abb. 192. Die unter NN gelegenen Gebiete der Niederlande (schwarz)

küste (Abb. 190), daß das Land um grössere Beträge aus dem Meere aufgestiegen ist. Ferner ist durch Messungen nachgewiesen worden, daß sich Skandinavien in etwa

9000 Jahren (seit der letzten Vergletscherung) im mittleren Teile um r. 275 m gehoben hat. Andere Beispiele örtlicher Hebungen liefern zahlreiche, aus dem Meere aufgestiegene vulkanische Inseln. Sie sind aber von den aus dem Meere aufsteigenden Koralleninseln (Atolle) zu unterscheiden, die ja ein Beweis für die Senkung des Meeresbodens sind.

Ausgesprochene *Senkungsbeispiele* zeigen z. B. Teile der Nordseeküste, Südostengland (man denke an die auf der sog. „Doggerbank" aufgefundenen Torfmoore) und weiter auch der südnorwegischen Küste, wie sich durch die — gewissermaßen ertrunkene Täler darstellenden — „Fjorde" beweisen läßt. In fortdauernder Senkung ist auch die Küste der Niederlande begriffen, die heute stellenweise bis 6 m unter NN liegt (Abb. 192). Der Senkungsbetrag erreicht hier etwa 10—20 cm je Jahrhundert, ist also so erheblich, daß fast die Hälfte (15000 qkm) Hollands unter Wasser liegen würde, wenn nicht die aufgeführten Deiche das Meer zurückhielten. Noch stärker soll sich die Küste der Bretagne — um etwa 1 m/Jahrhundert — abgesenkt haben.

Als Folge dieser allgemeinen Senkung, die sich auch auf ganz Nordwesteuropa erstreckt, ist z. B. die Abtrennung Englands vom Kontinent in geologisch junger Zeit anzusehen.

Auch im nordwestlichen Ruhrrevier sind Schollensenkungen (nicht bergbaulicher Natur) wahrscheinlich gemacht worden. Sie sollen bis zu mehreren Millimetern/Jahr betragen.

γ) *Die gebirgsbildenden Vorgänge (Epirogenese[1] und Orogenese[2])*

Eine der interessantesten aber auch schwierigsten Aufgaben der Geologie ist die *Deutung der Gebirgsbildung* (sog. „Geotektogenese")[3]. Während sich Einzelerscheinungen, wie Ausbrüche der Vulkane und Äußerungen der Erdbeben, vor den Augen der Menschen abspielen, stehen die Gebirge fertig da. Daher muß der Vorgang, der zur Bildung führte, erst erschlossen werden.

Zunächst kann es keinem Zweifel unterliegen, daß die Gebirge durch Bewegungen der Erdkruste entstanden sind, aber nicht in dem Sinne, daß vulkanische Massen aus der Tiefe aufsteigend durch Beiseiteschieben der durchstoßenen Schichten eine unmittelbare Faltung derselben und dadurch ein „Gebirge" erzeugt hätten, wie das die alten Plutonisten (so auch noch GOETHE) meinten.

Vielmehr heben und senken sich Festländer und Meeresböden seit urältesten Zeiten auch heute noch in ewigem Rhythmus. Das haben Feinnivellements bewiesen. Die Erde „atmet". Dabei äußert sich der tektogenetische Bewegungsmechanismus der Erdkruste sowohl in *vertikal* (bzw. radial zum Erdmittelpunkt) wie *tangential* gerichteten Bewegungsvorgängen, die sich im Laufe der Erdgeschichte gegenseitig ablösen bzw. zeitweise überschneiden.

Die *vertikalen* Bewegungsvorgänge werden unter dem Begriff der Festlandbewegung (*Epirogenese*) zusammengefaßt. Man versteht darunter festlandbildende, langdauernde („säkulare") Auf- und Abwärtsbewe-

---

[1] gr. épeiros = Festland, génesis = Entstehung. — [2] gr. óros = Gebirge.
[3] gr. tektónikos = zum Bau gehörig.

gungen ganzer Erdrindenteile unter weitspanniger Verbiegung und Herausbildung breiter Erdwannen (sog. „Geosynklinalen" bzw. Sammelmulden) oder Aufwölbungen (sog. „Geoantiklinalen") (Abb. 193). Sie rufen

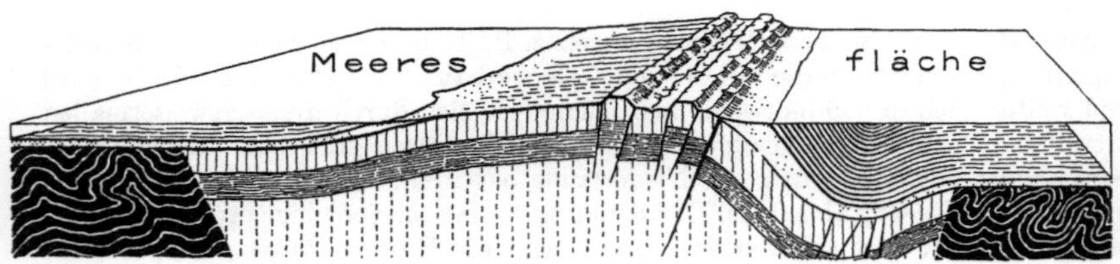

Abb. 193. Blockdiagramm eines Faltengebietes mit epirogenetischen Bewegungen. Umgez. nach SIEBERG

keine wesentlichen Strukturänderungen der Schichten (d. h. Faltung und Zerreißung der Erdkruste) oder lokale Bruchtektonik hervor.

Diese Vorgänge schaffen die Großformen der Erdoberfläche, insbesondere die Gegensätze zwischen Kontinenten und Meeren. Sie werden bemerkbar durch sinkende Küsten (z. B. Holland) und aufsteigende Landgebiete (z. B. Skandinavien).

Anders äußern sich die *tangential* gerichteten Bewegungen. Sie stellen die eigentlichen gebirgsbildenden (*orogenetischen*) Bewegungen nach Beendigung der Geosyklinalzeit dar. Durch sie werden die in der Zeit der Epirogenese abgelagerten Schichten, besonders aber der in den — nicht immer gleichmäßig sich einsenkenden — Sammelmulden abgesetzte Verwitterungsschutt der benachbarten aufsteigenden Abtragungsgebiete in langdauernden Pressungszeiten in Falten gelegt. Diese wurden örtlich auch wohl weiter überschoben und unter Umständen später noch durch Brüche zerrissen (Abb. 194).

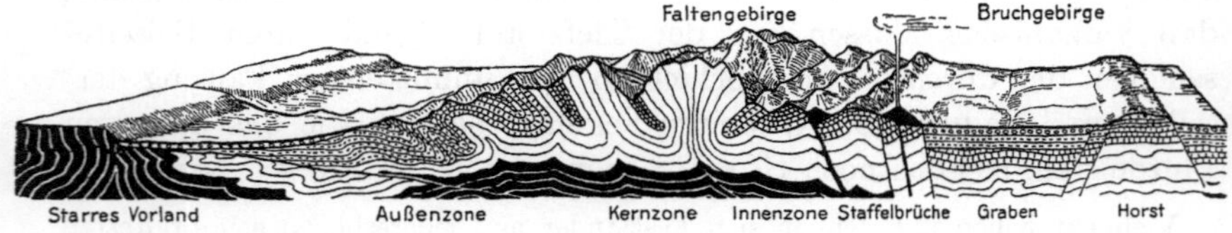

Abb. 194. Blockdiagramm eines durch orogenetische Bewegungen erzeugten Faltungs- und Bruchgebiets. Umgez. nach SIEBERG

Im Gegensatz zu den weiträumigen, epirogenetischen Vorgängen ist die gefügeändernde *Orogenese* auf verhältnismäßig kleine Räume und kurze (episodische) Zeiten (orogene Phasen) beschränkt. Auf sie sind auch die augenfälligen Formenelemente der Landschaft zurückzuführen.

Hierbei wird (nach STILLE) in Deutschland je nach der tektonischen Struktur noch zwischen einer „*germanotypen*" *orogenen Bruchfaltung mit Blocktektonik* und einer „*alpinotypen*" *bruchlosen Faltengebirgs- und Deckengebirgstektonik* (wie in den Alpen) unterschieden.

Wahrscheinlich gibt es im übrigen zwischen epirogenetischen und orogenetischen Vorgängen noch alle Arten von *Übergängen*, wie das Vorkommen von „Becken" und „Schwellen" eines epirogen sinkenden Gebietes zeigt. Auch das Faltenbild des Ruhrkarbons scheint dafür zu sprechen. Beobachtungen in aller Welt lehren, daß sich in unmittelbarer Nähe der großen Faltengebirge in ständiger Senkung begriffene Sammelmulden (Erdwannen oder Geosynklinalen) finden, die den Gebirgsschutt der verwitterten Gebirge als fluviatile oder Flachseeablagerungen in sich aufnehmen. Als Beispiel nenne ich das „braunkohlenführende Molassegebiet" nördlich der Alpen und das „Ruhrsteinkohlengebirge" vor dem variscischen Gebirge.

Durch Eintritt orogenetischer Bewegungen werden die Sammelmulden gewissermaßen zu „Geburtsstätten" der jüngeren Faltengebirge (oder Orogene).

Bei der Gebirgsbildung darf man sich jedoch nicht vorstellen, daß die heute herausragenden Gebirge allein durch Orogenese geschaffen wurden. Vielmehr ist anzunehmen, daß sich die primäre Faltung der Schichten in der Höhe des Meeresspiegels vollzogen hat. Ihr folgten später Überschiebungen und Bruchbildung und zum Schluß die Heraushebung, die dann das auch gestaltlich gekennzeichnete Gebirge erzeugte. Derartige Gebirge aber wurden bei ihrem Aufstieg über den Meeresspiegel bzw. das allgemeine Umgebungsniveau wieder von den abtragenden Kräften erfaßt und eingeebnet.

Die auf diese Weise durch gebirgsbildende Vorgänge geschaffenen Gebirge haben im Verhältnis zur Größe des Erdkörpers nur eine sehr geringe Höhe. So entspricht der höchste Berg der Welt, der Mount Everest (mit r. 8840 m), nur der Höhe eines Kirschkerns auf einer Kugel von 10 m Durchmesser!

Den inneren Aufbau eines Gebirges (einschließlich der zeitlichen Vorgänge, die dieses hervorriefen) bezeichnet man als dessen *Tektonik*.

Sie erstreckt sich nach der Tiefe bis zur Oberfläche der durchgehenden schmelzflüssigen Zone, sog. Sima. Unterhalb der bei vielleicht 120 km anzunehmenden isostatischen Ausgleichfläche gibt es keine dynamisch-tektonischen Bewegungen mehr. Faltungen und Bruchbildungen sind daher hier nicht möglich.

Wie die geologische Forschung erwiesen hat, haben während der ganzen Entwicklungsgeschichte der Erde Zeiten der Ruhe mit gebirgsbildenden Zeiten abgewechselt, die freilich in ihrer Dauer ständig abgenommen haben und in ihren Abständen immer geringer geworden sind.

Von den vielen besonders in die Augen fallenden *gebirgsbildenden* (orogenetischen) *Zeiten* (Aeren) während der Erdentwicklung nenne ich hier nur die *drei* für Europa bedeutungsvollsten Gebirgsbildungsperioden, u. zw. die vom Ausgang des Silurs bis ins Devon reichende Zeit der *kaledonischen*[1] *Orogenese*, welche die kambrisch-silurischen Ablagerungen Europas umfaßt, die die Karbonzeit beherrschende *jungpaläozoische*, variscisch[2]-armorikanische[3] Orogenese (Bildungszeit des armorikanisch-variscischen Gebirges in der rheinischen und der belgischfranzösischen Karbon-Geosynklinale) und die *mesozoisch-känozoische, saxonischalpidische Orogenese* der Kreide-Tertiärzeit, welche die heutigen Hochgebirge der Erde (Alpen, Karpathen, Atlas u. a.) schuf, mit insgesamt über 40 Unterphasen. Dabei umfaßt z. B. die variscische Orogenese noch die *bretonische* (Overdevon/Ob. Visé), die *sudetische* (Ob. Visé/Namur), die *asturische* (Namur/Oberes Westfal) und die *saalische* (Oberes Westfal/Unt. Rotliegende) *Unterphase*.

---

[1] Caledónia = alter Name für Schottland.

[2] Nach dem keltischen Stamm der Varísker im Fichtelgebirge benannt.

[3] Armórika nach dem alten Volksstamm der Armorikaner in der Bretagne.

Wie Untersuchungen, z. B. in den Alpen und am Mount Everest (Himalaja), gelehrt haben, sind die gebirgsbildenden Vorgänge auch heute noch nicht zur Ruhe gekommen.

Mit der Beantwortung der Frage, wie sich die Gebirgsbildung vollzieht, ist freilich ihre *Ursache* und ihr *Mechanismus* noch nicht geklärt.

Lange Zeit sah man die Ursache des „Werdens der Gebirge" in der fortschreitenden *Abkühlung* der Erde unter Abgabe von Wärme an den Weltenraum (sog. „Kontraktionstheorie")[1]. Danach sollte sich das Volumen des beweglichen Erdkerns (unter der festen Erdkruste) zusammengezogen haben und der Mantel der starren Erdkruste geschrumpft sein. Hierdurch seien Spannungen in der festen Erdkruste entstanden, die sich in Faltungen und Brüchen von Krustenteilen äußerten. Die Richtigkeit der alten Kontraktionslehre, die man durch die nicht zutreffenden Vergleiche mit einem „zusammengeschobenen Teppich" und einem „gerunzelten Apfel" verständlich zu machen versuchte, wurde in den letzten Jahrzehnten stark angezweifelt. Scheint doch eine Reihe wichtiger Tatsachen, so insbesondere die Feststellung, daß die Erde keineswegs überall gleichmäßig in Falten gelegt (gerunzelt) ist, mit dieser Vorstellung unvereinbar zu sein. Ferner wirke einer starken Wärmestrahlung und Abkühlung der Erde der Zerfall radioaktiver Stoffe in der Erdtiefe entgegen. An Stelle der Kontraktionstheorie traten Vorstellungen, welche die Ursache der Schrumpfung in dem Gegensatz zwischen *starren Massiven* (Kratogenen)[2] und *beweglichen* (faltbaren) *Zwischenzonen* infolge von Magmaströmungen in großer Tiefe unterhalb der Erdkruste sahen. *Aber keine dieser Theorien vermochte alle Erscheinungen restlos zu klären.* Die neuen Vorstellungen verdichteten sich u. a. zu folgenden Hypothesen:

Lehre von der Isostasie[3]: Die verschieden schweren, durch Abtragung bzw. Abschmelzen von Eis erleichterten oder durch Sedimentation im Meer belasteten Schollen schwimmen gewissermaßen auf einer zähflüssigen Magmaschicht. Sie streben durch hydrostatischen Ausgleich nach dem Gleichgewicht und erzeugen dadurch Spannungen in der Erdkruste.

Unterströmungstheorie von Ampferer u. a.: Die ausgleichende Strömungsbewegung in den zähplastischen Tiefenzonen unterhalb der festen Erdkruste (in der subkrustalen Magmazone) rufen an der Oberfläche Falten und Überschiebungen hervor.

Wegenersche Kontinentalverschiebungstheorie: Infolge Erddrehung nach Osten und Polflucht der Kontinente driften die im Erdaltertum einen zusammenhängenden Block bildenden und auf einer Magmaschicht schwimmenden sialischen Kontinente — nach der Karbonzeit — gegen Westen weit auseinander und bilden an der Driftfront durch Aufstau Faltengebirge, wie z. B. die amerikanischen Kordilleren und Anden.

Nach HAARMANNS Oszillationstheorie (1930) sind durch Vertikalbewegungen (Oszillationen)[4] (d. h. Hebungen und Senkungen einzelner Erdkrustenteile) infolge Wanderns des Magmas in der Tiefe *Aufwölbungen* („Geotumoren") und Einsenkungen („Geodepressionen") entstanden (sog. „Primärtektogenese"). Von den Geotumoren sind gleichmäßige Gesteine (Sedimente) seitlich abgerutscht und haben sich in Falten gelegt. Dabei entstanden die Faltengebirge („Sekundärtektogenese").

Neuerdings ist von KOBER (1942) die alte Kontraktionslehre durch Umdeutung in die „*gravitative*[5] *Kontraktion*" neu belebt worden. Er geht davon aus, daß die

---

[1] lat. contráctio = Zusammenziehung. — [2] gr. kratignéin = sich befestigen.
[3] gr. ísos = gleich, stásis = Stellung. — [4] lat. oscilláre = schaukeln.
[5] lat. grávis = schwer.

Gesamtmasse der Erde durch Abkühlung eine *Verdichtung* von 1 auf 5,5 erfahren habe, wodurch ihr Radius von 11244 km auf 6370 km geschrumpft sei. Durch diese auf die Schwerkraft zurückgehenden Verdichtungsvorgänge entstehen Zug- und Druckspannungen in der starren Erdkruste, die zu Faltungen und Brüchen und dadurch zu Gebirgsbildungen führen.

Eine allen Einwendungen gerecht werdende Erklärung der inneren Ursachen der Gebirgsbildung kann noch nicht gegeben werden.

Mit größter Wahrscheinlichkeit ist anzunehmen, daß die gebirgsbilden-den Vorgänge ihre tiefere Ursache in thermisch bedingten Verlagerungen (Unterströmungen) des mobilen magmatischen Untergrundes unterhalb der festen Erdkruste haben.

Will man die Gebirge augen- und sinnfällig — wenn auch schematisch — nach ihrem inneren Aufbau und ihrer Entstehungsgeschichte einteilen, so kann man sie wie folgt gliedern in:

Faltengebirge. Sie kommen dadurch zustande, daß sich Schichten der Erdkruste durch starken seitlichen Schub in ein System ± paralleler Falten legen (Abb. 195).

Abb. 195. Schematische Darstellung eines Faltengebirges (Fächerfaltung)

Echte Faltengebirge entstehen meist an der Außenseite von Kettengebirgs-zonen und sind vielfach von ihrem Untergrund abgeschert, wie z. B. der „Schweizer Jura", der „Libanon" und wahrscheinlich auch das „Ruhrsteinkohlengebirge".

Schollen- oder Bruchgebirge (auch Graben- oder Horstgebirge genannt). Sie bilden sich dadurch, daß sich Gebirgsschollen entlang von Bruch-spalten abwärts oder aufwärts bewegen (Abb. 196).

Abb. 196. Schema eines Schollen- oder Bruchgebirges (Grabenbruch)

Als Beispiel nenne ich: den „Harz", den „Thüringer Wald" und das „Rheintal" (zwischen Vogesen und Schwarzwald).

Rumpfgebirge. Sie kennzeichnen sich als alte, stark abgetragene und durch Bruchwirkungen zerstückelte Faltengebirge (Rumpffaltenschollengebirge).

Vielfach ragen sie morphologisch gar nicht über das allgemeine Niveau heraus, wie z. B. das „Niederrheinisch-Westfälische Steinkohlengebirge" unter dem Deckgebirge (Abb. 388).

Deckengebirge. Die eine Hauptform der Gebirge darstellenden Deckengebirge finden sich meist am Rande großer Kettengebirgszonen, wo die mächtigen, überkippten Decken als ganzes über ihr Vorland hinübergeschoben sind und örtlich in die Unterlage eintauchen (Abb. 197).

Urbild dieser Gebirgsart sind die „Alpen" mit ihren überschobenen und veralteten „Deckenmulden" und „Fenstern".

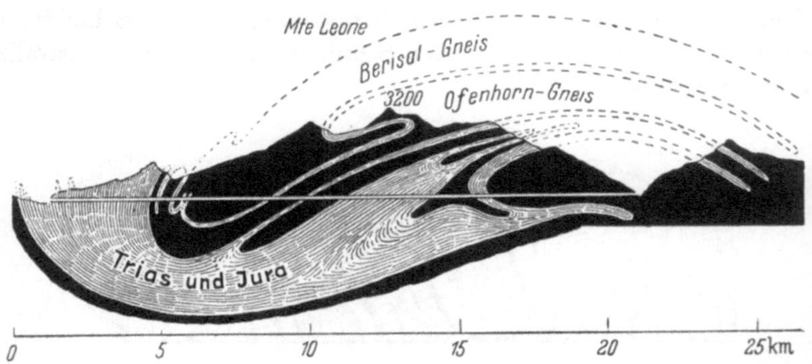

Abb. 197. Überkippte Überfaltungsdecken. Schichtenschnitt durch den Simplontunnel

Vulkangebirge. Sie verdanken ihre Entstehung dem Empordringen vulkanischer Massen durch das sedimentäre Grundgebirge von verschiedenen Eruptionsstellen aus und dem Aufschütten vulkanischer Gesteine (Laven, Aschen u. a.) (Abb. 198).

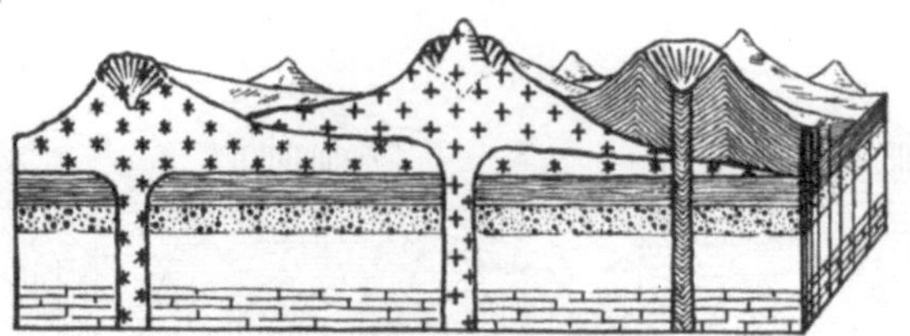

Abb. 198. Schema eines vulkanischen Gebirges

Sie sind entweder selbständiger Natur wie der „Ätna" und der „Vesuv" oder Teilgebiete eines vulkanischen Gebirgsmassivs, wie das „Siebengebirge", die „Eifel" und das „französische Zentralplateau".

Erosionsgebirge. Im Gegensatz zu den vorgenannten Gebirgen stehen die sog. *Erosionsgebirge*, deren Einzelberge durch die Wirkungen des Wassers und Windes aus Tafelländern herausgearbeitet sind (Abb. 162 u. 199).

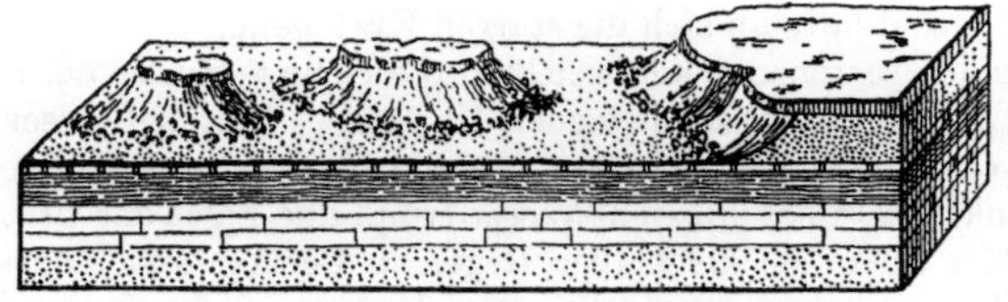

Abb. 199. Erosionsgebirge mit Zeugenbergen (Schema)

Sie stellen unter dem Namen der „Zeugen-“, „Tafel-“ oder „Inselberge“ bekannte Erscheinungen in meist klimatisch ariden oder semiariden Zonen dar.

II. Historische Geologie
(Formationslehre oder Stratigraphie)[1]

A. Einführung

Wie schon einleitend ausgeführt wurde, umfaßt der zweite Hauptteil, die *historische Geologie* (*Formationslehre* oder *Stratigraphie*), alle Fragen, welche die Zusammensetzung, zeitliche Aufeinanderfolge, Verbreitung und den Inhalt an *fossilen Resten* der verschiedenartigen und -altrigen, am Aufbau der Erdkruste beteiligten Gesteinsablagerungen, die sog. „Formationen“, betreffen. Sie stellt so gewissermaßen eine großzügige *Entwicklungsgeschichte der Erde und des Lebens auf der Erde*, d. h. der sie bewohnenden Pflanzen und Tiere von den ältesten Zeiten bis zur Jetztzeit dar.

Um die Entwicklung der Erde richtig verstehen zu können, wird man sich zunächst ein Bild von der vermuteten ältesten Vorgeschichte machen müssen, die freilich noch sehr umstritten ist.

Nach der durch die ältere, sog. „Kant-Laplacesche Theorie“, begründeten — heute allerdings nicht mehr allseitig geteilten — Ansicht stellt unsere Erde den durch Zentrifugalkraft von einer Sonne abgeschleuderten Teil einer ursprünglich glühenden, sich von West nach Ost um ihre Achse drehenden gewaltigen Urgas- und Staubmasse dar. In dem den heutigen spiralen Nebeln vergleichbaren Gasball waren die vielen Grundstoffe im elementaren Zustande vorhanden. Auf dem durch Rotation glutflüssig gewordenen und unter Einfluß der Gravitation abgeplatteten Ball (dessen Zustand dem unserer Fixsterne gleicht) fanden die ersten Stofftrennungen nach dem Gesetz der Schwere statt, wobei schwere Massen in die Tiefe sanken und leichtere an der Oberfläche verblieben. Infolge Ausstrahlung von Wärme

---

[1] lat. strátus = Schicht, gr. graphéin = beschreiben.

in den Weltraum entstanden dann auf der Oberfläche durch langsame Abkühlung
schwimmende Schlackeninseln (Primärstadien der Festlandsblöcke?). Aus ihnen
wurde die ständig dicker werdende starre Erdkruste, wobei der Erdball seine
Leuchtkraft verlor. Durch die eingetretene Volumenverringerung zerbarst die
Schlackenkruste an vielen Stellen in Schilde und Tafeln (sog. „Kratogene") und
gestattete den Austritt zahlreicher glutflüssiger Gesteinsbreiergüsse. Gleichzeitg
bewegten, stauten und falteten sich die starren Kratogene.

Die entstehende Krustenzone kennzeichnet die Geburtsstunde der ersten, später
meist abgetragenen oder eingeschmolzenen Urgebirge. Erst seit dieser Zeit können
wir von einer *geologischen Zeit* sprechen. Als die Abkühlung auf eine Temperatur
unter 374° gesunken war, so daß sich Wasserdampf und Salze der Uratmosphäre in
tropfbar flüssigem Zustande als heißer Regen in Becken und eingesunkene Gebiete der Oberfläche niederschlagen konnten, kam es im Laufe der Entwicklung
einerseits zu dem ersten heißen und salzigen Urozean und andererseits zu Ur-
gebirgen. Gleichzeitig wurde durch die besonders starke Auflösungsfähigkeit des
heißen Urmeeres sowie der dem Meere zufließenden Wässer die Zerstörung der
ehemaligen Erstarrungskruste eingeleitet, die zur Wiederablagerung des zer-
trümmerten Materials in Form von Schichtgesteinen an anderer Stelle führte. Mit
dem Verdunsten, Aufsteigen und Verdichten des Wassers und dem Wiederzuboden-
fallen als Regen setzte der Kreislauf des Wassers und damit die Entwicklung des
organischen Lebens auf der Erde ein.

Daß wir heute weder die eigentliche primäre Erstarrungskruste noch jene vorgeschilderten allerersten Schichtgesteine kennen, kann nicht wundernehmen, da
sie im Weiterverlaufe der Erdentwicklung tiefreichenden Umwandlungsvorgängen
unterworfen wurden. Daher sind wir auch nicht in der Lage, uns eine richtige Vorstellung von dem frühesten Erscheinen und der Art und Weise des Auftretens der
„ersten Lebewesen" auf der Erde zu machen.

B. Die fossilen Pflanzen- und Tierreste
und ihre Bedeutung für das Alter
und die Gliederung der Sedimentgesteine
(Versteinerungslehre)

Die eigentliche geologische Geschichte beginnt erst mit jenen Ablagerungen, in denen sich erkennbare Versteinerungen, die sog. *Fossilien*[1]
(„Petrefakten")[2], vorfinden. Deren erstes Erscheinen dürfte auf etwa 500
bis 600 Millionen Jahre, vielleicht sogar auf eine viel längere Zeit zurückgehen.

Man darf natürlich nicht erwarten, aus dieser „Geschichte der Erde"
absolute Zeitangaben über das Alter der sehr verschiedenen Ablagerungen
zu erhalten, da z. B. weder die meßbare Mächtigkeit noch die Ausbildung
der Schichten einen eindeutigen Ausdruck für ihre Bildungszeit darstellen. Vielmehr kann nur das *relative Alter*, d. h. ihr Altersverhältnis
zu einer darüber oder darunter liegenden Schichtengruppe (Formation)
bzw. ihre Reihenfolge, erkannt werden.

---

[1] lat. fossílis = ausgegraben. — [2] gr. pétros = Stein, lat. fáctus = gemacht.

Wegen ihrer meist besseren Erhaltungsfähigkeit und schnelleren Entwicklung spielen die *tierischen Überreste* für die Gliederung eine größere Rolle als die pflanzlichen Fossilien.

Jedenfalls dient das *relative* Alter der Schichten (und nicht ihr petrographischer Charakter) auf den *geologischen Karten* als Gliederungsprinzip.

Abb. 200. Rekonstruktion des riesigen Brachiosaurus (Gesamtlänge 23 m, Höhe 13 m) nach Knochenfunden in den Tendaguru-Schichten Ostafrikas. Davor Menschenskelett zur Veranschaulichung des Größenverhältnisses. Paläontologisches Museum zu Berlin (nach E. Hennig)

Für die relative Altersgliederung der Gesteinsschichten kommen vornehmlich solche fossile Pflanzen- und Tierreste in Betracht, die in *senkrechter* Richtung auf gewisse, manchmal recht geringmächtige Gesteinsablagerungen (Formationen bzw. Zonen) beschränkt sind, deren waagerechte Verbreitung aber innerhalb derselben Schichten sehr weitgehend ist. Diese als „Leitfossilien" bezeichneten Reste spielen für die stratigraphische Einteilung der Formationen eine große Rolle.

Auf einige der für die Altersbestimmung und die Kennzeichnung der Einzelformationen wichtigen *Mega[1]-Vertreter* der fossilen Tierwelt ist bei der späteren

---

[1] gr. méga = groß.

Darstellung der Einzelformationen der Erdgeschichte durch *Abbildungen* hingewiesen worden, die auch für den Bergmann nützlich sein werden (vgl. dazu auch
Abb. 201 a—f).

Hiervon abgesehen spielen auch die in der Übersicht nicht aufgeführten *Mikro*[1]-
Fossilien (in Form der Hartteile von Algen, Einzellern, Krebsen, Sporen und Pol-

Abb. 201 a—f. Zusammenstellung einiger bekannter Fossilien
a) *Halysites catenularia* (silurische Koralle); b) *Ostrea diluviana* (Essener Grünsand); c) *Gryphäa
arcuata* (jurasische Muschel); d) *Ophioderma egertoni* (liassischer Seestern); e) *Spirifer mucronatus*
(devonischer Brachiopode); f) *Polymorphites jamesoni* (liassischer Ammonit)
(alle aus H. Reich Verlag)

len) eine Rolle, da sie zwar nicht in jeder Schicht, dafür aber in vielen Horizonten
auftreten. Sie haben sich besonders für die Erforschung der Lagerstätten des Erdöls
sowie der Braun- und Steinkohle als wertvoll erwiesen.

[1] mikrós = klein.

Ganz allgemein gesagt, beruht die Möglichkeit der Altersfestlegung von Schichten der Erdkruste u. a. auf *drei wichtigen Erkenntnissen.*

Ungestörte Verhältnisse vorausgesetzt, ist *jede sedimentäre Schicht jünger als die unter ihr liegende* (eine Ausnahme bilden u. a. die die Flüsse begleitenden Terrassen, von denen die höchste die älteste ist).

In der Regel ist *jedes mächtige Schichtenpaket durch nur ihm eigentümliche fossile Reste (Leitfossilien) gekennzeichnet.*

Die in aufeinanderfolgenden Schichtengruppen (Formationen) auftretenden *fossilen* Tiere und Pflanzen zeigen im allgemeinen in der *Richtung vom Liegenden zum Hangenden eine biologisch immer vollkommenere Entwicklung.* Dabei ragen gewisse Tierformen zu bestimmten geologischen Zeiten aus der normalen Entwicklungsreihe durch *überraschende Größe* und Sonderausbildung hervor (Abb. 200).

Die *Fossilien* können erhalten sein als:

a) *Überreste fester Hartteile* von Tieren wie Muschelschalen, Schneckengehäuse (Abb. 241) oder Stacheln,

b) durch andere Substanzen *durchtränkte und verhärtete Reste*, z. B. verkalkte Knochen, verkieste Goniatiten.

c) *Abdrücke von Pflanzen und Tieren* (insbesondere Fährten im ehemaligen weichen Schlamm, Abb. 219), wie des *Chirotheriums* im Buntsandstein und Innenausgüsse (Steinkerne) von Fossilien (Abb. 224).

Im Hinblick auf die Bedeutung der fossilen Reste als Zeitmaßstäbe für das Alter bzw. für die Einteilung der Formationen und ihre Entwicklungsgeschichte sei nachstehend je eine kurze *Übersicht über die systematische Gliederung* der *Pflanzen- und Tierwelt* nach Stämmen, Familien, Gattungen, Arten und Unterarten unter Namensnennung gegeben.

1. Pflanzenwelt

Sporenpflanzen **(Kryptogamen)** Blütenlose Pflanzen ohne Keimblätter Fortpflanzung durch „Sporen" ohne Samen	*Lagerpflanzen (Thallophyten):* Algen, Pilze, Flechten *Moospflanzen (Bryophyten)* *Gefäßsporenpflanzen (Pteridophyten):* *Farne* (Filices), *Schachtelhalme (Calamarien*[1]*),* *Bärlappgewächse (Lepidophyten)*
Samen- und Blüten- pflanzen (Phanerogamen) — **Samenpflanzen** (Spermatophyten)	*Nacktsamer (Gymnospermen*[2]*):* Farnsamer (Pteridospermen), Cordaiten, Nadelhölzer (Koniferen)
Blütenpflanzen	*Bedecktsamer (Angiospermen*[3]*):* Einkeimblättrige (Monocotyledonen), Zweikeimblättrige (Dicotyledonen)

Für die Geologie der *Steinkohlenformation*, als der wichtigsten Trägerin der vorweltlichen Pflanzenwelt, spielen die *Sporenpflanzen* (Kryptogamen), und zwar insbesondere die *Gefäßsporenpflanzen* (Pteridophyten), die größte Rolle. Die Bezeichnung „Kryptogamen"[4] will besagen, daß es sich in ihnen um eine niedrige Pflanzengruppe handelt, bei der (wie bei den Moosen und Algen) eine eigentliche Blüte noch fehlt und deren Vermehrung durch „Sporen" erfolgt. Sporen sind ungeschlechtliche, in Sporenbehältern („Sporangien") auf der Unterseite der Wedel

---

[1] gr. kálamos = Rohr. — [2] gr. gýmnos = nackt, spérma = Same.
[3] gr. ángios = Gefäß. — [4] gr. krýptos = verborgen, gámos = Ehe.

oder in Zapfen ruhende Organe, aus denen beim Auskeimen nicht ohne weiteres
die neuen Pflanzen, sondern erst die „Vorkeime" hervorgehen. Aus diesen entstehen dann die eigentlichen Farn-, Schachtelhalm- oder Bärlapppflanzen. Da die
Blätter der kryptogamen Farnpflanzen im Gegensatz zu den Moosen schon Adern
mit wasserleitenden Zellen (Gefäße!) enthalten, werden sie auch als *Gefäßkryptogamen* bezeichnet.

2. Tierwelt

Einzeller (Protozoen)[1]:

> Foraminiferen (Nummuliten[2]), Radiolarien u. a.

Hohlraumtierchen (Coelenteraten):

> Schwämme, Korallentiere, Polypen, Graptolithen

Würmer (Vermes):

> Serpeln

Stachelhäuter (Echinodermen)[3]: Seelilien, Seesterne, Seeigel

Tentakulaten:

> *Mooskorallen (Bryozoen)*: Zyclostomaten (*Stromatopora* und *Fenestella*)
> *Armfüßer (Brachiopoden)*: Zahlreiche Vertreter wie *Lingula, Productus, Rhyn-
> chonella, Spirifer, Stringocephalus, Terebratula* u. a.

Weichtiere (Mollusken):

> *Muscheln (Lamellibranchiaten)[4]*: Zahlreiche Formen wie *Ostrea, Gryphaea,
> Pecten, Avicula, Posidonomya, Inoceramus, Nucula, Trigonia, Myophoria,
> Carbonicola, Najadites, Megalodon,* Rudisten, *Cardium, Cyrena, Phola-
> domya* u. a.
> *Schnecken (Gastropoden)[5]*: Mit Vertretern wie *Pleurotomaria, Bellerophon, Turbo,
> Turritella, Natica, Paludina, Melania, Cerithium, Pterocera, Planorbis* u. a.
> *Kopffüßer (Cephalopoden)*:
> > 4-Kiemer: Nautiloideen wie *Orthoceras, Cyrtoceras, Nautilus* und
> > Ammonoideen wie *Clymenia, Gastrioceras, Ceratites, Turrilites,
> > Arietites, Stephanoceras, Acanthoceras, Scaphites* u. a.
> > 2-Kiemer: *Belemnites, Gonioteuthis*

Gliederfüßer (Arthropoden)[6]:

> *Dreilappkrebse (Trilobiten)*: Viele Vertreter wie *Trinucleus, Olenus, Para-
> doxides, Calymene, Asaphus, Phacops* u. a.
> *Krebse (Crustazeen)[7]*: Viele Vertreter wie *Xiphosurus, Limulus, Eurypterus,
> Pterygotus, Eryon, Anthrapalaemon, Arthropleura* u. a.
> *Spinnen* und *Skorpione (Arachnoideen)*: Zum Beispiel *Eoscorpius, Eophrynus*
> *Tausendfüßer (Myriopoden)*: *Euphoberia*
> *Insekten (Hexapoden)*: Vertreten sind Libellen, Zirpen, Fliegen, Käfer u. a.

Wirbeltiere (Vertebraten):

> *Fische (Pisces)*: Vertreten sind Rochen, Haie, Schmelzschupper (*Pterichthys,
> Coccosteus, Cephalaspis, Paläoniscus, Platysomus*), Knochenfische u. a.

---

[1] gr. prótos = erste, zóon = Lebewesen. — [2] lat. númmulus = kleine Münze.
[3] gr. echínos = Igel, dérma, dérmatos = Haut.
[4] lat. lamélla = Blättchen; gr. bránchia = Kiemen.
[5] gr. gastér = Bauch. — [6] gr. árthron = Glied, podós = Fuß.
[7] lat. crústa = Schale.

Lurche (*Amphibien*): Stegocephalen (*Archegosaurus, Mastodonsaurus*) und Schwanzlurche (*Andrias Scheuchzeri*), *Megapezia*

Kriechtiere (*Reptilien*)[1]: Schildkröten, Sauropterygier (*Plesiosaurus, Nothosaurus, Placodus*), Fischsaurier (*Ichthyosaurus*), Crocodilier (*Belodon, Aetosaurus*), Saurier (*Proterosaurus*), Schlangen, Dinosaurier[2] (*Triceratops, Stegosaurus, Tyrannosaurus, Brontosaurus, Diplodocus, Brachiosaurus, Atlantosaurus, Iguanodon* u. a.), Flugsaurier (*Pterodactylus, Ramphorhynchus, Pteranodon*)

Vögel (*Aves*): *Archaeopteryx, Ichthyornis, Didus* (Dronte), *Dinornis* (Moa)

Säugetiere (*Mammalia*): Zahnarme Tiere (*Glyptodon, Megatherium*), Cetaceen (*Zeuglodon* und *Halitherium*), Huftiere (*Titanotherium, Brontotherium, Rhinoceros, Palaeotherium, Anthracotherium*), Hirsche (*Megaceros euryceros*), Schweine, Rüsseltiere (*Dinotherium*), Elefanten (*Elephas, Mammut*), Raubtiere, Hunde, Bären, Halbaffen, Affen.

Das Studium der in den Schichten eingeschlossenen und mit dem bloßen Auge sichtbaren Fossilien (Megafossilien) zeigt deutlich, daß *diese Fossilien den heute lebenden Pflanzen und Tieren um so ähnlicher werden, in um so jüngeren Schichten sie auftreten.*

Die Fossilien gewähren also das schon erwähnte unverkennbare Bild einer „Entwicklungsreihe", die mit den einfachsten Pflanzen- und Tierformen beginnt und mit den hochentwickelten heutigen Lebewesen abschließt.

Auf die für die Altersbestimmung und die Ausbildung der Einzelformationen wichtigsten Vertreter der fossilen Pflanzen- und Tierwelt wird bei der Darstellung der Formationen im einzelnen hingewiesen werden.

C. Einteilung der Erdgeschichte und Untergliederung

Die Untersuchung der insgesamt etwa 75—100 km mächtigen verschiedenen Gesteinsablagerungen der Erde hat zu einer Einteilung der Erdgeschichte in *vier Großzeitabschnitte,* „*Erdzeitalter*" oder „*Aeren*", geführt. Man unterscheidet:

   4. Neuzeit (Neozoikum)[3],

   3. Mittelzeit (Mesozoikum)[4],

   2. Altzeit (Paläozoikum)[5],

   1. Urzeit (Präkambrium)[6].

Jedes geologische *Zeitalter* (Aera)[7] umschließt eine Reihe von *Zeitperioden*[8] (sog. Formationen)[9]. Vom Zeitraum abgesehen beinhaltet der Begriff Formation die während dieser Zeit entstandenen *Gesteine,* d. h.

---

[1] lat. reptáre = kriechen. — [2] gr. deinós = furchtbar, saurós = Echse.

[3] gr. néos = neu, zóon = Lebewesen.

[4] gr. mésos = mitten. — [5] gr. palaiós = alt.

[6] lat. prae = vor, Kambrium von Cámbria = alter Name für Wales.

[7] lat. áera = Zeitalter. — [8] gr. periodes = Umlauf.

[9] lat. formátio = Bildung (erdgeschichtlicher Abschnitt).

sowohl die auftretenden *Eruptivgesteine* als auch die sedimentären Gesteinsablagerungen, und zwar Sandsteine, Kalke, Tone, Schiefer, Mergel u. a., aber auch Kohlen- und Salzlager, einschließlich der in ihnen auftretenden Pflanzen- und Tierreste.

Ein bestimmtes Gestein ist also ohne weiteres noch keineswegs kennzeichnend für eine Formation. Vielmehr handelt es sich in den Formationen um verschieden lange Phasen der Erdgeschichte, die durch eine einigermaßen einheitliche Flora und Fauna gekennzeichnet und von Zeiten mit ausgesprochenem Faunen- und Florenwechsel begrenzt sind. So bestehen auch hinsichtlich der Mächtigkeit der in den einzelnen Zeitaltern abgelagerten Gesteine gewaltige Unterschiede. Verhalten sich doch die Gesamtschichtenmächtigkeiten von Urzeit, Altzeit, Mittelzeit und Neuzeit etwa wie 50:12:3:1. Natürlich haben die großen „geologischen" Zeitepochen[1] mit den bekannten „historischen" Zeitaltern nichts zu tun, denn die überaus lange geologische Erdgeschichte findet dort ihr Ende, wo die kurze historische Geschichte beginnt. Rein zeitlich betrachtet, umfaßt jene eine Zeitdauer von etwa 2—6 Milliarden Jahren, diese aber nur von etwa 6000 Jahren.

Die verschiedenen *Zeitabschnitte* (Formationen), wie z. B. das *Karbon*, werden untergliedert in *Abteilungen*, z. B. Unter- und Oberkarbon. Diese werden wieder in *Stufen*, z. B. Dinant, Namur, Westfal, Stefan, und weiter in *Zonen* oder *Schichtengruppen*: Sprockhöveler, Wittener, Bochumer, Essener, Horster und Dorstener Schichten und letztere schließlich in *Horizonte*, z. B. Finefrauhorizont, Katharinahorizont eingeteilt. Die Grenzen zwischen den einzelnen Begriffen sind nicht immer ganz scharf.

Während es also möglich ist, das *relative* Alter einer Zone oder Stufe *fast stets genau* zu ermitteln, begegnet die Feststellung des *absoluten* Alters großen Schwierigkeiten.

Über die *absolute* Zeitdauer der Formationen haben erst die *Erkenntnis der Zerfallsgesetze radioaktiver Elemente* (Uran, Thorium, Kobalt bzw. Cäsium und Kohlenstoff) sowie die *Festlegung ihrer Zerfallsgeschwindigkeiten* genaue Aufschlüsse geben können. Wir wissen z. B., daß das Uranisotop (U 238) durch dauernde Aussendung von verschiedenen Arten von Strahlen einem gesetzmäßigen Zerfall (Atomzerfall) unterliegt[2], wobei unter Bildung der Elemente *Radium* (Ra) und des *Heliums* (He) schließlich als stabiles Endglied das *Bleiisotop* (Pb 206) übrigbleibt. Daher kann aus dem Uran-, Helium- und Bleigehalt bestimmter Gesteine deren Alter berechnet werden. Auf diese Weise konnte man für das Alter der ältesten Gesteine der Erde mindestens 2 und höchstens 6 Milliarden Jahre ermitteln.

Weiter berechnete man z. B. das Alter der *Karbonschichten* auf r. 250—310 Mio Jahre, das Alter des Quartärs (Pleistozän und Holozän) dagegen nur auf etwa 1 Mio Jahre (vgl. das Zeit- und Altersdiagramm der Erde, Abb. 202).

Für die *Nacheiszeit* konnte das Alter auf andere Weise durch Auszählung von je einem Jahr entsprechenden Ablagerungen nacheiszeitlicher Bändertonschichten (mit wechselnder Schichtfärbung) (sog. „Warwen"), die in Eisstauseen vor den abschmelzenden Gletschern abgesetzt wurden, mit einiger Sicherheit auf etwa 8000 Jahre errechnet werden.

---

[1] gr. epoché = Haltepunkt. — [2] Hälfte der Zerfallszeit = Halbwertszeit.

Nachstehend sei eine *tabellarische Übersicht* über die geologischen *Zeitalter* (Aeren), *Zeitabschnitte* (Formationen), *Abteilungen* und *Unterstufen* gegeben (vgl. S. 124 u. 125).

Diese vermittelt einen ersten geschlossenen Überblick über den Werdegang der Erde unter Angabe der nach der sog. „Bleimethode" errechneten *ungefähren* Zeitdauer der Bildungsgeschichte der einzelnen *Formationen* und ihres absoluten Alters.

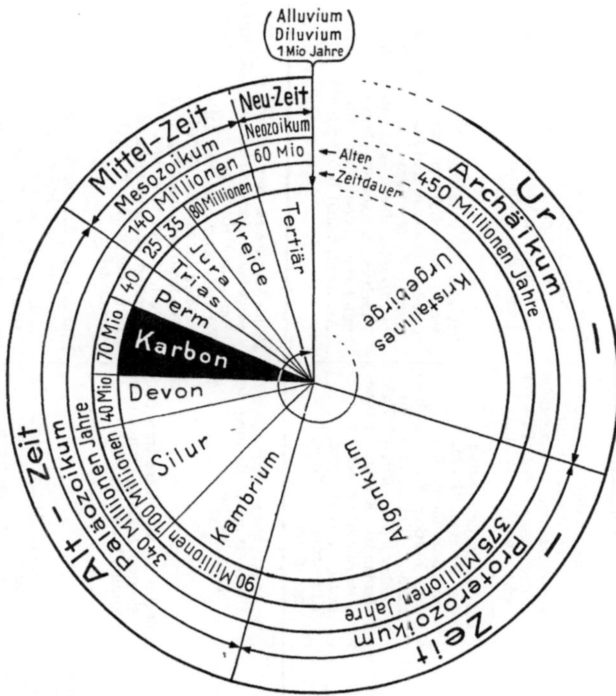

Abb. 202. Schematisiertes Zeit- und Altersdiagramm der Erde[1]

Sie schließt die Entwicklungsvorgänge in ihren einzelnen Phasen ein, die die Erde in unaufhörlichem Wechselrhythmus durchlaufen hat. Gab es doch in jedem geologischen Zeitabschnitt Festländer mit Gebirgen, Meere mit Küsten, Flüsse, Seen und Inseln, hoben und senkten sich Teile der Erdrinde und stiegen glutflüssige Magmen aus der Tiefe zur Oberfläche.

Besonders bemerkenswert ist, daß sich im Laufe der Zeit immer höher entwickelte Pflanzen und Tiere auf der Erde vorfinden, die sich ebenso sehr von der Lebewelt der voraufgehenden Periode wie von der der nachfolgenden Zeit unterscheiden, bis sie in den jüngsten Schichten in die heute lebenden Formen ausklingen.

Die in der Übersichtstafel aufgeführten Formationen sind an keiner Stelle der Erde vollständig oder ungestört entwickelt nachzuweisen. Meist treten in der gesetz-

---

[1] Bezüglich der Dauer der Einzelformationen und die neue Gliederung des Silurs vgl. die Zahlenangaben der Seiten 124, 125 und 129.

Tabellarische Übersicht. *Gliederung und Geschichte unserer Erde.* (Von unten nach oben zu lesen!)

Zeitalter (Aeren)	Z=Jahre vor der Jetztzeit (etwa) / D = Zeitdauer (etwa)	Zeitabschnitte (Formationen)	Abteilungen und Stufen	Wichtigste erdgeschichtliche Vorgänge	Tierwelt- und Menschheitsentwicklung	Entwicklung der Pflanzenwelt	
Neuzeit (Neozoikum)	Z = 8000 J.	Quartär	Holozän (*Alluvium*)	Letzte Ausgestaltung der Erdoberfläche Bildungen von Gesteinsablagerungen in Flußtälern und Meeren. Vulkanismus	Herrschaft des *Kulturmenschen* Heutige Tierwelt (Haustiere)	Heutige Pflanzenwelt. Kulturpflanzen	*Zeitalter der „Bedecktsamer"* (Angiospermen)
	Z = 1 Mio	Quartär	Pleistozän (*Diluvium*)	Vereisung Norddeutschlands in mehreren Vorstößen mit Zwischeneiszeiten. Eiszeitliche Ablagerungen. Lößbildungen Schwacher Vulkanismus	*Reste des Menschen* (Vormensch, Neandertaler), große Säuger (Mammut, Nashorn, Riesenhirsch, Moschusochse, Renntier, Raubtiere)	Kältesteppe im Wechsel mit üppigem Pflanzenwuchs	
	Z = 25 Mio	Tertiär	*Jungtertiär* { Pliozän / Miozän }	Vor- u. Zurückweichen des Meeres. Bildung von Braunkohlenflözen. Starker Vulkanismus. Diabas. Tropisches, später kälter werdendes Klima. Herausbildung der heutigen Kontinente, Klimazonen, -floren und -faunen *{ Alpidische Faltung }*	*Erscheinen des primitiven Menschen. Herrschaft der Säuger* (große Rüsseltiere und Raubtiere) und *echter Vögel.* Insekten, *Uraffen.* Überwiegen von Muscheln, Schnecken, Foraminiferen, Aussterben von Ammoniten und Belemniten	Starke Entwicklung der *dikotylen Laubbäume*	
	D = 35 Mio / Z = 60 Mio	Tertiär	*Alttertiär* { Oligozän / Eozän / Paläozän }				
Mittelzeit (Mesozoikum)	D = 40 Mio	Kreide	*Obere Kreide* { Dan / Senon / Emscher / Turon / Cenoman }	Weltweite Meeresrückzüge und Überflutungen. Bildung der Schreibkreide	*Erstes Auftreten der höheren Säugetiere* (ursprünglichste Raub- und Huftiere) Zahlreiche Knochenfische. Aussterben der riesigen Reptilien (Dinosaurier), zahntragender Vögel, Ammoniten und Belemniten. Viele Schwämme, Echiniden und Muscheln (Inoceramen)	Rückgang der Nacktsamer	*Zeitalter der „Nacktsamer"* (Gymnospermen)
	D = 30 Mio / Z = 130 Mio	Kreide	*Untere Kreide* { Gault / Neokom / Wealden }	Beginn von Meerestransgressionen. Bildung von Steinkohlenflözen (Deister)		*Erscheinen der Bedecktsamer*	
	D = 25 Mio / Z = 155 Mio	Jura	*Oberer Jura* { weißer Jura oder Malm } *Mittlerer Jura* { brauner Jura oder Dogger } *Unterer Jura* { schwarzer Jura oder Lias }	Vorwiegend Ablagerungen des Meeres Schwacher Vulkanismus	Blütezeit der Ammoniten, Belemniten, Kriechtiere auf dem Land (Saurier), Dinosaurier im Wasser *Erste Vögel* und Flugsaurier	Blütezeit der Zykadeen, Ginkgo- und Nadelbäume (Nacktsamer)	
	D = 30 Mio	Trias	*Obere Trias* Keuper *Mittlere Trias* Muschelkalk *Untere Trias* Buntsandstein	Wechsel von Festland- und Meeresablagerungen bei meist warmem Klima, z. T. arid Wüstenbildungen bei Trocken-	*Erste primitive Säuger* (Beuteltiere) Knochenfische und Dinosaurier Viele Ammoniten, letzte Stegozephalen Aussterben der Tetrakorallen	Verschwinden der baumförmigen Sporenpflanzen	

Zeit	Alter	System	Gliederung	Geologische Vorgänge	Leben	Pflanzenwelt	Zeitalter
…zeit (…laeozoikum)	D = 35 Mio Z = 220 Mio	Perm (Dyas)	Zechstein Rotliegendes	Binnenmeerbildungen m. mächtigen Salzlagern in trockenem Klima Ablagerungen eines Wüstenklimas. Starker Vulkanismus	Brachiopoden, ganoide Fische und Reptilien Blütezeit d. Amphibiengruppe d. Panzeriurche (Stegozephalen) Aussterben der Trilobiten	*Erstes Erscheinen der Samenpflanzen und Blütenpflanzen* (Ginkgo)	Zeitalter der *„Sporenpflanzen"* (Pteridophyten)
	D = 70 Mio Z = 290 Mio	Karbon	*Oberkarbon* { Stefan, Westfal, Namur } *Unterkarbon* Dinant	Bildung von Steinkohlenflözen auf dem Festlande Meeresüberflutungen und -absätze } *Variszische Faltung in Mitteleuropa*	*Erste Reptilien und geflügelte Insekten* (Urlibellen) Hauptentwicklung der Crinoiden, Reichtum an Brachiopoden und Goniatiten, Foraminiferen, Muscheln (auch nichtmarine Muscheln)	Kräftige Entwicklung der Pteridophyten (Farne, Bärlapp-, Schachtelhalmgewächse und Gymnospermen)	
	D = 50 Mio Z = 340 Mio	Devon	*Oberdevon* …… { Famenne, Frasue } *Mitteldevon* … { Givet, Eifel, Ems } *Unterdevon* …… { Siegen, Gedinne }	Meeres- und Festlandbildungen. Vulkanische Tätigkeit	Reiche Meeresfauna. Blütezeit der Goniatiten. Formenreiche Knorpelfische (Panzerfische, Schmelzschupper u. a.) Aussterben der Graptolithen	*Erste Landpflanzen* (erst blattlose Sporenpflanzen, dann spärliche Belaubung)	Zeitalter der *„Nacktgewächse"* (Psilophyten)
	D = 20 Mio Z = 360 Mio	Silur	*Obersilur* (Gotlandium)	Meeresablagerungen } *Kaledonische Faltung Nordeuropas* Kräftiger Vulkanismus	*Erste Wirbeltiere (Panzerfische).* Hauptentwicklung der Trilobiten, Nautileen und *Graptolithen.* Riesenkrebse, Korallen, Muscheln	Erste *Gefäßpflanzen* (Psilophyten)	Zeitalter der *„Algen"*
	D = 80 Mio Z = 440 Mio	Ordovicium	*Untersilur*			*Erste Pflanzenreste* in Form von Meeresalgen	
	D = 50 Mio Z = 520 Mio	Kambrium	*Oberkambrium* *Mittelkambrium* } Grönlandium *Unterkambrium*	Meeresablagerungen	Herrschaft wirbelloser mariner Tiere, insbesondere der Dreilapper (*Trilobiten*), Brachiopoden, Mollusken und Würmer. Weitere Entwicklung der Lebewelt		
…zeit (…raeambrium)	D = 580 Mio Z = 1000 Mio	Algonkium	*Oberes Algonkium* Jotnium *Unteres Algonkium* Karelium	Warme Meeresablagerungen, aber auch Vereisungsvorgänge	*Entstehung der Lebewelt* in Form von einfachen *wirbellosen Meerestieren* (Einzeller)	*Pflanzenspuren* (Kalkalgen)	
	D = 5000 Mio	Archaikum	*Kristalline Schiefer* } Huronium, Laurentium	Entstehung der *Urkontinente* und *Urozeane.* Bildung der Erdkruste als Erstarrungskruste. Entwicklung der Erde aus dem Sternstadium	Organische Reste nicht nachweisbar		

mäßigen Schichtenfolge größere oder kleinere Lücken auf, oder aber jüngere Schichten liegen aus tektonischen Gründen über älteren usw.

Diese Verhältnisse hängen mit der Bildungsgeschichte der Formationen, d. h. mit dem Wechsel von Hebungen und Senkungen verschiedener Teile der Erde im Laufe der Erdgeschichte zusammen. Vermochten sich doch Ablagerungen des Meeres nicht überall gleichzeitig abzusetzen, da an anderen, hochgestiegenen Gebieten die vorher am Meeresgrund abgelagerten Schichten schon wieder abgetragen worden waren. Außerdem wurde die Regelmäßigkeit der Ablagerungen durch Vor- und Rückschritte des Meeres (Trans- und Regressionen), Wirkungen gebirgsbildender Vorgänge (epirogenetischer und orogenetischer Art) immer wieder gestört.

Trotz der vielfach vorhandenen Übereinstimmung in der Gesteinsausbildung und Fossilführung gleichaltriger Schichten auf der Erde sind die petrographischen Eigenschaften der Gesteinsbänke und ihr Fossilinhalt im einzelnen durchaus nicht überall die gleichen.

Die Ursache dieser voneinander abweichenden Ausbildung altersgleicher Schichten hängt u. a. mit ihrer andersartigen Entstehung, z. B. als Ergebnis der Absätze in der Tief- oder Flachsee bzw. ganz allgemein des Meeres (sog. „marine"[1] Schichten), des brackischen Wassers oder des Süßwassers bzw. des Festlandes (sog. „terrestrische"[2] Schichten) zusammen.

Diese in erster Linie durch ihre Abhängigkeit vom Bildungsraum bedingte Verschiedenartigkeit gleichaltriger Gesteinsschichten (nach ihren petrographischen und paläontologischen Merkmalen) nennen wir ihre *Fazies*, so z. B. „marine", „brackische" oder „terrestrische" Fazies.

Im einzelnen ist zu der Ausbildung der Formationsglieder und ihrer Unterstufen — unter besonderer Berücksichtigung des deutschen Raumes — in aller Kürze[3] folgendes zu sagen:

1. Urzeit (Präkambrium)

Wenn es auch kaum angängig ist, von den allerältesten Schichten, d. h. der tatsächlich „ersten" Erstarrungskruste des ehemals feurigflüssigen Erdkörpers zu sprechen, da wir sie mit Sicherheit nicht kennen, kann man im allgemeinen die Grenze zwischen dem Grundgebirge und den jüngeren Schichten doch mit genügender Schärfe ziehen. Die *Urzeit* (*Präkambrium*) selbst wird gegliedert in das (ältere) *Archaikum*[4] und das (jüngere) *Algonkium*.

a) Archaikum

Die Gesteine des Archaikums setzen sich vorwiegend aus kristallinen Schiefern (Glimmerschiefern und Gneisen) zusammen, d. h. Gesteinen, die durch Umwandlung infolge Druck und Hitze (Metamorphose) hochgradig „kristallin", aber auch z. T. „geschiefert" sind. Die zahlreich in

---

[1] lat. máre = Meer. — [2] lat. térra = Erde.

[3] Auf eine streng wissenschaftlich aufgebaute Entstehungsgeschichte muß hier verzichtet werden. — [4] gr. arché = Anfang.

ihnen aufsetzenden Stöcke aus Granit, Syenit und Diorit mit ihren Lakkolithen sowie die stark in Erscheinung tretenden tektonischen Züge sprechen für eine sehr lebendige vulkanische und gebirgbildende Tätigkeit während dieser Zeit.

Das Hauptkennzeichen der archäischen Ablagerungen ist das *Fehlen* erkennbarer fossiler Reste, obwohl das primäre Vorkommen sehr primitiver pflanzlicher und tierischer Reste, wenigstens in den ehemaligen Schichtgesteinen, nicht bezweifelt werden kann.

Entsprechend der gewaltigen, alle anderen Schichten übertreffenden Mächtigkeit des *Archaikums* (sog. „Laurentium" und „Huronium") sind zu ihrer Bildung so ungeheure Zeiträume erforderlich gewesen, daß sie die aller folgenden Formationen um ein Vielfaches übersteigen. Da sich aus ihnen sowohl der Sockel bzw. das Grundgebirge vieler Gebirgsmassive als auch die Festlandkerne aller größeren Kettengebirge aufbauen, ist ihre Verbreitung auf der Erde sehr groß. Wir finden sie in Deutschland u. a. im Erzgebirge, im bayerischen Wald, im schlesischen Eulengebirge, in den Sudeten, im Schwarzwald, Vogesen, Frankenwald, Thüringer Wald, ferner in Skandinavien, Amerika, Asien, Zentralafrika u. a. O.

Wegen seiner Führung wertvoller *Erzlagerstätten* hat das Archaikum örtlich wirtschaftliche Bedeutung erlangt.

b) Algonkium

Das dem Alter nach folgende *Algonkium*[1] stellt eine zwischen Archaikum und Altzeit der Erde eingeschaltete Bildungszeit dar, deren Gesteine ebenfalls eine sehr bedeutende Mächtigkeit (bis r. 20 km) besitzen. Wo sie näher untersucht sind, wie z. B. in Finnland, gliedert man sie in *Karelium* und *Jotnium*. In dieser Zeit erscheinen zum ersten Male neben Eruptivgesteinen (Gabbro-Melaphyrmandelsteinen) sowie kristallinen Schiefern (Phylliten und Glimmerschiefern) auch unverkennbare Schichtgesteine (Trümmergesteine), und zwar vornehmlich Tonschiefer, Sandsteine, Konglomerate und Quarzite. In diesen Schichtgesteinen findet sich neben primitiven Lebensformen auch schon eine verhältnismäßig recht differenzierte fossile Pflanzen- und Tierwelt vor, deren Vertreter nicht einmal so spärlich und schlecht erhalten sind, wie man vermuten könnte.

Die *Pflanzenreste* bestehen vorwiegend aus Blaualgen und graphitischen Schiefern, die *Tierreste* aus Radiolarien, Wurmspuren, Brachiopoden und Gliedertieren.

Die meist durch starke Gebirgsbildung und große Diskordanzen sehr erheblich gestörten Lagerungsverhältnisse dieser Schichten lassen auf gewaltige Bildungszeiträume schließen. Wie sich ferner aus den zwischengeschalteten „eiszeitlichen" Ablagerungen ergibt, scheinen auch starke klimatische Schwankungen bestanden zu haben.

---

[1] Algonkier = indianische Sprachfamilie im Gebiete des Oberen Sees (V. St.).

Die in Deutschland (u. a. im Fichtelgebirge und Ostthüringen) nur wenig bekannten Ablagerungen dieser Zeit sind im Ausland (z. B. in Nordamerika, Finnland, Südafrika, Schottland) weit verbreitet.

An wichtigen deutschen *Lagerstätten* des Algonkiums seien hier nur die Linsen von *Magneteisen* in Schmiedeberg genannt. Für die Weltwirtschaft sind die mächtigen schwedischen *Magnetitvorkommen* (Kirunavaara, Gellivaara u. a.) sowie bestimmte mit Schwefelkies, Kupferkies u. a. Sulfiden durchsetzte Zonen von beachtlicher Längenerstreckung und erheblicher Breite, die sog. „Fahlbänder“, vorwiegend nordischer Länder von Bedeutung. Dazu treten manche der großen *Eisenerzlager* der Vereinigten Staaten, die reichen *Kupfererzvorkommen* auf der Halbinsel Keweenaw (Oberer See), die *Nickel-Magnetkieslagerstätte* von Sudbury (USA), die *Goldvorkommen* vom Witwatersrand (SA) sowie die *Magnetitbändererze* der Halbinsel *Labrador* (Kanada).

2. Altzeit (Paläozoikum)[1]

Die während dieses Zeitabschnittes abgelagerten Schichten umfassen nach ihrer Bildungsdauer etwa ein Viertel der geologischen Gesamtzeit. Kennzeichnend für die *Altzeit* sind ausgedehnte Meeresüberflutungen großer Kontinentalflächen sowie starker Vulkanismus in Verbindung mit bedeutenden Gebirgsbildungen. Klimatisch können tropische, gemäßigte und kalte Perioden unterschieden werden. In der organischen Welt setzen sich die ersten Lebensgemeinschaften fort. Wenn bei den Tieren auch vorwiegend „Wirbellose“ erscheinen, so treten doch schon vereinzelt hochstehendere Formen (Fische und Amphibien) auf.

a) Kambrium[2]

Bemerkenswert ist, daß sich während der Ablagerungsdauer der etwa 9000 m mächtigen Unterstufe des Paläozoikums, des *Kambriums*, keine gebirgsbildenden Vorgänge abgespielt haben. Es zeigt sich aber ein Vorherrschen vorwiegend aus dem Flachmeer abgesetzter Schichtgesteine. Das Kambrium gliedert sich nach seinen Trilobitenresten in *Unter-*, *Mittel-* und *Oberkambrium*.

In Deutschland ist das stark regionalmetamorphosierte Kambrium nur im Fichtelgebirge, Thüringen, Schlesien, Erzgebirge und im Hohen Venn entwickelt. Dagegen hat es in Schweden, Estland, Böhmen, Polen, Ostasien, Vereinigten Staaten u. a. O. große Verbreitung.

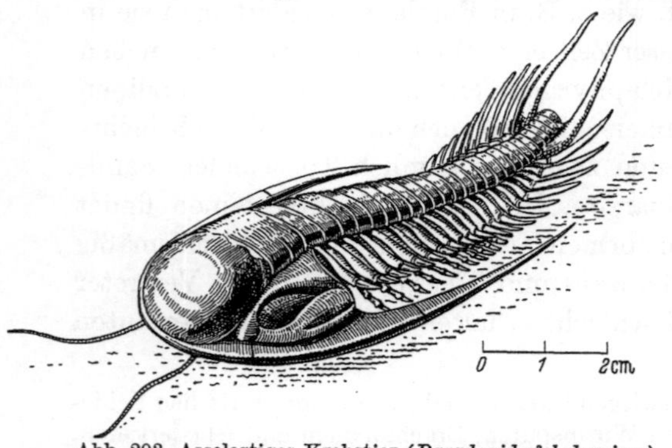

Abb. 203. Asselartiges Krebstier (*Paradoxides*[3] *bohemicus*) mit langen Wangenstacheln. Umgez. nach WALTHER

---

[1] gr. palaiós = alt; zóon = Lebewesen. — [2] kelt. cámbria = Nordwales.
[3] gr. parádoxos = Sonderling.

Die *tierische Lebewelt* ist in einigen niedrigen Tierformen: Brachiopoden[1], Trilobiten[2] (Abb. 203), Krustern, Stachelhäutern und Kopffüßern schon gut entwickelt.

Von ausländischen *Lagerstätten* seien nur die *Steinsalzlager* im Pandschab (Pakistan) erwähnt.

b) Ordovizium und Silur

Die im Alter folgenden, früher insgesamt als *Silur*[3] bezeichneten Ablagerungen werden heute in das **Ordovizium** (Untersilur) und das **Silur** (*Gotlandium*, Obersilur) gegliedert. Sie umfassen eine Schichtenfolge von etwa 6000 m mächtigen Schichtgesteinen aus Tonschiefern, Grauwacken, Kalksteinen, und zwar hauptsächlich Flach-meerbildungen. Aber auch Eruptivgesteine (Diabase) sind nicht selten. Die klimatischen Verhältnisse waren ausgeglichen.

Von großer Bedeutung für Deutschland ist die im *Ordovizium* begonnene Bildung der großen *Devonsynklinale* mit ihrem häufigen Wechsel mariner und terrestrischer Gesteine.

Im *Silur* (*Gotlandium*) beobachten wir den Eintritt einer großen Meeresüberflutung sowie den Beginn der SW—NO streichenden „Kaledonischen Faltung", die hauptsächlich Nordwesteuropa, Norwegen, Schottland und Nordgrönland erfaßt.

Die *Pflanzenwelt* weist neben Meeresalgen schon die ersten Vertreter der Landpflanzen (Psilophyten)[4] auf.

Dagegen bestehen die schon üppig entwickelten *tierischen Reste* noch fast durchweg aus Meerestieren, und zwar Graptolithen[5] (Hohltieren), deren Zugehörigkeit unbekannt ist (Abb. 204), Korallentieren, muschelähnlichen

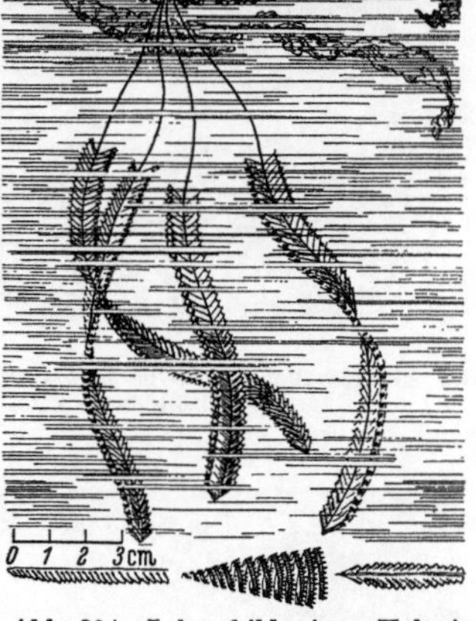

Abb. 204. Lebensbild einer Kolonie von *Graptolithen*. Kleine im Meere schwebende polypenartige Hohltierchen. Kennzeichnendes Leitfossil des Silurs (vgl. die Fossilreste auf dem unteren Rand)

Armfüßern (Brachiopoden), gekammerten (eingerollten und gestreckten) Kopffüßern (Cephalopoden)[6], krebsähnlichen Tieren (Trilobiten), die sich einrollen konnten, ersten Krebsen (*Eurypterus*), Muscheln und Schnecken und den Vorläufern der Fische (Panzerfische) sowie Skorpionen.

Die frühere Silurformation ist in Deutschland nur an wenigen Stellen vertreten, wie im Fichtelgebirge, Thüringer Wald, Rheinischen Schiefergebirge, Kellerwald, Harz, Vogtland und Erzgebirge. Im Ausland finden sich silurische Ablagerungen u. a. in Wales, in Westeuropa, im Ostseegebiet, Schweden, Böhmen und Nordamerika.

Silur und Ordovizium bergen eine Reihe von *Lagerstätten* nutzbarer Minerale, so die *Thuringitlagerstätten* (mit Magnetit und oolithischen Erzen) und die *Dachschiefer* des unteren Silurs in *Ostthüringen*. Auch die *Roteisenerzvorkommen* Böhmens sowie gewisse *Salzvorkommen* Kanadas und der Ver. Staaten gehören hierhin.

---

[1] gr. brachíon = Arm, podós = Fuß. — [2] gr. trilobós = dreilappig.

[3] Silúr nach dem alten keltischen Volksstamm der Silurer in Wales.

[4] gr. psilós = nackt, phýton = Gewächs.

[5] gr. graptós = geschrieben, lithos = Stein. — [6] gr. kephalé = Kopf.

c) Devon[1]

Einen weit größeren Anteil am Aufbau des deutschen Bodens hat das *Devon*. Wenn unter seinen Gesteinen auch noch Meeresschichten, z. B. Korallenkalke des Massenkalks (Abb. 205) überwiegen, so spielen doch

Abb. 205. Korallenstock (*Cyathophyllum hypocrateriforme*). Mitteldevon. Eifel

auch echte terrestrische Ablagerungen (Schiefer, Arkosen, Quarzite, Sandsteine, Grauwacken u. a.) schon eine beachtliche Rolle. Ja, sogar Wüstenablagerungen (wie der „Old red sandstone" Englands) sind bekannt. Kennzeichnend ist der häufige Wechsel mariner und terrestrischer Ablagerungen sowie das Auftreten von Eruptivgesteinen (Diabasen, Tuffen, Schalsteinen und Keratophyren) als Intrusiva oder Decken.

Abb. 206. Korallenriff zur Devonzeit mit Algen, Stöcken verschiedenartiger Korallen (Stromatoporen u. a.), Seelilien sowie reicher riffbewohnender Tierwelt, wie Seesternen, Panzerfischen (*Coccosteus* und *Pterichthys*), Trilobiten, Kopffüßern und Quallen. Nach dem Urbild von W. und P. KUKUK im Geolog. Museum des Ruhrbergbaus zu Bochum

---

[1] Benannt nach einer Schichtenfolge in der südwestenglischen Grafschaft Devonshire.

Die hier auftretenden *Landpflanzen*: Urfarne (Archaeopteriden), Bärlapp- und Schachtelhalmgewächse (Psilophyten) sowie Nadelhölzer leiten die reiche Pflanzenwelt der darauf folgenden Steinkohlenzeit ein.

Die *Tierwelt* ist schon sehr gut entwickelt. Besonders häufig sind u. a. stockbildende Korallen (Abb. 205 u. 206), gestielte Seelilien (Crinoiden), Armfüßer (*Stringocephalus*[1], Abb. 207), Flügelschnecken (Tentaculiten), Kopffüßer (Ammo-

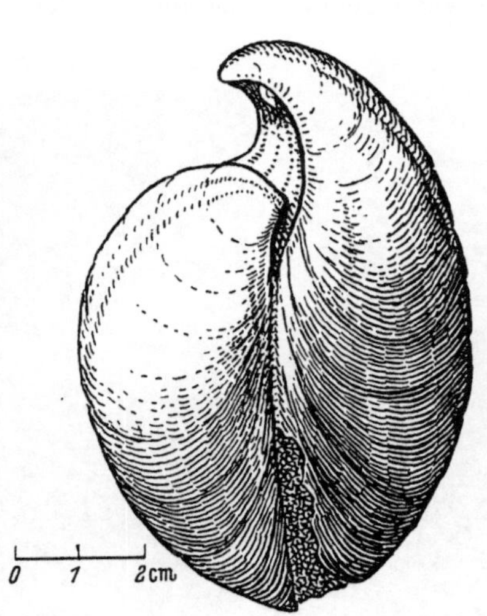

Abb. 207. Armfüßer (*Stringocephalus burtini*), sog. Eulenkopf, mit kreisförmiger Bauchschale und länglicher Rückenschale, großem umgebogenen Wirbel und Loch (Foramen). Leitfossil des Mitteldevons

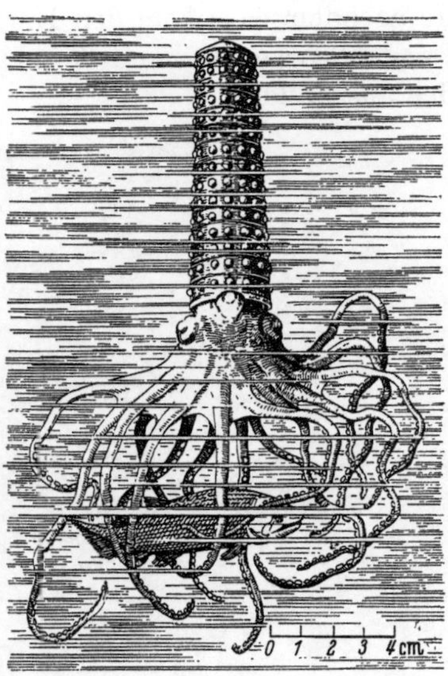

Abb. 208. Lebensbild von *Orthoceras nodulosum*. Durch Knotenreihen verzierte stabförmige Art eines Kopffüßers aus dem Mitteldevon. Nach WALTHER

noideen und Nautiloideen) (Abb. 208), Knorpelfische (Schmelzschupper, Panzerfische), Vorläufer echter Fische (Quastenflosser) u. a. und schließlich Lurche (als erste Landwirbeltiere).

Die 5—10 km mächtige Devonformation wird in drei Abschnitte gegliedert, u. zw. in *Unter-*, *Mittel-* und *Oberdevon*. Gegen Ende der Devonzeit setzt die große „variscische Gebirgsbildung" ein, die ihr Hauptausmaß erst gegen Schluß des Karbons erreicht.

Auf deutschem Boden ist das Devon sehr verbreitet. So bildet es u. a. den Sockel des Rheinischen Schiefergebirges und des Harzes. Auch im Auslande ist das Devon u. a. in den Pyrenäen, Bretagne, Polen und weiter in Asien und Nordamerika vertreten.

Die *Erzlagerstätten* des Devons und seine *Bausteine* sind wirtschaftlich bedeutungsvoll. Es sei hier u. a. auf die bekannten *Kiesvorkommem vom Rammelsberg* sowie von *Meggen* (Lenne), die *Eisenerzlagerstätten des Lahn- und Dillreviers*, die *Spateisensteingänge des Siegerlandes* sowie die *Grauwacken* und *Dachschiefer des Sauerlandes und am Rhein* hingewiesen. Bemerkenswert ist auch das Auftreten von *Erdöllagerstätten* im *Uralgebiet* und von *Salzlagerstätten* in den *Ver. Staaten*.

---

[1] gr. strínx = Eule.

d) Karbon[1]

. Es folgt die geologisch wie wirtschaftlich wichtige *Karbonformation*. Sie erlaubt eine Zweiteilung der r. 7,5 km mächtigen Gesamtablagerung in eine *untere* (rein „marine") *flözfreie* Stufe (*Unterkarbon*) und in eine *obere* (meist „terrestrisch" ausgebildete) *flözführende Stufe* (*Oberkarbon*). Je nachdem es sich in den Karbonschichten um Meeres-, Küsten- oder Landablagerungen handelt, sind die sie aufbauenden Gesteine verschieden ausgebildet.

Abb. 209. Landschaft zur Steinkohlenzeit mit Schuppenbäumen (links), Siegelbäumen (Mitte), Schachtelhalmen und Cordaiten (rechts) sowie Baumfarnen und anderen Farnen. Nach dem Urbild von W. Kukuk (Düsseldorf) und P. Kukuk (Bochum) im Geologischen Museum des Ruhrbergbaus zu Bochum

Das wirtschaftlich wichtigste Ereignis dieser Zeit ist die Bildung der *Urmoore*, aus denen die *Steinkohlenflöze* hervorgingen. Zu Beginn des Flözführenden erwuchsen, begünstigt durch ein feuchtwarmes Klima, in den in ständiger Senkung begriffenen Tiefgebieten — den sog. „Saumtiefen" vor den aufsteigenden Gebirgsbögen — üppige, ausgedehnte, mit einer kryptogamen Flora bestandene *Waldsumpfmoore* (Abb. 209). Sie wandelten sich, durch Bedeckung mit Wasser und Schlamm von der Luft abgeschlossen, unter Wirkung von Wärme und Druck über ein Braunkohlenstadium in Steinkohle um.

Erdgeschichtlich von großer Bedeutung sind die um die Wende Devon-Karbon und noch in der Nachkarbonzeit in Erscheinung getretenen gewaltigen gebirgsbildenden *Erdkrustenbewegungen*. Sie führten in ihrem Höhepunkt zu dem vom französischen Zentralplateau über

---

[1] lat. cárbo = Kohle.

Vogesen, Schwarzwald und Fichtelgebirge bis zu den Sudeten reichenden sog. armorikanisch-variscischen Gebirge.

Im einzelnen zeigt das in Deutschland flözfreie *Unterkarbon* zwei Ausbildungsformen, u. zw. den *Kohlenkalk* mit Kalk- und Dolomitgesteinen, vornehmlich im Raume des Velberter Sattels über Aachen bis nach Belgien, und die gleichaltrigen sandig-tonig-kieseligen *Kulmschichten*[1] im Gebiete des östlichen Rhein. Schiefergebirges und des Harzes, in Gestalt von Alaunschiefern, Kieselkalken und Kieselschiefern (Lyditen) mit vielen Meerestierresten.

Abb. 210. Farnwedel (*Lonchopteris rugosa*).   Abb. 211. Unterer Teil eines Cala-
Gaskohlenschichten des Ruhrbezirks   mitensteinkerns (*Calamites suckowi*)

Das *Oberkarbon* ist in Deutschland nur zu unterst *flözleer*, nach oben hin aber in der Hauptsache *flözführend*. Seine Gesteine setzen sich aus Schiefertonen, Sandschiefern, Sandsteinen, Konglomeraten sowie zahlreichen Kohlenflözen, Kohleneisensteinbänken und nur örtlich (so im Saarrevier) auftretenden Eruptivgesteinen, wie Porphyr und Melaphyr, zusammen.

Man gliedert das Karbon heute — nach den Bestimmungen der Heerlener Kongresse — in mehrere Stufen, und zwar in *Dinant, Namur, Westfal* und *Stefan*.

Die *Pflanzenwelt des Karbons* besteht vorwiegend aus Sporen tragenden *Gefäßkryptogamen*: Farnen (Abb. 210), Schachtelhalmen (Abb. 211), Bärlappgewächsen (Abb. 212, 213) und den schon höher organisierten *Pteridospermen* (Farnsamern).

---

[1] Culm measures = engl. Ausdruck.

Abb. 212. Rindenskulptur eines Schuppenbaumes
(*Lepidodendron*[1] *aculeatum*)

Abb. 213. Stammoberfläche eines Siegelbaumes
(*Sigillaria*[2] *elegans*). Fettkohlenschichten

Die *Tierwelt* ist artenarm aber örtlich individuenreich. Neben Vertretern der aus der Devonzeit bekannten Gattungen finden sich schon Vorläufer fast aller höheren Tiergruppen. Jedenfalls spricht sich im ersten Erscheinen von Süßwassermuscheln (Abb. 214) neben marinen Fossilien (Abb. 215), von großen Gliedertieren, insbes. Riesengliederfüßern (Arthropleuren), Urskorpionen (Abb. 217), geflügelten Insekten (darunter großen Libellen, Abb. 216), Fischen (Abb. 218), Amphibien (Stegozephalen) und den Reptilien nahestehenden Formen (Abb. 219) ein großer Entwicklungsfortschritt aus. Außer den Mega-Fossilien kommt auch den „Mikroorganismen" der Kohlengesteine (Foraminiferen, Ostracoden, Sporen u. a. m.) vornehmlich für stratigraphische Vergleichsuntersuchungen Bedeutung zu.

Während man die Dauer der gesamten Karbonzeit auf etwa 70 Mio Jahre schätzt, wird als Bildungszeit für ein r. 1 m mächtiges Kohlenflöz ein Zeitraum von etwa 100 000 Jahren angenommen.

Die besondere wirtschaftliche Bedeutung der Karbonformation beruht, wie erwähnt, in dem Vorkommen zahlreicher *Kohlenlagerstätten* mit vielen Steinkohlenflözen in fast allen Ländern und Kontinenten, insbesondere in USA, Europa und Asien. Auch Deutschland ist reich an Kohlenlagerstätten (Ruhr-

[1] gr. lepís = Schuppe, déndron = Baum.
[2] lat. sigíllum = Siegel.

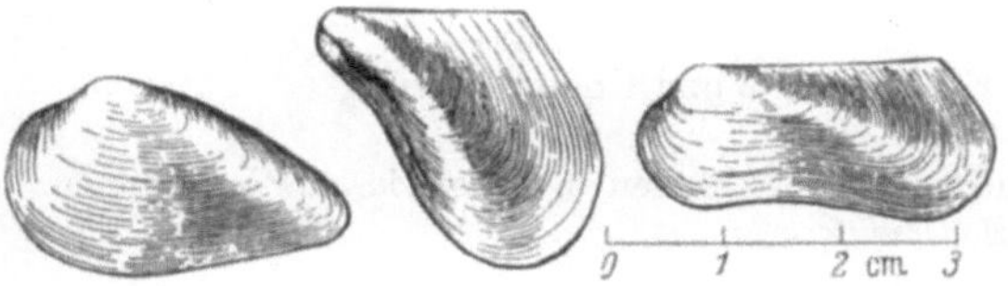

Abb. 214. Vertreter von Süßwassermuschelresten, und zwar
Carbonicola sp., *Najadites* sp.
und *Anthraconaia* sp.

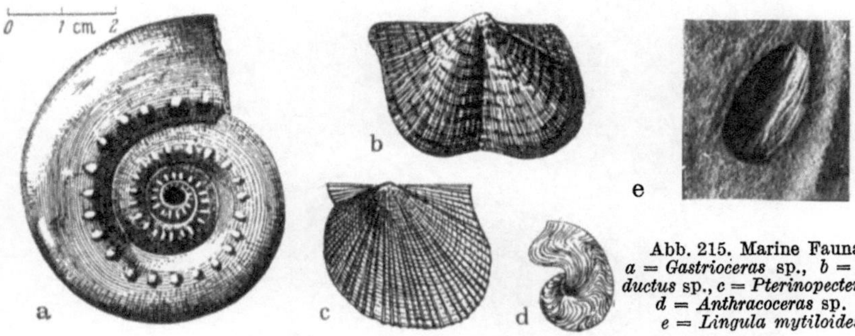

Abb. 215. Marine Fauna:
a = Gastrioceras sp., *b = Productus* sp., *c = Pterinopecten* sp.,
d = Anthracoceras sp.
e = Lingula mytiloides

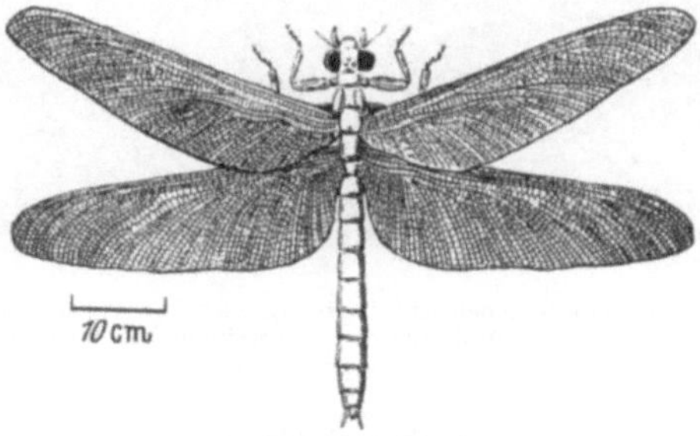

Abb. 216. Riesenlibelle (*Meganeura monyi*) mit r. 75 cm Flügelspannweite

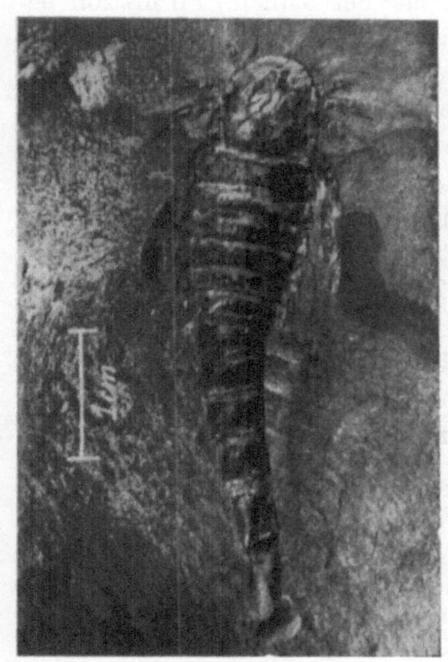

Abb. 217. Urskorpion (*Eurypterus*)

Abb. 218. Ganoidfisch (*Acanthodes* sp.) mit
Flossenstacheln

bezirk, Oberschlesien, Saarbrücken, Niederschlesien u. a.) sowie an Vorkommen von *Kohleneisensteinen* und *Erzlagerstätten*.

Abb. 219. Sandsteinplatte mit erhabenen Ausgüssen von vier Fußeindrücken eines Landwirbeltieres (*Megapezia präsidentis* H. Schmidt) der Zeche Präsident bei Bochum. Aufn. d. Verf.

e) Perm[1] (Dyas)

Die nun folgende *Perm* — (auch als *Dyas*[2] bezeichnete) Formation beschließt das Altertum der Erde. Sie umfaßt zu unterst die Landbildungen des *Rotliegenden*[3] und zu oberst die Meeresablagerungen des *Zechsteins*[4]. Ihre Sedimente erlangen insgesamt eine Mächtigkeit von etwa 3 km.

Die Bildungen des *Rotliegenden* sind als Abtragungsschutt des verwitterten variscischen Gebirges bzw. als Ablagerungen in einem wüstenartigen Klima aufzufassen. Sie bestehen vorwiegend aus rotgefärbten Konglomeraten und Sandsteinen mit örtlich auftretenden Eruptivgesteinen. Kennzeichnend für diese Zeit ist eine starke vulkanische Tätigkeit.

Das *Rotliegende* hat seine Hauptverbreitung in der Saar-Nahesenke, in Thüringen, Harz, Sachsen und Schlesien, während es im Ruhrbezirk nur an sehr wenigen Stellen (z. B. im Mendener Konglomerat) bekannt ist.

An *Pflanzenresten* finden sich im Rotliegenden neben der aus dem Karbon bekannten farnartigen Flora schon typische „Nadelhölzer" (*Walchia*).

---

[1] Perm, früheres Gouvernement im westlichen Ural. — [2] gr. dyás = Zweiheit.
[3] Nach der beherrschenden Farbe der Ablagerungen benannt.
[4] Zechstein. Wegen der vielen im Ausgehenden dieses Gesteins errichteten Zechen zur Gewinnung des Kupferschiefers.

Eine neue Zeit zieht mit der *Zechsteinzeit* herauf. Gegen Ende dieser Periode sinkt das abgetragene variscische Gebirge unter den Spiegel des Ozeans und wird von dem aus dem Norden hereinbrechenden Meere der Zechsteinzeit überflutet. In dem flachen Binnenmeer schlagen sich vorwiegend schlammige Sedimente, die heutigen mergeligen Schiefer (darunter auch der bekannte bitumenreiche „Kupferschiefer") sowie Kalke, nieder. Eine später eintretende Abschnürung dieses Beckens vom Ozean engt dann den Ablagerungsraum ein. Heiße Winde eines sich einstellenden Wüstenklimas bringen das von stärkeren Meereszuflüssen abgeschlossene Becken zum Verdunsten und es hinterbleiben auf dem langsam sinkenden Wannenboden neben anderen Gesteinen bis zu mehrere hundert Meter mächtige Steinsalzlager (mit örtlich zwischengeschalteten Kalisalzbänken, s. Abschnitt Stein- und Kalisalzlagerstätten).

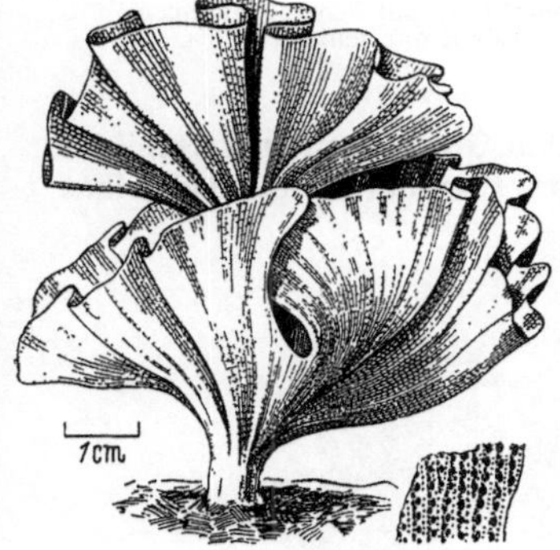

Abb. 220. Lebensbild einer riffbewohnenden Bryozoe des Zechsteins (*Fenestella retiformis*). Umgez. nach WALTHER

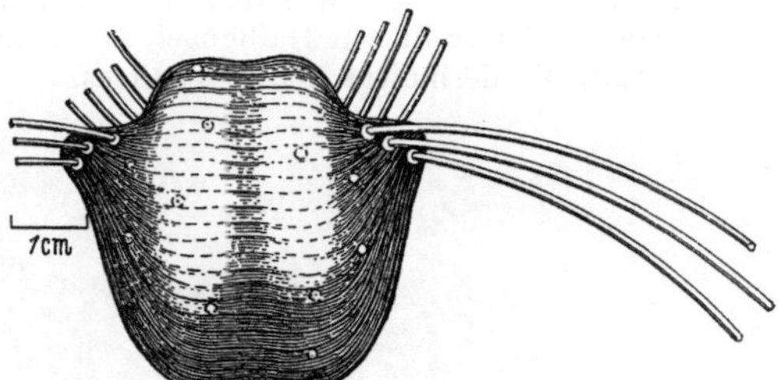

Abb. 221. Armfüßer (*Productus horridus*) mit stark gewölbter Bauchschale, Höckern und langen hohlen Stacheln. Leitfossil des Zechsteins. Umgez. nach WALTHER

Im einzelnen setzen sich die Meeresbildungen des *Zechsteins* in Deutschland (vom Liegenden zum Hangenden) u. a. aus einem ± groben Transgressionskonglomerat, fossilreichen Mergelschiefern (mit dem sog. „Kupferschiefer" an der Basis), Kalken, Dolomiten, Letten, Gips, Anhydriten, Salz und Kalisalzen, Plattendolomit und Mergeln zusammen.

Mit der Zechsteinzeit beginnt die Herrschaft der „*Nacktsamer*" (Koniferen, z. B. *Ullmannia*, und Ginkgophyten) sowie der *Palmfarne*. Für die Länder der südlichen Halbkugel ist die sog. *Glossopteris*-Flora (Farnsamer) kennzeichnend.

Die *Meeresfauna* der Dyaszeit ist verhältnismäßig arm. Im Zechstein sind riffbildende Tiervertreter wie Mooskorallen (*Fenestella*) (Abb. 220), ferner Armfüßer (*Spirifer, Productus*, Abb. 221), Muscheln und Schnecken, Fische (*Palaeoniscus freieslebeni*, Abb. 222, *Acrolepis, Platysomus* u. v. a.), Panzerlurche (*Archegosaurus*)[1] sowie echte Reptilien häufig.

Hauptverbreitungsgebiet des deutschen Zechsteins ist der mitteldeutsche und nordwestdeutsche Raum.

---

[1] gr. árchegos = Ahnherr, saurós = Echse.

Kennzeichnend für die besonders auf der Südhalbkugel als „Permokarbon" bezeichnete Schichtenfolge des Karbons und Perms sind die starken vulkanischen Ergüsse von Porphyren und Melaphyren in Form von Kuppen und Decken. Dazu treten die Vorkommen „eiszeitlicher Bildungen" (Dwyka-Tillite[1] u. a.) in Gestalt

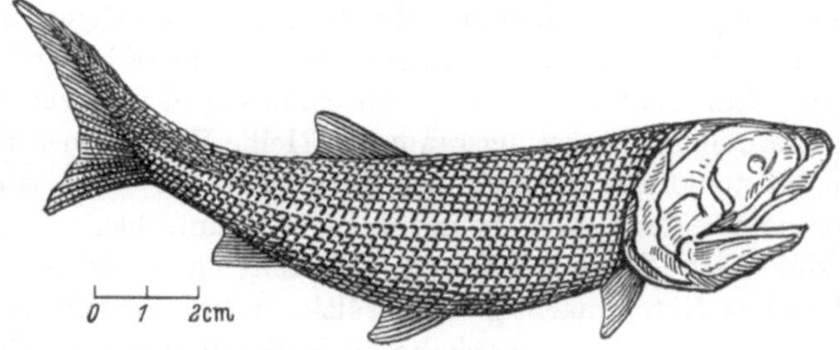

Abb. 222. Heringsähnlicher Knorpelfisch (*Palaeoniscus freieslebeni*) mit Schmelzschuppen und ungleichlappiger Schwanzflosse aus dem Mansfelder Kupferschiefer

einer konglomeratischen Grundmoräne (mit gekritzten Geschieben) an verschiedenen Stellen der südlichen Halbkugel, so in der sog. Karruformation Südafrikas (Abb. 223), Vorderindiens und Australiens.

Abb. 223. Zur Permzeit glazial geschrammte Diabasoberfläche (Rundhöcker) von Grundmoräne (sog. Dwykatillit) überlagert. Nooit-gedacht — Farm (Transvaal). Aufn. d. Verf.

Wie das Karbon birgt auch das *Rotliegende* wieder *Kohlenflöze*, z. B. im *Döhlener Becken bei Dresden*, in Manebach, Ilfeld und Stockheim, wenn auch nur von geringerer Bedeutung. Zu nennen sind weiter *Manganerzlagerstätten* in *Thüringen*.

Dagegen ist der *Zechstein* u. a. der Träger des bekannten *Mansfelder Kupferschieferflözes*, verschiedener *Eisenerzvorkommen* (Hüggel und Thüringen) und der wirtschaftlich so bedeutungsvollen *mitteldeutschen und niederrheinischen*, aber auch

---

[1] engl. till = Geschiebelehm.

der nordrussischen und amerikanischen *Kalisalzvorkommen* sowie der russischen und chinesischen großen *Kohlenablagerungen* bei *Kusnezk* und in *Shansi* sowie der *Kohlenvorkommen* in Brasilien, Südafrika, Indien und Australien.

3. Mittelzeit (Mesozoikum)[1]

Das nun folgende *Mittelalter* gewährt ein wesentlich anderes Bild. Im Gegensatz zu den älteren, meist stark gestörten Gesteinsfolgen des Paläozoikums sind die Lagerungsverhältnisse der vorwiegend aus Meeresablagerungen des sog. „Germanischen Beckens" bestehenden, r. 3 km mächtigen Schichten des Mesozoikums im allgemeinen weit ruhiger und ungestörter. Als hervorstechendes Merkmal dieser Zeit sind die häufigen, gewaltige Gebiete erfassenden *Meerestransgressionen* anzusehen, während der Vulkanismus fast völlig zurücktritt.

Wie die *Pflanzenwelt* (überwiegend Nacktsamer: Nadelhölzer, Ginkgophyten und Palmfarne) durch das erste Auftreten von Laubbäumen, zeigen auch die Vertreter der *Tierwelt* (namentlich Ammoniten, Belemniten, Saurier) durch das erste Erscheinen von echten Knochenfischen, Vögeln und Säugern ein weit vorgeschritteneres Gepräge, zumal die älteren Tierformen fast ganz verschwunden sind.

a) Trias[2]

Das Mittelalter setzt mit der *Trias* ein.

Hier unterscheiden wir Ablagerungen eines *Binnenbeckens* (sog. „germanische Trias") und solche des *Weltmeeres* (sog. „alpine Trias").

Die *germanische* Trias ist u. a. in Schwaben und Franken sowie im Wesergebiet, in Elsaß-Lothringen, *unterirdisch auch im* Nordwesten des Ruhrgebietes, verbreitet. Die *alpine* Trias im Gebiet der Alpen besteht aus den differenzierten Ablagerungen eines tiefen Meeres (der sog. „Thetys"[3]). Dementsprechend ist die Ausbildung der Triasgesteine wie auch ihrer pflanzlichen und tierischen Vertreter recht mannigfaltig.

An *pflanzlichen* Resten finden sich noch Baumfarne und Schachtelhalme sowie Palmfarne (Zykadeen) und Koniferen (*Voltzia*).

Die im allgemeinen arme *Tierwelt* ist durch das Auftreten von Seelilien, Kopffüßern, Krebsen, Knochenfischen, merkwürdigen Lurchformen — u. zw. meist nur durch die versteinerten Fußspuren des 4- bzw. 5zehigen, sog. „Fährten- oder Handtieres" (*Chirotherium*)[4] — und die starke Entwicklung der Reptilien (Krokodile, Schildkröten, Saurier und Flugsaurier) gekennzeichnet. Zum ersten Male stellen sich Lungenfische und echte Säugetiere ein.

Die germanische Trias zerfällt in drei Stufen: *Buntsandstein, Muschelkalk* und *Keuper* (Rhät). Ihre Ablagerungen zeigen an, daß das Wüstenklima der Zechsteinzeit zunächst weiter anhält.

---

[1] gr. mésos = mitten, zoón = Lebewesen.
[2] gr. triá = Dreiheit. — [3] Meer der Mittelzeit im Raume der Alpen.
[4] gr. cheír, cheirós = Hand; theríon = Tier.

Die bis 1000 m mächtigen Sedimente des *Buntsandsteins* bestehen aus roten oder bunten, meist fossilarmen Sandsteinen, ferner Konglomeraten, Kalken und Mergeln sowie im oberen Teil (Röt) auch aus Tonen, Dolomiten, oolithischen Rogensteinen, Letten, Gips und Salz. Sie stellen Ablagerungen eines flachen Binnenbeckens dar, das den meist roten sandigen Verwitterungsschutt aus den Randgebieten aufnahm, den wasserreiche Flüsse und heftige Winde hineinbeförderten.

Hinsichtlich der *Bodenschätze* des Buntsandsteins sei an die *Knottenbleierze* von *Mechernich* und von *Maubach* erinnert. Auch die *Steinsalzlager* Süd-

Abb. 224.
Steinkern einer leitenden Form der Ammonshörner[1]
(Kopffüßer) (*Ceratites nodosus*) mit deutlicher Zeichnung der Kammerscheidewände und knotigen Rippen
aus dem Muschelkalk Süddeutschlands

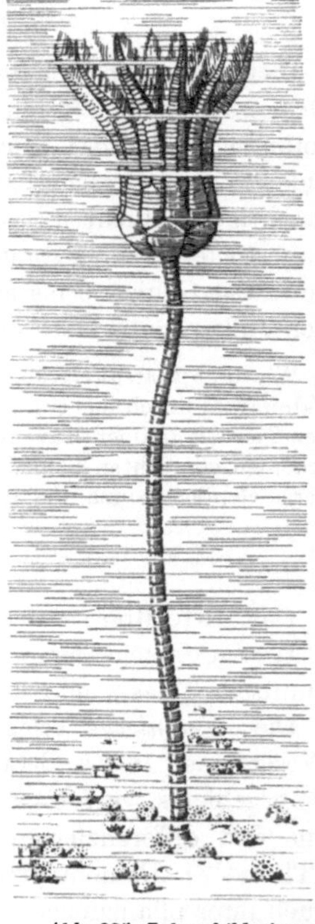

Abb. 225. Lebensbild einer
Seelilie (*Encrinus liliiformis*)
des Muschelkalkmeeres mit
pfennigartigen Stielgliedern.
Umgez. nach WALTHER

westdeutschlands sind hier zu nennen. Wichtig für die Bauindustrie sind die festen roten *Sandsteinbänke* (Heidelberger Schloß, Dome von Basel und Speyer).

Im Gegensatz zum Buntsandstein sind die Schichten des (jüngeren) *Muschelkalkes* als Ablagerungen eines mit dem Hauptmeer verbundenen flachen Meeres anzusprechen. Seine r. 300 m mächtigen Gesteine setzen sich überwiegend aus — häufig sehr fossilreichen — Kalksteinen, Dolomiten und Mergeln zusammen. Aber auch Anhydrite, Gips und Salzgesteine sind keine seltenen Bildungen.

---

[1] Nach den Widderhörnern des ägyptischen Gottes Ammon.

An *Tierversteinerungen* finden sich u. a. Muscheln, Armfüßer, kennzeichnende Kopffüßer (*Ceratites nodosus*[1], Abb. 224), Seelilien (*Encrinus liliiformis*, Abb. 225), Amphibien und Reptilien.

Wieder anderer Natur sind die Ablagerungen des *Keupers*[2]. In seinen aus hellen Sandgesteinen, Kalken, Mergeln, Letten, Dolomiten und Salzgesteinen bestehenden buntgefärbten Sedimenten, denen zuunterst örtlich schwache und unreine Kohlenflöze zwischengeschaltet sind, hat man Bildungen eines durch Hebung an die Stelle des Muschelkalkmeeres getretenen abflußlosen und lagunenartigen Binnenmeeres zu sehen.

An Lagerstätten sind die Formationsglieder des Muschelkalkes und Keupers verhältnismäßig arm. Genannt seien u. a. die metasomatischen *Bleizinkerzvorkommen Oberschlesiens*, die *Salzlager Lothringens*, die *Kalksteine von Rüdersdorf* (bei Berlin), die *Gips- und Anhydritlager Baden/Württembergs* sowie die *Bausandsteine* beider Formationen.

b) Jura[3]

Die nun folgende *Juraformation* begreift vom Liegenden zum Hangenden *drei* Unterabteilungen ein, und zwar nach der Farbe der Gesteine den *schwarzen*, *braunen* und *weißen* Jura (bzw. *Lias*[4], *Dogger*[5] und *Malm*[6]). Ihre etwa 1800 m mächtigen, sehr versteinerungsreichen Ablagerungen stellen vorwiegend Meeresbildungen dar. Kennzeichnend für diese Zeit sind das Fehlen des Vulkanismus in Europa, unbedeutende gebirgsbildende Vorgänge („kimmerische" Faltung) sowie schnell wechselnde Verteilung von Meer und Land.

Abb. 226. Liassische Crinoide (*Pentacrinus briarcus*)

Die *Pflanzenwelt* ist in diesem Zeitabschnitt wieder gut entwickelt. Zahlreich sind Nadelhölzer (Araukarien, Taxodien, Ginkgobäume und Zypressen) sowie Palmfarne vertreten. Bemerkenswert für den Umschwung der klimatischen Verhältnisse ist, daß das Holz der Jurabäume schon „Jahresringe" zeigt. Das spricht für ein jahreszeitliches Klimaschwanken, während beispielsweise das Fehlen der Jahresringe der Karbonbäume noch auf ein gleichmäßiges Klima zur Karbonzeit hinweist.

Im Jura erleben die verschiedenartigsten Formen der *Meerestierwelt* ihre Blütezeit. Zu erwähnen sind u. a. Korallen, Schwämme, Seeigel, Seelilien (Abb. 226),

---

[1] gr. kéras = Horn, lat. nodósus = knotig.

[2] Nach örtlicher Bezeichnung des Sandsteins von Hildburghausen.

[3] Nach ihrer Verbreitung im Schweizer Juragebirge (Jura vom gallischen juris = Wald).

[4] engl. (Steinbrecherausdruck). — [5] engl. = Bezeichnung für mittleren Jura.

[6] engl. (Steinbrecherausdruck).

Ammoniten, Tintenfische (Belemniten[1]) und Knochenfische. Besonders kennzeichnend sind luftatmende Reptilien (Saurier), u. zw. Fischsaurier: *Ichthyosaurus* (Abb. 227) und *Plesiosaurus* (Abb. 228), Flugsaurier (*Pterodactylus* und *Ramphorhynchus*, Abb.229) sowie die Riesenreptile der Dinosaurier (wie *Atlantosaurus* und

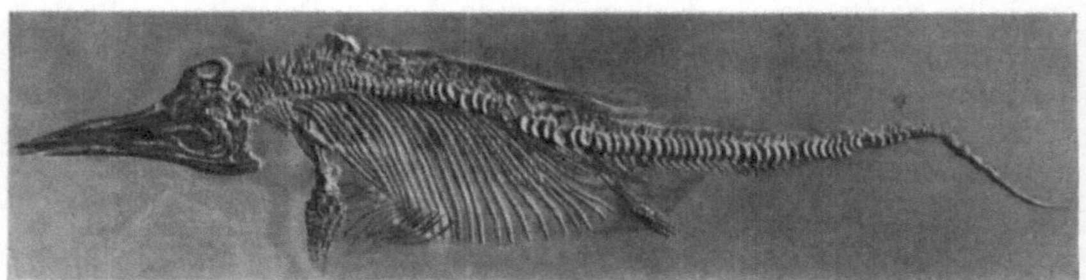

Abb. 227. 3,5 m langer Meeressaurier von delphinähnlicher Gestalt (*Ichthyosaurus quadriscissus*). Schwarzer Jura Württembergs. Original im Geolog. Museum des Ruhrbergbaus zu Bochum

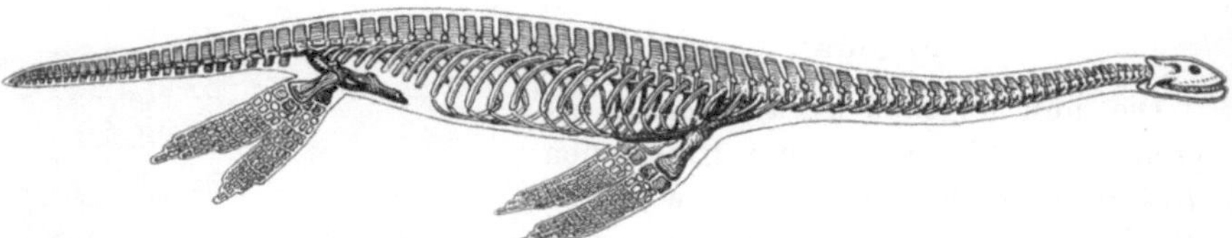

Abb. 228. Lebensbild des *Plesiosaurus brancoi* Wegner. Bis 3 m langer Meeressaurier mit sehr langem Hals, kurzem Schwanz und paddelförmigen Gliedmaßen. Wealdenformation. Gez. nach dem Originalskelett im Geol. Institut der Universität Münster i. W.

Abb. 229. Lebensbild des *Rhamphorhynchus*. Flugsaurier der Jurazeit mit langem Kopf, bezahnten Kiefern und schnabelartigen Kieferspitzen. Umgez. nach Jaeckel

Brontosaurus). Von neuen Formen seien die ersten Knochenfische, gefiederte Vögel (*Archaeopteryx*)[2] und kleine Säugetiere genannt.

Im einzelnen bestehen die Gesteine des *schwarzen Juras* oder *Lias* vorwiegend aus Tonen und Mergeln, seltener Kalken von *dunkler* bis blaugrauer, durch Bitumen (Mineralöl) bedingter Farbe, während Sandsteine zurücktreten.

Die Gesteine des *braunen Juras* oder *Doggers* setzen sich meist aus Tonen, Sandsteinen und den kennzeichnenden Oolith- oder Rogensteinbildungen zusammen, die infolge ihres Eisengehaltes durchweg *rostbraun* gefärbt sind.

---

[1] gr. bélemnon = Wurfspeer (im Volksmund „Donnerkeil" genannt).
[2] gr. archaiós = alt, ptéryx = Flügel.

Ganz abweichend davon zeigen die marinen Gesteine des *weißen Juras* oder *Malms* in Gestalt reiner (und toniger) Kalke (lithographischer Schiefer), z. T. Riffkalke und Dolomite, eine *lichtfarbige* Ausbildung.

Die Juraformation ist in Deutschland weit verbreitet, so in Nieder-Sachsen, der schwäbischen Alb und im fränkischen Jura, Süd-Hannover/Braunschweig, Weserbergland, in Lothringen und Oberschlesien.

Der Jura ist reich an Lagerstätten. Aus dem Lias seien genannt das noch nicht gebaute *Minettelager bei Xanten*, die *Ölschiefer* (Posidonienschiefer) verschiedener Bezirke und die *Steinkohlenflöze* von *Fünfkirchen (Ungarn)*.

Der *Dogger* führt viele *Eisenerzvorkommen* meist oolithischer Natur („Minetteflöze" *Lothringen-Luxemburgs* und des *Wesergebirges* sowie von *Württemberg, Baden* u. a. O.).

Auch im *Malm* finden sich *Eisensteinflöze*, so im *Wiehengebirge*.

c) Kreide[1]

Die *Kreideformation* setzt sich aus einer etwa 2700 m mächtigen Gesteinsfolge von Mergeln, Kalken, Tonen und Sandsteinen zusammen.

Die bekannte „Schreibkreide" ist an ihr nur untergeordnet beteiligt, wenn sie der Formation auch ihren Namen gegeben hat. Die Verhältnisse zur Kreidezeit ähneln denen der Juraperiode. Hier wie dort wechseln Land-, Sumpf- und Meeresablagerungen miteinander, wenn auch bei weitem marine Ablagerungen überwiegen.

Besonders wichtige Vorgänge sind die einmal zur Unterkreidezeit, dann aber insbesondere zu Beginn der Oberen Kreide einsetzenden gewaltigen Meeresüberflutungen und -rückgänge (Transgressionen und Regressionen) großer Landgebiete (Abb. 230).

Während der Kreidezeit ist die Gebirgsbildung in Deutschland nur gering. Immerhin führen andauernde Bodenbewegungen zur „saxonischen Faltung" im Teutoburger Waldgebiet und im Harzvorland.

Unter den *Pflanzenvertretern* spielen höher organisierte Bäume (Laubhölzer), u. zw. Eiche (Abb. 231), Pappel, Ahorn, Buche, Weide, Birke, ferner Lorbeer, Magnolien, Tulpenbäume u. a. eine Rolle (Abb. 230).

Die *Tierwelt* ist sehr reich besetzt. Eine besonders starke Entwicklung zeigen Foraminiferen, Schwämme, Seeigel (Abb. 232), Muscheln (Abb. 233), Schnecken, formenreiche Ammoniten (Abb. 234) und Belemniten (Abb. 235), Reptilien (Schildkröten), schlangenartige Meeressaurier (*Mosasaurus*), riesige z. T. eierlegende Dinosaurier: *Iguanodon* (Abb. 236), *Diplodocus* und *Triceratops* (Abb. 237) sowie Beutelsäuger und bezahnte Kreidevögel.

Die Kreidezeit zerfällt in eine *untere* (*Unterkreide*) und eine *obere* Stufe (*Oberkreide*).

In der *Unterkreide* unterscheidet man den aus den limnisch-terrestrischen Ablagerungen bestehenden *Wealden*[2] bzw. dessen marine Fazies, das *Neokom*[3] und den jüngeren marinen *Gault*[4].

---

[1] Nach der Rügener Schreibkreide.
[2] engl. Wealden = Wälderton (nach einer englischen waldreichen Landschaft).
[3] lat. neocómium = Neuchâtel im Schweizer Jura. — [4] engl. Lokalname.

Abb. 230. Küstenlandschaft zur Kreidezeit. Freigelegter Strand während einer Rückzugsphase des Kreidemeeres bestanden mit reicher Vegetation aus Araukarien, Laubbäumen, Palmen, Magnolien, Lorbeer u. a.
Nach dem Urbild von W. und P. Kukuk im Geologischen Museum des Ruhrbergbaues zu Bochum

Die den westfälischen Bergmann besonders interessierende *obere Kreide* wird in Westfalen vom Liegenden zum Hangenden in das grünsandige *Cenoman*[1] (grüner Mergel oder Essener Grünsand), das kalkige *Turon*[2] (weißer Mergel), den sandig-tonigen *Emscher* (grauer Mergel) und das sandig-mergelige *Senon*[3] mit vielen vor-

Abb. 231. Laubbaumblatt (*Quercus westfalica*) aus dem Untersenon von Recklinghausen

Abb. 232. Regulärer Seeigel (*Dorocidaris subvesiculosus*). Labiatuspläner bei Bochum

nehmlich der Muschelgattung *Inoceramus* (Abb. 233) angehörenden Leitformen eingeteilt. Nach der internationalen Gliederung werden heute Emscher und Senon in *Coniac, Santon* und *Campan* aufgeteilt.

In Deutschland ist die Kreide u. a. in der Münsterschen Bucht, bei Aachen, im Teutoburger Wald, nördlich des Harzes, im Dresdener Elbtalgebiet, Oberbayern und Rügen verbreitet.

---

[1] [2] [3] Nach den alten keltischen Stämmen der Cenomanen, Turonen, Senonen im französischen Kreidegebiet.

An *Minerallagerstätten* ist die *Kreide* nicht arm. Sie ist u. a. der Träger der ausgedehnten und örtlich sehr mächtigen *Trümmereisenerzvorkommen* von *Salzgitter* und *Peine-Ilsede* sowie von *Amberg* (Oberpfalz). Der *Wealden* führt ein bauwürdiges

Abb. 233. Leitmuschel (*Inoceramus labiatus* Schloth.) aus den Labiatusschichten von Bochum

Abb. 234. Riesenammonit (*Pachydiscus seppenradensis* Landois) aus dem Untersenon von Seppenrade i. W.

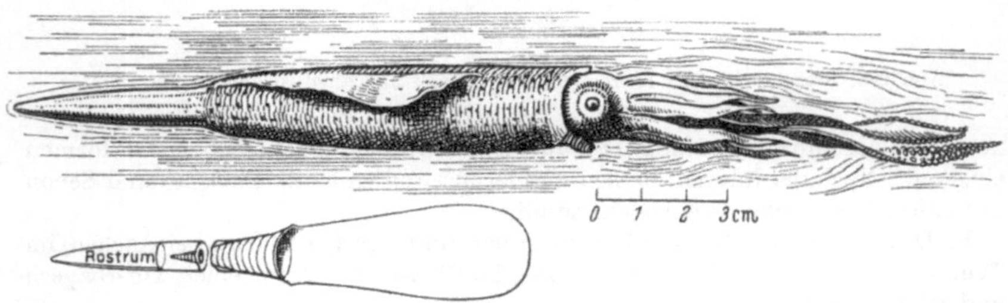

Abb. 235. Lebensbild eines Belemnitentieres. Schwimmender stabförmiger Tintenfisch mit dem meist allein versteinert erhaltenen Rostrum (am Ende). Kreideformation. Umgez. nach WALTHER. Darunter Wiederherstellung einer fossilen Belemnitenschale

Kohlenflöz in den Bückebergen. Genannt sei ferner der *Bentheimer Sandstein* als wichtiger *Ölträger* im Emsland. Die untere Kreide (Deister und Bückeberge) ist auch reich an *Bausandsteinen.*

Abb. 236. Nachbildung eines pflanzenfressenden Sauriers (*Iguanodon bernissartensis*) aus dem Wealden. Nach einer Plastik von PALLENBERG

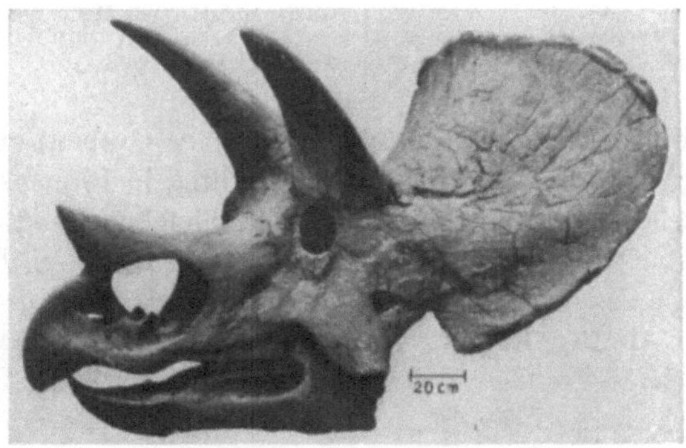

Abb. 237. Bewehrter Schädel mit Nackenplatte eines Dinosauriers (*Triceratops prorsus*) aus der oberen Kreide von Montana (USA). Urstück im Museum Senckenberg in Frankfurt

Die *obere Kreide* beherbergt in Westfalen Gänge von *Strontianit* und *Asphalt* sowie verschiedene Vorkommen von *Zementkalken.* Im Auslande sind u. a. Lagerstätten von *Rot- und Brauneisenerzen* bei *Bilbao* (Spanien) und *Phosphatvorkommen* in *Nordafrika* bekannt.

4. Neuzeit (Neozoikum)

a) Tertiär[1]

Mit dem die geologische Neuzeit anzeigenden *Tertiär* nähern wir uns der Jetztzeit. Während dieser Zeit spielen sich auf der ganzen Erde wieder gewaltige erdgeschichtliche Ereignisse, wie Faltungsvorgänge, Meeresrückzüge und -vorstöße u. a. ab, die für die Herausformung des Oberflächenbildes der Erde von größter Bedeutung sind. Sie führten z. B. in Europa neben der Bildung mächtiger *Falten-* und *Deckengebirge*, wie Alpen, Pyrenäen und Apennin, dem Aufstieg der Mittelgebirgs-

Abb. 238. Landschaftsbild zur *Braunkohlenzeit*. Waldsumpfmoor mit Mammutbäumen (*Sequoia*), Sumpfzypressen (*Taxodium*), Palmen und gemischtem Laubwald. Nach dem Urbild von W. Kukuk im Braunkohlenforschungsinstitut zu Freiberg

rümpfe sowie großer *Einbrüche* (oberrheinischer Graben) zur Abschnürung flacher Meeresbuchten unter Umwandlung in Binnenseen (wie die niederrheinische Bucht, die oberrheinische Tiefebene und das Wiener Becken) zu starken *vulkanischen Aufstiegen* von Basalten, Phonolithen, Trachyten u. a., so im Siebengebirge, Vogelsberg, Hegau und in der Schwäbischen Alb. Am Ende des Tertiärs entstand der *Kontinent Europa*. Zum ersten Male greifen im Tertiär starke klimatische Unterschiede Platz, die sich auch in der Pflanzen- und Tierwelt ausprägen. Die Zeitdauer des Tertiärs wird auf etwa 50 bis 60 Millionen Jahre geschätzt.

Die *Gesteinsablagerungen* des Tertiärs (Flachsee-, Süß- und Brackwasserbildungen) wurden in einer Mächtigkeit von r. 2250 m abgesetzt. Besondere Bedeutung haben seine Ablagerungen in der Alpenvortiefe erlangt. Sie bestehen meist aus lockeren Sanden und Tonen oder verfestigten Kalken sowie Quarziten. Während dieser Zeit schlugen sich auch wertvolle Kali- und Steinsalzabsätze nieder, die sich in verdunstenden Meeresbecken bildeten (wie im Elsaß und Baden). Da das Tertiär

---

[1] lat. tértius = der Dritte (nach einer älteren Einteilung der Erdschichten in vier Zeitalter).

die Mutterformation der ausgedehnten und wertvollen *Braunkohlenflöze* ist, wird
diese Formation (wenigstens für Deutschland) auch als „Braunkohlenformation"
bezeichnet.

Das Tertiär wird gegliedert in:

Jungtertiär	{ Pliozän[1] { Miozän[2]	*Alttertiär*	{ Oligozän[3] { Eozän[4] { Paleozän

Unter den *Pflanzen* herrschen die ein- und zweikeimblättrigen Blütenpflanzen
vor. Zeitweise üppigster Pflanzenwuchs vielfach harzreicher Bäume in sumpfigen
Niederungen lassen in Verbindung mit der Herausbildung von Senkungsgebieten
die *Urmoore* (Abb. 238) der heutigen,
meist mächtigen Braunkohlenflöze
(wie im Niederrheingebiet und in Mitteldeutschland) entstehen.

Die wichtigsten braunkohlenführen-
den Stufen sind das Eozän, Oligozän
und das Miozän. Das tropische Klima
des Alttertiärs mit Palmen, Gummi-
bäumen, Myrthen, Lorbeergewächsen

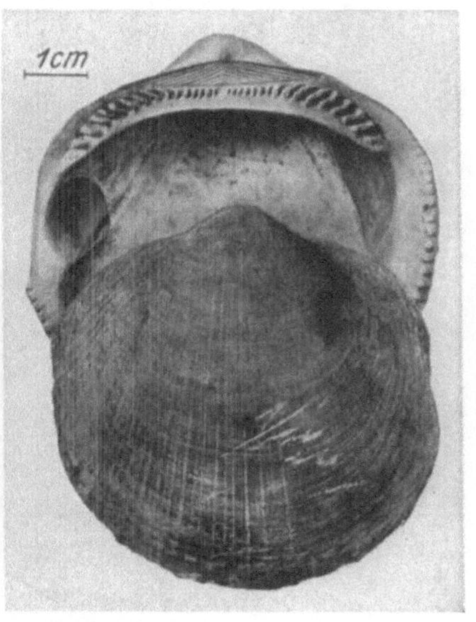

Abb. 239. Eozäne Foraminiferen (*Nummulites laevigatus*) (nach Reich Verlag)

Abb. 240. Muschelschalen (*Pectunculus obovatum*) aus dem Oligozän des Niederrheins

u. a. geht im Laufe des Jungtertiärs allmählich zurück. Es überwiegen dann Nadel-
bäume, insbesondere Mammutbäume (*Sequoia*), Zypressen (*Taxodium*) und Laubhölzer.

Die *Tierwelt* ist sehr reich. Neben einer stark entwickelten Kleintierfauna, insbesondere der Foraminiferen[5] (Nummuliten[6]) (Abb. 239), Muscheln (Abb. 240) und
Schnecken (Abb. 241) sowie zahlreicher Insekten, wie in Rott (Siebengebirge),
geht das Aufblühen der Säugetiere, die schon Ahnen fast aller noch heute
lebenden großen Säugetiere aufweisen, wie fünfzehige Huftiere (*Paläotherium*),
riesige Dickhäuter: *Mastodon*, *Dinotherium*, *Balutschitherium* (größtes aller Land-
säugetiere!), ferner *Glyptodon* (Abb. 242), *Elephas*, *Rhinozeros*, Beuteltiere, Nager,
Vögel und Affen.

---

[1] gr. pléion = voll, erfüllt, kainós = neu. — [2] gr. méion = weniger.
[3] gr. óligos = wenig. — [4] gr. eós = Morgenröte.
[5] lat. forámen = Loch, férro = ich trage. — [6] lat. númmulus = kleines Geld.

Abb. 241. Tertiäre Schnecke
(Cerithium tricarinatum)
(nach Reich Verlag)

Funde anscheinend bearbeiteter Feuersteine (sog. „Eolithe") sowie des Skelettes eines viele Millionen Jahre alten Vormenschen bei Grosseto, Italien (*Oreopithekus bamboli*) machen es sicher, daß schon hier mit dem ersten Erscheinen der Vertreter des „Hominidenzweiges" zu rechnen ist.

Bemerkenswert ist die rein marine Ausbildung der Tertiärschichten im Mainzer und im Wiener Becken.

Nach der Seite der *Bodenschätze* ist das Tertiär besonders reich an *Braunkohlenflözen* (eozänen, oligozänen und miozänen Alters), *Salz- und Kalilagern* in *Baden*, im *Elsaß*, in *Spanien* u. a. O. sowie an *Petroleumsanden* (Pechelbronn) und an *Erdölvorkommen* an verschiedenen Stellen Deutschlands, aber auch der Welt. Als weitere wichtige Lagerstätte sei der samländische *Bernstein*[1] des Eozäns genannt. Auch feuerfeste Tone, Quarzite und Sande fehlen nicht.

Abb. 242. Gürteltier (*Glyptodon reticulatus*) mit starkem Kugelpanzer und bewehrtem Schwanz

b) Quartär[2]

α) *Pleistozän*

Die vorletzte, früher als Diluvium[3] bezeichnete Stufe, das Pleistozän[4], bedeutet — vornehmlich für ganz Norddeutschland — die Zeit der Herausformung der heutigen geographischen Oberflächenverhältnisse. Sie wird u. a. gekennzeichnet durch Einbruch der Ostsee und Teile der Nordsee (einschließlich des Ärmelkanals) und die jungdiluvialen Eifelvulkane. Das größte Ereignis aber ist die *Vergletscherung* ausgedehnter,

---

[1] niederdeutsch bernen = brennen.

[2] Quartär = vierte und jüngste Stufe der Erdgeschichte.

[3] lat. dilúere = waschen (nach der alten Ansicht, daß die ganze Welt von der Sintflut überflutet worden wäre).

[4] gr. *pleistozän* (nach internationaler Vereinbarung).

vordem eisfreier Gebiete Nordeuropas durch das *Inlandeis* der *Eiszeit* (sog. „Glazialzeit"), wahrscheinlich mithervorgerufen durch Schwankungen der Sonnenstrahlung (gemäß der astronomischen „Strahlungskurve" von MILANKOWITSCH), d. h. eingetretene Senkung der Temperatur um etwa 10° sowie erhöhte Niederschläge. Die inneren Ursachen dieses rätselhaften Ereignisses sind noch nicht eindeutig erkannt.

Während dieser *Eiszeit*[1], die von wärmeren Zeiten („Interglazialzeiten")[2] unterbrochen wurde, rückte das Inlandeis von Skandinavien aus in drei- bzw. viermaligen Vorstößen bzw. Vereisungsphasen über das flache Ostseebecken und die Nordsee bis weit nach Mitteleuropa vor (Abb. 244). Die gesamte Dauer dieser Eiszeit wird auf über 600000 Jahre geschätzt.

Man kann die nordische *Eiszeit* — in Verbindung mit der etwas anders entwickelten alpinen Eiszeit — gliedern in die:

(*Nacheiszeit*)	(Postglazialzeit)
Weichsel-Würmeiszeit	3. oder letzte Eiszeit, vor etwa 130000 Jahren
Wärmezwischenzeit	2. oder jüngere
Saale-Rißeiszeit	2. (Haupt)Eiszeit, vor etwa 200000 Jahren
Wärmezwischenzeit	1. oder ältere
Elster-Mindel-Günzeiszeit	1. oder älteste große Eiszeit, vor etwa 600000 Jahren und mehr
(*Voreiszeit*)	(Präglazialzeit)

Nur beim *zweiten* Hauptvorstoß (Saale- bzw. Rißeiszeit) erreichten die Inlandeismassen — mit weit mehr als 1000 m Dicke dem heutigen Inlandeis Grönlands vergleichbar — das Ruhrgebiet (Abb. 244). Dafür sprechen auch die von mir beobachteten „Gletscherschliffe" südlich von Duisburg (Abb. 243).

Abb. 243. Vom Inlandeis (Hauptvorstoß) geschrammter Karbonsandstein (Rundhöcker). Kiesgrube bei Grossenbaum (südl. Duisburg). Aufn. d. Verfassers

---

[1] Eiszeiten (gleich Zeiten der glazialen Erosion und der Aufschotterung der einzelnen Flußterrassen).

[2] lat. ínter = zwischen, lat. glácies = Eis.

Zeugen der Vergletscherungen bzw. des Eisrückzuges sind die meist O—W gerichteten „Urstromtäler“ unserer wichtigsten Flüsse, die bogenförmigen „Endmoränen“ der Gletscher, z. B. im baltischen Höhenrücken, ferner die Sondererschei-

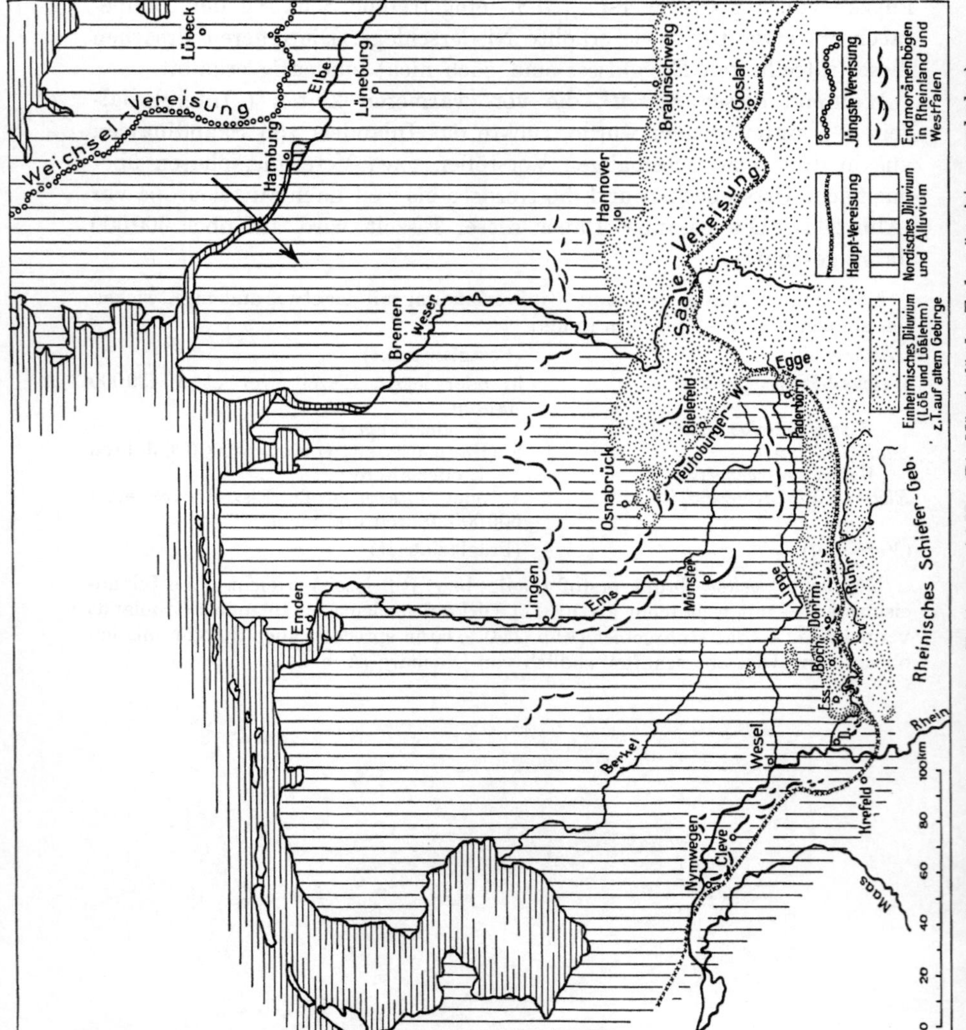

nungen einer Glaziallandschaft in Form von Seen, Rinnen und Wällen sowie die „Irrblöcke“ („Erratika“)[1], d. h. verfrachtete nordische Gesteinsgeschiebe (wie die bekannten finnischen Rapakiwigranite u. a. m.).

Außerdem blieben aus der Grundmoräne der Gletscher der gelbgraue, sandigtonige „Geschiebelehm“ bzw. der kalkreiche „Geschiebemergel“ (mit eingeschlos-

---

[1] lat. erráre = umherirren.

senen, gekritzten nordischen Geschieben), ferner Sande, Kiese, Schotter und Löß (Windablagerungen aus der letzten Vergletscherung) übrig.

Gleichzeitig mit der von Norden (Skandinavien) ausgehenden großen *Inlandeisbedeckung* entwickelte sich neben den kleinen Vergletscherungsgebieten (Schwarzwald, Riesengebirge, Harz, Vogesen) im Süden wieder ein größeres, in den *Alpen* gelegenes Zentrum mit *vier* Eiszeiten. Letzteres entsandte seine Gletscher in der Reihenfolge ihres Alters zur „Günz-", „Mindel"-, „Riß"- und „Würmeiszeit"[1] nach Norden bis zum Juragebirge und München sowie nach Süden bis in die Lombardei.

Die *Flora* der Eiszeit unterscheidet sich wenig von der der Jetztzeit. Kennzeichnend ist das Verschwinden der tertiären Pflanzenelemente und das Auftreten hochnordischer Pflanzen (Polarweide, Zwergbirke, Silberwurz u. a.).

Auch die *Tierwelt* ist — vornehmlich in der zweiten Hälfte — der heutigen schon sehr ähnlich. Die wichtigsten Tiervertreter der Eiszeit sind u. a. das behaarte Mammut (*Elephas primigenius*)

Abb. 245. Schaubild des Mammuts

Abb. 246. Schaubild des wollhaarigen Nashorns (*Rhinoceros tichorhinus*). Nach einem Gemälde von W. KUKUK

mit 4 m Schulterhöhe und bis 5 m langen Riesenstoßzähnen (Abb. 245), das wollhaarige *Nashorn* (Abb. 246), der gewaltige *Höhlenbär* (Abb. 247), die *Höhlenhyäne*, *-Löwe*, *-Wolf* und *-Fuchs*, der *Riesenhirsch* mit seinem bis 4 m spannenden schaufelförmigen Geweih (Abb. 248), das *Rentier*, der *Elch*, der *Moschusochse*, die *Urstiere* (Wisent und Auerochse) (Abb. 249), das *Wildpferd* sowie eine nordische Kleintierfauna.

Mit den Vertretern der großen diluvialen Säugetiere haben sich in den eiszeitlichen Ablagerungen Deutschlands, und zwar schon in denen der Altsteinzeit (Chelléenstufe), auch die *ersten Reste des Menschen* gefunden. Genannt sei der massige Unterkiefer des *Homo heidelbergensis* (von Mauer bei Heidelberg) mit vollkommen menschlichem Gebiß (aber fehlendem Kinnhöcker). Sein Alter wird auf etwa 500—600000 Jahre geschätzt.

---

[1] Nach vier Alpenflüssen benannt.

Abb. 247. Höhlenbär (*Ursus spelaeus*)

Abb. 248. Riesenhirsch (*Megaceros euryceros*)

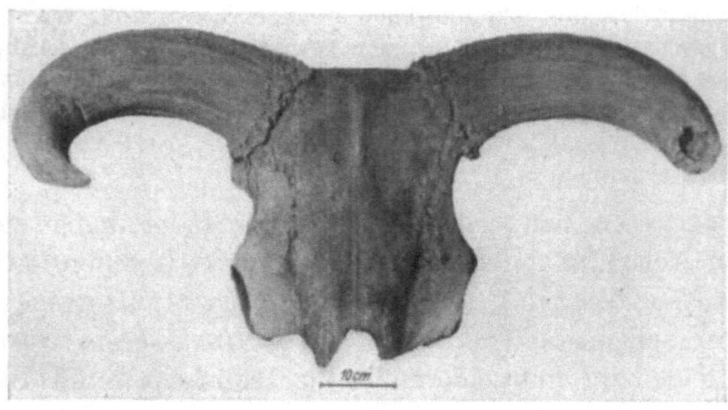

Abb. 249. Mit Hornzapfen versehener Schädel des Auerochsen (*Bos primigenius*) aus dem Pleistozän
des Emschertales

Die auch zur Zeit noch viele Rätsel bietende Frage nach der *Stammesgeschichte des Menschen* kann nur mit der Annahme einer Entwicklung der organischen Lebewelt im Sinne ihrer Vervollkommnung, d. h. mit einer Evolution aus tierischen Vorfahren beantwortet werden.[1] Wegen ihrer allgemeinen Bedeutung für jeden Gebildeten sei ihrer hier kurz gedacht.

Neuere Funde und Erkenntnisse weisen darauf hin, daß die enge anatomische Verwandtschaft zwischen *Pongiden* (Menschenaffen) und

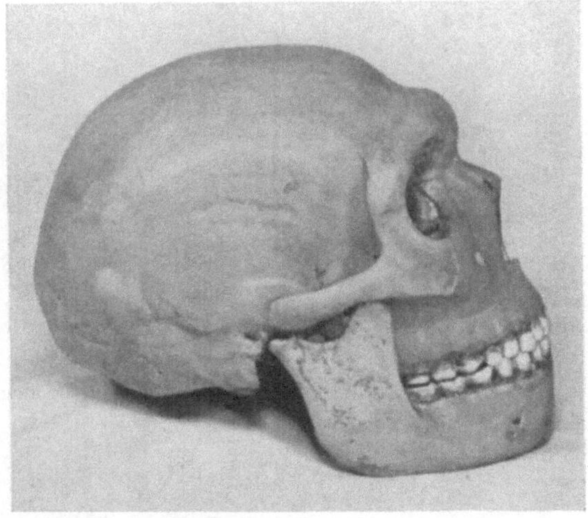

Abb. 250. Homo neandertalensis. Schädelrekonstruktion von Prof. Dr. Weinert. (Abguß Dr. KRANTZ, Bonn)

Hominiden (Vormenschen und Menschen) keine Entwicklung zum Menschen über eine Formstufe des Menschenaffen erfordert, wie lange geglaubt wurde. Vielmehr setzt sie eine weit zurückliegende gemeinsame *Ursprungswurzel* (Dryopithecusstamm) voraus, von der sich die Stämme der Pongiden und Hominiden *eigenwegig* einerseits zum Menschenaffen (Gorilla, Schimpanse und Orang), andererseits zum Menschen (Homo sapiens) entwickelten. Zu dieser Auffassung zwingen u. a. die bemerkenswerten neuen Funde des bisher ältesten Vertreters der zum Menschen führenden „Herrentiere", und zwar des weit mehr als 10 Millionen Jahre alten *Oreopithecus bamboli*[2] aus der miozän-pliozänen Braunkohle von Grosseto (Italien), der wegen typisch menschlicher Merkmale von der Wissenschaft schon dem „Hominidenzweig" zugewiesen wird.

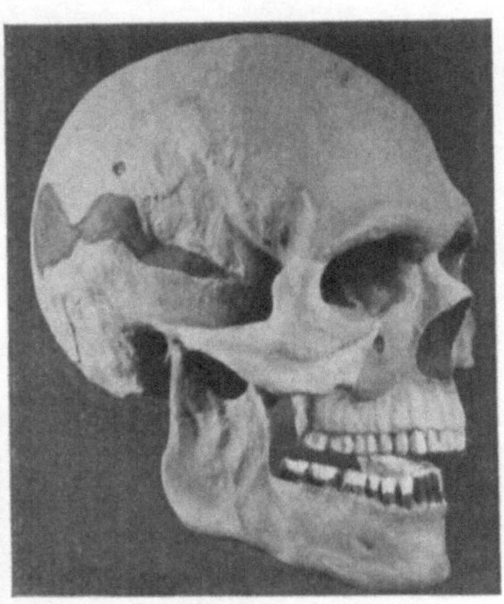

Abb. 251. Schädel des *Crô-Magnon-Menschen* aus der jüngeren Altsteinzeit (Aurignacien). Zeigt eine dem heutigen Menschen entsprechende Entwicklung

Sehr wahrscheinlich geht die Weiterentwicklung des hominidischen Seitenastes, rein physisch betrachtet, über altbekannte Vormenschenformen, wie *Australopithecus, Pithecanthropus erectus*[3] und *Sinanthropus pekinensis*[4] (der ältesten Pleistozänzeit) und weiter über urmenschlich sehr primitive Formen, wie des *Homo*

---

[1] Diese Lehre wird heute auch von der Kirche anerkannt.

[2] gr. *Oreopithecus bamboli* = Bergaffe (vom Berge Bamboli, Toskana).

[3] gr. píthekos = Affe, ánthropos = Mensch. — [4] Schädelfund von Peking.

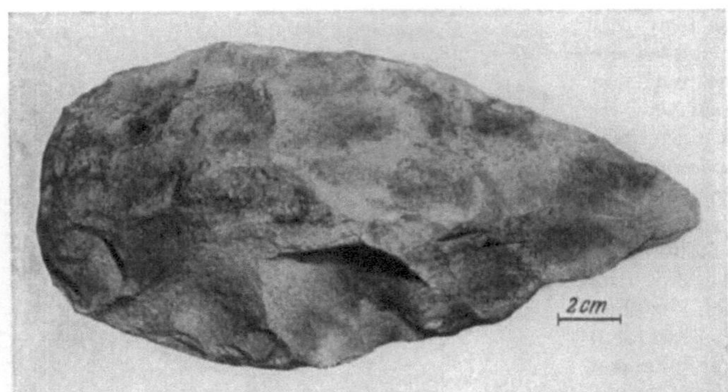

Abb. 252. Faustkeil. Bearbeiteter Gesteinssplitter aus der älteren Steinzeit des Neandertals

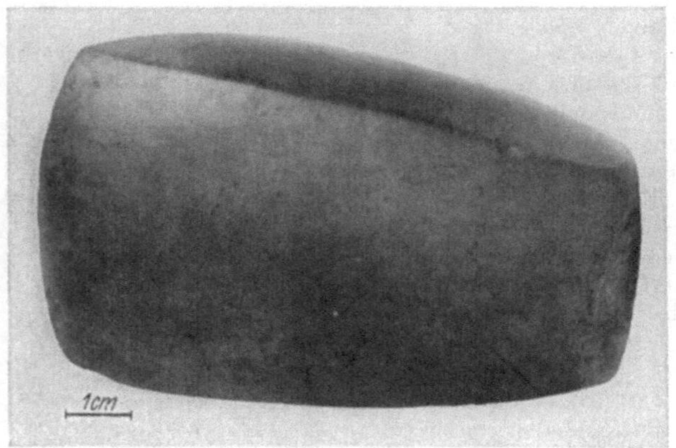

Abb. 253. Geschliffenes Steinbeil aus der jüngeren Steinzeit

Abb. 254. Wohn- und Kulturhöhle aus der Steinzeit. Balve i. W.

heidelbergensis (vor etwa 500 000 Jahren), des *Steinheimer Menschen* (vor etwa 300 000 Jahren) zum (wahrscheinlich ausgestorbenen) *Homo neandertalensis* (vor etwa 100 000 Jahren), der noch durch abgeflachte Stirn, durchgehende Überaugenwülste und kinnlosen vorspringenden Unterkiefer gekennzeichnet ist (Abb. 250).

Die Entwicklung vollendet sich in dem später erscheinenden und weit höher ausgebildeten Menschentyp des *Cro-Magnon-Menschen*[1] (mit eckigem Kinn) (Abb. 251) als Vorfahr des heutigen Europäers, der dem Menschen der Jetztzeit schon fast völlig entspricht. Über die geistig-seelische Entwicklung der erwähnten Menschenahnen zum Homo sapiens sind wir noch nicht genügend unterrichtet[2].

Nach dem bearbeiteten Naturstein (inbes. „Feuerstein"), der als Werkzeug und Waffe dem Menschen diente, wird die Zeit auch als *Steinzeit* bezeichnet.

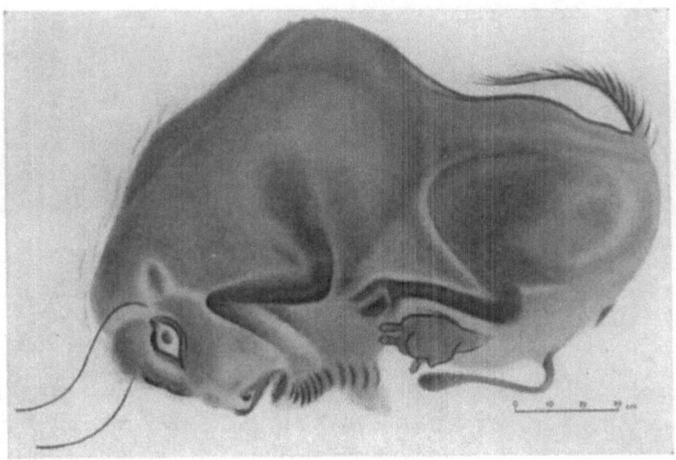

Abb. 255. Zusammengekauerte verendete Wisentkuh.
Mehrfarbiges Deckengemälde aus der Magdalénienzeit. Höhle von Altamira (Spanien)

Die *Steinzeit* wird wieder untergliedert in die *pleistozäne ältere Steinzeit* (Paläolithikum) (ab r. 1 000 000 v. Chr.) mit mehr oder weniger roh zugehauenen Steinen (Faustkeilen, Handspitzen, Klingen und Schabern) (Abb. 252), in die *pleistozänholozäne mittlere* Steinzeit (Mesolithikum) (von r. 12 000—5000 v. Chr.) mit Kleinwerkzeugen aus abgeschlagenen Splittern, bearbeiteten Knochen und kleinsten Feuersteingeräten („Mikrolithen") sowie die *holozäne jüngere* Steinzeit (Neolithikum) (von r. 5000—1800 v. Chr.) mit geschliffenen, durchbohrten Schlag- und Hackwerkzeugen aus Steinabschlägen, Hirschhorn und Holz (Abb. 253).

Die *ältere Steinzeit* umfaßt entsprechend der Entwicklung des Menschen eine Reihe von Kulturepochen, die meist nur nach den besonders in Frankreich nachgewiesenen Fundstellen als *Prae-Chelléen* (= Halberstädter Stufe), *Acheuléen*

---

[1] Nach Funden in der franz. Höhle Crô-Magnon (Dordogne).

[2] Ohne aus den quantitativen Angaben Schlüsse ziehen zu wollen, sei bemerkt, daß der Schädelinhalt beim *Menschenaffen* (Gorilla) kaum über 500 cm³, beim *Pithecanthropus* 800—1000 cm³, beim *Sinanthropus* 900 bis 1200 cm³, bei *niederen Menschenrassen* etwa 1200 cm³ und beim *Europäer* 1350 bis 1500 cm³ beträgt.

Abb. 256. Höhlenlöwe. Steinritzung aus der Solutréen-Aurignacienzeit.
Höhle von Combarelles in Frankreich. Umgezeichnet

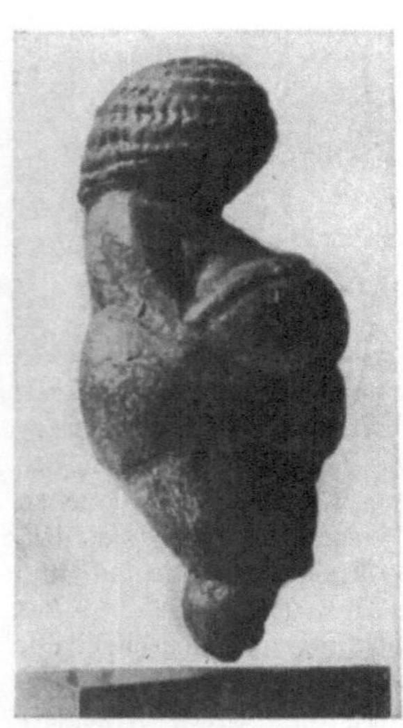

Abb. 257. Menschliche Kleinplastik
aus Kalkstein, sog. „Venus von
Willendorf", aus der Aurignaczeit

(= Hundisburger und Markkleeberger Stufe), *Moustérien* (= Weimarer und Sirgensteiner Stufe), *Aurignacien* (= Willendorfer Stufe), *Solutréen* und *Magdalénien*[1] (= Predmoster und Thainger Stufe) bezeichnet werden.

Die Menschen der älteren Steinzeit lebten als Nomaden und Großwildjäger in Höhlen (Abb. 254) oder Wohngruben. Gegen Ende der örtlich schon eisfreien Zeit (Magdalénien) (etwa um 20000 bis 15000 v. Chr) offenbart sich mit dem Erscheinen des „homo sapiens" ein hoher künstlerischer Sinn, wie es die vielen, zum Teil farbigen, erstaunlich lebenswahren Höhlenbilder (Abb. 255) und Ritzungen auf Stein (Abb. 256), Elfenbein, Horn und Knochen sowie Kleinplastiken (Abb. 257) in Niederösterreich, Südfrankreich, Spanien u. a. O. beweisen.

Das Abschmelzen der Gletschermassen der dritten und letzten Eiszeit (Weichsel-Würmeiszeit), etwa 20000—15000 Jahre v. Chr., und die ältere Nacheiszeit beenden das Pleistozän.

---

[1] Nach der französischen Fundstelle *Solutré* bzw. der Höhle *La Madeleine* (Dordogne).

c) Holozän[1] (Alluvium)[2]

Etwa mit dem Jahre 8000 v. Chr., der Zeit des Wiederauftauchens des Landes aus dem Eise, treten wir in das jüngere Quartär, das sog. *Holozän* (früher Alluvium genannt), ein. Es ist die Zeit der seit dem Pleistozän entstandenen Ablagerungen der Flüsse, Seen und Meere, des Auelehms, der Dünen und Moore, der rezenten Gletscher und der zum Teil noch heute tätigen Vulkane. In dieser Zeit bilden sich auch die ebenen Talböden der Gewässer heraus.

Gegen 5000 v. Chr. beginnt die *jüngere Steinzeit* (das „*Neolithikum*"), die Zeit der vom Menschen geschliffenen und durchbohrten Geräte und Waffen aus Stein und Hirschhorn.

In ihre Mitte fällt die Errichtung der bekannten, aus großen erratischen Blöcken (Findlingen) aufgebauten sog. „Hünengräber" (Abb. 258). Die Neolithiker leben

Abb. 258. Hünengrab (sog. „Opfertisch") bei Ahlhorn i. Oldenburg. Aufn. K. Brandt

nicht mehr vorwiegend als primitive Jäger, sondern werden seßhaft und wohnen statt in Höhlen und Gruben in festen Hütten, Pfostenhäusern, wie die sog. „Bandkeramiker" von 3000—2000 v. Chr, schließlich in Steinhäusern und örtlich auch in Pfahlbauten (Abb. 259). Sie betreiben Ackerbau, Haustierzucht, Fischfang, Töpferei, Weberei u. a. Seit dieser Zeit setzt die endgültige Besiedlung Norddeutschlands ein. Es erscheinen erstmals die Indogermanen (Germanen, Romanen, Inder, Griechen, Perser, Slawen).

Gegen 1800 v. Chr. wird die jüngere Steinzeit durch die *Bronzezeit* (mit reich entwickelter Bronzekultur) und von etwa 800 v. Chr. ab durch die *Eisenzeit* abgelöst, jene Zeit, in der Eisen der wichtigste Werkstoff für Waffen und Geräte wird und von der uns die ersten Schriftsteller Kunde geben.

Man unterscheidet eine *ältere Eisenzeit* (sog. „Hallstattzeit")[3] von rund 800 bis 500 v. Chr. und eine *jüngere Eisenzeit* („La Tène-Zeit")[4] ab 500 v. Chr.

---

[1] gr. hólos = ganz, kainós = neu (das ganz Neue).
[2] lat. allúere = ausschwemmen.
[3] Nach den reichen Funden in „Hallstatt" (Salzkammergut).
[4] Nach der Fundstelle „La Tène" am Neuenburger See (Schweiz).

Die *Eisenzeit* ist die *Ausgangszeit des eigentlichen kulturellen Aufstiegs der Menschheit*.

Während im Pleistozän — mit Ausnahme einiger *Diluvialkohlenlager, Torf- lager* und *Erzseifen* — *keine* besonders wichtigen *Lagerstätten* auftreten, spielen im

Abb. 259. Wiederhergestelltes Pfahlbaudorf (etwa 2200 v. Chr.).
Unteruhldingen am Bodensee

Holozän die ausgedehnten *Torfmoore* des deutschen Bodens sowie die *Raseneisen- erze* wirtschaftlich eine gewisse Rolle.

Mineralogie

Aber die Säulchen, wer schliff sie so glatt,
Spitzte sie, schärfte sie glänzend und matt?
Schau in die Klüfte der Berge hinein!
Ruhig entwickelt sich Stein aus Gestein.
Ewig natürlich bewegende Kraft
Göttlich gesetzlich entbindet und schafft;
Trennendes Leben, im Leben Verein,
Oben die Geister, unten der Stein.

GOETHE

I. Allgemeine Mineralogie
Von den Kennzeichen der Minerale[1]

A. Grundbegriffe

Unter *Mineralogie*[2] verstehen wir die Lehre von den „Mineralen''. *Minerale sind Naturkörper, und zwar leblose, chemisch und physikalisch einheitliche Bestandteile der starren Erdkruste und der Meteorite.*

Minerale unterscheiden sich von den *Organismen* dadurch, daß sie durch *Anlagerung* neuer Massenteilchen von außen (durch sog. „Apposition'')[3] (Abb. 260), die Organismen aber durch *Zwischenlagerung* neuer Substanz von innen heraus durch Zellteilung („Intussuszeption'')[4] gewachsen sind. Außerdem fehlt den Mineralen die Fähigkeit des Stoffwechsels und der Fortpflanzung.

Die „künstlich'' (im Laboratorium oder Hütte) hergestellten Erzeugnisse, wie synthetisches Steinsalz oder Stangenschwefel u. a. gehören nicht zu den Mineralen. Ebensowenig werden die „Gesteine'' hierhin gerechnet, da sie weder chemisch noch physikalisch einheitlich aufgebaut sind, sondern meist aus verschiedenen Mineralen bestehen, wie z. B. Granit aus Feldspat, Quarz und Glimmer. Desgleichen sind Versteinerungen („Fossilien'')[5] keine Minerale.

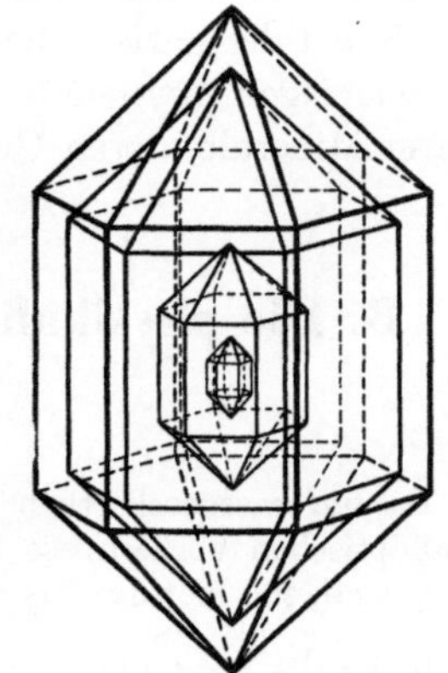

Abb. 260.
Schalenförmiges Wachstum
eines Quarzkristalls.
Nach RINNE

---

[1] Da Mineral ein Kunstwort ist, spricht man heute besser von *Mineralen* als von Mineralien.

[2] Vom mittellat. mínera = Bergwerk (Erzgrube), gr. lógos = Lehre.

[3] lat. appónere = auflagern.

[4] lat. Intussusception = Aufnahme in das Innere (Einlagerung).

[5] lat. fossílis = ausgegraben.

Die nach altem Brauch früher zu den Mineralen gestellten „Organogene‘‘ gelten heute ebenfalls nicht als Minerale, da es sich in ihnen um ausgesprochene Gesteine handelt.

Ihrem Wesen entsprechend beschäftigt sich die Mineralogie im einzelnen vorwiegend mit den *Formen* der Minerale, ihrem *Feinbau*, ihren *physikalischen Eigenschaften*, ihrer *chemischen Zusammensetzung*, ihrer *Entstehungsgeschichte* und ihrem *Vorkommen* in der Natur.

Die Minerale unterscheiden sich voneinander durch ihre *äußere Gestalt*, ihren *Feinbau* sowie ihre *physikalischen* und ihre *chemischen Eigenschaften*.

Die Mehrzahl der Minerale ist durch eine gesetzmäßige Form, die sog. *Kristallform*[1], ausgezeichnet. Nur wenige haben keine Kristallform, d. h. sind amorph[2].

Die „amorphen‘‘ Minerale sind nach all ihren Eigenschaften und Richtungen gleichartig, d. h. *isotrop*. Sie sind Kolloide[3] bzw. Gele[4], wie z. B. Opal oder Limonit, und aus kolloidalen (leimartigen) Lösungen über den Zwischenzustand von Mineralgelen (festgewordenen Kolloidstoffen) entstanden.

Die Lehre von den Mineralen, deren Kenntnis u. a. eine wichtige Stütze für viele Zweige der Technik ist, hat gerade für den Bergmann große Bedeutung. Macht sie ihn doch nicht nur mit den die Erdkruste aufbauenden Kleinstbestandteilen, den Mineralen, bekannt. Vielmehr sind die Minerale gewissermaßen die „*Indikatoren*‘‘[5] der für den Bergmann so wichtigen *Lagerstätten der Minerale*, d. h. jenen Anhäufungen nutzbarer Minerale, deren Gewinnung Zweck des Bergbaus ist.

B. Die physikalischen Eigenschaften der Minerale

1. Form der Minerale

Da die wissenschaftlich sehr aufschlußreichen kristallographischen und kristalloptischen Verhältnisse für den *praktischen Bergmann* von geringerer Bedeutung sind, soll hier nur das Allernotwendigste gesagt werden[6].

Kristalle sind gleichartig zusammengesetzte, von ebenen Flächen begrenzte Körper. Ihre Flächen schneiden sich in Kanten und Ecken. Sie

---

[1] gr. krýstallos = Eis (weil man klaren Quarz als Eis ansprach).

[2] gr. a = ohne, morphé = Gestalt (= nicht in Raumgittern geordnete Substanz).

[3] gr. kólla = Leim, d. h. leimartige Minerallösung.

[4] lat. gélu = Erstarrung, d. h. durch Entwässerung kolloidaler Lösungen oder durch Ausflockung entstandene geleeartige Masse.

[5] lat. indicáre = anzeigen.

[6] Alle weiteren wissenschaftlichen Einzelheiten sind der Fachliteratur zu entnehmen.

sind aus Lösungen, Schmelzen oder Dämpfen nach bestimmten Gesetzen — auch künstlich — entstanden.

Alle ebenflächig begrenzten Körper (Kristalle) werden von *Kristallgesetzen* beherrscht. Als wichtigste seien genannt:

a) *Die Summe der Flächen (F) und Ecken (E) ist gleich der Summe der Kanten (K) + 2* (sog. Eulerscher Satz) oder $F + E = K + 2$.

b) *Die Kantenwinkel benachbarter Kristallflächen eines Minerals sind konstant* (d. h. beständig).

„Künstliche" Spaltungsstücke der Minerale sind keine Kristalle.

Zur leichteren Betrachtung der Ausbildung der Kristallflächen denkt man sich in den Kristallen durch den Mittelpunkt gehende Spiegelebenen, sog. *Symmetrie*[1]*-Ebenen*, die die Kristalle in zwei *spiegelbildlich*

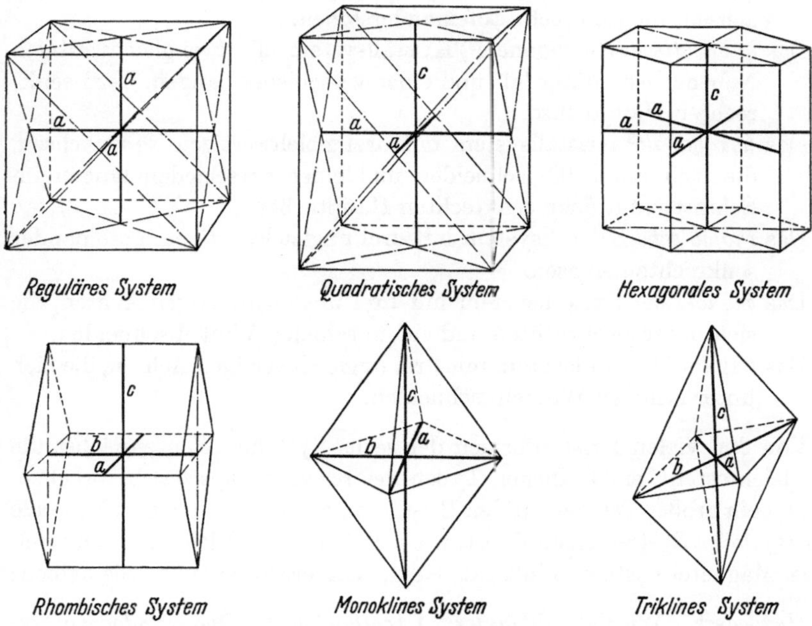

Abb. 261. Die sechs verschiedenen Kristallsysteme (mit ihren *Achsenkreuzen*)

gleiche Körper zerlegen. Sie haben häufig die Richtung einer vorhandenen oder möglichen Kristallfläche.

Außerdem nimmt man in ihnen Linien, sog. *Kristallachsen*, an. Man versteht darunter gedachte, durch den Mittelpunkt der Kristalle gehende und in zwei gegenüberliegenden gleichen Flächen, Kanten oder Ecken endigende Linien.

---

[1] gr. sýn = gemeinsam, métron = Maß.

Die einzelnen Kristallflächen werden nach ihrer Lage auf das durch die Achsen gebildete.Koordinatensystem, das *Achsenkreuz*, bezogen. Eine diesen Achsen nicht parallel, sonst aber beliebig liegende Kristallfläche schneidet — verbreitert gedacht — die Achsenlinien von dem Achsenkreuz ab. Das Längenverhältnis dieser Abschnitte (sog. „Parameter") wird als „Achsen- oder Parameterverhältnis" bezeichnet. Schneidet z. B. eine Kristallfläche drei gleiche Achsen (*a*) im gleichen Verhältnis, so wird ihre Lage durch das Parameterverhältnis $a:a:a$ ausgedrückt. Aus der Länge der Achsenabschnitte leitet man die sog. „Symbole" der Flächen ab. Man unterscheidet z. B. eine „Weißsche", „Naumannsche" und „Millersche" Symbolik, auf die aber hier nicht näher eingegangen werden kann.

Die große Zahl der verschiedenen Kristallformen läßt sich je nach der Länge und der gegenseitigen Stellung der Kristallachsen *sechs Kristallsystemen* zuordnen (Abb. 261). Diese sind:

Das *reguläre* (kubische[1]) Kristallsystem mit drei gleichwertigen Hauptachsen, die senkrecht aufeinanderstehen.

Das *quadratische* (tetragonale[2]) Kristallsystem mit zwei gleichwertigen Nebenachsen unter 90° und einer verschieden langen, dazu senkrechten Hauptachse.

Das *hexagonale*[3] Kristallsystem mit drei gleichwertigen Nebenachsen, die sich unter 90° schneiden und einer verschieden langen im Schnittpunkt dazu senkrechten Hauptachse.

Das *rhombische* Kristallsystem mit drei ungleichwertigen, aufeinander senkrechten Achsen.

Das *monokline*[4] Kristallsystem mit drei ungleichwertigen Achsen, die sich unter zwei rechten und einem schiefen Winkel schneiden.

Das *trikline*[5] Kristallsystem mit drei ungleichwertigen Achsen, die sich unter schiefen Winkeln schneiden.

Von den vielen Kristallformen der sechs Systeme seien zunächst die am leichtesten verständlichen Typen des *regulären Systems* besprochen, zumal ein großer Teil der für den Bergmann wichtigen Erze und Minerale im *regulären System* kristallisiert, wie z. B. Steinsalz, Bleiglanz, Schwefelkies, Magneteisenstein, Flußspat, Gold, Kupfer, Silber u. a. Sie heißen:

Hexaeder[6] (Würfel), *Oktaeder*[7] (*Achtflächner*), *Rhombendodekaeder*[8] (Rhombenzwölfflächner), *Triakisoktaeder*[9] (Pyramidenoktaeder), *Tetrakishexaeder*[10] (Pyramidenwürfel), *Ikositetraeder*[11] (*Vierundzwanzigflächner*) und *Hexakisoktaeder*[12] (Achtundvierzigflächner) (Abb. 262).

---

[1] lat. kúbus = Würfel. — [2] gr. tetrágon = Viereck.
[3] gr. hexágonos = sechseckig.
[4] gr. mónos = einzig, klínein = neigen.
[5] trís = dreimal. — [6] gr. hex = 6. — [7] lat. ócto = 8, gr. hédra = Fläche.
[8] gr. dódeka = 12. — [9] gr. triakís = dreimal.
[10] gr. tetrákis = viermal. — [11] gr. eíkosi = 20, tétra = 4.
[12] gr. hexakísócto = 6×8.

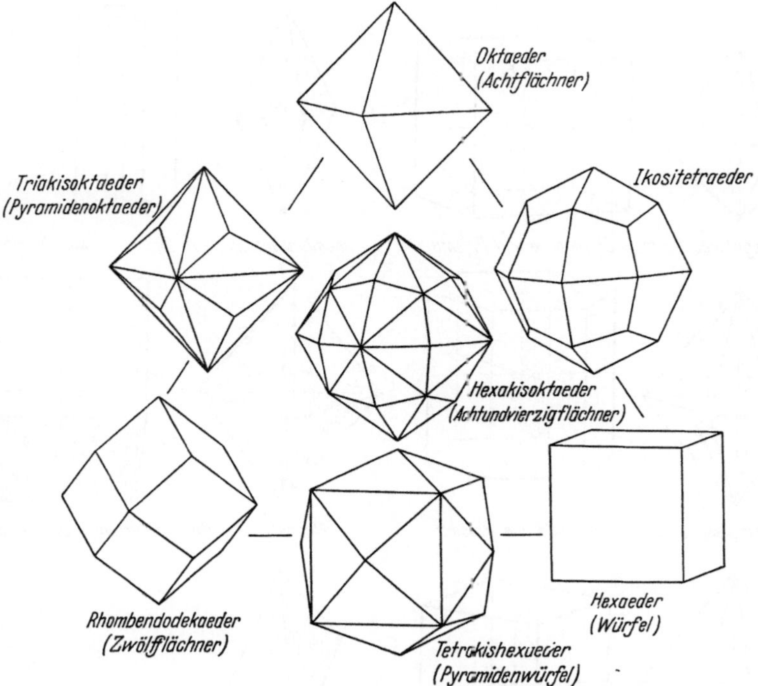

Abb. 262. Die wichtigsten Kristallformen des regulären Systems

Außer den vorgenannten als *Vollflächner* (Holoeder)[1] auftretenden Kristallen gibt es u. a. in der Natur noch *Halbflächner* (Hemieder)[2], d. h. solche, die nur die Hälfte der Fläche von Kristallen haben, aus denen sie theoretisch hervorgegangen sind, z. B. *Tetraeder*[3] (aus Oktaeder), *Pentagondodekaeder*[4] (aus Tetrakishexaeder) (Abb. 263) u. v. a.

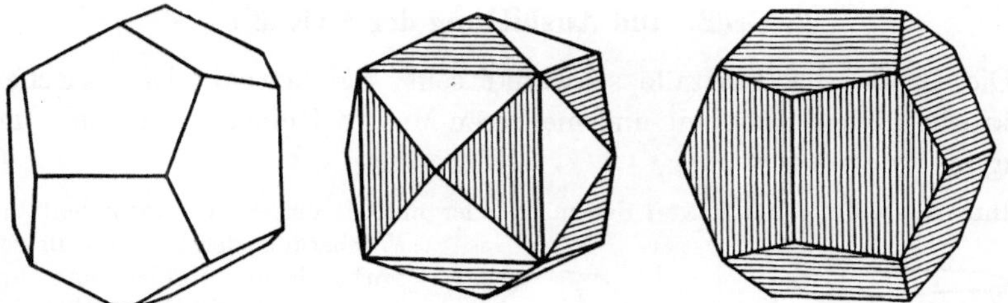

Abb. 263. Halbflächner des regulären Systems: Zwei verschiedene Pentagondodekaeder aus dem Tetrakishexaeder (Mitte)

Bezüglich der wichtigsten Kristallformen *aller Systeme* sei auf Abbildung 264 verwiesen.

---

[1] gr. hólos = ganz. — [2] gr. hémi = halb.
[3] gr. tétra = vier. — [4] gr. pentágonos = fünfeckig.

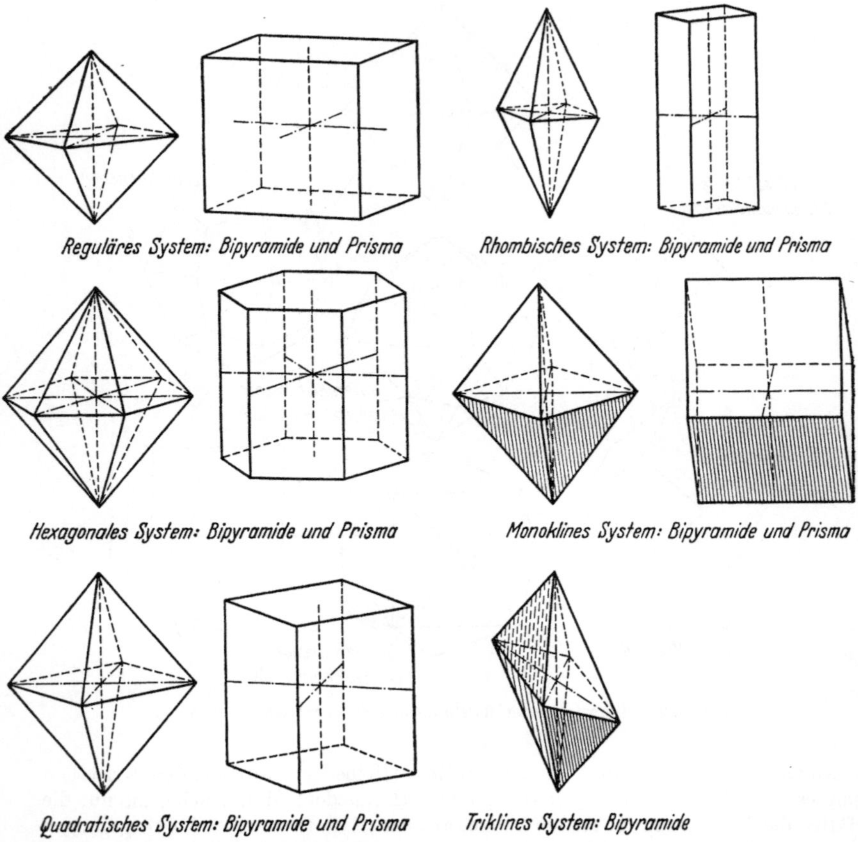

Regulāres System: Bipyramide und Prisma   Rhombisches System: Bipyramide und Prisma

Hexagonales System: Bipyramide und Prisma   Monoklines System: Bipyramide und Prisma

Quadratisches System: Bipyramide und Prisma   Triklines System: Bipyramide

Abb. 264. Wichtige Kristallformen der sechs Kristallsysteme

2. Größe und Ausbildung der Kristalle

Die Größe der Kristalle schwankt sehr. Sie bewegt sich zwischen mikroskopischer Kleinheit und mehreren Metern Höhe sowie einem Umfang bis zu etwa 8 m.

Ihre Ausbildung hängt von der mehr oder minder großen Ungestörtheit des Wachstums der Kristalle in den vorhandenen Hohlräumen aus den sich allmählich abkühlenden mineralführenden Lösungen ab.

Kennzeichnend für die äußere Form der Einzelkristalle ist das *Fehlen* einspringender Winkel (nur Zwillingskristalle haben solche) und der meist vorhandene *Glanz* der Kristallflächen. Bemerkenswert sind ferner:

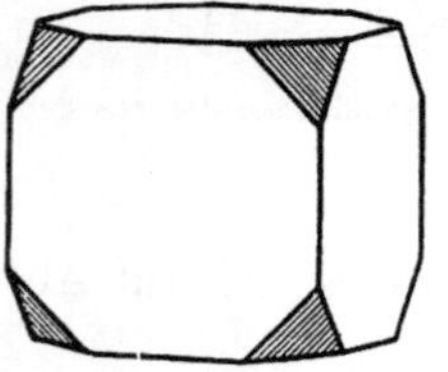
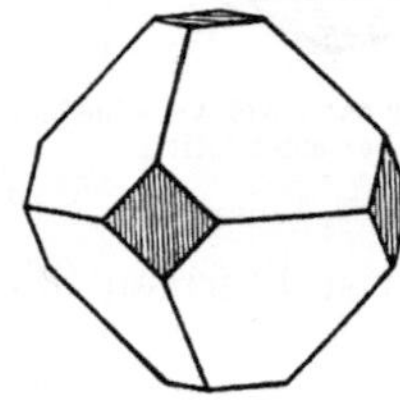

Abb. 265. Kombinationen von Würfel und Oktaeder
(*Sylvin* und *Bleiglanz*)

Kombinationen. Häufig findet man an Kristallen mehrere Flächen verschiedener Kristallformen desselben Systems gleichzeitig ausgebildet, sog. Kombinationen[1], z. B. von Oktaeder und Würfel (Abb. 265).

Gesetzmäßige Verwachsungen und Zwillingsbildungen. Nicht selten sind Verwachsungen von gleich gestalteten chemisch identen Kristallen bei Parallelität der Kristallflächen (Abb. 266). „Zwillinge" bestehen aus zwei oder mehreren gleichwertigen Kristallen derselben Substanz, die gesetzmäßig (nach einer möglichen Kristallfläche und einer Drehung oder Spiegelung) miteinander verwachsen sind, wie z. B. Feldspat (Abb. 267) und Gips (Abb. 268). Durchwachsen zwei Kristalle einander gesetzmäßig, so entstehen „Durchdringungszwillinge", wie z. B. beim Flußspat (Abb. 269) und Schwefelkies. Sind mehr als zwei Kristalle gesetzmäßig miteinander verwachsen, so erhält man „Drillinge" (z. B. Aragonit), „Vierlinge" usw.

Ganz ideal ausgebildete Kristalle sind selten. Meist sind einige Flächen mehr oder weniger „verzerrt" oder gar nicht ausgebildet, wie diejenigen, mit denen sie bei ihrer Bildung an den Wänden eines Hohlraumes aufgewachsen waren. Außerdem zeigen die Flächen teil-

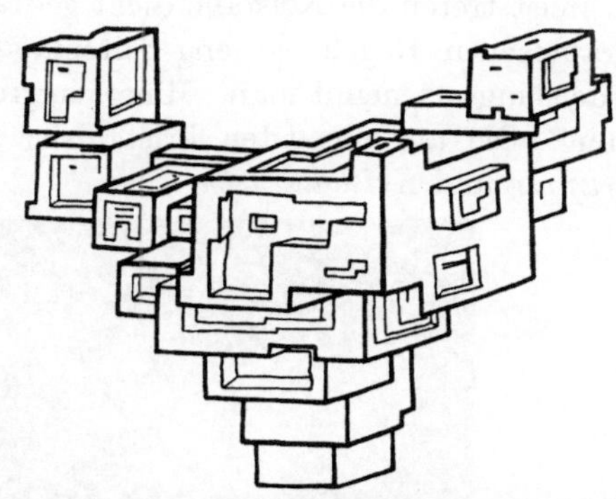

Abb. 266. Parallelverwachsungen (Kristallskelett) von gediegenem *Kupfer*

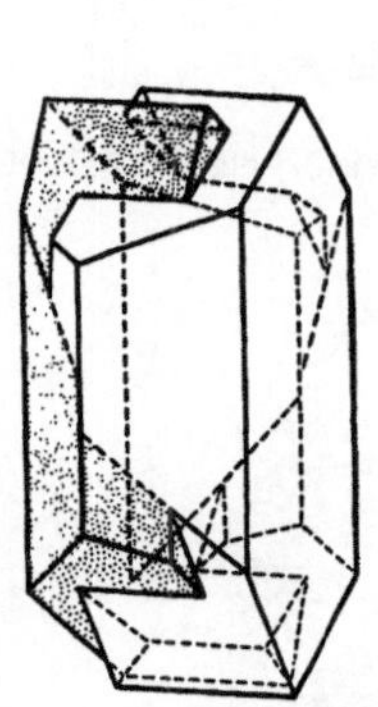

Abb. 267. Zwei miteinander verwachsene *Orthoklaskristalle* (sog. „Karlsbader Zwilling"). Erzgebirge

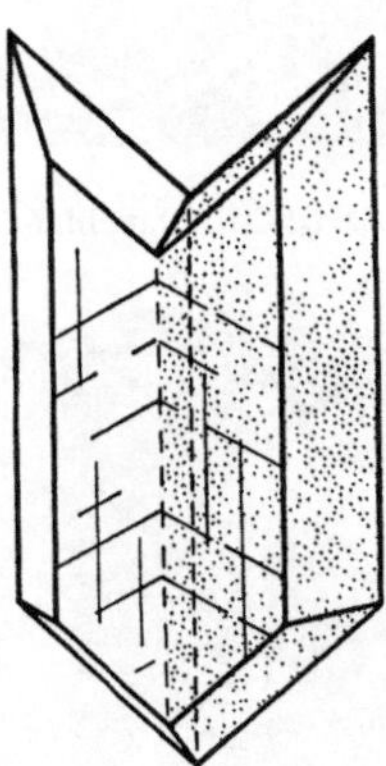

Abb. 268. Zwillingsbildung: *Gips* (sog. „Schwalbenschwanzzwilling")

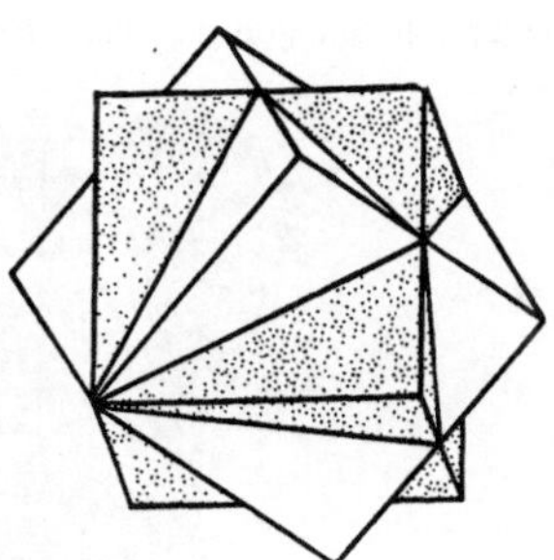

Abb. 269. Durchwachsungszwilling: *Flußspatwürfel*

weise Rauheit oder Streifung (wie beim Quarz und Pyrit). Bisweilen sind die Kanten oder Flächen gerundet, wie beim Diamant (Abb. 293) und Dolomit. Stellenweise sind die Kristalle nicht ganz entwickelt, sondern nur in „Skelettform" vorhanden (Abb. 266).

---

[1] lat. combinátio = Zusammensetzung.

Nach der äußeren Form unterscheidet man bei den Kristallen noch „Tracht" (Gesamtheit der am Kristall auftretenden Flächen) und „Habitus" (Gestalt), ob dick oder schlank, tafelig oder säulig usw. (Abb. 272).

3. Mineralaggregate[1]

Meist treten die Kristalle dicht gedrängt — und nicht nach kristallographischen Regeln — eng miteinander verwachsen auf. Diese Verwachsungsart nennt man „Mineralaggregat" oder Mineralvergesellschaftung. Die auffallendsten kristallisierten Aggregate sind die *Kristallgruppen* und *Kristalldrusen*.

Abb. 270. Kristallgruppe: *Wasserklare Bergkristalle*. Dauphiné (Frankreich). Slg. W. B. Bochum

Abb. 271. Kristalldruse: *Kalkspatkristalle*, einen Hohlraum auskleidend. Slg. W. B. Bochum

---

[1] lat. aggregáre = anhäufen.

Unter *Kristallgruppen* versteht man über- und nebeneinander stehende Kristalle, die um ein Zentrum herumgewachsen sind (Abb. 270), unter *Kristalldrusen* (Geoden) Besatz von Hohlraumwänden durch Kristalle (Abb. 271). Sind die Räume größer, so werden sie auch als „Kristallhöhlen" oder „Kristallkeller" (wie in den Alpen) bezeichnet. Insgesamt werden Kristallaggregate vom Bergmann als „Stufen" bezeichnet.

Nach dem *Aufbau* (Struktur[1]) der Aggregate spricht man von: schuppigen, stengeligen, körnigen, faserigen, haarförmigen u. a. m. Aggregaten; bei Einzelkristallen u. a. von blättrigem, tafeligem, isometrischem, prismatischem und stengeligem Habitus (Abb. 272).

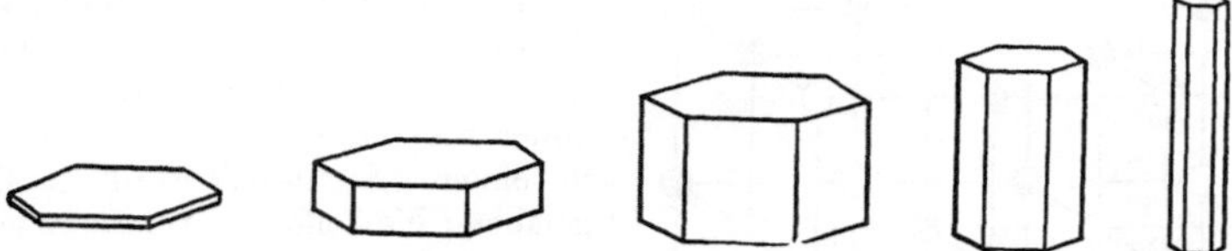

Abb. 272. Blättriger, tafeliger, isometrischer, prismatischer und stengeliger Kristallhabitus

Im Hinblick auf die *äußere Form nichtkristallisierter* Mineralaggregate unterscheidet man u. a.: kugelige, nierige (Abb. 333) und traubige Gestalten, ferner Glasköpfe (Abb. 313), Krusten, Stalagmiten und Stalaktiten (Tropfsteine, Abb. 314). Kristalline Massen ohne Kristalle nennt man derb.

4. Feinbau der Kristalle

Die auffällige Gesetzmäßigkeit des äußeren Baus der Kristalle hängt eng mit ihrem inneren Aufbau, dem sog. „Feinbau", zusammen.

Der kristallisierte Zustand eines festen Stoffes (Kristall) ist dadurch gekennzeichnet, daß seine kleinsten Teilchen, die Moleküle[2], („Molekeln" genannt) bzw. seine Atome[3] oder Ionen, eine fast unveränderliche Stellung innerhalb der Kristalle einnehmen. Da diese bestimmte Abstände voneinander haben — gleich den Knotenpunkten eines Gitters — bezeichnet man das ganze Gebilde (den Kristall) als „Kristallgitter" oder „Raumgitter". Die Punkte, an welchen die den Kristall aufbauenden Stoffteilchen („Ionen") sitzen,

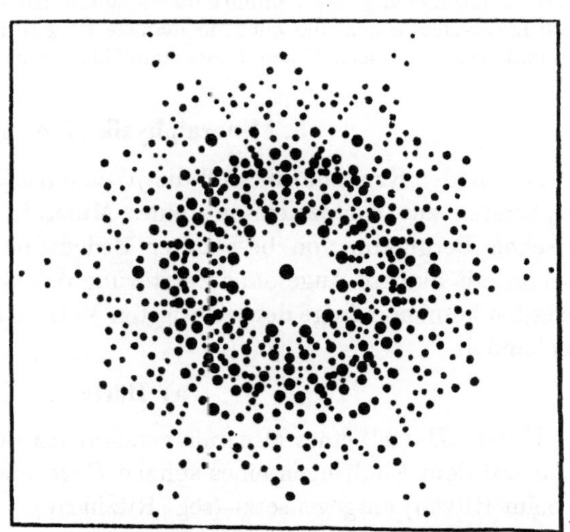

Abb. 273. Lauediagramm des Berylls. Nach RINNE

sind die „Gitterpunkte des Ionengitters". Je nach den verschiedenen Kristall-

---

[1] lat. strúere = bauen. — [2] lat. móles = Masse, molékulum = Massenteilchen.
[3] gr. atom = das Unteilbare.

formen und Mineralen sind *viele Arten* von Kristallgittern (einfache und kompliziertere) denkbar und bekannt.

Sichtbaren Aufschluß über den inneren Aufbau kristalliner Körper gibt das sog. *Laue-Diagramm*[1]. Es entsteht, wenn man ein ausgeblendetes Bündel von „weißen" Röntgenstrahlen auf eine senkrecht dazu stehende Kristallplatte fallen läßt. Durch die im Kristall vorhandene Gitterstruktur werden die Strahlen gebeugt und treten nur in bestimmten Richtungen aus. Man erhält daher auf einer dahinter befindlichen fotografischen Platte ein Bild mit symmetrisch verteilten Punkten, d. h. ein *Beugungs- bzw. Interferenzbild* (Abb. 273). Das Innere eines Kristalls besteht also nicht aus einem ungeordneten Haufen von Molekülen, sondern aus verschiedenartigen Atomen, die nach einem festen System einander zugeordnet sind. So sind z. B. in einem „Steinsalzkristall" positiv geladene Na-Ionen und negativ geladene Cl-Ionen in einem kubischen Gitter angeordnet (s. Abb. 274).

Auch alle übrigen Minerale zeigen solche Raumgitter, die im wesentlichen den vorgenannten 6 Kristallsystemen entsprechen. Es würde hier zu weit führen, die sehr verschiedenen Gittertypen im einzelnen zu betrachten. Ihre wissenschaftliche Bedeutung geht u. a. daraus hervor, daß sich aus der Struktur der Raumgitter die physikalischen Eigenschaften (Härte, Spaltbarkeit, Lichtbrechung usw.) unmittelbar ableiten lassen. Auf diese wissenschaftlich hochbedeutsamen und auch für manche Fragen der Technik, z. B. die Funktechnik, sehr wichtigen Erkenntnisse kann hier nicht weiter eingegangen werden.

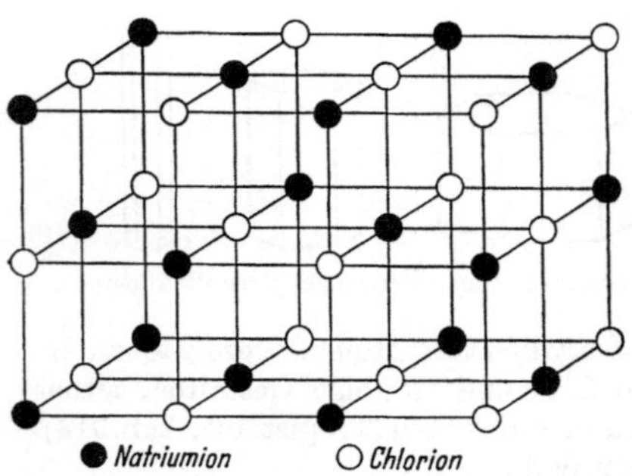

Abb. 274. Ionengitter eines Natriumchloridkristalls. Jedes Na-Ion wird von 6 Cl-Ionen, jedes Cl-Ion von 6 Na-Ionen umgeben

5. Mineralphysik (i. e. S.)

Neben der Kristallform sind die *physikalischen* Eigenschaften am geeignetsten zur Kennzeichnung eines Minerals. Sie sind für den praktischen Bergmann von besonderer Bedeutung, da sie leicht — meist schon mit bloßem Auge ohne Zerstörung des Mineralkörpers — erkannt werden können. Einige der wichtigsten Merkmale seien deshalb hier kurz behandelt.

a) Härte

Unter „Härte" eines Minerals versteht man den Widerstand, den das Mineral dem Eindringen eines spitzen Gegenstandes in seine Oberfläche (beim Ritzen) entgegensetzt (sog. Ritzhärte).

Zum Vergleich der verschiedenen Härten der Minerale hat man eine aus 10 Mineralen bestehende *Härteskala* (nach Mohs) aufgestellt. Sie ist aber nur qualitativer Natur, da die Unterschiede der gewählten Abstufungen sehr ungleich sind. So soll Diamant, das weitaus härteste Mineral, etwa 140 mal so hart wie Korund sein.

---

[1] Entdeckung der Röntgeninterferenz an Kristallgittern durch Max von Laue.

Härteskala:	Allgemeine Kennzeichnung
1. *Talk*	fettig und milde
2. *Gips*	gute Spaltbarkeit mit bunten Farben auf Bruchflächen
3. *Kalkspat*	spaltet nach 3 Flächen, buntschillernd
4. *Flußspat*	spaltet nach dem Oktaeder
5. *Apatit*	
6. *Feldspat*	
7. *Quarz*	fettiger Glasglanz und muscheliger Bruch
8. *Topas*	spaltet gut nach einer Ebene
9. *Korund*	
10. *Diamant*	Diamantglanz infolge Dispersion des Lichtes

Beispielsweise: *Ein Mineral hat Härte 5* heißt: Dieses Mineral *ritzt* ein Mineral der Härte 4 und *wird* von einem Mineral der Härte 6 *geritzt*.

Für die Praxis merke man: Die Minerale der Härte 1—2 lassen sich mit dem Fingernagel ritzen. Die Minerale 3—6 kann man mit einer Messerspitze ritzen. Die Minerale 6—7 ritzen Glas. Die Minerale 8—10 schneiden Glas. Gleichharte Minerale ritzen sich nicht.

b) Spaltbarkeit

Die *Spaltbarkeit* ist die Eigenschaft, sich beim Zerschlagen nach einer oder mehreren Richtungen leichter zu trennen und dabei parallele, ebene Trennungsflächen (Spaltflächen) zu zeigen.

Sie erklärt sich aus dem Feinbau, dem sog. „Gitter", des betreffenden Minerals. Die Spaltflächen gehen einer möglichen Kristallfläche parallel. Man nennt die so entstandenen Körper „Spaltungskörper".

Etwa 50% aller Erze spalten nach dem Würfel, Oktaeder oder Rhombendodekaeder.

Je nach dem Grade wird die Spaltbarkeit bezeichnet als:

sehr vollkommen: z. B. bei Glimmer,

vollkommen: z. B. bei Kalkspat (Abb. 275), Salz und Flußspat,

fehlend: z. B. beim Quarz.

Zeigt das Mineral beim Zerschlagen keine Spaltbarkeit, sondern unregelmäßige Bruchflächen, so spricht man von *Bruch*.

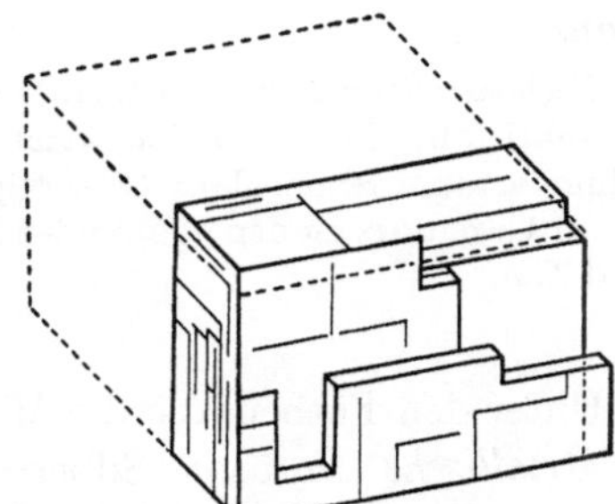

Abb. 275. Großes *Kalkspatrhomboeder* mit kleinen Spaltungsrhomboedern

Der Bruch kann u. a. sein: muschelig (Quarz), körnig (Magneteisenerz), faserig (Glaskopf), uneben (Bernstein), hakig (Kupfer), erdig (Kreide), splittrig (Feuerstein).

c) Elastizität, Plastizität und Geschmeidigkeit

Minerale, welche eine Formänderung nach Aufhören der auf sie wirkenden Kraft wieder ausgleichen können, sind *elastisch*, z. B. *Glimmer* und *Asbest*. Verharren sie in ihrer neuen Lage, so sind sie *plastisch*. *Geschmeidig* nennt man Minerale, die dem Eindringen eines harten Körpers (z. B. Messer) vollständig nachgeben.

d) Wichte[1]

In Übereinstimmung mit den Begriffen der neuzeitlichen Chemie wird hier statt der *früher üblichen* Bezeichnung *spezifisches Gewicht* bzw. Dichte von „*Wichte*[2]" eines Minerals gesprochen.

Im nachstehenden sei die Wichte einiger für den Bergmann bedeutungsvoller Körper angegeben:

Braunkohle 1,25—1,35	Quarz 2,6	Pyrit 5,1	Quecksilber 13,6
Steinkohle 1,3	Kalkspat.... 2,7	Bleiglanz.... 7,5	Gold 15,5—19,4
Anthrazit ... 1,4—1,7	Zinkblende .. 4,0	Kupfer 8,5—9,0	Platin (rein) 21,5
Steinsalz 2,2	Schwerspat.. 4,5	Silber... 10—12	Iridium 22,3

Die *Wichte* (W) ist das Gewicht von 1 cm³ eines Minerals ausgedrückt in Gramm.

Während die meisten Erze eine Wichte von 4—7,5 besitzen, schwankt die der Nebengesteinsminerale zwischen 2 u. 3,5. Auf diesen Unterschieden beruht die Trennung der Erze vom Nebengestein bei der sog. „naßmechanischen" Aufbereitung.

e) Optische[3] Eigenschaften

Die *optischen* Eigenschaften haben für die Mineralbestimmung eine besondere Bedeutung.

Die wichtigsten Merkmale sind folgende:

α) *Glanz*

Man unterscheidet: *Metallglanz* (Metalle und Erze) und *Nichtmetallglanz.*

Nichtmetallglanz, wie Diamantglanz (z. B. Diamant, Zinkblende), Glasglanz (Bergkristall), Fettglanz (Schwefel und Erdwachs), Perlmutterglanz (Gips und Glimmer) und Seidenglanz (Fasergips).

Im Gegensatz zu den glänzenden Mineralen stehen die *matten*: z. B. Meerschaum und Ton.

β) *Farbe*

Unter den Farben, die die Minerale bei Tageslicht zeigen, gibt es:

Metallische Farben: Silberweiß, messinggelb, speisgelb, goldgelb, bronzegelb, kupferrot, tombakbraun, bleigrau, stahlgrau und eisenschwarz.

Nichtmetallische Farben: Die Grundfarben und ihre Mischungen.

Weiter spricht man von *farbigen, farblosen* und *gefärbten* Mineralen.

---

[1] *Wichte* ist das Verhältnis vom Gewicht eines Körpers zu seinem Volumen $\left(W = \dfrac{G}{V}\right)$, *Dichte* ist das Verhältnis von Masse zu Volumen $\left(D = \dfrac{M}{V}\right)$ – praktisch sind die Werte gleich.

[2] Minerale, welche eine bestimmte Wichte überschreiten (> 2,9), werden als „Schwerminerale" bezeichnet. Ihr Studium gewinnt für besondere Fragen der Geologie, vornehmlich in der Erdölgeologie, u. zw. zu Parallelisierungszwecken bestimmter Schichten, eine stetig wachsende Bedeutung.

[3] gr. optikós = zum Sehen gehörig.

Eigenfarbige Minerale sind solche, die immer eine bestimmte Farbe (Eigenfarbe) zeigen, die in der chemischen Zusammensetzung begründet ist (z. B. Malachit = grün, Kupferlasur = blau).

Farblos sind solche Minerale, die in reinem Zustande wasserhell sind.

Von der Eigenfarbe der Minerale wird die durch *Färbung hervorgerufene Fremdfarbe* unterschieden.

Die Färbung kann u. a. durch Einschlüsse, Beimengungen (Eisen- oder andere Salze) und Radiumbestrahlung bewirkt sein.

Von der Mineralfarbe ist häufig die *Strichfarbe* verschieden, die man erhält, wenn man ein Mineral auf einer rauhen, weißen Porzellantafel hart abstreicht. Sie stellt ein wichtiges Erkennungszeichen der Minerale dar, z. B.:

Mineral	Mineralfarbe	Strichfarbe
Schwefelkies	speisgelb	grauschwarz
Kupferkies	goldgelb	grünschwarz
Eisenglanz	schwarzrot	rot
Kohleneisenstein	schwarz	braunschwarz
Zinkblende	braun	gelblich
Augit	pech- bis grünschwarz	graugrün

Als Sondererscheinung sei noch der durch oberflächliche chemische Veränderung erzeugten bunten *Anlauffarben* bei gewissen Mineralen, z. B. beim Schwefelkies, gedacht.

γ) *Besondere Arten von Glanz und Schiller*

Man unterscheidet außerdem noch mehrere besondere Arten von Glanz und Schiller mit allerdings nicht scharfen Merkmalen:

Opaleszenz: Milchiges oder perlenartiges Aussehen, besonders bei Opalen.

Fluoreszenz: Selbstleuchten belichteter Minerale, z. B. Flußspat und Apatit.

Phosphoreszenz[1]: Lichtausstrahlung (Nachleuchten) von Mineralen nach Bestrahlung, z. B. Diamant und Baryt.

Die beiden letzten Erscheinungen werden unter dem Sammelbegriff der „Lumineszenz"[2] zusammengefaßt.

Farbenschiller oder *Irisieren*[3]: Ausstrahlung metallischen Schimmers bzw. Farbenspiels auf gewissen Flächen infolge Interferenz des Lichtes, z. B. beim Hypersthen und Bronzit.

δ) *Lichtbrechung*

Einige Kristalle haben die Eigenschaft, den Lichtstrahl in zwei senkrecht zueinander schwingende Strahlen zu zerlegen und so von dem Gegenstand ein doppeltes Bild zu entwerfen (sog. „Doppelbrechung").

Besonders schön zeigt diese Eigenschaft der Isländische Kalkspat (sog. „Doppelspat") (Abb. 276).

Auf der Doppelbrechung des Lichts beruht auch die Einrichtung des sog. Nicolschen Prismas im Polarisations-Mikroskop. Mit seiner Hilfe kann nicht-

---

[1] gr. phós = Licht, phorós = tragend. — [2] lat. lúmen = Licht.
[3] lat. iris = Regenbogen.

polarisiertes Licht polarisiert werden[1] — zur wissenschaftlichen Untersuchung von Dünn- und Anschliffen der Gesteine, Kohlen und Minerale.

Abb. 276. Rhombisches Spaltungsstück aus isländischem *Doppelspat*.
Zeigt durch Schriftverdoppelung die Doppelbrechung des Lichtes. Slg. W. B. Bochum

f) Optisch isotrope und anisotrope Kristalle

Die Kristalle sind teils „isotrop" teils „anisotrop".

Bei den *isotropen* Kristallen (und Gläsern) ist das Verhalten nach allen Richtungen gleich, d. h, das Licht erleidet keine Veränderung. Hierhin gehören nur die Kristalle des regulären Systems. Die Kristalle aller anderen Systeme sind *anisotrop*, d.h. ihre physikalischen Verhältnisse sind nach den verschiedenen Richtungen verschieden, weil das Licht in zwei polarisierte Strahlen zerlegt wird. Diese Kristalle werden daher auch „doppelbrechend" genannt.

g) Magnetische Eigenschaften

Gewisse Minerale zeigen *polaren* Magnetismus, d. h. sie ziehen Eisenteilchen wie ein Magnet an, so z. B. Magneteisenstein (Abb. 277) oder wirken auf die Magnetnadel ein, wie z. B. Spateisenstein. Dagegen besitzen andere Minerale, besonders die eisenhaltigen, *einfachen* Magnetismus, d. h. werden vom Magneten angezogen.

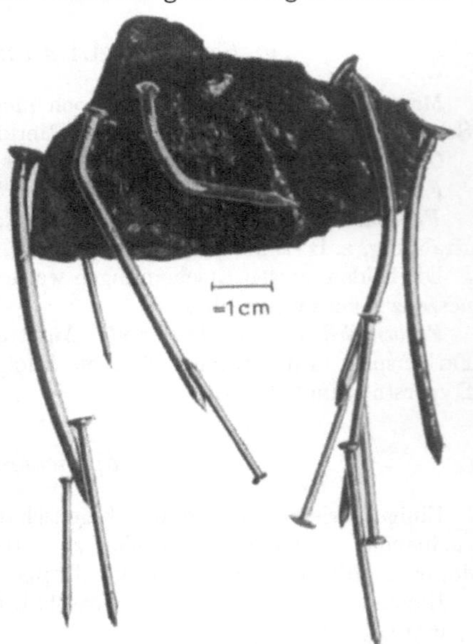

Abb. 277. *Magneteisenerz* mit stark anziehender Wirkung. Arkansas (USA). Slg. W. B. Bochum

[1] Unter *Polarisation* des Lichtes versteht man die Umwandlung eines Lichtstrahls mit transversalen Schwingungen (nach allen Richtungen) in einen Lichtstrahl, dessen Schwingungen auf eine Richtung beschränkt sind (in einer Ebene liegen).

Von der magnetischen Anziehung eisenhaltiger Minerale macht man u. a. bei der *Aufbereitung der Erze* durch Magnetscheidung ausgiebigen Gebrauch.

h) Elektrische Eigenschaften

Die Minerale sind entweder *Leiter* (metallische Leiter), *Nichtleiter* der Elektrizität (sog. Isolatoren) oder zeigen Übergänge. Nichtleiter können durch verschiedene Vorgänge, z. B. durch Reibung (wie bei fast allen Mineralen), durch Druck oder durch Erwärmung elektrisch angeregt werden.

i) Physiologische Eigenschaften

Manche Minerale sind durch besondere *sinnliche* Wahrnehmungen erkennbar:

a) *durch Geschmack*: z. B. Steinsalz (salzig), Carnallit (süßlich), Bittersalz (bitter).

b) *durch Geruch*: z. B. Asphalt, Schwefel. Geschlagen riechen: Schwefelkies, Stinkstein, Quarz u. a. Angehaucht riechen: Tone und Manganerze.

c) *durch Gefühl*: z. B. fettig (Schwefel), rauh (Magneteisenerz).

Zu diesen Wahrnehmungen gehört auch das Anhaften an der feuchten Lippe, wie z. B. beim Meerschaum.

C. Chemische Eigenschaften der Minerale

Kurze Allgemeinbemerkungen

Ein Mineral setzt sich, wie erwähnt, aus kleinsten Stoffteilchen, den *Molekeln*, zusammen und diese wieder aus den noch kleineren Atomen, d. h. kleinsten, bei chemischen Vorgängen (stofflichen Umwandlungen) auftretenden, nicht mehr sichtbaren Teilchen eines einfachen Stoffes. Entgegen den älteren Auffassungen von der Unteilbarkeit der Atome lehrt die moderne Atomwissenschaft, daß auch ein Atom kein unteilbarer Körper ist, sondern unter der Einwirkung *besonders hoher Energien* (Beschuß durch energiegeladene Teilchen) teilbar ist. Man hat sich dabei vorzustellen, daß ein Atom aus einem festen, zentralen *Atomkern* und einer *Atomhülle* besteht, und zwar setzt sich der Atomkern aus elektropositiven „Protonen" und elektroneutralen „Neutronen" zusammen, die beide von einer Wolke winziger elektronegativer, einfach gebauter „Elektronen"[1] (als Hülle) umkreist werden. Diese letzteren bewegen sich nach bestimmten Gesetzen in weit entfernten elliptischen Bahnen um den Kern, etwa wie die Planeten um die Sonne, wobei sie durch den Atomkern angezogen werden. Nach außen ist das Atom elektrisch neutral. Molekeln mit Elektronenüberschuß oder Elektronenmangel heißen „Ionen".

Die Minerale bestehen nun teils lediglich aus einem *Element*[2], z. B. Gold oder Silber (kommen also in *gediegenem* Zustande vor), teils aus bestimmten *chemischen Verbindungen* von Elementen. Wir unterscheiden

---

[1] Prótonen, Neútronen und Élektronen verhalten sich größenmäßig zum ganzen Atom etwa wie Erbsen zum Kölner Dom.

[2] lat. eleméntum = Baustein. Stoff, dessen Atome die gleiche Anzahl von Kernprotonen haben.

u. a. *Schwefelverbindungen* (Sulfide), *Sauerstoffverbindungen* (Oxyde) und *Salze*, d. h. Verbindungen eines Metalls mit einem Säurerest (bzw. Basen mit Säuren).

Ein *Element* ist ein chemischer Grundstoff, von dem man vor der Entwicklung der Atomphysik glaubte, daß er beständig sei und daß seine gleichartigen Bausteine, die Atome, nicht mehr zerlegt werden könnten. Die Zahl der Elemente beläuft sich nach heutiger Erkenntnis auf etwa 100.

Die chemische Formel der Minerale

Die *chemische Zusammensetzung* eines Minerals wird am besten durch die *Analyse* erkannt.

Wichtig als *Vorprüfung* für die Erkenntnis von Mineralen ist das Verhalten der Minerale (mit Soda gemischt) vor der *Lötrohrflamme* auf Holzkohle. Hierbei können sie sich als unschmelzbar bzw. schwer schmelzbar zeigen, sich unter Absatz eines weißen oder farbigen Beschlages verflüchtigen oder sich durch besonderen Geruch kennzeichnen. Diese als sog. „Lötrohrprobierkunde" bezeichnete chemisch-physikalische Untersuchungsmethode hat für die Praxis der Lagerstättenvoruntersuchung Bedeutung.

Jedes Mineral hat nicht nur eine kennzeichnende Art zu kristallisieren, sondern auch eine nur ihm zukommende chemische Zusammensetzung von Elementen, ausgedrückt in der *chemischen Formel*.

Diese enthält die seit Berzelius[1] geläufigen symbolischen Zeichen der Elemente, aus denen die *Verbindung* besteht (d. h. Kurzzeichen nach den Anfangsbuchstaben der lateinischen oder griechischen Namen der Elemente), wie z. B. Au = Gold (Aurum), Ag = Silber (Argentum), Pt = Platin (Platina), Fe = Eisen (Ferrum), S = Schwefel (Sulfur), O = Sauerstoff (Oxygenium), H = Wasserstoff (Hydrogenium), C = Kohlenstoff (Carbo), Cl = Chlor, Ca = Calzium, Na = Natrium usw.

Die Formel gibt nicht nur an, welche Elemente ein Mineral enthält, sondern auch das Zahlenverhältnis, in dem die Elemente in dem Mineral vereinigt sind. So bedeutet z. B. NaCl (Steinsalz): Die Verbindung setzt sich aus 1 Ion Na und 1 Ion Cl zusammen. Gleichzeitig wird mit dem Zeichen das Gewicht angegeben, mit dem das kleinste Teilchen (Atom) in die Verbindung eintritt. Da die sog. Atomzahlen auch das Gewicht bedeuten, mit dem die Atome in der Verbindung beteiligt sind, so besagt z. B. die Formel NaCl: 23 Gewichtsteile Na sind mit r. 35, 46 Gewichtsteilen Chlor verbunden, oder: FeS_2 besteht aus einem Atom Eisen und 2 Atomen Schwefel, bzw. 55,85 Gewichtsteile Eisen sind mit 2 mal 32,06 Gewichtsteilen Schwefel verbunden.

Die meisten Minerale sind *Salze*. Die Bildung eines *Salzes* (im mineralogisch-chemischen Sinne) kann durch folgende Reaktionsgleichung erläutert werden:

$$NaOH + HNO_3 = NaNO_3 + H_2O$$

(Base)   (Säure)   (Salz)   (Wasser)

Zwischen der chemischen Zusammensetzung und der Kristallform bestehen gewisse Zusammenhänge, die als „*Iso- bzw. Dimorphismus*" bezeichnet werden.

---

[1] Berühmter schwedischer Chemiker (1779—1848).

Isomorphismus[1] (Gleichgestaltigkeit) ist die Eigenschaft der Minerale von zwar *verschiedener*, aber analoger chemischer Zusammensetzung in *gleichen* (oder ähnlichen) Kristallformen zu kristallisieren.

So bilden: Kalkspat $CaCO_3$
Bitterspat $MgCO_3$ eine sog. „rhomboedrisch-isomorphe" Reihe.
Eisenspat $FeCO_3$

Dimorphismus[2] herrscht, wenn Minerale von *derselben* chemischen Zusammensetzung in *verschiedenen* Kristallformen (mit ungleichen Eigenschaften) kristallisieren.

Zum Beispiel ist *Kohlenstoff* C: als Diamant regulär (W. 3,5),
als Graphit hexagonal (W. 2,25),
Schwefelkies FeS_2: als Pyrit regulär (W. 5,1),
als Markasit rhombisch (W. 4,8),
Kalkspat $CaCO_3$: als Aragonit rhombisch (W. 2,9),
als Kalzit hexagonal (W. 2,7).

Löslichkeit der Minerale

a) Fast alle Minerale sind in reinem *Wasser* löslich:

Leicht: Minerale mit Geschmack,
schwer: Gips und Kalkspat,
spurenweise: alle Minerale (auch Quarz SiO_2 und Schwerspat $BaSO_4$).

b) Als Beispiele für Löslichkeit der Minerale in *Säuren* nenne ich:

z. B. *Schwefelkies* FeS_2 in Salpetersäure HNO_3 (unter H_2S-Bildung),
Kalkspat $CaCO_3$ in Salzsäure HCl (unter CO_2-Entwicklung),
Gold Au in Königswasser[3].

Radioaktive Erscheinungen

Radioaktive Erscheinungen: Einige Elemente, die dauernd Strahlen aussenden, wie Uran und Thorium, zerfallen unter heftiger Einwirkung frei werdender Energie (durch Beschuß mit Neutronen) in neue Elemente, die ebenfalls wieder radioaktiv strahlen.

Sie sind meist stärker radioaktiv als ihre Ausgangselemente. Man bezeichnet sie als „radioaktive Isotope"[4]. Diese Atome (desselben Elements) haben die gleiche Zahl von Protonen, aber eine verschiedene Zahl von Neutronen. Chemisch reagieren sie gleichartig, unterscheiden sich aber durch ihr Atomgewichte.

Sie spielen heute in Medizin, Forschung und Technik eine ständig wachsende Rolle, da man ihren Verbleib und ihren Weg genau verfolgen kann. Auch für die Praxis des Bergbaus haben die „Isotope" eine steigende Bedeutung erlangt.

Pseudomorphismus[5]

Werden Minerale von anderen Mineralen formgerecht verdrängt, so entstehen *neue* Minerale (sog. „Pseudomorphosen"), auch Afterkristalle genannt, die zwar

---

[1] gr. ísos = gleich, morphé = Gestalt. — [2] gr. dímorphos = zweigestaltig.
[3] Königswasser = 1 Teil HCl und 3 Teile HNO_3.
[4] gr. topós = Platz. — [5] gr. pseudós = Lüge.

noch die ursprüngliche Gestalt des Mutterminerals, aber anderen mineralogischen Inhalt besitzen.

Man unterscheidet:

a) *Umwandlungspseudomorphosen.* Die ursprüngliche Substanz hat eine chemische Umwandlung erfahren, wie z. B. Eisenspat in Brauneisenstein.

b) *Verdrängungspseudomorphosen.* Ein leicht verwitterbares Mineral wird aus dem umgebenden Gestein ausgelaugt und der Hohlraum später durch ein anderes Mineral ersetzt, z. B. Galmei nach Kalkspat (Abb. 278).

Abb. 278. Verdrängungspseudomorphose: *Galmei* nach Kalkspat. Galmeivorkommen bei Iserlohn.
Slg. W. B. Bochum

c) *Umhüllungspseudomorphosen.* Ein Kristall wird von der Kruste eines anderen Minerals, und zwar einem schwerer verwitterbaren Stoff überzogen, derart, daß nach Auflösung des Kristalls die Gestalt des ersten Minerals noch erkennbar bleibt.

D. Entstehung der Minerale

Wie die Gesteine und Erzlagerstätten sind auch die Minerale auf sehr mannigfaltige Weise als Erzeugnisse verschiedener *Abfolgen* entstanden.

Magmatische Bildungen

a) auf *magmatischem* Wege durch Auskristallisieren beim Erstarren aus dem zähen glutflüssigen Schmelzfluß (sog. Hauptkristallisation), z. B. Feldspat, Quarz und Glimmer im Granit.

b) durch die dem *Magma entströmenden überkritischen Gase und Lösungen* und ihre Einwirkungen auf das Nebengestein (pegmatitisch-pneumatolytische[1] Phase).

---

[1] gr. lýein = lösen, pneúma = Hauch.

c) durch *Ausscheiden* aus heißen wässerigen Lösungen (*hydrothermale*[1] *Kristallisation*), wie z. B. Bleiglanz und Zinkblende, Flußspat und Eisenspat auf Erzgängen.

d) durch *Sublimation*[2], d. h. durch Festwerden von Dämpfen beim Abkühlen, wie z. B. vulkanischer Schwefel.

Sedimentäre Bildungen

Durch *Verwitterungsvorgänge* unter Mitwirkung von Wasser, wie z. B. Tone, Zeolithe, Meeressalze u. a. sowie durch *Absatz aus wässerigen Lösungen* auf dem Wege über Wechselzersetzungen, wie z. B. Schwerspat nach der Formel: $BaCl_2 + H_2SO_4 = BaSO_4 + 2\ HCl$. (Abb. 279).

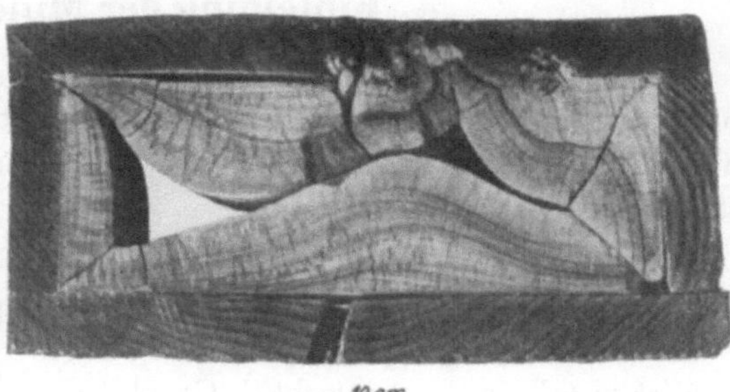

Abb. 279. *Schwerspatabsatz* in einer Wasserlutte. Ruhrbezirk. Slg. W. B. Bochum

Metamorphe Bildungen

Nachträglich durch hohe Temperatur oder großen Druck umgebildete Mineralvorkommen.

Die meisten Minerale entstehen bei Prozessen geologischer *Großvorgänge*:

Zum Beispiel bei Erstarrungsvorgängen aufsteigender Magmen und bei hydrothermalen Bildungen von Erzgängen, d. h. bei Ausfüllung von Hohlräumen und Spalten durch Mineralabsatz aus Thermalwässern, bei Umwandlung eines Minerals in ein anderes auf dem Wege der Verdrängung (Austausch) und des schrittweisen Ersatzes eines reaktionsfähigen Gesteins (z. B. Kalkstein) durch den Stoffinhalt einer anderen Minerallösung (sog. *Metasomatose*)[3] (Abb. 280), ferner bei *kontaktmetamorphem*[4] Einwirken eines Eruptivgesteins auf das Nebengestein infolge von Hitze, Druck und Stoffzufuhr.

Abb. 280. Kalkstein (weiß) metasomatisch durch *Kupfer* (schwarz) von einer Spalte ausgehend verdrängt. Binghamgrube (Utah)

Die Mehrzahl der Minerale findet sich infolge Umlagerung bzw. durch Verwitterungsvorgänge in veränderten Formen in den *sedimentären Schichten*.

---

[1] gr. hýdor = Wasser, thermé = Sprudel.

Auch heute noch scheiden bestimmte heiße Quellen Mineralsubstanz aus, wie Gold (in Steamboat Springs, Nevada), Antimon (Quelle in Bolivien), Zinnober (Therme in Kalifornien) sowie Exhalationen auf der Insel Vulkano (Italien).

[2] lat. sublimáre = aufsteigen.

[3] gr. metá = nach, somá = Körper (Verdrängungslagerstätte).

[4] lat. contáctus = Berührung. — gr. metamórphosis = Verwandlung.

II. Spezielle Mineralogie
Beschreibung der einzelnen Minerale

A. Einteilung der Minerale

Die Gliederung der Minerale kann nach den verschiedensten, u. zw.
physikalischen und chemischen Gesichtspunkten erfolgen. Wir wollen
hier die Minerale, wie meist üblich, auf Grund ihrer *chemischen* Zusammensetzung behandeln:

1. Elemente:
Metalle[1], z. B. Gold Au, Kupfer Cu, Silber Ag.
Metalloide, z. B. Arsen As.
Nichtmetalle, z. B. Schwefel S, Graphit C.

2. Sulfide[2]**:** Sauerstofffreie Verbindungen der Metalle und Nichtmetalle
mit Schwefel S, Antimon Sb und Wismut Bi.
Kiese, z. B. Schwefelkies FeS_2.
Glanze, z. B. Bleiglanz PbS.
Blenden, z. B. Zinkblende ZnS.

3. Oxyde[3] **und Hydroxyde:** Sauerstoffverbindungen von Metallen und
Nichtmetallen, z. B. Eisenglanz Fe_2O_3, Quarz SiO_2,

4. Haloidsalze: Salze einer Wasserstoffsäure, z. B. Steinsalz NaCl,
Flußspat CaF_2.

5. Sauerstoffsalze (Oxydsalze):
a) *Salze der Salpetersäure* (*Nitrate*), z. B. Chilesalpeter $NaNO_3$.
b) *Salze der Kohlensäure* (*Karbonate*), z. B. Kalzit $CaCO_3$,
c) *Salze der Schwefelsäure* (*Sulfate*), z. B. Schwerspat $BaSO_4$.
d) *Salze der Phosphorsäure* (*Phosphate*), z. B. Apatit $Ca_5F(PO_4)_3$ bzw.
$Ca_5Cl(PO_4)_3$.
e) Salze verschiedener Säuren: *Chromate, Vanadate, Wolframate,
Molybdate.*
f) *Salze der Kieselsäure* (*Silikate*), z. B. Zirkon $ZrSiO_4$, Rhodonit
$MnSiO_3$.

Eine rein *stoffliche* Gliederung der für den Bergmann wichtigsten
Minerale, besonders der *Erze*, findet sich im Abschnitt „Lagerstättenlehre" auf Seite 240.

B. Die einzelnen Minerale

Aus der großen Zahl von Mineralen soll hier hauptsächlich derjenigen gedacht
werden, die für den deutschen Bergmann, für die Technik und Wirtschaft von

---

[1] lat. metállum — [2] lat. súlfur = Schwefel. — [3] gr. oxýs = scharf.

Bedeutung sind bzw. werden können, oder als gesteinsbildende Minerale eine Rolle spielen. Sie sollen, nach ihrem chemischen Aufbau gegliedert, möglichst eindeutig gekennzeichnet werden.

1. Elemente

a) Metalle (regulär, geschmeidig)

Gold = Au (Aurum)

Eigenschaften. *Gold*, der König der Metalle, kommt in der Natur hauptsächlich *gediegen* oder *legiert* mit anderen Metallen vor. Es tritt in Körnern, Flittern, Blättchen, Blechen und Klumpen („nuggets"[1] bis 153 kg) auf (Abb. 281). Gut ausgebildete (kubische) Kristalle sind selten.

Das natürliche Gold ist niemals chemisch rein. Es enthält noch 0,5—20% Silber. Dem Gold Siebenbürgens brechen sogar bis zu 40% Silber bei. Lichtes Gold mit 25—30% Ag heißt „Elektrum"[2]. Der Silbergehalt ändert auch die Farbe und die Wichte. Das normale silberführende Gold zeigt leuchtendes sattes Goldgelb, während das sehr silberreiche Gold hellgold-

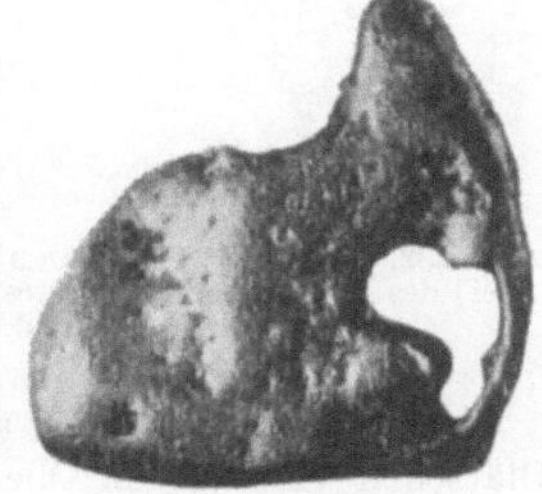

Abb. 281.
Gediegenes Gold (Nugget).
Venezuela. Slg. W. B. Bochum

gelb ist. Wichte des reinsten Goldes ist 19, die aber durch den Silbergehalt bis auf 15 herabsinkt. Härte des Goldes gering. Sie liegt bei 2,5—3.

Gold ist überaus dehn- und hämmerbar und in dünner Schicht durchscheinend. Aus einem Gramm Gold kann man einen Draht von r. 2500 m Länge ziehen. Mit einem Goldstück (20 M.) soll sich ein lebensgroßes Reiterdenkmal vergolden lassen. Au ist nur in Königswasser und in Zyankalium löslich (Zyanidprozeß!). Reines Gold schmilzt bei 1062°.

Vorkommen. *Gediegenes Gold* findet sich auf *primärer* (*ursprünglicher*) Lagerstätte als sog. *Berggold* oder *Freigold*.

Es ist hier auf hydrothermalen Gängen entweder an den Quarz *alter Tiefengesteine* (sog. „alte [„plutogene"] Goldlagerstätten"), wie z. B. das Tauerngold bei Gastein und das Vorkommen von Brandholz im Fichtelgebirge, oder an *junge Ergußgesteine* und deren Tuffe (sog. „junge [„vulkanogene"] Erzgänge"), wie z. B. die Golderzgänge Siebenbürgens gebunden. Weltvorkommen: Mother Lode (Kalifornien), Cripple Creek (Colorado), Comstock Lode (Sierra Nevada), ferner Indien, Rhodesien, Australien, Alaska und andere Länder.

Gold findet sich aber auch auf *sekundärer* Lagerstätte als *Seifengold*, auch „Waschgold" genannt, u. zw. vielfach mit anderen Schwermineralen in Sanden, in Form mehr oder weniger großer Körner oder Flitterchen, die großenteils aus der Zerstörung primärer Goldvorkommen hervorgegangen sind.

---

[1] engl. núgget = großer Klumpen.
[2] „Weißgold" ist eine Legierung von Gold und Palladium (Platinmetall).

Als Beispiel nenne ich die „jungen" Seifen des Klondikebezirks am Yukon (Alaska), das Aldangebiet (Sibirien) und weiter die „fossilen" verkitteten Seifen (horizontbeständige Konglomeratbänke) des präkambrischen *Witwatersrand-*

gebietes bei Johannesburg (Südafrika) (Abb. 282). In diesem wohl bedeutendsten und berühmtesten Golderzvorkommen der Welt sitzt das Gold als gediegenes Metall in Flitterchen im quarz- und schwefelkiesreichen Bindemittel der Randkonglomerate (mit r. 5 g Au je t in 1944), ferner das noch in der Aufschließung begriffene, vielleicht wirtschaftlich noch bedeutendere Vorkommen bei *Odendaalsrust.*

Abb. 282. Ausstrich eines goldführenden Konglomerats (Main Reef) des Witwatersrandgebietes bei Johannesburg (Südafrika). Aufn. d. Verf.

Gold kommt sekundär auch im Sande mancher deutscher Flüsse in feinsten Blättchen vor, wie im Oberrhein und in der Eder. Auch im Meere ist Gold enthalten (aber nur mit r. 4 mg/t).

Golderzeugung der Welt 1957 r. 950 t im Werte von über 1 Mia DM (bei einem Durchschnittswert von 2765,— DM je 1 kg reinen Goldes). Gesamtgolderzeugung der Welt von 1493 bis 1940 r. 57000 t. Die Goldgewinnung in Südafrika beträgt bis heute r. 15000 t. Im Jahre 1957 belief sie sich hier auf r. 540 t (im Werte von über 200 Mio £ = weit mehr als die Hälfte der Weltgolderzeugung).

Das Gold gilt seit Jahrtausenden als wichtigster menschlicher Wertmesser[1]. Die reichsten Goldländer der Welt sind: Südafrikanische Union (Witwatersrandgebiet), Sowjetunion (Lenagebiet, Kolyma), Kanada, Ver. Staaten, Australien, Alaska.

Verwendung. Gold wird u. a. verwendet zur Herstellung unangreifbarer chemischer und physikalischer Geräte, zu Münzen und Schmuckgegenständen, als Blattgold zum Vergolden, in der Zahnheilkunde, in der Photographie, in der Glasfabrikation, zum Malen von Porzellan und zu galvanischen Vergoldungen. Goldansammlungen (in Barren) in gewissen Ländern dienen u. a. der Sicherung der Währung. Um das Gold zu härten, wird es mit Kupfer (rote Karatierung), seltener mit Silber (weiße Karatierung) zusammengeschmolzen. Der Gehalt dieser Legierung an Gold (der „Feingehalt") bestimmt seinen Wert. Bei Schmuckgegenständen wurde früher der Goldgehalt in Karat[2] angegeben (24 Karat = reines Gold). Am meisten verwendet man 14—19 karätiges Gold. Heute wird der Goldgehalt in der Regel in 1000 Teilen ausgedrückt. Schmucksachen sind meist 585 (= 14 Karat). Das Wertverhältnis von Gold zu Silber verschiebt sich stetig zugunsten des Goldes: Zuerst 2:1, um Chr. Geb. 10 oder 20:1, heute etwa 43:1.

Als Golderze seien genannt: Calaverit ($AuTe_2$), Sylvanit $AuAgTe_4$, Nagyagit u.a.

Silber = Ag (Argentum[3])

Eigenschaften. Das gediegene *Silber* tritt meist gestrickt, ästig (Abb. 283), blechförmig (Abb. 284), plattig, draht- und haarförmig sowie

---

[1] Nominelle Parität = 4,72 DM je Gramm/1959.

[2] Goldkarat ist hier keine Gewichtszahl sondern eine Legierungszahl.

[3] Daher „Argentinien" = Silberland.

in Klumpen (bis zu mehreren 100 kg) auf. Es führt vielfach geringe Mengen von Platin und Kupfer. Kristalle regulär. Seine silberweiße Farbe ist in der Natur meist durch Anlauf-farben verdeckt. Ist im hohen Grade dehn-bar und hämmerbar. Härte gering (2,5—3). Wichte zwischen 10 und 12.

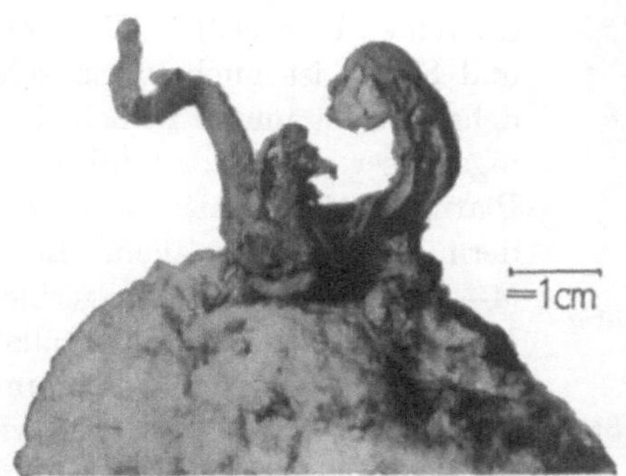

Abb. 283. Gediegenes *Silber* (sog. „Silberlocke"). Gekrümmte Einzelkristalle. Kongsberg (Norwegen). Slg. W. B. Bochum

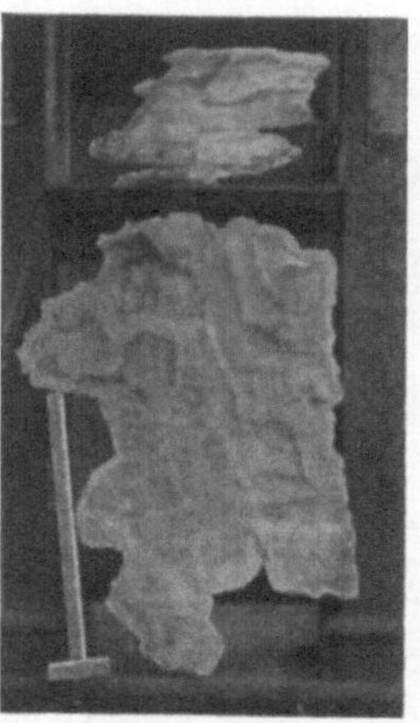

Abb. 284. Gediegene *Silber-bleche* aus einem Silbererzgang des Temiskaming-Seegebietes (Kanada). Aufn. d. Verf.

Silber ist löslich in Schwefelsäure und Salpetersäure und dadurch von Gold zu trennen. Schmilzt bei 960°.

Vorkommen. Gediegenes Silber tritt nicht selten auf; wegen seiner Angreif-barkeit durch die Atmosphärilien jedoch niemals in Seifen; auch auf ascendenten[1] Erzgängen. Vorzugsweise ist Ag an Bleiglanz (mit etwa 0,01—1%) gebunden, so daß Silber und Silbererze in den sog. „Cementations- bzw. Oxydationszonen" von Bleiglanzlagerstätten häufig sind.

Bekannte Silberfundorte waren früher u. a. Joachimsthal[2] (Böhmen), in Deutsch-land Freiberg (i. S.), St. Andreasberg (Harz) und Mansfeld. Zu nennen sind ferner Kongsberg (Norwegen) (Abb. 283), Przibram (ČSR), Comstock Lode in Nevada (V. St.). Heute haben große Bedeutung die Vorkommen in Mexiko, in Michigan am Obern See (wo gediegenes Silber mit Kupfer auftritt), Peru, Bolivien, ferner die Kobalt-Silbererzgänge in Kanada (Abb. 284), Kasakstan und Ural (UdSSR). Weltsilbererzeugung (ohne UdSSR) r. 6400 t.

Verwendung. Das Silber wird meist zu Schmuckgegenständen, Geräten und Münzen, in der Photoindustrie und zu medizinischen Präparaten verwendet. Den Feingehalt des Silbers bezeichnet man nach Tausendteilen (meist 800 und mehr). Verkaufspreis je kg Silber r. DM 122,40/1958.

An Silbererzen seien erwähnt: Silberglanz (Ag_2S), dunkles und lichtes Rot-gültigerz (mit bis 65% Silber), Stephanit, Silberfahlerz, Hornsilber u. a.

---

[1] lat. ascéndere = aufsteigen (aus aufsteigenden Thermen entstandene Gänge).

[2] Die Anfang des 16. Jh. aus Joachimsthaler Silber geprägten Joachimsthaler haben dem Taler und Dollar ihren Namen gegeben.

Platin = Pt (Platina)[1]

Eigenschaften. *Platin* tritt gediegen, und zwar als lose Schüppchen und kleinere Körner, seltener in größeren Klumpen (bis 10 kg) auf

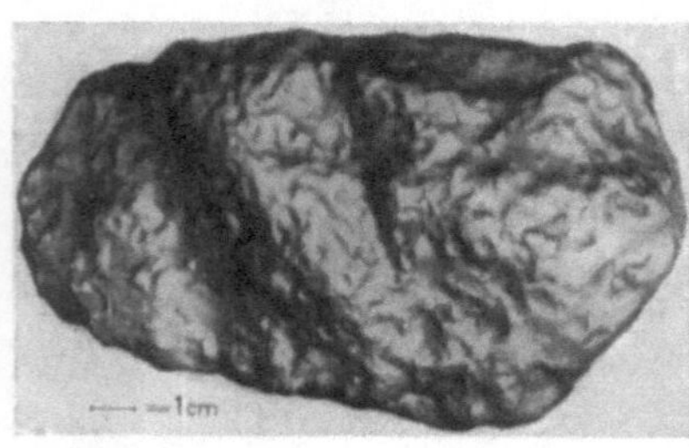

Abb. 285. Nachbildung des größten bisher gefundenen Platinklumpens (Ural)

(Abb. 285). Farbe des natürlichen Platins stahlgrau ins silberweiße. Härte 4—5; Wichte des reinen Platins 21,5. Wie Gold und Silber ist auch Platin sehr dehnbar. Ist nur in heißem Königswasser löslich. Gediegenes Platin ist nie chemisch rein, sondern enthält vor allem Eisen (4—21%), Kupfer und geringe Mengen der sog. „Platinmetalle" (Palladium, Iridium, Osmium, Rhodium, Ruthenium u. a.). Läßt sich in der Glühhitze schweißen wie Eisen. Schwer schmelzbar (1755°). Wird von Säuren nicht angegriffen.

Vorkommen. Früher meist lose auf „Seifen" in Columbien, Brasilien und an vielen Stellen beiderseits des Urals (Nishnij-Tagilsk bzw. Bogoslowsk) mit etwa 1—3 g Pt/t. Hier wird es durch Waschen aus dem Flußsand gewonnen.

Primär tritt es als magmatische Ausscheidung ultrabasischer Eruptiv (Olivin)-gesteine auf. Größte Weltplatinlagerstätte ist neben den Uralseifen (seit 1823) und dem sich auf viele 100 km² erstreckenden sog. „*Merensky Reef*" (Transvaal), die *Magnetkieslagerstätte* von *Sudbury* (Kanada) mit 1 g Pt/t Roherz, wo Platin als Nebenerzeugnis bei der Nickel-Kupfergewinnung anfällt. Reiche Vorkommen gediegenen Platins führen ferner die *Hortonolith-Dunit-Pipes* des Bushfeldes (SA) (mit 5 bis 100 g Pt/t im Roherz und einer Erzeugung von r. 10 t Platin und Platinmetallen 1956). Hier ist das Platin meist an „Sperrylit" (PtAs₂) gebunden. Auch Süd-Alaska, Borneo u. a. O. bergen Platinvorkommen.

Weltplatinerzeugung r. 26 kg/1957. Verkaufspreis für Platin r. 8,6 DM je 1 g/1958.

Verwendung. Platin wird wegen seiner Widerstandsfähigkeit gegen chemische Einflüsse viel zu chemischen und technischen Sondergeräten verwendet, auch als Kontaktsubstanz (in der chemischen Industrie) sowie für Schmuckzwecke. Früher diente es eine Zeitlang in Rußland als Münzmaterial.

Kupfer = Cu (Cuprum)

Eigenschaften. Kupfer kristallisiert regulär und bildet gern ästige Formen (Abb. 286). Meist findet es sich als Anflug oder eingesprengt in Blechen, Platten und Klumpen. Letztere erreichen (wie am Oberen See in USA) ein ansehnliches Gewicht (400 t und mehr). Das gediegene Kupfer hat kupferrote Farbe und lebhaften Metallglanz. Meist ist es dunkel angelaufen und dann wenig glänzend; dehnbar, zäh und von hakigem Bruch. Strich metallglänzend kupferrot. H. 2,5—3, W. 8,5—9.

---

[1] span. plata = Silber.

Ist in Säuren leicht löslich. Seine Lösung wird durch Ammoniak tiefblau gefärbt.

Vorkommen. Gediegenes Kupfer tritt meist untergeordnet auf, vorwiegend mit sulfidischen Kupfererzen, aus deren Zersetzung es entstanden ist (z. B. im „eisernen Hut" von Kupferkiesgängen).

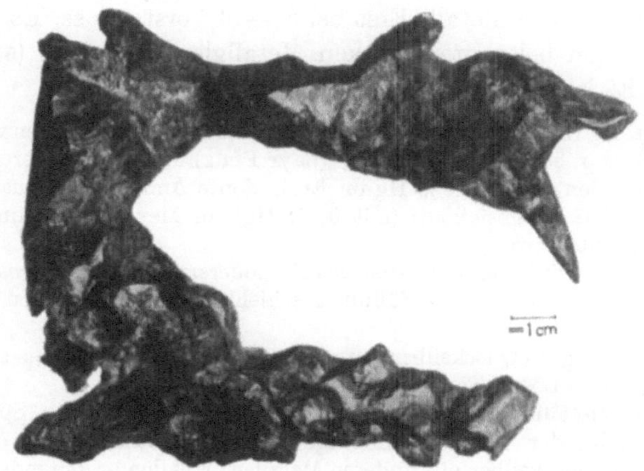

Abb. 286. Ästig ausgebildetes gediegenes *Kupfer* mit Kristallansätzen. Oberer See (USA). Slg. W. B. Bochum

Andererseits findet es sich gediegen zusammen mit Erzen, die aus der Oxydation der Cu-Sulfide hervorgegangen sind, wie Kupferglanz und Rotkupfererz.

Kupfer kann sich auch durch Reduktion aus seinen Lösungen, durch Ausfällen mittels Eisen aus sulfatischen Grubenwässern (Kupfervitriol) als „Zementkupfer", wie z. B. auf dem Rammelsberg, bilden.

In Deutschland ist gediegenes Kupfer selten. Lagerstätten sulfidischer Kupfererze sind häufiger, wie die bekannten deutschen Vorkommen des *Mansfelder Kupferschieferflözes* und des *Rammelsberges* bei Goslar.

Unter den Weltlagerstätten des gediegenen Kupfers besitzen die altbekannten Vorkommen auf der Keweenaw-Halbinsel am Oberen See (im Staate Michigan) besondere wirtschaftliche Bedeutung. Wichtige Lagerstätten liegen ferner in Katanga (Belg. Kongo) und Nord-Rhodesien (SA), Chuquicamata (Chile), Butte (Montana), Bingham (Utah), Arizona, Kounrad in Kasakstan (UdSSR), Tsumeb Mine und Guchab im Otavi-Bergland (SA) u. a.

Verwendung. Kupfer ist eines der wichtigsten Metalle, das für sich und mit anderen Metallen zu Legierungen zusammengeschmolzen viel verwandt wird. Aus Kupfer werden: elektrischer Leitungsdraht, Rohre, viele Maschinenteile, Gefäße (Brau- und Maischkessel), Münzen und manche kunstgewerbliche Gegenstände gefertigt. Das reinste, zu elektrochemischen Zwecken dienende Kupfer wird durch Elektrolyse gewonnen. Als Kupfervitriol dient es auch zur Schädlingsbekämpfung.

Die Legierungen haben je nach ihrem Zweck verschiedene Zusammensetzungen. Messing heißen Legierungen von 60% Kupfer und Zink. Neusilber ist Messing mit 15% Nickel, Tombak enthält 80% Cu. Bronze ist Kupfer mit r. 10% Zinn.

Wichtige Kupfererze sind: Kupferglanz Cu_2S, Kupferkies $CuFeS_2$, Enargit Cu_3AsS_4, Buntkupferkies Cu_5FeS_4, Covellin CuS, Rotkupfererz Cu_2O, Malachit und Kupferlasur, Kieselkupfer, Fahlerz u. a. Der Durchschnittsgehalt der geförderten Kupfererze an Cu beträgt etwa 1—2%.

Weltkupfererzförderung r. 3,8 Mio t/1957. Wert 1 t Cu = r. DM 2725/1952.

Quecksilber = Hg (Hydrargyrum)

Eigenschaften. Quecksilber[1] ist das einzige bei gewöhnlicher Temperatur tropfbar flüssige Metall. Erst bei r. —39° erstarrt es. Es ist zinnweiß und hat den bekannten starken Metallglanz. W. 13,6 (schwerste Flüssigkeit). Es ist giftig.

Vorkommen. Hg findet sich nur selten gediegen als winzige Tröpfchen in derbem Zinnober (HgS) u. a. bei Moschellandsberg (bayr.Pfalz), ferner in größeren Mengen in Almaden (Spanien) (mit 6—8% Hg im Erz), Monte Amiata (Toskana) (mit bis 1,3% Hg), bei Idria (Jugoslavien) (mit 0,5% Hg), in Mexiko, in China und in Kalifornien (Ver. Staaten).

Das Quecksilber wird durch Rösten des Zinnobererzes und Kondensation der Quecksilberdämpfe gewonnen. Die Füllung geschieht in schmiedeeisernen Flaschen, die 34,5 kg Hg fassen.

Die Welterzeugung an Quecksilber betrug r. 6900 kg/1957. Der Preis schwankte zwischen 3000—5000 DM je Tonne.

Verwendung. Metallisches Quecksilber wird vorwiegend in der Sprengstoffindustrie, ferner bei der Gold- und Silbergewinnung benutzt, um die Amalgame (Legierungen von Quecksilber mit anderen Metallen) von den begleitenden Mineralen zu trennen, weiter zu Thermometern, Barometern, in der elektrischen und chemischen Industrie, für Schiffsanstrich, zu pharmazeutischen Präparaten, Sublimat, zur Spiegelbelegung u. a. Zwecken.

Eisen = Fe (Ferrum)

Vorkommen und Eigenschaften. Obwohl Eisen zu den Hauptelementen der Erde gehört, kommt *gediegenes Eisen* nur als größte Seltenheit vor. Erhebliche Massen (bis 25 t) tellurischen[2] Eisens sind u. a. im Basalt der Insel Disko (Westgrönland) sowie am Bühl bei Kassel (bis 1 kg) als Einschlüsse im Basalt nachgewiesen. Fast alle anderen bekannten Vorkommen sind ganz unbedeutend. H. 4—5, W. 7,8. In Säuren löslich.

Außerdem finden sich größere und kleinere Eisenmassen über die Erde verstreut, die kosmischer[3] Herkunft, d. h. aus dem Himmelsraum niedergefallen sind, die sog. „Meteorite"[4]. Sie haben bei ihrem Auftreffen auf die Erde örtlich gewaltige Meteorkrater erzeugt (Abb. 287). Als größter bekannter Eisenmeteorit gilt der von der Farm Hoba-West bei Otavi (SWA) mit r. 70 t Gewicht (Abb. 288).

Je nach dem Anteil des Eisens an ihrer Zusammensetzung unterscheidet man „Eisenmeteorite" und „Steinmeteorite". In ersteren ist das Eisen mit Nickel (6—12%) legiert. Dadurch entstehen in dem grobkristallinen, nach der Oktaederfläche schalig gebauten Eisen „Eisennickelleisten", die beim Schleifen, Polieren und Ätzen die sog. „Widmanstätterschen" Figuren hervorrufen (Abb. 289).

Gewinnung. Alles technisch verwendete Eisen, d. h. Roheisen bzw. schmiedbares Eisen, wird aus *Eisenerzen* gewonnen. Die vorwiegend in Frage kommenden

---

[1] queck = lebendig. — [2] lat. téllus = Erde.
[3] gr. kósmos = Weltall. — [4] gr. metéoros = in der Höhe.

Abb. 287. Meteorkrater in Arizona (USA). Durchmesser 1300 m, Tiefe 190 m (nach GHEYSELINCK)

Abb. 288. **Bild des größten Meteorits.** Farm Hcba-West bei Otavi. Aufn. d. Verf.

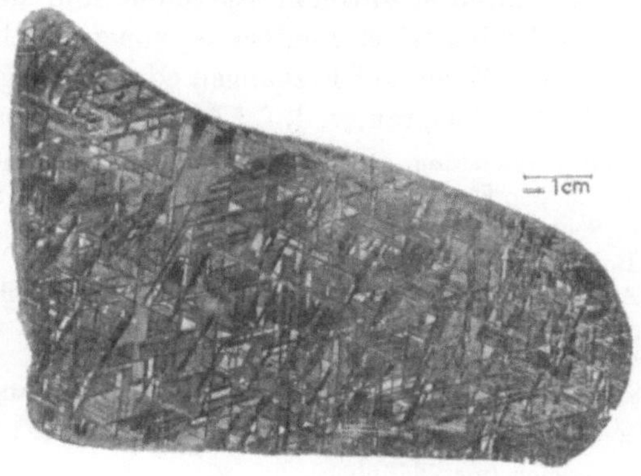

Abb. 289. Angeschliffenes *Meteoreisen* mit Widmanstätterschen Figuren. Slg. W. B. Bochum

Eisenerze sind: *Magneteisen* Fe_3O_4, *Roteisen* Fe_2O_3, *Brauneisen* $Fe_2O_3 + nH_2O$ und
Spateisenstein $FeCO_3$ (s. weiter unten). Die Hauptvorräte an *Eisenerzen* verteilen
sich u. a. auf: Ver. Staaten, Rußland, Brasilien, Frankreich, Schweden, Indien.
Welteisenerzförderung r. 375 Mio t/1955.

Über die vielseitige *Verwendung* des Eisens braucht kein Wort gesagt zu
werden.

b) Metalloide[1] und Nichtmetalle

Wismut = Bi (Bismutum)

Eigenschaften. Gediegenes *Wismut* tritt meist baum- oder federförmig
oder in derben, blättrigen und körnigen Aggregaten von rötlichsilber-

Abb. 290. Gediegenes *Wismut*. Schneeberg (Erzgebirge).
Slg. W. B. Bochum

weißer Farbe und hellem
Metallglanz auf (Abb.
290). Kristalle sehr selten.
Dicht und oft gestrickt.
Strich gelblich. Leicht
schmelzbar (270°).

Das spröde Metall ist
oft bunt angelaufen. H. 2,
W. 9,8.

**Vorkommen und Verwen-
dung.** Das pneumatolytisch-
hydrothermal entstandene
Mineral und sein Erz finden
sich auf Zinnerzgängen bzw.
Kobalt-Nickel-Silbererzgängen u. a. bei Schneeberg und Johanngeorgenstadt (Erzgebirge), ferner in Bolivien u. a. O.

Metallisches Wismut dient u. a. zur Herstellung leicht schmelzbarer Legierungen,
chemischer Präparate und in der Röntgentechnik.

Wichtiges Wismuterz: Wismutglanz Bi_2S_3.

Antimon[2] = Sb (Stibium)

Eigenschaften. Gediegenes Antimon ist selten und findet sich derb
in spätig-körnigen oder blättrigen Aggregaten von grünlich-weißer Farbe
gleichzeitig mit seinen Erzen auf Erzgängen oder als magmatische Ausscheidung. H. 3, W. 6,6, bleigrau, v. d. L.[3] leicht schmelzbar.

Vorkommen und Verwendung. Gediegenes Antimon und seine Erze treten in
Deutschland u. a. auf den Erzgängen von St. Andreasberg auf, finden sich weiter
in Reichenstein (Schlesien), Przibram sowie in Jugoslavien u. a. O. Weltlagerstätten u. a. in Boliden (Schweden), in China und in Mexiko.

Metallisches Antimon wird zu Legierungen, zu Akkumulatorenblei und als Lager-
metall benutzt. Eine Legierung mit 17—20% Antimon ist das zu Buchdrucker-
lettern verwendete Schriftgießermetall (Hartblei).

Wichtigste Erze: Antimonglanz Sb_2S_3 (mit 71% Sb), Boulangerit $Pb_5Sb_4S_{11}$,
Senarmontit Sb_2O_3.

---

[1] gr. eídos = Aussehen (metallähnlich).
[2] gr. antí monáchus = gegen die Mönche. — [3] vor dem Lötrohr.

$Arsen^{1}$ = As (Arsenum)

Gediegen. *Arsen* erscheint in feinkörnig bis dichten, nierenförmigen, krummschaligen (sich schalenförmig ablösenden) Aggregaten (sog. „Scherbenkobalt", Abb. 291). Kristalle selten. Auf frischem Bruch lichtbleigrau und metallglänzend, läuft es schnell dunkel
an und wird dann matt und
schwarz. Strich grauschwarz.
Giftig und spröde. H. 3—4,
W. 5,8. Entströmt Knoblauch-
geruch beim Erhitzen.

Vorkommen und Verwendung.
Findet sich gediegen und mit seinen Erzen auf Erzgängen oder als
magmatische Ausscheidung zusammen mit Silber- und Kobalt-
erzen, so im Harz, Schwarzwald,
Freiberg und im Erzgebirge, in
Boliden (Schweden), Polen, Japan,
Chile u. a. O.

Abb. 291. Gediegenes *Arsen* (Scherbenkobalt). Samson-
schacht St. Andreasberg (Harz). Slg. W. B. Bochum

Arsen wird zu Legierungen verwendet, z. B. zur Herstellung von Schrot. Als Oxyd (Arsenik) dient es zur Schädlingsbekämpfung. Wichtigste Erze: Arsenkies $FeAsS$, Arsenikalkies $FeAs_2$, Realgar AsS und Auripigment As_2S_3.

$Schwefel$ = S (Sulfur)

Eigenschaften. Der gediegene, honiggelbe bis braune *Schwefel* zeigt neben derben Formen nicht selten große und wohlausgebildete rhombische Kristalle von doppelpyramidaler Ge-
stalt (Abb. 292). Häufig auch grobkörnige
oder strahlige bis dichte, nierenförmige
Aggregate bzw. stalaktitische Überzüge.
Besitzt Spaltbarkeit, muscheligen bis un-
ebenen Bruch, ist sehr spröde und zeigt
Fettglanz. H. 1—2,5, W. 2. Schwefel ver-
brennt mit bläulicher Flamme und stechen-
dem Geruch zu SO_2. Er ist schlechter
Leiter der Elektrizität und wird durch reiben negativ elektrisch.

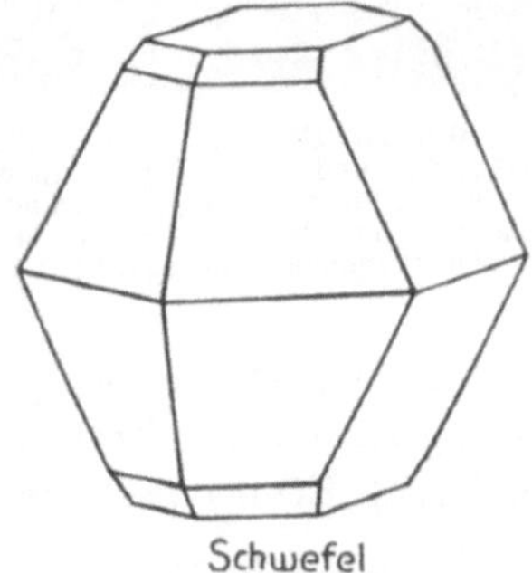

Abb. 292. *Schwefelkristall.*
Girgenti (Sizilien).

Vorkommen. Man unterscheidet: *Vulkanischen Schwefel* (Exhalationsprodukt) als Erzeugnis H_2S- und SO_2-haltiger Dämpfe und Thermen ($2H_2S + SO_2 = 3S + 2H_2O$), wie in Sizilien, Japan und Chile, ferner *sedimentären Schwefel*, entstanden durch Reduktion von Gips in Gesteinen des Tertiärs, so in

---

[1] gr. arsén = männlich, kräftig.

Sizilien und schließlich *Verwitterungsschwefel* gebildet durch Zersetzung oder durch Brand schwefelkieshaltiger Gesteine (z. B. auf brennenden Kohlenhalden).

. Die größten europäischen Schwefellager liegen auf Sizilien (Girgenti und Caltanisetta). Die reichsten Weltschwefelvorkommen befinden sich in den Ver. Staaten (Louisiana und Texas) sowie in den überall vorhandenen Gips- und Anhydritvorkommen der Welt.

Gewinnung und Verwendung. Weltschwefelgewinnung 1951 r. 12 Mio t. Schwefel wird auf Sizilien bergmännisch gewonnen und ausgeschmolzen. In USA wird er durch Einleiten von überhitztem Dampf in doppelt verrohrte Bohrlöcher in den unterirdischen Lagerstätten erschmolzen, hochgefördert und zum Erstarren gebracht. Schwefel wird u. a. zur Herstellung der Schwefelsäure, zum Ausschwefeln, Bleichen, in der Heilkunde, zu Düngemitteln und zu vielen industriellen Zwecken: Vulkanisieren von Kautschuk, Erzeugung des Schwarzpulvers und der Zündhölzer sowie zur Papierfabrikation verwendet.

$$Diamant = C \ (\text{Carbonium})$$

Eigenschaften. *Diamant*[1] ist chemisch reiner Kohlenstoff. Er kristallisiert oft in ringsum ausgebildeten schönen Oktaedern, Würfeln bzw.

Abb. 293. *Diamant*. Kombination von Oktaeder und Vierundzwanzigflächner. Mit typischer Flächen- und Kantenrundung. Kimberley (Südafrika). Aufnahme: Mineral. Slg. Bergakademie Freiberg i. Sa. Vergr. 10 ×

Hexakisoktaedern (48-Flächnern) mit meist abgerundeten Kanten und. Flächen (s. Abb. 293). Ist das härteste Mineral (H. 10), aber spröde und kann im Mörser zerstoßen werden. W. 3,5. Stark lichtbrechend und farbenzerstreuend, d. h. zeigt sog. „Brillanz". Meist farblos und wasserhell, aber auch von hellgrüner, -blauer, -roter oder -gelber Farbe. Muscheliger Bruch. Leicht spaltbar (nach dem Oktaeder). In gewöhnlichen Lösungsmitteln unlöslich.

Vorkommen. 1. Auf *primärer* Lagerstätte: Hauptfundort u. a. Südafrika. Dort tritt der Diamant in der Ausfüllungsmasse von kraterartigen Schloten („Durchschlagsröhren" oder „Pipes"[2]) auf, und zwar als Gemengteil eines ultrabasischen olivinreichen, peridotitähnlichen (tuffartigen) Eruptivgesteins („Kimberlit") (sog. „mountain stone").

Die langen röhrenförmigen Pipes (Abb. 294) mit rundem oder eiförmigem Querschnitt gehen nach der Tiefe häufig in Spalten über und setzen durch Schiefertone, Konglomerate, diabasartige Gesteine und Quarzite bis in unbekannte Tiefen nieder (Abb. 37). Ihre brekziöse Ausfüllungsmasse besteht zu oberst aus dem sog. „Gelbgrund", der nach unten in den bläulich-grünen „Blaugrund" übergeht. Die Hauptgruben in Südafrika liegen bei der Stadt Kimberley. Pipes sind aber auch aus Ostafrika und dem Kongogebiet bekannt.

---

[1] gr. adámas = unbezwingbar (hart). — [2] engl. pipe = Pfeife.

2. *Auf sekundärer Lagerstätte*: Angereichert in losen und verfestigten fluviatilen, seltener marinen „Seifen" (als kiesige Ablagerungen zerstörter primärer Vorkommen) in weiter Verbreitung auf der Erde (sog. „river stone").

Abb. 294. Blick in den heute auflässigen Tagebau einer „Diamantpipe" bei Kimberley (Südafrika)

Abb. 295. Diamantgräberei und -wäscherei in den Schottern des Vaalflusses bei Sidney (Südafrika). Aufn. d. Verf.

Diamantführende *Seifen* (diluvialen bis tertiären Alters) sind in Vorderindien (Ostseite des Dekkans) am längsten bekannt. Sehr wichtige Diamantseifenbezirke liegen auch in Brasilien bei der Stadt Diamantina (Staat Minas Geraes) und im Staate Bahia (seit 1728). Sie führen den sog. „Carbonado" oder „Carbon", ein etwas poröser, braunschwarzer Diamant, der sich wegen seiner großen Härte und geringen Spaltbarkeit besonders zum Besetzen von Bohrkronen eignet.

Zu diesen altbekannten sind seit vielen Jahrzehnten (seit 1866) sowohl *primäre Lagerstätten* (Pipes) wie seit 1926 ausgedehnte und reiche *Diamantseifen* im Gebiete des Vaals (Abb. 295) und des Oranjeflusses (Südafrika) getreten. Außerdem hat man seit 1908 auch im früheren Deutschsüdwestafrika (u. a. im Pomonagebiet und in Namaland) „Seifendiamanten" nachgewiesen (die hier gefundenen Steine sind meist von geringer Größe). Weitere wichtige Fundstätten von Seifendiamanten — örtlich auch von Pipes — werden in Afrika, so im Belgisch-Kongo (Kasaigebiet), im Tanganyka Territory, in Portug. Angola, an der Goldküste, in Rhodesien, in frz. Westafrika, ferner in Jakutien (Ostsibirien), in Indien, Brasilien, Rußland, u. a. O. ausgebeutet.

Genetisch sind alle Diamanten als fertige Kristalle in vulkanischen, ultrabasischen Magmen in großer Tiefe, unter hohen Druck- und Wärmebedingungen auskristallisiert und bei vulkanischen Explosionen (Entstehungsursachen der „Pipes") mit in die Höhe gebracht worden. Hier sind sie mit etwa 0,5—0,1 g/t

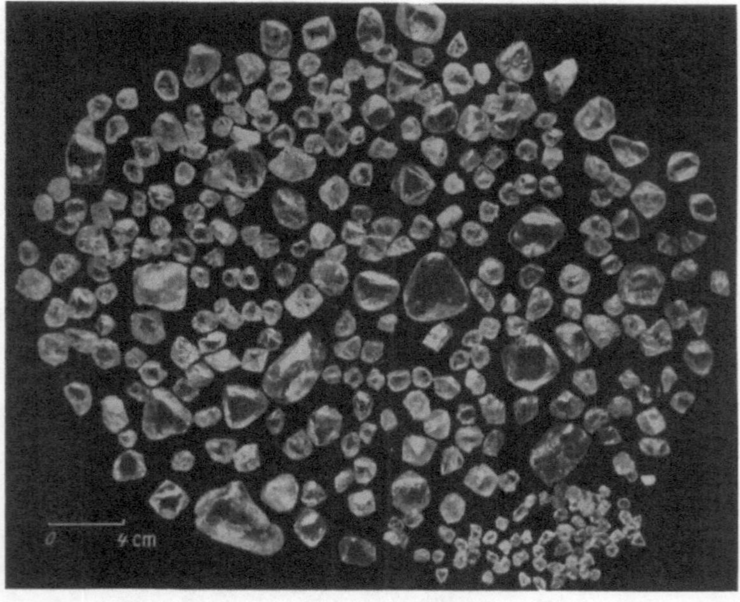

Abb. 296. Größere Rohdiamanten aus der Premier Mine bei Kimberley in SA. (Tagesförderung). Man beachte die natürlichen Kristallformen

an der Ausfüllungsmasse der Pipes beteiligt. Durch geologische Abtragung der früher höher herausragenden Krater-Pipes (einschließlich ihrer Diamanten) sind dann im Laufe der Zeit die Diamantseifen entstanden.

Größter bislang gefundener Einzeldiamant ist der berühmte blauweiße „Cullinan" der Premiermine (Südafrika) mit über 3106 Karat = r. 605 g, der in 105 Einzelsteine zerlegt wurde. Die beiden größten Teile zieren heute Szepter und Krone der britischen Königin.

Gewinnung. Sie hängt davon ab, ob es sich um primäre oder sekundäre Vorkommen handelt. Die primären Lagerstätten des sog. „blue ground" werden teils im Tagebau und teils im Tiefbau bergmännisch ausgebeutet. Das Gesteinsmaterial wird zunächst gebrochen und dann einem Waschprozeß unterworfen, wobei die Diamanten auf „Fettschütteltischen" von den Begleitmineralen getrennt werden (Abb 296). Die Seifendiamanten werden durch Auswaschen gewonnen.

Verwendung. Der Diamant (König der Edelsteine) findet im geschliffenen Zustande als Schmuckstein vielfachste Verwendung. Der größte Teil, u. zw. die unreinen und farbigen Steine, dient als „Industriediamant" zum Besetzen von Bohrkronen, Glasschneidern, als Ziehformen für feine Drähte, zu Lagersteinen, Besatz von Schleifsteinen und vielen anderen Zwecken. Splitter und kleine unreine Steine (vorwiegend aus Belgisch-Kongo) werden als „Bort" bezeichnet. Man benutzt sie u. a. zum Schleifen und Polieren von Diamanten und andern harten Edelsteinen. Der klare farblose Diamant („vom reinsten Wasser"), weniger der leicht blaue oder gelbe Diamant, gilt von jeher als der geschätzteste Edelstein. Als Gewichtseinheit dient das „Karat"[1] = 200 mg ($^1/_5$ g). Ein Karat geschliffenen Diamants wird heute etwa mit r. DM 2900, drei Karat mit etwa DM 10500 bewertet. Als Schliffform wird meist „Brillantschliff" angewendet. Brillant ist also keine Sortenbezeichnung sondern eine Schliffform (Abb. 297). Brillanten werden vom Juwelier à jour, d. h. frei an der Basiskante der beiden Pyramiden gefaßt und

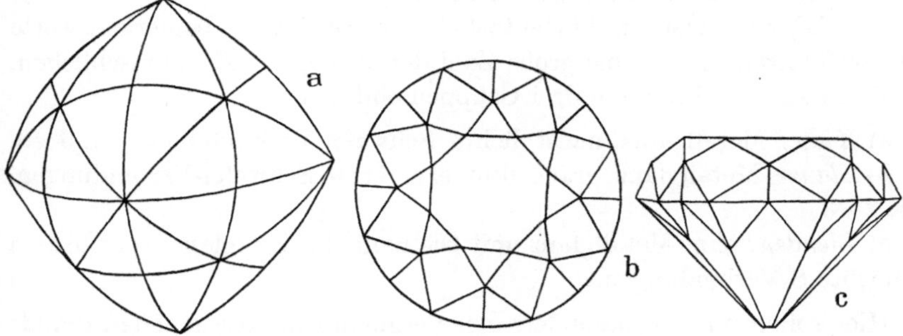

Abb. 297. *Diamant.* Natürliche Kristallform (*a*). Künstliche Schliffformen des *Brillanten* (*b* und *c*)

sprühen infolge hoher Lichtbrechung und Dispersion (d. h. Zerlegung des weißen Lichtes in ein farbiges breites Spektrum) das bekannte „Feuer". Die flachen Steine erhalten eine Unterlage (Folie). Sie sind bei gleicher Größe weit weniger wertvoll als die Brillanten.

Jahresweltförderung r. 22 Mio Karat (= 4,4 t), davon Belgisch-Kongo 13 Mio K, Südafrika 3,1 Mio K (= r. 13 Mio £), Ghana 2,4 Mio K. Etwa 75% der geförderten Diamanten gehen nach London an die Syndikatszentrale der Diamond Corporation.

Graphit = C.

Eigenschaften. Graphit[2] besteht ebenso wie Diamant aus Kohlenstoff, unterscheidet sich aber von diesem in allen physikalischen Eigenschaften. Ist stark metallisch glänzend, undurchsichtig, sehr weich (H. 1), fühlt sich schlüpfrig an und färbt stark ab (sog. „Reißblei"). W. 2—2,3. Ist unschmelzbar und wird von Säuren nicht angegriffen.

Vorkommen. Findet sich als „kristalliner" Graphit (Flinz- oder Flockengraphit) in eisenschwarzen, schuppigen Aggregaten oder in dichten erdigen Massen. Gene-

---

[1] gr. kerátion = Samenkorn des Johannisbrotes. — [2] gr. gráphein = schreiben.

tisch unterscheidet man ursprüngliche organische Ablagerungen in stark metamorphosierter Form wie die gequetschten Lager der Alpen. Vermutlich gehören dahin auch die Lager von *Passau* (Kropfmühl) und von *Pfaffenreuth*. Anorganischer d. h. pneumatolytischer Natur sind dagegen die grobkristallinen Gangvorkommen im Pegmatit von Ceylon, Kanada und Sibirien.

Als graphitähnliches Mineral sei noch der „Schungit" vom Onegasee erwähnt.

Verwendung. Je nach seiner Beschaffenheit sehr verschieden. Die grobschuppigen, kristallinen und reineren Abarten kommen vorwiegend für Schmelztiegel der Edelmetalle in Betracht. Der aufbereitete reine „Pudergraphit" dient als Schmiermittel, für Farbkörper, Elektrodenkohle, insbesondere aber für die Bleistiftfabrikation. Die unreinen feinschuppig bis dichten, erdigen Abarten werden als Schutzanstrich für Eisen, zu Stahltiegeln, zum Auskleiden der Eisenschmelzformen u. a. m. verwendet.

2. Sulfide

Sauerstofffreie Verbindung der Metalle und Nichtmetalle mit Schwefel S, Arsen As, Antimon Sb, Wismut Bi.

Die *Sulfide* bilden in hüttentechnischer Beziehung bemerkenswerte Mineralklassen, da sie eine große Zahl der *wichtigsten Erze* umschließen.

Man kann die Sulfide in drei Gruppen einteilen:

a) *Kiese:* Metallglanz, meist lichte Schwefel-Verbindungen, H. 5—6,

b) *Glanze:* Metallglanz, graue, dunkel gefärbte Schwefel-Verbindungen, H. 2—3,

c) *Blenden:* ohne Metallglanz, mit Diamant- bis Fettglanz, verschieden gefärbte S-Verbindungen.

Hier sollen nur die besonders den Bergmann interessierenden Sulfide angeführt werden.

a) Kiese

Pyrit[1] (Schwefelkies, Eisenkies) FeS_2

Eigenschaften. Das sehr bekannte Mineral *Pyrit* kristallisiert meist in Form des Würfels (mit feiner Streifung), des Oktaeders und des Pentagondodekaeders (Abb. 298) (bes. schöne Kristalle von Elba und Piemont) sowie in Zwillingen des eisernen Kreuzes. Außerdem findet sich Schwefelkies in nierenförmigen, körnigen, dichten, kugeligen und knolligen Aggregaten (mit oft radialstrahliger Struktur). Auch dendritische Wachstumsformen, baum- und moosähnliche Gebilde sind nicht selten.

Farbe des Schwefelkieses speisgelb[2] bis goldgelb bei lebhaftem Metallglanz. Strich grauschwarz. Pyrit ist oft braun, bisweilen auch bunt angelaufen. Vielfach oberflächlich rostfarbig zu Brauneisen verwittert. H. 6—6,5, W. 5—5,2. Gibt geschlagen unter Schwefelgeruch Funken (daher Feuerstein). Ist in HNO_3 löslich. Verwittert am Ausgehenden zu Brauneisenerz.

---

[1] gr. pyrítes = Feuerstein. — [2] Farbe der Glockenspeise.

Vorkommen. Schwefelkies (sog. „Hans in allen Gassen") ist in der Natur sehr verbreitet. Findet sich derb und eingesprengt auf allen Erzgängen als Begleiter der Erze, häufig auch in Lagerform oder als im Inneren strahlige Konkretionen in Sedimenten (besonders in Ton, Schiefer, Kohle und Kalk). Auch als Versteinerungsmittel bekannt, so z. B. als „Überzug der marinen Fossilien" im hangenden Schieferton bestimmter Kohlenflöze des Ruhrbezirks. FeS_2 ist weiter steter Begleiter des Goldes auf dessen Lagerstätten. Theoretisch enthält er 46,6% Fe und 53,4% S.

Abb. 298. *Schwefelkieskristall* (Pentagondodekaeder). Sizilien. Slg. W. B. Bochum

Die wichtigsten deutschen Lagerstätten des Schwefelkieses sind die des *Rammelsberges* (bei Goslar) und von *Meggen* (an der Lenne), die in den letzten 40 Jahren reichlich zwei Drittel der Gesamtmenge des in Deutschland geförderten Schwefelkieses (1950 r. 525000 t) geliefert haben. Von ausländischen Vorkommen seien in erster Linie die mächtigen Kiesstöcke von *Rio Tinto* (Spanien) mit r. 3,5 Mio ja/to Förderung, ferner Lagerstätten in Italien, Portugal, Sulitelma (Norwegen), Rußland, Japan, Cerro de Pasco (Peru) und USA erwähnt.

Die Schwefelkieserzeugung der Welt betrug etwa 14 Mio t/1956 mit 90 bis 95% FeS_2 (= 40—50% S).

Verwendung. Schwefelkies ist neben Naturschwefel das wichtigste Mineral zur Gewinnung der für viele Prozesse wichtigen Schwefelsäure, des Eisenvitriols und von Kunstschwefel. Der Abröstungsrückstand des Erzes (sog. „Kiesabbrand") wird auf Eisen verhüttet („purple ore"). Er wird auch als sog. „Polierrot" (Potée) sowie als rote Anstrichfarbe für Häuser in Skandinavien verwandt.

Markasit (Strahlkies) FeS_2

Eigenschaften. *Markasit*[1] ist chemisch wie Schwefelkies zusammengesetzt, kristallisiert aber rhombisch. Die Verbindung FeS_2 ist also dimorph. Zeichnen sich die Kristalle von Schwefelkies oft durch Schönheit und Größe aus, so sind die von Markasit meist klein und zu Zwillingen verwachsen. Häufig sind speerförmige und darum als „Speerkies" oder kammförmige als „Kammkies" bezeichnete Kristalle (Abb. 299). Farbe speisgelb, aber etwas grünlicher als bei Schwefelkies. Auch Markasit ist oft braun oder bunt angelaufen. Strich schwarzgrünlich. Verwittert leichter als Schwefelkies u. a. zu Eisenvitriol und Schwefelsäure. H. 6, W. 4,8 (also kleiner als beim Schwefelkies).

---

[1] arab. markaschitsa = Feuerstein.

Vorkommen. Markasit ist zwar verbreitet, aber nicht im gleichen Maß wie Schwefelkies. Erscheint konkretionär in Sedimentgesteinen (Tonen und Mergeln),

Abb. 299. *Markasit.* Fächerförmige Aggregate auf Dolomit. Zeche Hagenbeck (Ruhrbezirk). Slg. W. B. Bochum

in der Kreide, in der Kohle der Stein- und Braunkohlenflöze, aber auch ascendent auf Gängen.

Verwendung wie Schwefelkies.

Haarkies (Millerit) NiS

Haarkies (mit 64,5% Ni) tritt in haarförmigen, zuweilen radialstrahligen Gestalten als sekundäre Bildung auf. Zeigt Metallglanz bei messing- bis speisgelber Farbe. Die oft feinen Härchen sind auch matt und grünlich-grau bis schwärzlich. Strich grünschwarz. H. 3,5, W. 5,3.

Abb. 300. *Büschlige Milleritkristalle* auf Dolomit der Zeche Bruchstraße (Ruhrbezirk). Slg. W. B. Bochum

Vorkommen nicht selten auf Klüften des Steinkohlengebirges an der Ruhr (Abb. 300) sowie im Erzgebirge, Przibram, Thüringen, USA.

Magnetkies (Pyrrhotin) FeS

Eigenschaften. Magnetkies findet sich meist nur in derben körnigen oder dichten Massen. Kristalle sind selten. Farbe des Minerals auf frischem Bruch bronzefarbig, läuft an der Luft rasch tombakbraun an. H. 4, W. 4,6. Der Name Magnetkies deutet darauf hin, daß das Mineral vom Magneten angezogen wird. Durch einen geringen Nickelgehalt von 2—3% und mehr kann das Mineral zum wichtigen Nickelerz werden.

Vorkommen. Magnetkies tritt untergeordnet in basischen Eruptivgesteinen bzw. pneumatolytisch auf Erzgängen, wie z. B. in Bodenmais (Bayern), ferner in Sudbury in Kanada (der größten Nickellagerstätte der Welt), in Norwegen und Schweden ferner in Petsamo (Finnland), im Great-Dyke (Süd-Rhodesien) u. a. O. auf. Wird zur Herstellung von Eisenvitriol und Polierrot verwandt.

Rotnickelkies NiAs[1]

Das auch als *Kupfernickel* bezeichnete Mineral kommt in derben, licht kupferroten Massen vor, welche bräunlich bis grün anlaufen. Strich bräunlich-schwarz. H. 5,5, W. 7,7. Das Mineral enthält zwar kein Kupfer, aber 44% Nickel. NiAs ist daher ein wichtiges Nickelerz. Findet sich auf hydrothermalen Gängen im badischen Schwarzwald, in Thüringen, Schneeberg, Mansfeld, Böhmen, Argentinien u. a. O.

Kupferkies (Chalkopyrit)[2] CuFeS$_2$

Abb. 301. *Kupferkieskristalle* auf Quarz. Siegerland. Slg. W. B. Bochum

Eigenschaften. *Kupferkies* ist dem Schwefelkies ähnlich, hat aber eine geringere Härte (3,5 bis 4). Er enthält r. 35% Cu, 30% Fe und 35% S. Das Mineral ist grünlich-messinggelb, lebhaft metallglänzend und oft bunt angelaufen. Strich grünlich-schwarz. W. 4,2. Seine tetragonal-hemiedrischen Kristalle sind meist klein, gerieft und verzwillingt (Abb. 301).

Vorkommen. Das meist derbe Mineral findet sich als hydrothermale und pneumatolytische Bildung auf Gängen mit Bleiglanz, Zinkblende und Fahlerz bei Clausthal, Freiberg und im Siegerland, ferner in allen Erzrevieren der Welt, z. B. Outokumpu (Finnland), ferner auf dem „Primussprung" des Ruhrreviers. Bricht auch in enger Verwachsung mit Schwefelkies, Bleiglanz und Zinkblende auf Lagern und Stöcken bei, z. B. im Rammelsberg bei Goslar, als Imprägnation im Kupferschiefer von Mansfeld, in Rio Tinto (Spanien), Mitterberg bei Bischofshofen (Österreich) u. a. O.

---

[1] Die Namen *Nickel* (von Nikolaus) und *Kobalt* (Kobold) bedeuteten dem alten Bergmann Schimpfnamen für Erze, die er nicht verhütten konnte und deshalb auf Halde werfen mußte.

[2] gr. chálkos = Kupfer, pýr = Feuer.

Kupferkies verwittert leicht. Dadurch entstehen oft die in Wasser leicht löslichen Sulfate: Kupfervitriol (und Eisenvitriol). Aus dem ersteren kann das Kupfer durch metallisches Eisen leicht niedergeschlagen (zementiert) werden.

Verwendung. Ist das häufigste und trotz nicht hohen Cu-Gehaltes im Haufwerk eines der wichtigsten Minerale zur hüttenmäßigen Darstellung des Kupfers.

Buntkupferkies (Bornit) Cu_5FeS_4

Buntkupferkies enthält dieselben Bestandteile wie Kupferkies, jedoch in einem anderen Verhältnis. Das meist derbe Mineral ist an der Oberfläche bunt, violett, braun und rot („pfauenfarbig") angelaufen und trägt daher seinen Namen. Auf frischem Bruch ist er bronzefarbig oder tombakbraun. H. 3, W. 5. Wichtiges Kupfererz mit schwankendem Cu-Gehalt (55—65%).

Zu den Kiesen zählen noch viele andere Minerale, die aber wegen ihrer geringeren bergbaulichen Bedeutung hier nicht näher behandelt werden sollen.

b) Glanze

Fahlerz[1] (Tetraedrit)

Eigenschaften. *Fahlerz* (Abb. 302) kristallisiert regulär u. a. in schönen Tetraedern[2] bzw. Pyramidentetraedern. Alle Fahlerze enthalten neben Kupfer und Schwefel meist auch noch Silber (2—4%), außerdem entweder Antimon oder Arsen. Hiernach können „Antimonfahlerze" und

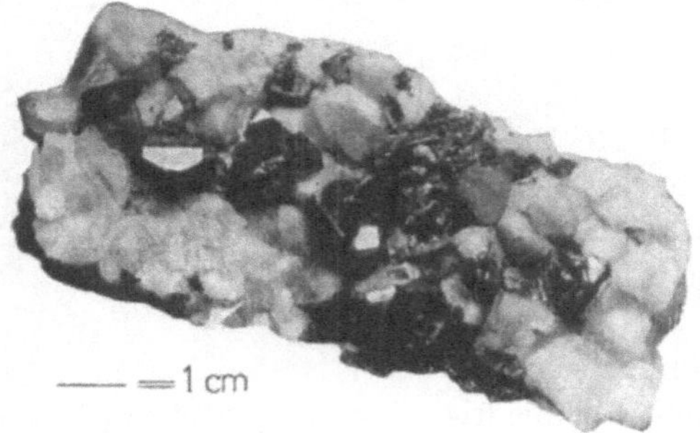

Abb. 302. *Fahlerzkristalle* auf Quarz. Siegerland. Slg. W. B. Bochum

„Arsenfahlerze" unterschieden werden. Die Farbe von Fahlerz ist stahlgrau bis eisenschwarz im frischen Bruch, mild-metallisch glänzend, nicht selten bunt angelaufen. Der Strich ist schwarz. H. 3—4, W. 4,4—5,4.

Der Kupfergehalt kann bei dem reinen Antimonfahlerz bis 45%, bei dem Arsenfahlerz bis 55% betragen, bleibt aber meist erheblich darunter. Der Silbergehalt steigt bis auf 30%. Manche Fahlerze führen außer Eisen und Zink auch Quecksilber (bis zu 16%).

Am häufigsten kommen die Fahlerze (als hydrothermale Bildungen) auf Gängen in kristallinen Schiefern und in paläozoischen Schichten angereichert in der Zementationszone vor, so bei Clausthal, Freiberg, Siegen, Dillenburg u. a. O.

Fahlerze stellen wichtige Kupfer- und Silbererze dar.

---

[1] Fahl = grau, verblaßt. — [2] gr. tetraéder = Vierflächner.

Bleiglanz (Galenit)[1] PbS

Eigenschaften. *Bleiglanz* ist ein sehr häufiges Erz. Es kristallisiert schön u. a. in Würfeln (Abb. 303), Oktaedern und in Kombinationen beider (Abb. 265). Die derben Massen sind teils spätig, teils grob- bis

Abb. 303. *Gruppe von Bleiglanzwürfeln* mit kleinen aufsitzenden *Zinkblendekristallen.* Joplin (Ver. Staaten). Slg. W. B. Bochum

feinkörnig, teils dicht (Bleischweif). PbS zeichnet sich durch vorzügliche Spaltbarkeit nach den Würfelflächen aus. Das bleigraue Mineral besitzt metallischen Glanz. H. 2,5, W. 7,5, Strich grauschwarz. Gibt mit HCl starken Geruch nach H_2S (kennzeichnend). Löslich in HNO_3.

Vorkommen. Bleiglanz findet sich auf Gängen und in Lagern begleitet von Zinkblende, Kupferkies, Quarz, Eisenspat, Kalkspat und anderen Mineralen. Es ist nicht nur das häufigste, sondern mit einem Bleigehalt von r. 86% auch das reichste Bleierz und wegen eines fast nie fehlenden Silbergehalts (0,01—1%) auch ein sehr wichtiges Silbererz.

Bekannte Vorkommen hydrothermaler Natur sind die Gänge u. a. an der Lahn, Rhein, Mosel und im Schwarzwald, ferner im Ruhrbezirk (Zechen Auguste Victoria, Christian Levin u. a.), im Bergischen, in der Eifel, im Taunus, im Harz und bei Freiberg. In sedimentären-hydrothermalen Imprägnationslagerstätten tritt Bleiglanz (u. a. mit Galmei) im Muschelkalk Oberschlesiens, im Buntsandstein von Mechernich und Maubach (Nordrand der Eifel), ferner in Spanien, Jugoslavien, Mexiko, Australien, Kanada, UdSSR. u. a. O. auf. Verdrängungslagerstätten stellen u. a. die Vorkommen von Bleiberg (Kärnten) und in USA dar. Weltvorräte an Blei r. 40 Mio t. Welterzeugung an Blei r. 2,2 Mio t/1957. Wichtige Bleierze: Bleiglanz, Cerussit, Pyromorphit.

---

[1] lat. galéna = Bleiglanz.

Erzeugung und Verwendung. Bleiglanz wird nach Abröstung im Hüttenbetrieb auf Blei und Silber niedergeschmolzen. Das Blei wird u. a. zu Kabeln, Bleigläsern (Kristallglas), Tetraäthylblei (Antiklopfmittel), Bleiröhren, Akkumulatoren, zum Pikotieren von Schächten, Tuben sowie zur Farbherstellung (Bleiweiß und Mennige) und in der Elektroindustrie verwandt. Bleipreis für 100 kg DM 137 (1957).

Antimonglanz (Grauspießglanz) Sb_2S_3

Antimonglanz (Antimonit) tritt vielfach in großen, gerieften rhombischen Kristallen (Säulen und Nadeln) auf (Abb. 304). Findet sich aber

Abb. 304. Gruppe von *Antimonitkristallen.* Rhombische Säulen. Südperu. Slg. W. B. Bochum

meist in faserigen und strahligen Massen. Besitzt Metallglanz und hat eine blei- bis stahlgraue Farbe. Oft ist er blau oder schwärzlich angelaufen. Gut spaltbar parallel der Längsfläche. H. 2, W. 4,6.

Das hydrothermale Erz findet sich vorwiegend auf Gängen (oft mit PbS zusammen), z. B. bei Wolfsberg im Harz, Arnsberg i. W., im Fichtelgebirge u. a. O., besonders aber in Japan, wo die größten Kristalle vorkommen, in China, Mexiko, Südafrika, Alaska, Bolivien u. a. O. Wichtigstes Antimonerz mit r. 71,5% Sb und 28,5% S. Es dient u. a. zur Erzeugung des metallischen Antimons.

Silberglanz (Argentit) Ag_2S

Silberglanz ist mit 87% Ag das reichste Silbererz. Kristallisiert teilweise wie Bleiglanz, ist jedoch dunkler, wenig glänzend und nicht spaltbar, dagegen geschmeidig und wie Blei schneidbar, derb, aber auch draht- und haarförmig oder gestrickt. H. 2, W. 7,3. Wegen seines hohen Ag-Gehaltes ein sehr wertvolles Silbererz. Hauptvorkommen in Freiberg, Ungarn, Norwegen, Mexiko und Nevada (USA).

Molybdänglanz MoS_2

Weiches, biegsames Mineral von rötlich bleigrauer Farbe. Fühlt sich fettig an und färbt ab. H. 1—1,5, W. 4,75. Wichtigstes Molybdänerz. In Deutschland nur wenig bekannt. Hauptvorkommen: Climax-Mine in Kolorado (USA), Queensland, Chile und Norwegen. Wichtig für die Herstellung von Molybdänstahl.

Kupferglanz (Chalkosin) Cu_2S

Ist ein zwar seltenes jedoch wichtiges Kupfererz (79% Cu). Kristallisiert rhombisch, ist aber meist derb und von dichter Struktur. Strich schwarz. H. 2,5. Vorkommen des hydrothermalen Minerals im Siegerland, am Rammelsberg, Tsumeb-Mine (SWA), Mexiko, Butte (Montana), Arizona (USA) u. a. O.

c) Blenden

Zinkblende[1] (Sphalerit)[2] ZnS

Eigenschaften. Die sehr häufige *Zinkblende* kristallisiert regulär (regulär-tetraedrisch). Die meist verzerrten Kristalle sind ihrer häufigen Zwillingsbildung wegen schwer zu entziffern (Abb. 305). Die derben Massen sind sehr dicht bis grobschalig, auch konzentrisch-schalig (sog. „Schalenblende") (Abb. 306) und faserig (Wurtzit). Infolge ihres Eisengehaltes ist die an sich farblose Zinkblende $\pm$ gefärbt und entsprechend dem Fe-Gehalt gelb, braun, braunrot und sammetschwarz. Strich gelblichweiß bis lederbraun. Leicht spaltbar nach dem Rhombendodekaeder. H. 3,5—4, W. 3,9—4,2. Sie zeigt lebhaften Diamantglanz. Löslich in HCl unter Geruch nach H_2S. Zinkblende stellt eine isomorphe Mischung von ZnS mit FeS dar (mit theo-

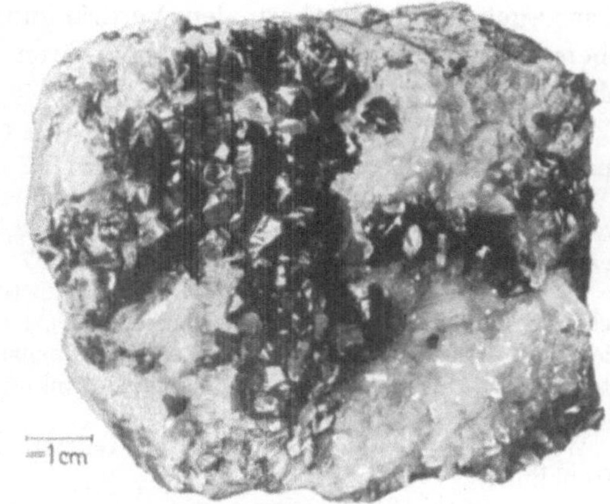

Abb. 305. *Zinkblendekristalle* auf Quarz. Bensberg (Rheinland). Slg. W. B. Bochum

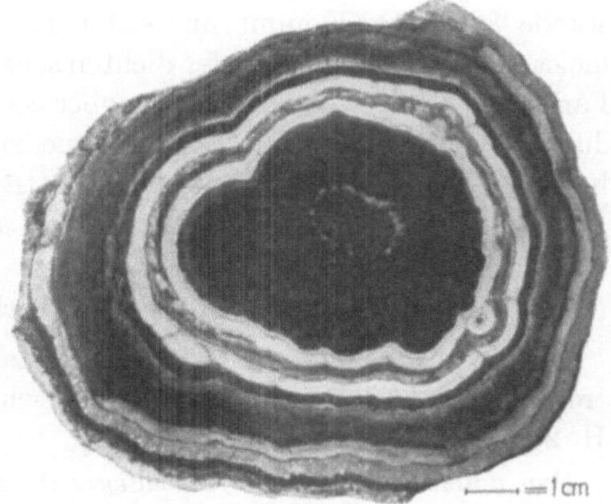

Abb. 306. *Schalenblende* (konzentrische Lagen von dunkler und heller Blende, Wurtzit sowie Schwefelkies). Grube Schmalgraf bei Aachen. Slg. W. B. Bochum

---

[1] Der Name „Blende" stammt vom alten Bergmann; möglicherweise, weil er sich von dem Mineral, das sich bei der Verhüttung als taub erwies und als blauer Rauch verflüchtigte, „geblendet" fühlte.

[2] gr. spháleros = trügerisch.

retisch 67% Zn). Bernsteinfarbig wird sie auch als „Honigblende“ bezeichnet (bekannter Fundort Picos de Europa in Nordspanien).

Vorkommen. Das wichtige Zinkerz findet sich vorwiegend auf hydrothermalen Erzgängen als unzertrennlicher Begleiter des Bleiglanzes, so im Siegerland, im Erzgebirge, im Rheinischen Schiefergebirge sowie in USA, Mexiko, Kanada, Spanien, Broken Hill (Australien) u. a. O. Tritt auch auf hydrothermalen Verdrängungslagerstätten, wie in Ostoberschlesien usw. und auf sedimentären Kiesvorkommen, z. B. in Meggen und am Rammelsberg, auf.

Aus der Verwitterung der Zinkblende entsteht Galmei (Abb. 330), u. zw. Zinkspat ($ZnCO_3$ mit 52% Zn) oder Kieselzinkerz ($H_2Zn_2SiO_5$ mit 54% Zn).

Da Zink gediegen nicht vorkommt, so muß alles Zink aus Zinkerzen gewonnen werden (seit 1880). Weltzinkerzeugung 1956 r. 2,47 Mio t. Weltvorräte an Zink r. 53 Mio t. Zinkpreis je 100 kg r. 121,50 DM/1957.

Verwendung. Zink dient als Blech zu Formgußstücken, gegossen zu architektonischen Ornamenten, ferner zu galvanischen Batterien, zum Verzinken (Galvanisieren) von Eisengeräten, zu Legierungen, namentlich von Messing (Cu + Zn), zu Röhren und Drähten, in der Farbindustrie (Zinkweiß) und in der Chemie der Heilmittel.

Wichtigste Zinkerze: Zinkblende, Galmei (Zinkspat), Kieselzinkerz und Franklinit.

Zinnober[1] HgS

Zinnober ist das wichtigste Quecksilbererz. Es enthält in reinem Zustande 86% Hg. Kommt nur selten in (rhombischen) Kristallen vor, meist in derben körnigen oder dichten scharlachroten Massen. H. 2, W. 8. Farbe und Strich von reinem Zinnober cochenillerot, durch Beimengung dunkler. Entstanden aus Absätzen niedrig-thermaler Lösungen absterbender Vulkane, vielfach auf metasomatischen Lagerstätten.

Bezüglich seiner Vorkommen vgl. Quecksilber S. 186.

Rotgültigerze[2] (Silberblenden)

Die in hexagonal-hemiedrischen Kristallen und derben Massen auftretenden Minerale haben einen kirsch- bis scharlachroten Strich. H. 2,5, W. 5,8.

Man unterscheidet *dunkles Rotgültigerz* (Pyrargyrit) Ag_3SbS_3 und *lichtes Rotgültigerz* (Proustit) Ag_3AsS_3.

Ersteres enthält außer Silber und Schwefel noch Antimon, letzteres dagegen statt Antimon Arsen.

Das *lichte Rotgültigerz (Proustit)* ist seltener als der dunkle Pyrargyrit. Es ist scharlachrot, Strich hellrot, halbdurchsichtig bis durchscheinend. Gilt als eins der schönsten Minerale[3]. Beide Erze treten an vielen Orten der bekannten Erzbezirke auf; besonders wertvolle Stufen lieferte St. Andreasberg (Harz).

Sie gehören zu den wichtigsten Silbererzen, da sie 60—65% Ag führen.

---

[1] gr. kinnábari = Bergzinnober. — [2] Von giltig = gelten (werten).

[3] Es bildet u. a. ein Schmuckmineral der bekannten Oberharzer „Bergkanne“.

3. Oxyde und Hydroxyde

(Sauerstoffverbindungen des Mineralreichs)

Quarz SiO$_2$

Eigenschaften. *Quarz*[1] (reines Siliziumoxyd[2] SiO$_2$) ist nach Feldspat das häufigste und verbreitetste Mineral (sog. ,,Kieselstein"). Einfachste Form des kristallisierten Quarzes ist die scheinbar hexagonale Pyramide, mit der fast immer das horizontal gestreifte Prisma kombiniert ist (Abb. 307). Die langgestreckten Kristalle erscheinen meist in Gruppen

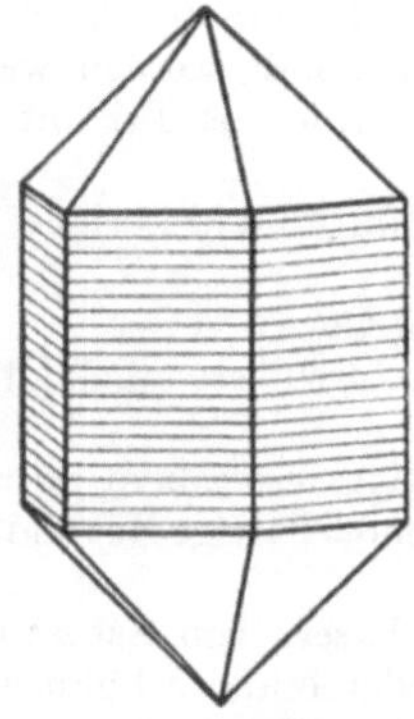

Abb. 307. *Quarzkristall* (gestreiftes hexagonales Prisma mit sechsseitigen Doppelpyramiden). Harz

Abb. 308. Gruppe von *Rauchquarzkristallen* (mit Horizontalstreifung) mit vielfacher Zwillingsbildung. Göschenen (Schweiz). Slg. W. B. Bochum

(Abb. 308) und Drusen oder sind einzeln ein- und aufgewachsen. Außerdem kommt der Quarz in körnigen, dichten, stengeligen und faserigen Aggregaten vor. Kennzeichnend ist der muschelige und splittrige Bruch, Glas- und Fettglanz auf der Bruchfläche sowie Funkenbildung beim Schlagen mit der Stahlklinge. H. 7, W. 2,65. Quarz ist farblos und mannigfach gefärbt, durchsichtig, trübe bis undurchsichtig. Er ist in Wasser so gut wie unlöslich, aber löslich in Flußsäure. Schmelzpunkt bei 1700°.

Bekannte Fundstelle in Westfalen ist Suttrop (mit schön ausgebildeten freischwebend entstandenen Quarzkristallen). Viele Vorkommen in den Alpen, Ural, Schottland u. v. a. O. Weltlagerstätten besitzen Madagaskar, Brasilien u. a. Länder.

Deutlich kristallisierte Arten und Quarzabarten

Bergkristall. Durchsichtiger, wasserklarer, farbloser Quarz in oft großen Kristallen. Dazu gehören auch die für gewisse Industriezwecke, die keramische Industrie und als geologische Thermometer wichtigen seltenen Abarten des ,,Tridymits" und ,,Cristobalits" (aus Hohlräumen vulkanischer Gesteine) in den Alpen u. v. a. O.

---

[1] Quarz vom bergmännischen quer (= Quergang). — [2] lat. silex = Kiesel.

Citrin[1], gelb gefärbter natürlicher Quarz aus Minas Geraes, Bahia u. a. O.

Rauchquarz (fälschlich Rauchtopas genannt), hellbrauner durchsichtiger Quarz. Die schwarzen Kristalle führen den Namen „Morion“[2] (Farbe durch radioaktive Strahlung).

Unter *Amethyst*[3] ist die violette Abart des Quarzes zu verstehen. Farbe (durch Spurenelemente) bald hell-, bald dunkelviolett. Findet sich vorzugsweise in Blasenräumen von vulkanischen Gesteinen, u. a. im Nahetal, in Brasilien, Madagaskar, Ceylon und im Ural. Amethyst ist seit alten Zeiten als Schmuckstein sehr beliebt. Gebrannt wird er gelb (sog. „*Citrin*“) und gilt dann vielfach als „Topas“ des Handels.

Gemeiner Quarz: Alle Abarten des Quarzes von trüber, grauer und weißer Farbe.

Verwendung. Reiner Quarz wird für die Herstellung von Glasplatten, in der Rundfunkindustrie und in der modernen Ultraschall- und Hochfrequenztechnik, ferner als Lagermineral ausgiebig verwendet. Aus Bergkristall werden weiter Brillengläser, Quarzlinsen, Prismen u. a. Gegenstände sowie als Brillant geschliffene Schmucksteine hergestellt.

Von dem *gemeinen Quarz* werden u. a. noch folgende gefärbte und körnige Abarten unterschieden:

Rosenquarz: derber, zart rosa gefärbter undurchsichtiger Quarz.

Milchquarz: derber, schön weiß bzw. durch Flüssigkeitseinschlüsse milchig trüb gefärbter Quarz.

Eisenkiesel: durch Eisenoxyd rot oder durch wasserhaltiges Eisenoxyd gelb bis braun gefärbter, meist kristallisierter Quarz. Findet sich als modellartige Neubildung in Suttrop-Warstein i. W.

Katzenauge heißt ein Quarz, der feine parallelliegende Fasern von Asbest eingeschlossen enthält. Farbe: grünlichgrau, bläulich, gelb oder braun schimmernd.

Tigerauge nennt man einen feinfaserigen Quarz mit blauer Hornblende, dessen Fasern wellig gebogen oder scharf geknickt und durch zwischengelagertes, wasserhaltiges Eisenoxyd gelb bis braun gefärbt sind.

Aventurin[4]. Durch sehr kleine, rotgoldige Eisen- oder Glimmerschüppchen gefärbter und glitzernder Quarz. Eine bekannte Imitation in Glas ist der sog. „Goldfluß“ mit Kupferflitterchen.

Vorkommen dieser Quarzabarten in vielen Ländern, vornehmlich Brasilien, Indien, Ural, Madagaskar, Uruguay und Deutschland.

Dichter (kryptokristalliner[5]*) Quarz*

(in erster Linie Chalzedon und seine Abarten)

Chalzedon[6] ist wohl kristallinisch (kryptokristallin), nimmt aber niemals eine eigene Kristallform an (sog. „amorphes“ Mineral). Er hat vielfach tropfsteinähnliche oder nierenförmige Gestalt. Seine chemische Zusammensetzung entspricht der des Quarzes (SiO_2).

Ist aus Opal (Kieselsäuregel) entstanden. W. 2,6, also niedriger als gewöhnlicher Quarz.

---

[1] lat. citrínus = zitronengelb.

[2] Häufig im Kalkstein von „Pater und Nonne“ bei Letmathe.

[3] gr. améthystos = dem Rausche widerstehend (Amulett gegen Trunkenheit).

[4] franz. aventúre = Zufall (Zufallsfund). — [5] gr. kryptós = verborgen.

[6] Chalzedón = Edelstein, genannt nach einer Stadt in Kleinasien.

Nach der Farbe unterschiedene Abarten sind: *Karneol*[1] (durch Eisen rot oder rotgelbbraun gefärbt), *Heliotrop*[2] (durch Eisenoxyd blutrotgefleckter, dunkelgrüner Chalzedon), *Plasma* (lauchgrün), *Chrysopras*[3] (durch wenig Nickeloxydhydrat lauchgrün gefärbt), *Achat*[4] (feingebändertes Mineral aus verschieden

dichten und gefärbten Chalzedonlagen) (Abb. 309). Chalzedon und Achat besonders häufig in Blasenräumen von Eruptivgesteinen (in sog. „Achatmandeln"). *Onyx*[5] lagenweise gefärbt, und zwar schwarz und weiß, bzw. weiß und rot (Karneolonyx). *Jaspis*[6], durch Eisenverbindungen lebhaft gelb, braun oder rot gefärbte trübe Abart, *Moosachat* (grünlicher Chalzedon mit Hornblendefasern).

Die meisten Achate werden künstlich gefärbt. Da die Lagen des Achats verschieden porös sind, vermag er streifenweise Farben anzunehmen.

Alle Varietäten können geschliffen und als Schmucksteine verwen-

Abb. 309. *Anschliff eines Achats* aus verschieden dicken und künstlich gefärbten konzentrischen Lagen von Quarz (weiß) und Chalzedon (rosa). Idar-Oberstein

det werden. Achate mit Reliefbildern werden als „Gemmen", und zwar als „Intaglien" (mit vertieften) und „Kameen" (mit erhabenen Figuren) bezeichnet. Eine besondere Bedeutung haben die Achate für die Herstellung technischer Erzeugnisse.

Zum Chalzedon gehören noch *Kieselschiefer* (Lydit) oder „Probierstein" (durch organische Substanz schwarz gefärbt) sowie *Feuerstein* (Flint). Feuerstein findet sich vielfach in Knollenform in der Schreibkreide Mitteleuropas. Wurde früher zum Feuerschlagen, als Flintenstein und als Material für Steinzeitwaffen benutzt.

Opal[7] $SiO_2 \cdot n\,H_2O$

Opal ist wasserhaltige amorphe Kieselsäure (ehem. Gel). Seine natürliche Oberfläche ist gerundet, traubig, nierenförmig. Er ist durchsichtig bis undurchsichtig, farblos milchigweiß mit $\pm$ Farbenspiel (Opalisieren). H. 6, W. 2,1. Vorkommen u. a. in Australien, Mexiko, Ungarn u. a. O. Hervorgegangen aus eingetrockneter Kieselgallerte.

Abarten sind:
Edelopal: durchscheinend, mit sehr lebhaftem buntem Farbenspiel. Dient als Schmuckstein. Stückpreis je 1 Karat 3—120 DM.
Feueropal: tiefbraun, feuerrot bis bernsteinfarben leuchtend (Schmuckstein).
Halbopal: weiß, braun, gelb und undurchsichtig mit muscheligem Bruch.
Holzopal: durch Opalsubstanz versteinertes Holz (mit Struktur).

---

[1] lat. cáro, carnis = Fleisch. — [2] gr. heliotrópion = Sonnenuhr.
[3] gr. chrysós = Gold, prásios = lauchgrün. — [4] achátes = Fluß (Sizilien).
[5] gr. ónyx = Nagel (durchscheinend in der Farbe). — [6] gr. jáspis.
[7] Sanskrit upala = Stein, lat. opállus.

Kieselsäure ist auch in manchen Pflanzen vorhanden, z. B. im Schachtelhalm (sog. „Scheuergras") und im Getreide. Aus Kieselpanzern und Spaltalgen entstehen „Kieselgur" und „Polierschiefer".

Roteisenerz, Eisenglanz Fe_2O_3

Eigenschaften. Allen Arten des *Roteisensteins* (Hämatit[1]) gemeinsam ist der kirsch- bis braunrote Strich und die W. 5,2, H. 5,5—6,5. In reinem Zustand enthält er 70% Eisen und ist daher eines der wichtigsten Eisenerze. Das Erz ist schwach magnetisch. Man unterscheidet derben *Roteisenstein* (Blutstein) und *Eisenglanz*.

Roteisenstein bildet oft kugelige, nierige und traubenförmige Aggregate, die im Innern radialfaserig sind (sog. „roter Glaskopf")[2] (Abb. 310).

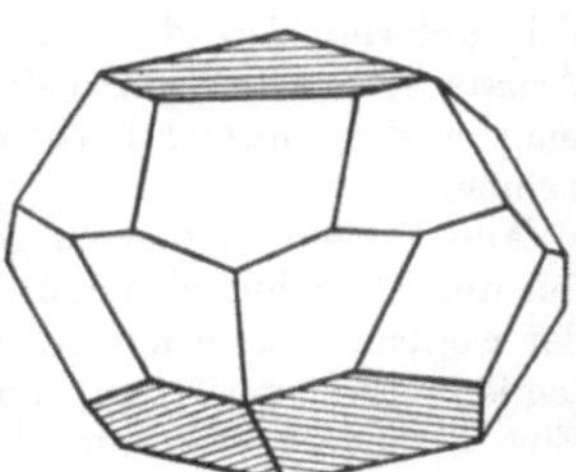

Abb. 310. *Roter Glaskopf* mit nieriger Oberfläche und strahliger Innenstruktur. Harz. Slg. W. B. Bochum

Abb. 311. *Eisenglanzkristall*

Als *Eisenglanz* werden die kristallisierten (Abb. 311) oder deutlich kristallinen Abarten des Roteisenerzes bezeichnet. Sie haben einen lebhaften Metallglanz und eine dunkle Farbe. Feinschuppig nennt man sie „Eisenglimmer". Der Entstehung nach handelt es sich meist um magmatische Ausscheidungen von Eisenerz.

Vorkommen. *Roteisenerze* bzw. *Eisenglanze* treten besonders in Form von Lagern, aber auch auf Gängen auf. Abbauwürdige Lagerstätten finden sich in Deutschland an vielen Stellen, so im Gebiet der Lahn und Dill, im Harz bei Elbingerode u. a. O. Reiche Vorkommen finden sich ferner in Brasilien (Minas Geraes), den Ver. Staaten (am Oberen See), im Ural, in Neufundland (Wabana-Erz), in Nordafrika, in Spanien (Bilbao), Italien (Insel Elba), Skandinavien (Mittelschweden) und in vielen anderen Ländern.

Bisweilen ist Roteisenerz durch Kontaktwirkung eines Eruptivgesteins in „Magneteisen" umgewandelt, wie im Dillenburger Bezirk.

Verwendung. Die Hauptmenge des Roteisenerzes dient zum Erschmelzen von Eisen. Früher lag die Abbauwürdigkeit oxydischer Fe-Erze bei 25—30% Eisen. Heute wird dieser Gehalt, besonders bei kalkiger Gangart, unterschritten.

---

[1] gr. haíma = Blut (Blutstein). — [2] Glaskopf = Glatzkopf (weil ganz glatt).

Magneteisenstein (Magnetit) $FeO \cdot Fe_2O_3$ oder Fe_3O_4

Eigenschaften. Mit r. 72% Fe ist *Magneteisenstein* das eisenreichste und damit wertvollste Eisenerz. Er ist grobkörnig bis dicht, undurch-sichtig, schwarz und besitzt bei kör-niger Struktur zuweilen lebhaften und verschiedenen Metallglanz. Kri-stallisiert vielfach in schönen Okta-edern (Abb. 312). Strich schwarz, H. 5,5, W. 5,2. Ausgezeichnet durch starken Magnetismus. Er verwittert zu Brauneisenstein.

Vorkommen. Gemengteil fast aller Eruptivgesteine. Besonders große Lager-stätten u. a. in Rußland, Schweden und Kanada (Labrador). Der deutsche Boden ist nicht reich daran. Zu den größten Vorkommen des phosphorreichen Erzes[1]

Abb. 312. *Magnetit*. Oktaeder auf kristallinem Schiefer. Norwegen. Natürl. Gr. Slg. W. B. Bochum

in Europa zählen die bekannten Lager-stätten von *Kirunavaara-Luossavaara* (heute Staatsbesitz) im nördlichen Schweden mit einer Förderung an apatitreichem Magneteisenerz von r. 13,8 Mio t/1956 mit 62—70% Fe und einem Vorrat von über 1 Mia t, ferner die Vorkommen von *Gellivaara* und *Grängesberg* (Mittelschweden)[1] als liquidmagmatische Intrusionen in das Nebengestein. Sehr bedeutungsvoll sind auch die reichen neuerschlossenen metamorphen, jungalgonkischen Magneteisenerze (,,Bändererze") *Nordkanadas* im Gebiet von Knob Lake und Ungavabucht (auf der Halbinsel Labrador) sowie *Finnlands*.

Brauneisenerz $Fe_2O_3 \cdot n\,H_2O$

Eigenschaften. *Brauneisenerz* (Limonit)[2] ist bald derb und fest, bald flockig und erdig, aber nie kristallisiert. Seine Aggregate zeigen vielfach eine nierenförmige (Abb. 313), tropfsteinförmige oder röhrenförmige glän-zend schwarze Oberfläche (sog. brauner bzw. schwarzer ,,Glaskopf"[3]) (Abb. 314). Die dichten Mas-sen sind teils löcherig, zellig oder oolithisch.

Brauneisenerz enthält in rei-nem Zustande r. 60% Eisen. Das dichte Material (oft in

Abb. 313. *Brauner Glaskopf* mit nieriger Oberfläche. Siegerland. Slg. W. B. Bochum

---

[1] Die Verhüttungsmöglichkeit der phosphorreichen Erze beruht bekanntlich auf der Erfindung des basischen Stahlerzeugungsverfah-rens.

[2] gr. leímon = Wiese, Sumpf.

[3] Streng genommen gebührt nur dem Manganerz *Psilomelan* die Bezeichnung ,,Glaskopf".

Form der „Oolithe" und „Minette") ist mehr oder weniger durch andere Stoffe (Ton, Kalk, Kieselsäure) verunreinigt. H. zwischen 1 und

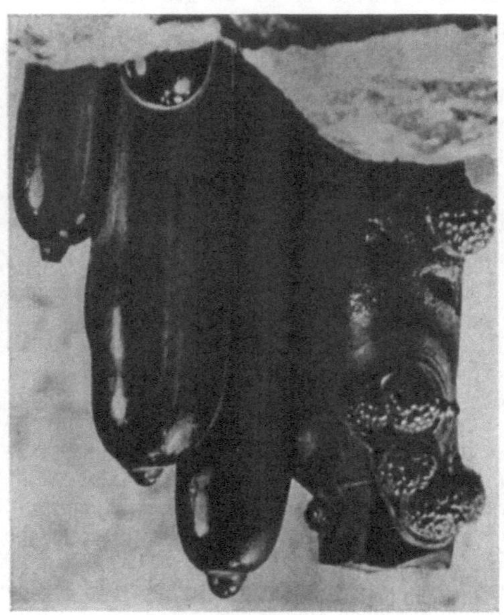

Abb. 314. Stalaktiten von Brauneisenerz. Siegerland

5,5, W. 3,5—4. Seine Farbe ist braun in allen Tönen, ferner braunrot, schwarz und ockergelb; der Strich braunschwarz.

Vorkommen. Unter den oxydischen Eisenerzen ist der Brauneisenstein am häufigsten. Bildet sich primär u. a. da, wo sich Eisen unter Zutritt von Luft aus wässerigen Lösungen mit oder ohne Zutun von Organismen (Bakterien) niederschlägt oder sekundär dort, wo eisenhaltige Minerale verwittern. Es stellt dann ein ehemaliges Gel dar. Häufig als Verwitterungsprodukt im „eisernen Hut" von Gängen und Lagern, wie z. B. im Siegerland, ferner im Harz (Elbingerode), in Nassau, im Fichtelgebirge, in Rio Tinto (Spanien) u. v. a. O.

Abarten sind:

Oolithe[1]. Hirsekorngroße Kügelchen (Ooide, mit konzentrischem, meist kalkigem Schalenbau), die sich in flachem, aber bewegtem Wasser gebildet haben.

Bohnerze. Grobe, oolithähnliche konkretionäre Gebilde.

Minette[2]. Feinoolithisches Brauneisenerz. Größtes Vorkommen in der Welt ist das lothringisch-luxemburgisch-französische „*Becken von Briey*" im braunen Jura (mit r. 30% Fe und r. 10 Mia t kalkiger und kieseliger Erze) in bis zu 7 Flözen mit 2—10 m Einzelmächtigkeit.

Raseneisenerze. Ausscheidungen aus eisenhaltigen Gewässern in sumpfigen Gegenden oder auf dem Boden von Seen (mit bis 6% Phosphorsäure), wie in den Seen Finnlands und Schwedens.

---

[1] gr. oón = Ei, líthos = Stein. — [2] franz. = kleines Erz.

Brauneisenerzkonglomerat. Brauneisensteingerölle, die durch ein kalkig-toniges oder kieseliges Bindemittel verkittet sind. Wichtigste deutsche Lagerstätten sind u. a. die Vorkommen von Peine-Ilsede und Salzgitter.

Gelber Ocker. Erdige gelbbraune Masse, die als Farbstoff verwandt wird. Findet sich häufig als Ausscheidung in Grubenwässern.

Verwendung. Wie die vorgenannten Rot- und Magneteisenerze dienen sie vorwiegend der hüttenmäßigen Gewinnung von Roheisen und Stahl.

Weitere wertvolle Eisenerze sind u. a. *Spateisenstein* ($FeCO_3$) sowie *Chamosit* und *Thuringit* (wasserhaltige FeAl-Silikate) (vgl. den Abschnitt Lagerstättenlehre).

Rotkupfererz (Cuprit) Cu_2O

Rotkupfererz ist mit 89% Cu das reichste Kupfererz. Das Mineral kristallisiert regulär. Farbe hell- bis dunkelrot (cochenillerot), Strich braunrot, stark glänzend. Kristalle sind durchscheinend bis undurchsichtig. H. 3—4, W. 6. Häufig in der Oxydationszone von Kupfererzgängen.

Zinnstein (Kassiterit)[1] SnO_2

Eigenschaften. *Zinnstein* hat eine nelkenbraun bis schwarz glänzende Farbe. Ist durchscheinend bis undurchsichtig. Unvollkommene Spaltbarkeit, muscheliger Bruch mit Fettglanz. Blendeartiger Glanz. H. 6—7, W. 7. Strich hellgelb. Kristallisiert gut, u. a. in quadratischen Säulen, vielfach in Zwillingsform (sog. „Visiergraupen") (Abb. 315). Enthält in reinem Zustand r. 79% Sn.

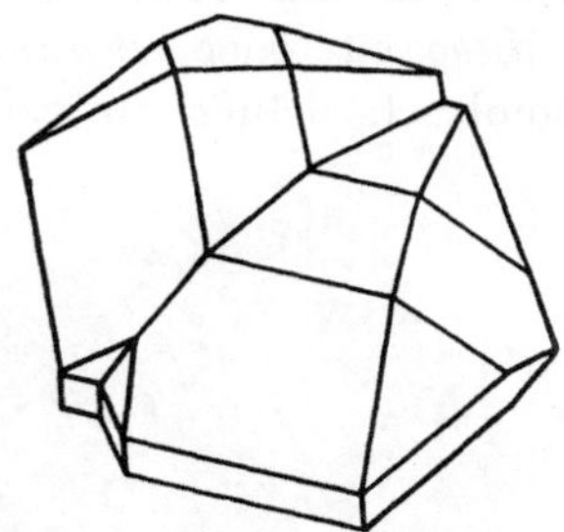

Abb. 315. *Zinnstein.* (Zwilling). Altenberg (Sachsen)

Vorkommen. Findet sich entweder „primär" auf Gängen, als „Bergzinn" eingewachsen in Form der „Zwitterbänder" (besonders im Granit bzw. in den Greisen)[2] oder auf „sekundärer" Lagerstätte wegen seiner Unverwitterbarkeit lose im Sand. Wichtigstes und fast alleiniges Zinnerz zur Gewinnung des Zinns. Von geringer Bedeutung für „Bergzinn" sind: Altenwald und Zinnwald (Erzgebirge) sowie Cornwall (England). Größter Lieferant von Seifenzinn ist das ostasiatische Gebiet: Banka und Billiton (zwischen Sumatra und Borneo), Bolivien, Belg. Kongo, Alaska, Nigeria, Rhodesien u. a. O.

Verwendung. Zinn wird in erster Linie zu Weißblechen, ferner zu Gußwaren, Orgelpfeifen, Stanniol, Tuben, Legierungen, Bronze, Rotguß und Schriftmetall verwandt. Weltzinngewinnung r. 180000 t/1956 zu r. 6700 DM je 1 t.

Hierhin gehören ferner: *Rutil* (mit bis 95% TiO_2), *Ilmenit* und *Titanit* (Titaneisen). Sie sind Ausgangsstoffe für das heute so wichtige *Titanmetall*, das 65% schwerer als Aluminium aber 42% leichter als Stahl ist. Vorkommen vorwiegend in Seifenlagerstätten der australischen Küste. Verwendung zur Stahlveredlung und zu Legierungen, die allen bekannten technischen Legierungen überlegen sind.

Genannt seien ferner *Tantalit* und *Niobit* als Erze des technisch wichtigen Metalls *Niobium.* Verwendung zur Veredlung von Magnetstählen, in Atomenergieanlagen und für Düsenflugzeuge.

---

[1] gr. kassíteros = Zinn. — [2] Greisen = pneumatolytisch veränderter Granit.

Manganerze[1] (Verbindungen von MnO_2)

Manganerze finden sich bei ziemlich gleicher chemischer Zusammensetzung (mit r. 62% Mn) in sehr verschiedenen Ausbildungsformen. Sie haben zahlreiche Sondernamen (ohne scharfe Kennzeichnung) erhalten und gelten als Verwitterungslagerstätten, die aus kolloidaler Lösung ausgeschieden wurden.

Eigenschaften und Vorkommen. *Pyrolusit*[2] (Weichmanganerz oder Graubraunstein) MnO_2 bildet meist spießige bis faserige, radialstrahlige Massen, die metallisch glänzen und lichtstahlgrau bis schwärzlich grau sind. Strich schwarz. H. wechselnd zwischen 2 und 6. Oft abfärbend und mit dem Finger zerreibbar. Dient zur Entfärbung des Glases und für braune Glasuren.

Polianit MnO_2 ist viel härter als Pyrolusit und färbt darum nicht sehr ab. Metallglanz, feinkörnig, licht stahlgrau. Strich schwärzlich. H. 6.

Psilomelan[3] oder Hartmanganerz MnO_2, z. T. schwarzer Glaskopf. Das amorphe Mineral ist im Innern vollkommen dicht, oft schalig, außen nierig, traubig, knollig, schaumig (Wad). H. 1—6. Farbe und Strich schwarz bis braun.

Manganit oder *Braunmanganerz* $MnO \cdot OH$ kristallisiert pseudorhombisch, häufig in vertikal gestreiften, prismatischen Aggregaten (Abb. 316). Farbe schwarzbraun bis eisenschwarz, metallglänzend. Strich braunschwarz. H. 4, W. 4,3. Löslich in HCl.

Außerdem werden noch *Hausmannit* Mn_3O_4 und *Braunit* (Hartmanganerz) $3\,Mn_2O_3 \cdot MnSiO_3$ unterschieden.

Abb. 316. Gruppe säuliger *Manganitkristalle.* Ilfeld (Harz). Slg. W. B. Bochum

Vorkommen. Deutschland ist verhältnismäßig arm an reinen Manganerzen (s. S. 307). Zu den Weltlagerstätten sind u. a. die von Tschiaturi (Transkaukasien), Nikopol (Ukraine), Postmasburg (Transvaal) und der Goldküste (BWA) sowie von Indien, Brasilien, Spanien u. a. O. zu nennen.

Verwendung des Mangans. Dient u. a. zur Darstellung von Chlor (durch Behandlung mit Salzsäure), zur Entschwefelung beim Eisenguß, bei der Herstellung von Vorlegierungen aus Eisen und Mangan (Ferromangan und Spiegeleisen), als Manganbronze (für Schiffsschrauben), zum Entfärben des Glases, für Trockenelemente sowie für chemische und viele andere Zwecke.

---

[1] Mangan: verderbt aus Magnet (?).

[2] gr. pýr = Feuer, lúein = waschen (weil Mangan eisenhaltige Gläser beim Glühen entfärbt).

[3] gr. psilós = kahl, mélas = schwarz.

Korund Al_2O_3

Eigenschaften und Vorkommen. Die Kristalle des *Korunds* zeigen u. a. säulige (tonnenförmige), prismatisch-pyramidale und flach tafelige rhomboedrische Formen. H. 9, W. 3,9—4. Sie sind z. T. farblos, häufiger blau, rot, braun, gelb, öfters auch mehrfarbig und vielfach durchsichtig bis trübe. Es werden unterschieden:

Gemeiner Korund[1]. Trübe und unreine Arten. Der gemeine Korund dient vorwiegend als Schleifmittel. Wird heute meist durch das synthetische Karborundum ersetzt.

Smirgel[2]. Feinkörniges, dunkles Gemenge von Korund mit verschiedenen Eisenerzen und Quarzen. Vorkommen in Naxos und Kleinasien.

Rubin[3]. Durch Chromoxyd Cr_2O_3 tiefrot (taubenblutfarbig) gefärbter, reiner, durchsichtiger und sehr wertvoller Edelstein. Hauptfundorte: Mogok (Birma), Thailand und Ceylon.

Saphir[4]. Durch eine Eisen-Titanoxydverbindung kornblumenblau bzw. gelb auch grün gefärbter, reiner und durchsichtiger, wertvoller Edelstein. Hauptfundorte: Kaschmir, Mogok (Oberbirma), Ceylon, Australien und USA. Der orangefarbige Saphir Ceylons heißt „Padparadscha".

Die edlen Korunde kommen in der Natur vorwiegend auf Seifen vor. Die Mehrzahl der heute in der Schmuckindustrie verwendeten Saphire und Rubine ist synthetischer Natur. Die Unterscheidung zwischen echten und synthetischen Korunden ist nicht leicht und nur durch Sonderuntersuchungen möglich.

Preis je 1 Karat echten Rubins (1958) etwa 1000—4000 DM.

Bauxit $Al_2O_3 \cdot 3H_2O$

Eigenschaften. *Bauxit* ist ein unscheinbares, erdiges oder toniges, vielfach braunrotes kolloidales Mineral, besser Gestein (Abb. 317), das in reinem Zustande aus Tonerde und Wasser besteht und in der Natur stark durch Eisenoxyd und Kieselsäure verunreinigt ist. Zusammensetzung: 50 bis 70% Al_2O_3, 0—25% Fe_2O_3, 12—40% H_2O, 2—30% SiO_2. H. gering, W. 2,5.

Abb. 317. *Bauxitknolle.* Vogelsberg. Slg. W. B. Bochum

Entstanden bei der tropischen Verwitterung tonerdereicher Gesteine. Je nach seiner Entstehung aus dem anstehenden Gestein unterscheidet man „Kalkbauxit" und „Silikatbauxit".

---

[1] sanskr. kuruwinda = Korund. — [2] gr. smýris = Smirgel.
[3] lat. rúber = rot. — [4] arab. Safir.

14*

Vorkommen. Bauxit wurde zuerst bei Les Beaux in Südfrankreich beobachtet und trägt daher seinen Namen.

Geringe Mengen finden sich auch in Deutschland z. B. am Vogelsberge (Hessen). Die wichtigsten Lagerstätten Europas bergen Jugoslavien, Griechenland, Bihargebirge (Siebenbürgen). Weltvorkommen liegen in UdSSR, in Arkansas (USA), Britisch- und Niederländisch-Guayana, Kanada, Guinea, Indien, Australien und Brasilien. Weltgewinnung etwa 13,6 Mio t, Weltvorräte über 1 Mia t.

Verwendung. Bauxit ist neben reiner Tonerde das Hauptaluminiumerz, aus dem das metallische Aluminium (heute das wichtigste Leichtmetall) durch Elektrolyse abgeschieden wird. Dient ferner zur Erzeugung feuerfester Steine, als Schleifmittel, u. a.

Preis 1 kg Aluminium r. 2,30 DM/1952. Weltaluminiumerzeugung r. 3,3 Mio t/1956. Deutsche Produktion r. 137000 t/1958. Weltbauxiterzeugung r. 18 Mio t. Weltvorräte r. 2,5 Mia t.

Uranpecherz[1], Pechblende UO_2

Uranpecherz, das wichtigste *Uranerz* (mit 80—85% UO_2 und 2—3% PbO_2), ist ein derbes, dichtes, pech- bis grünschwarzes, glänzendes und undurchsichtiges Mineral mit oft nierenförmiger Oberfläche und muscheligem Bruch (Abb. 318). Hohe Wichte 9—10,6. H. 4—6.

Vorkommen meist gangförmig u. a. in Pegmatiten oder zusammen mit hydrothermal-pneumatolytischen Silber-, Kobalt-, Nickel-, Wismut- und zutiefst Uranerzen.

Bekannte europäische Fundorte sind *St. Joachimsthal* (Tschechoslowakei), Spanien, Portugal u. a. O. Genannt seien auch die armen Vorkommen von Annaberg, Oberschlema, Schneeberg u. a. sowie Cornwall (England). Die in der Bundesrepublik an verschiedenen Stellen nachgewiesenen Uranerzvorkommen haben sich bis jetzt noch nicht als bauwürdig erwiesen (vgl. dazu S. 315).

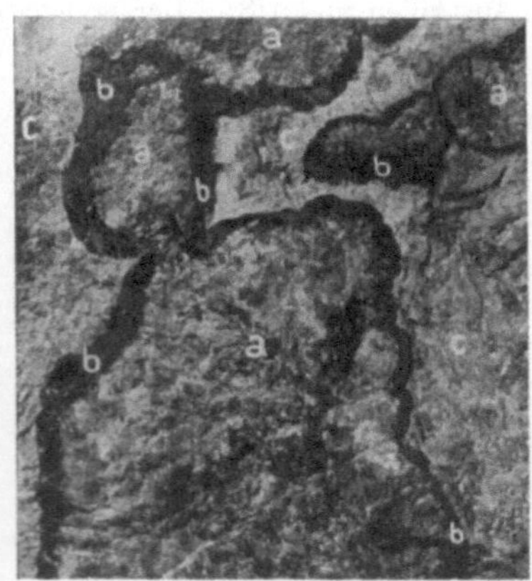

Abb. 318. *Uranpechblende.* Gangstück von St. Joachimstal. Glimmerschiefer (*a*), Uranpechblende (*b*) und Dolomit (*c*). Slg. W. B. Bochum

Wichtige Weltlagerstätten liegen u. a. in *Shinkolobwe* (Belg. Kongo) (mit bis 3% U_3O_8), in Nordwestkanada bei Golfields, am *Athabaska See* (Saskatschewan) (mit r. 3% U_3O_8) und am Ostufer des großen Bärensees (mit r. 1% U_3O_8 im Roherz), ferner im Blindrivergebiet (Prov. Ontario), in Colorado (USA) als Carnotiterze (mit 2—5% U_3O_8), in Radiumhill (Australien), in Golderzen der Witwatersrand-Konglomerate (Südafrika), in Süd-Rhodesien (Südafrika), in Tuja-mujun (Sowjetunion), Ostindien, Turkestan, Mexiko, Spanien, Portugal, Frankreich, Madagaskar, Australien, vermutlich auch in der Antarktis und schließlich in den ausgedehnten Ölschiefer- und Kolmlagerstätten[2] der Welt.

---

[1] Nach dem Planet *Uranus* genannt. Das 1789 von KLAPROTH als Element erkannte Mineral wurde 1840 als schweres, silberweißes Metall dargestellt.

[2] Bogheadähnliche Kohle in kambrischen Alaunschiefern.

Welterzeugung an Uranerzen etwa 40000 jato (mit r. 1000 t Uran). Preis je kg Uran 235 z. Z. um 100000 DM. Weltvorräte etwa 1500 Mio t Uranerz (mit 23 Mio t Uran) und 1 Mio t Thorium.

Verwendung. Ursprünglich als wertlos angesehen, dienen die Uranpechblende und ihre Verwitterungsminerale heute zur Erzeugung des radioaktiven chem. Elements bzw. Metalls Uran (U) von silberweißer Farbe mit den beiden Isotopen U 238 und U 235. Letzteres ist nur mit 0,7% am natürlichen Uran beteiligt.

Der Gehalt der hochwertigen Uranpecherze an Uran schwankt etwa zwischen 1 und 5% U_3O_8, meist nur 1—2%, während ihre Bauwürdigkeitsgrenze heute etwa bei 0,09—2% U_3O_8 liegt. Zur Gewinnung einer t Uranmetall sollen im Durchschnitt etwa 1200 t Uranerz erforderlich sein. Aus 1 kg Uran 235 läßt sich die gleiche Energie wie aus 2500 t Kohle gewinnen.

Uran wird abgesehen von seiner Benutzung für Fluoreszenzgläser, Leuchtfarben u. a., hauptsächlich für die Erzeugung von Atomenergie verwendet. Es ist das Ausgangsmaterial des radioaktiven chem. Elements Radium (Ra), das sich beim Atomzerfall von U 235 durch Kernspaltung[1] bildet und dabei unsichtbare („radioaktive") Strahlen aussendet. Radium geht weiter unter Entwicklung des Elementes *Helium* (He) in das Element *Blei* (Uranblei) über.

Durch die Kernspaltung von Uranatomen (durch Beschuß mit Neutronen) werden gewaltige Energiemengen frei, auf deren Wirkungen die Atombombe beruht. In besonders eingerichteten Atomkraftwerken (sog. „Atomreaktoren" oder -meilern = Heizöfen mit dem Uranisotop 235 als Betriebsstoff) werden diese Energien gewonnen, die nur zu friedlichen Zwecken, wie Heizung, Antrieb von Maschinen, Erzeugung elektrischer Kräfte u. a. nutzbar gemacht werden sollten.

Uranerze: Uranpechblende (UO_2) und seine vielen Oxydationserze, wie Carnotit, Uranglimmer (Autunit, Torbernit, Zeunerit) u. v. a.

Der Nachweis radioaktiver Uranminerale im Gelände erfolgt heute durch das sog. „GEIGER-MÜLLER-Zählrohr" und das „Scintillometer".

4. Haloidsalze

Verbindungen von Elementen mit den Halogenen Fluor, Chlor, Brom und Jod = Salze einer Halogenwasserstoffsäure: Fluorwasserstoffsäure (HF), *Bromwasserstoffsäure* (HBr), *Chlorwasserstoffsäure* (HCl) *und Jodwasserstoffsäure* (HJ).

Flußspat (Fluorit) CaF_2

Flußspat kristallisiert regulär, besonders in Würfeln (Abb. 319) und Kombinationen von Würfeln und Oktaeder. H. 4, W. 3,2. Spaltet nach dem Oktaeder. Hat Glasglanz und ist farblos, gelb, rot, grün, blau, violett[2] und zuweilen im Kern anders als randlich gefärbt. Durchsichtig bis undurchsichtig. Viele, besonders die dunkelgrünen Kristalle zeigen die Erscheinung der Fluoreszenz.

Weit verbreitetes pneumatolytisches bis hydrothermales Mineral auf vielen Erzgängen Deutschlands, besonders in Ostbayern (Donaustauf und Wölsendorf)

---

[1] Kernspaltung bedeutet Auseinanderbrechen eines schweren Atomkerns in zwei etwa gleichgroße neue Atomkerne.

[2] Durch radioaktive Strahlung.

sowie im Schwarzwald, ferner in Cumberland, in den Alpen, Harz, Erzgebirge, USA u. a. O. Wird wegen seines leichten Schmelzens als Flußmittel bei Hütten-

Abb. 319. Gruppe von bläulichen *Flußspatwürfeln* mit dunklen Kanten. Durham (England). Slg. W. B. Bochum

prozessen (Eisen- und Glasindustrie) sowie als Säurespat zur Herstellung der Flußsäure und des Milchglases verwendet.

Weltflußspatförderung r. 1,5 Mio t/1956. Weltvorrat über 54 Mio t.

Steinsalz (Halit) NaCl

Eigenschaften. *Steinsalz* (Kochsalz) kristallisiert fast nur in Würfeln (s. Abb. 320) und spaltet nach den Würfelflächen. Meist farblos, aber durch beigemengte Substanzen auch grau, gelb, rot, grün und blau gefärbt. Durchsichtig oder durchscheinend. Glas- bis Fettglanz. H. 2,

Abb. 320. Gruppe von wasserklaren *Steinsalzwürfeln*. Wieliczka (Galizien). Slg. W. B. Bochum

W. 2. NaCl besteht aus r. 61% Chlor und 39% Natrium. Wird unter hohem Gebirgsdruck plastisch.

Vorkommen. Steinsalzlagerstätten finden sich in ± ausgedehnten Lagern in allen geologischen Formationen; doch sind bestimmte Zeitalter durch die Häufigkeit und Mächtigkeit der in ihnen auftretenden Steinsalzlager ausgezeichnet. Daneben tritt Steinsalz infolge Verdunstens salzhaltigen Grundwassers an der Oberfläche (Effloreszenz[1]) auch als „Steppensalz" (Wüstensalz) auf. Statt des Steinsalzes erscheinen an vielen Orten nur Salzquellen (Solen).

Bevorzugte Salzformationen sind in Europa der *Zechstein*, dem die meisten Salzlager Mittel- und Norddeutschlands angehören, ferner der Buntsandstein, der *Muschelkalk*, die Perm-Trias (Salzkammergut), Ob. Jura und das *Tertiär* (in Lothringen, Baden, Galizien [Wieliczka], Siebenbürgen, Rumänien und Spanien). In Mittel- und Norddeutschland, Hessen, Thüringen und am Niederrhein ist das Steinsalz von Kalisalzen, den sog. „Abraumsalzen", begleitet.

Das Steinsalz wird z. T. *bergmännisch* gewonnen und bei genügender Reinheit schon in der Grube auf Speisesalz verarbeitet. Früher wurde das nur aus natürlichen Salzquellen stammende Salz aus der beim Salinenbetrieb anfallenden und durch „Gradierwerke"[2] angereicherten Sole erzeugt. Heute geschieht die Anreicherung schwacher Solen vorwiegend durch Auflösen bergmännisch gewonnenen „Steinsalzes" oder durch unterirdische „Spülbetriebe". (Abb. 417) Die angereicherte Sole wird dann in Pfannen eingedampft, wobei das Salz in grober oder feiner Form ausfällt und durch Zentrifugieren von der Feuchtigkeit befreit wird.

In südlichen salzarmen Gebieten (z. B. Mittelmeerländern) wird Steinsalz aus dem Meerwasser in sog. „Salzgärten" bzw. aus „Salzpfannen" (Abb. 321) gewonnen.

Der Salzgehalt der Meere ist sehr verschieden und beträgt im Durchschnitt 3,5% (d. h. 27 g/l NaCl und 0,12 g/l $CaCO_3$). Er steigt im Roten Meer auf 4% (wegen starker Verdunstung), sinkt in der Nordsee auf 3,3% (geringe Verdunstung) und beträgt in der Ostsee 1—0,4% (starke Süßwasserzuflüsse). Das Tote Meer enthält 24% (ist also fast

Abb. 321. Salzgewinnung in der Riverton-Salzpfanne (Südafrika). Aufn. d. Verf.

gesättigt). Eine Salzlösung (Sole) ist gesättigt, wenn 100 g der Lösung 27 g Kochsalz enthalten. Meeressalz besteht nur zu 30—80% aus Steinsalz (NaCl).

Als Quelle der Salzvorkommen auf der Erde gilt das *salzige Meerwasser*, dem die Flüsse Salz zuführen, das wohl ursprünglich den verwitterten Eruptivgesteinen der Erde entstammt.

In der Salzerzeugung folgen sich: USA, UdSSR, Großbritannien, Deutschland, Indien, China.

Verwendung. Steinsalz — das einzige eßbare Mineral — hat wirtschaftlich größte Bedeutung. An erster Stelle steht die Verwendung von Salz als Würze und zur Konservierung von Fischen und Speisen (Salzverbrauch in Deutschland je Kopf und Jahr r. 8 kg). In der Industrie benutzt man es u. a. zur Darstellung des Chlors, der Salzsäure und der Soda, bei der Glas-, Farben- und Seifenfabrikation, als Zuschlag bei vielen metallurgischen Arbeiten sowie zu Kältemischungen.

---

[1] lat. effloréscere = ausblühen.

[2] Hauptzweck der Gradierwerke in Luftkurorten.

Kalisalze

Mit dem Steinsalz finden sich mancherorts auf derselben Lagerstätte auch verschiedenartige und -farbige *Kalisalze*. Die physikalisch schwer unterscheidbaren Kalisalze sind jedoch durch chemische Anlayse gut voneinander zu trennen.

Als wichtigste Kalisalze gelten:

Sylvin[1] KCl (farblos und gefärbt, schmeckt bittersalzig),

Carnallit[2] $KCl \cdot MgCl_2 \cdot 6H_2O$ (meist durch Eisenglanz rot gefärbt),

Kainit[3] $KCl \cdot MgSO_4 \cdot 3H_2O$,

Kieserit $MgSO_4 \cdot H_2O$,

Polyhalit[4] $K_2SO_4 \cdot MgSO_4 \cdot 2CaSO_4 \cdot 2H_2O$.

Kalisalze treten meist mit Steinsalz zusammen in „Salzgemengen" auf.

Besonders reich an Kalisalzen ist der Boden Mittel- und Norddeutschlands (mit etwa 20 Mia t Vorräten); aber auch andere Gebiete wie Saskatschewan (Kanada) (mit 100 Mia t), Ver. Staaten, Frankreich, Elsaß, Ebrobecken (Spanien) (mit r. 2 Mia t), Ural, Indien, Erythrea (Afrika), Kalusz (in der Ukraine), Solikamsk (im Ural) u. a. verfügen heute über beachtliche Vorräte.

Verwendung. Sowohl die Hauptmenge der Kalirohsalze als auch den bei weitem größten Teil der durch Fabrikation veredelten Salze verbraucht die *Landwirtschaft* (= etwa 85% der Gesamterzeugung). Der Rest von 15% geht in die chemische Industrie.

5. Salze der sauerstoffhaltigen Säuren

Sauerstoffsalze entstehen durch Verbindungen von Metallen mit Säuren.

Die wichtigsten dieser Säuren sind die *Salpetersäure*, die *Kohlensäure*, die *Schwefelsäure*, die *Phosphorsäure* und die *Kieselsäure*.

a) Salze der Salpetersäure[5] (Nitrate)

Natronsalpeter oder Chilesalpeter $NaNO_3$

Natronsalpeter findet sich in der Natur in Form weißer oder lichtgefärbter (meist verunreinigter), 0,2—1,5 m dicker Krusten und Blöcke (sog. „Caliche") u. a. in ausgedehnten Lagerstätten in der Wüste Atacama (Chile), Kalifornien, Oberägypten, auf den ehemals deutschen Südsee-Inseln u. a. O.

H. 1—1,5, W. 2,2. Bemerkenswert der Gehalt an Bor und Jod.

Verwendung. $NaNO_3$ dient als Düngemittel, als Ausgangsmaterial für die Fabrikation von Salpetersäure und zur Herstellung des Sprengsalpeters (KNO_3). Erzeugung Chiles in 1950 r. 1,6 Mio t.

---

[1] Nach dem Arzt SYLVIUS.

[2] Nach dem Berghauptmann v. CARNALL benannt.

[3] gr. kainós = neu. — [4] gr. polýs = viel, háls, halós = Meer.

[5] lat. sal pétrae = Felsensalz.

Kalisalpeter KNO₃

Der weniger wichtige *Kalisalpeter* tritt als Ausblühung des Bodens in Höhlen in Form weißer Krusten oder Überzüge in Ländern mit trocken-heißem Klima, z. B. Bolivien, auf. Er ist nicht hygroskopisch[1].

KNO_3 wird zur Fabrikation von Schießpulver, Feuerwerksätzen und Sprengstoffen benutzt.

b) Salze der Kohlensäure (Karbonate)

Kalkspat (Calcit) CaCO₃

Eigenschaften. Kalkspat kristallisiert hexagonal—rhomboedrisch und spaltet vollkommen (nach einem Rhomboeder) (Abb. 275). Als einfachste Formen treten Rhomboeder und Skalenoeder[2] auf (Abb. 322).

Abb. 322. *Kalkspatskalenoeder* auf Dolomitkristallen. Zeche Shamrock I/II (Ruhrbezirk). Slg. W. B. Bochum

Zwillingsbildungen häufig. Kalkspat ist durchsichtig bis undurchsichtig, farblos und mannigfach gefärbt. Das farblose, durchsichtige Mineral zeigt stets starke Doppelbrechung des Lichtes (insbes. der „Isländische Doppelspat") (Abb. 276). H. 3, W. 2,7. Schon mit kalter verdünnter Salzsäure braust Kalkspat auf.

Er ist das gewöhnlichste Versteinerungsmittel und führt seinen Namen nach seiner leichten Spaltbarkeit, die vom Bergmann als „spätig" bezeichnet wird.

Die Aggregate des Kalkspats können entwickelt sein: kristallinisch-körnig (z. B Marmor)[3], dicht (Kalkstein), faserig, stengelig und plattig (lithographischer Schiefer von Solnhofen), kugelig-körnig (Oolithe, Erbsen- und Rogensteine),

---

[1] gr. hygrós = feucht, skopeín = erspähen.
[2] gr. skalenós = schief, hédra = Fläche. — [3] gr. marmaros = glänzend.

seltener erdig (Schreibkreide), gebändert (orientalischer Alabaster), porös als Kalktuff bzw. Travertin, oder Sinterabsätze des Yellowstoneparks (Abb. 185) oder
tropfsteinartig in Form von „Stalaktiten"[1] oder „Stalagmiten"[2]. Besonders reiche
Kalkspatausscheidungen finden sich in Tropfsteinhöhlen, so in der Dechenhöhle
(Abb. 115), Attendorner Höhle, Adelsberger Höhle (im Karst) u. a. m.

Manche Kalksteine riechen beim Anschlagen unangenehm (Stinkkalk), andere
haben einen tonigen Geruch. Sie leiten über zu den tonreichen „Mergeln".

Als Abarten sind anzusprechen u. a.: der „Ankerit" $Ca(Fe, Mg, Mn)C_2O_6$. Letzterer bildet auch meist die Ausfüllungsmasse der bankrechten (sog. a-Schlechten)
in der Flözkohle.

Vorkommen und Verwendung. Kalksteine haben sich in allen geologischen
Formationen gebildet. Sie sind oft reich an „versteinerten Tieren" und mit diesen
und durch diese (z. B. Korallen und Foraminiferen), aber auch durch pflanzliche
Organismen (Algen) als Kalkschlamm auf dem Boden der Ozeane niedergeschlagen
worden. Später im erhärteten Zustand durch gebirgsbildende Vorgänge wieder
aus dem Meere aufgestiegen, haben sie weite Verbreitung erlangt (Abb. 30).

Die vielseitige Verwendung des Kalksteins zur Zementfabrikation, als Kalk-
staub in der Grube u. v. a. technischen Zwecken, wie als Zuschlag in der Hütten-
industrie, ist bekannt. Besonders geschätzt ist der *weiße Marmor* als edelstes
Material für die Werke der Bildhauerkunst. Berühmte Fundstellen von Marmor[3]
sind u. a. Carrara (Italien), Paros (Griechenland), Laas (Tirol); auch im Sauerland
und im Lahntal wird Marmor gebrochen.

Durch Brennen im Kalkofen wird „gebrannter" Kalk erzeugt ($CaCO_3 = CaO$
u. CO_2), der durch Übergießen mit Wasser „gelöscht" wird ($2\,CaO + H_2O =
Ca_2O(OH)_2$).

Aragonit $CaCO_3$

Aragonit[4] ist gleichfalls kohlensaurer Kalk. Kristallisiert pseudohexagonal nach dem rhombischen System (Abb. 323), und zwar vielfach in
Säulenform, in Zwillingen und Drillingen (Abb. 324). Außerdem bildet

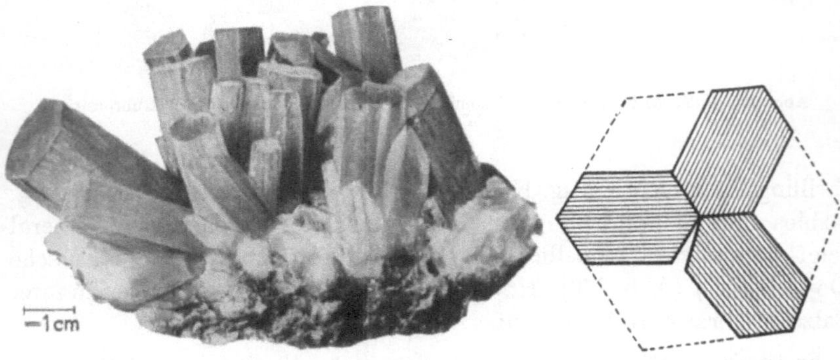

Abb. 323. Gruppe von *Aragonitkristallen.*   Abb. 324. *Aragonit* (Zyklischer
Girgenti (Sizilien). Slg. W. B. Bochum   Drillingskristall)

---

[1] gr. stalaktítos = tropfend. — [2] gr. stalagmós = Tropfen.

[3] Technisch werden unter Marmor alle *politurfähigen* Kalksteine und Dolomite
verstanden.

[4] Nach der spanischen Landschaft Aragonien.

er faserige bis stengelige Aggregate von weißer, gelblicher, graugrünlicher Farbe. Spaltbarkeit undeutlich. Bruch muschelig. H. 4, W. 2,9. Die „labilere" Form des Aragonits ist weniger häufig als die „stabilere" des Kalkspats.

Bekannt sind u. a. die schneeweiße, bäumchenförmige „Eisenblüte" (in Gelform) als Auslaugungserzeugnis des Spateisensteins, wie z. B. des Erzberges (Steiermark) (Abb. 325), die aus heißer Lösung ausgeschiedenen „Sprudel- oder Erbsensteine"

Abb. 325. *Eisenblüte.* Erzberg (Steiermark). Verkl. $^1/_3$. Slg. W. B. Bochum

sowie die Perlmutterschicht der Muscheln und Perlen. Im Gegensatz zu Kalkspat tritt Aragonit nicht gesteinsbildend auf. Gelbgrüner, durchscheinender Aragonit aus Mexiko (fälschlich als „Onyx" bezeichnet) wird in der Schmuckindustrie verarbeitet.

Magnesit (Bitterspat) $MgCO_3$

Das auch als *Talkspat* bezeichnete weiße oder gefärbte, spätige und dichte Mineral findet sich u. a. gang- oder trümmerartig meist in zersetzten Serpentingesteinen und metamorphen Kalken. H. 4—4,5, W. 3. Als Pulver in warmer HCl löslich.

Hauptfundorte u. a. *Veitsch* und *Kraubath* (Steiermark), *Radenthein* (Kärnten), *Euböa* (Griechenland) u. v. a. O.

Wird vorwiegend als hochfeuerfester „Sintermagnesit" zum Ausfüttern der Bessemerbirnen und auch zur Gewinnung von Mg-Metall verwendet (Magnesium wird im übrigen seit wenigen Jahren in USA unmittelbar aus dem Meerwasser gewonnen).

Weißbleierz (Cerussit)[1] $PbCO_3$

Cerussit tritt häufig in Kristallen von pyramidaler, prismatischer oder nadeliger Gestalt (Abb. 326), aber auch erdig auf. Das meist farblose bzw. weiß, auch gräulich oder durch Einschlüsse von Bleiglanz schwärzlich gefärbte Mineral hat fettartigen Diamantglanz. H. 3, W. 6,5. Löst sich in Salpetersäure unter Brausen.

Wichtiges Bleierz (mit 77,5% Pb) in der Oxydationszone von Bleiglanzvorkommen. Fundorte: Oberharz, Maubach, Siegen, Braubach, Mechernich, Aachen, ferner Ver. Staaten, Sowjetunion, Tsumeb-Mine (Südwestafrika) u. v. a. O.

---

[1] lat. cerússa = Bleiweiß.

Abb. 326. Spießige *Weißbleierzkristalle* auf Brauneisenstein. Iglesias (Sardinien). Slg. W. B. Bochum

Strontianit[1] $SrCO_3$

Das Mineral *Strontianit* tritt derb und in Form büscheliger Kristalle und solcher von prismatischem Habitus oder stengeliger, nadeliger, fase-

Abb. 327. Gruppe von Strontianitkristallen. Ahlen i. W.

riger Massen auf (Abb. 327). Es ist farblos bis gelblichgrau. H. 3,5, W. 3,7. In konzentrierter Salzsäure schwer löslich. Färbt Flamme rot.

Strontianit kommt u. a. auf zahlreichen, wenig mächtigen Gängen im oberen Senon Westfalens (bei Drensteinfurt-Ascheberg), wo es als einzige Strontiumlagerstätte der Welt bergmännisch gebaut wurde, ferner in England, Schottland, Sizilien und Sowjetrußland vor. Das Mineral dient heute zur Herstellung des roten bengalischen Feuers sowie in der Eisenindustrie. Aus Strontianit kann auch reines Strontium (Sr) hergestellt werden.

---

[1] Nach dem Dorf Stróntian in Schottland.

Eisenspat (Siderit)[1] oder *Spateisenstein* $FeCO_3$

Eisenspat kristallisiert in einfachen Rhomboedern (Abb. 328). Kristalle oft sattelförmig gekrümmt. Er ist graugelb und wird an der Luft oft bräunlich. Das Mineral ist durchscheinend bis undurchsichtig. Derb, spätig, fein- und grobkörnig. H. 4, W. 3,8. In heißer Salzsäure unter Aufbrausen löslich. Verwittert leicht und geht dann (in der Oxydationszone) in Brauneisenstein über. Sehr wichtiges Eisenerz (mit 48% Fe).

Findet sich auf zahlreichen hydrothermalen Gängen, vorwiegend im Siegerland, bei Saalfeld, Kamsdorf und Schmalkalden (Thüringen) sowie gesteinsbildend in ± mächtigen Lagern, wie in Hüttenberg (Kärnten), Bilbao (Spanien), Algier, Tunis u. a. O.

Abb. 328. *Spateisensteinrhomboeder* in Parallelverwachsung. (Siegerland.) Slg. W. B. Bochum

Abb. 329. Der steirische Erzberg bei Eisenerz mit terrassenförmigen Abbaustrossen

[1] gr. sideros = Eisen.

Örtlich werden ganze Berge von ihm gebildet, wie der berühmte, in etwa 30 Abbaustufen gebaute, über 700 m hohe steirische „Erzberg" bei Eisenerz (Abb. 329), eine r. 150—200 m mächtige (metasomatisch entstandene) Erzmulde von 1 km Länge mit 31—34% Fe, 1,5—2% Mn und über 100 Mio t sicheren und wahrscheinlichen Vorräten. Zur Erhöhung des Eisengehaltes wird der Stein örtlich geröstet.

Kugelige Konkretionen von tonigem Spateisenstein nennt man *Sphärosiderite*[1]. Mit Kohle und Tonerde vermengt heißt er *Kohleneisenstein* (oft im Nebengestein und in der Kohle der Flöze Westfalens und Englands).

Zinkspat oder Galmei[2] $ZnCO_3$

Kristalle rhomboedrisch, meist klein. Häufig ist das Mineral auch kugelig oder nierig ausgebildet (Abb. 330). Farblos bis gelbbraun oder

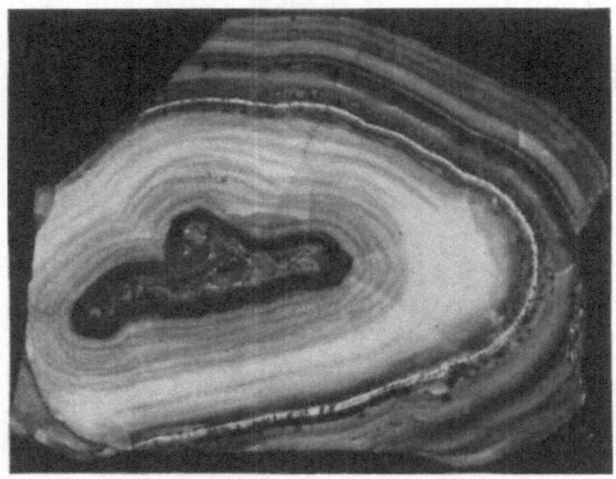

Abb. 330. *Galmeiknolle* (angeschliffen und poliert). Iglesias (Sardinien). Slg. W. B. Bochum

grün-blau gefärbt. H. 5, W. 4,5, Spaltbarkeit vollkommen. Vielfach vergesellschaftet mit Kieselzinkerz (Hemimorphit).

Das Erz tritt u. a. neben Bleiglanz, Blende und Brauneisen auf metasomatischen Lagerstätten in Kalksteinen und Dolomiten aller Formationen, besonders in Ost-Oberschlesien, Bleiberg und Raibel (Kärnten), im nördlichen Spanien, England, Tsumebgrube (Südwestafrika), Nordamerika u. a. O. auf.

Zinkspat und Kieselzinkerz (meist als Galmei bezeichnet) sind mit bis 54% Zn die wichtigsten Erze für die Zinkgewinnung.

Dolomit[3] $CaCO_3 \cdot MgCO_3$

Dolomit (Bitterspat oder Braunspat z. T.) bildet einfache, meist kleine, sattelförmige Zwillingsrhomboeder (Abb. 331), hauptsächlich aber körnige, oft dichte bis kristalline Gesteinsmassen, die mächtige Berge aufbauen (z. B. große Teile der Alpen). Ist chemisch ein Doppelsalz (1 Mol.

---

[1] gr. spháira = Kugel. — [2] Verdreht aus gr. = kadméia.
[3] Nach dem französ. Mineralogen DOLOMIEU.

$CaCO_3$ und 1 Mol. $MgCO_3$). Stellenweise durchsichtig und wasserklar, wie die Kristalle im Binnental (Kanton Wallis). Zum Unterschied gegen

Abb. 331. *Dolomitrhomboeder* auf Quarzkristallen. Siegerland. Slg. W. B. Bochum

Kalkspat braust Dolomit nur in heißer HCl auf. H. 3,5—4, W. 2,9. Neigt nicht so leicht zur Verwitterung wie Kalkspat.

Dolomit wird (nach Mahlung und Sinterung) u. a. zum Ausfüttern der Thomas-birnen, als Zuschlag zum Hochofen und zur Wasserreinigung verwendet.

Kupferlasur und Malachit

Kupferlasur und *Malachit* bestehen aus Kupferoxyd, Kohlensäure und Wasser. Mit Salzsäure brausen sie auf. Sie entstehen bei der Verwitterung von Kupfererzen.

Kupferlasur (Azurit)[1] $2CuCO_3$. $Cu(OH)_2$ ist dunkelblau (azurblau). Strich hellblau. Er findet sich öfters in glatten, monoklinen kurzsäuligen (Abb. 332) oder tafligen Kristallen, besonders schön in der Oxydations-zone der Tsumeb-Mine (SWA) u. a. O. H. 3,5—4, W. 3,7—4.

Abb. 332. *Kupferlasur*. Monokline Säulen. Tsumeb-Mine (SWA). Slg. W. B. Bochum

Malachit[2] $CuCO_3 \cdot Cu(OH)_2$. Von smaragdgrüner Farbe, erscheint in faserigen oder nierenförmigen Aggre-gaten (Abb. 333) mit konzentrisch-schaligem Aufbau und radialstrah-liger Struktur. Häufiger als Kupferlasur. H. 3,5—4, W. 3,7—3,9. In Säuren löslich. Geht nicht selten aus Kupferlasur durch Wasserauf-nahme und Kohlensäureverlust hervor.

Vorkommen. Beide Minerale finden sich als „kupferner Hut" meist dort, wo Kupfererze zu Tage ausgehen, z. B. im Siegerland und Harz. Hauptvorkommen:

---

[1] franz. azur = azurblau. — [2] gr. maláche = Malve (malvengrün).

Nischne-Tagilsk (Ural), Katanga-Gebiet (Belg. Kongo), Tsumeb-Mine (Südwest-afrika), Chessy (Frankreich), Arizona (Ver. Staaten) und v. a. O. Kennzeichnend für das Auftreten von Kupfererzlagerstätten.

Abb. 333. *Malachit* mit nierenförmiger Oberfläche. Ural. Slg. W. B. Bochum

Verwendung. Vornehmlich zu Schmuck- und Gebrauchsgegenständen, Farben u. a.

Manganspat (Himbeerspat) $MnCO_3$

„Himbeerspat" ist ein rosenrotes, durchscheinendes Mineral. Löslich in HCl. Wichtiges Manganerz.

c) Salze der Schwefelsäure (Sulfate)

Gips $CaSO_4 \cdot 2H_2O$

Eigenschaften. *Gips*[1] kristallisiert monoklin mit häufigen Zwillings-bildungen (sog. „Schwalbenschwanzzwillinge", Abb. 268). Das Mineral ist im übrigen derb, faserig, spätig und schalig bei vollkommener Spalt-barkeit und muschligem Bruch. Die blättrigen, durchsichtigen Massen werden als „Marienglas", die parallelfaserigen (senkrecht zu den Kluft-flächen) als „Fasergips", die feinkörnigen und weißen polierfähigen Arten als „Alabaster"[2] benannt. Gips ist meist farblos oder leicht gefärbt. Er ist milde und biegsam. H. 2, W. 2,3. In Wasser und Säuren schwerlöslich. Gips ist wohl als chemische Ausscheidung aus wässeriger Lösung oder aus Anhydrit durch Wasseraufnahme entstanden.

Vorkommen. Gips ist weit verbreitet und findet sich u. a. auch auf fast allen Salzlagerstätten jeden Alters. Ist daher u. a. im Tertiär, in der Trias, besonders im Muschelkalk und Gipskeuper Württembergs, und im Perm ein nicht seltenes Gestein. Als Neubildung ziert er die sog. „Gipshöhlen" oder alte Grubenräume. Große Vorkommen u. a. am Südrande des Harzes, in Baden und Württemberg oder bei Lüneburg, ferner in Gößl am Grundlsee (Österreich), Italien, Chile.

---

[1] gr. gýpsos von gé Erde und hépsein brennen.

[2] gr. alabastrítes = Stein von Alabastra. Der Name Alabaster geziemt, histo-risch gesehen, einem ägyptischen Travertin $CaCO_3$, aus dem die Alten ihre Ala-basterschalen drechselten. Alabaster (Gips) unterscheidet sich von Alabaster (Marmor) dadurch, daß letzterer sich kalt anfühlt.

Verwendung. Gips dient zu den verschiedensten Zwecken: in gebranntem Zustande als Baumaterial (Stuckgips und Mörtelgips), zum Düngen, als Alabaster zu Schmuckzwecken („römische Perlen"), zu Schalen, Vasen und als Rohstoff zur Gewinnung von Schwefelsäure u. a.

Anhydrit[1] $CaSO_4$

Der *Anhydrit* (wasserfreier Gips) kristallisiert rhombisch. Die meist kleinen prismatischen Kristalle sind selten. Das vorwiegend dichte, körnige, stenglige Mineral ist durchsichtig oder durchscheinend, mattglänzend, vielfach farblos. H. 4—3, W. 3.

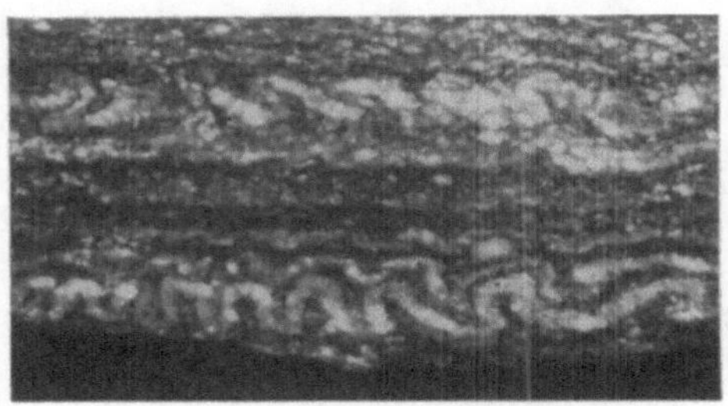

Abb. 334. Quellfalten im Anhydrit des Zechsteins (sog. „Schlangengips"

Abb. 335. Gipshut der Anhydritlagerstätte von Gößl im Salzkammergut. Aufn. d. Verf.

Vorkommen und Verwendung. Anhydrit nimmt leicht Wasser auf und wandelt sich hierbei unter bedeutender Volumenvermehrung in Gips (sog. „Schlangengips") um (Abb. 334). Daher sind die zu Tage ausgehenden Ausstriche der Anhydritbänke häufig in Hutgips verwandelt, z. B. in Niedersachswerfen (am Harzrand) und in Gößl (Salzkammergut) (Abb. 335).

---

[1] gr. anhýdros = wasserfrei.

Kukuk, Geologie 3. Aufl. 15

Der meist derbe Anhydrit ist u. a. ein fast regelmäßiger Begleiter der Steinsalzlagerstätten aller Länder, tritt aber auch auf hydrothermalen Gängen auf. Schöne Kristalle fanden sich u. a. beim Bau des Simplontunnels. Die Verwendung des Anhydrits gleicht der des Gipses.

Welterzeugung an Gips und Anhydrit r. 27 Mio t 1956.

Schwerspat (Baryt)[1] BaSO$_4$

Schwerspat kristallisiert rhombisch (Abb. 336). Kristalle häufig tafelig (mit rhombischer Oberfläche) oder rhombische Säulen. Weiß, gelb, rötlich oder bläulich gefärbt; zuweilen durchsichtig, meist aber trüb und undurchsichtig.

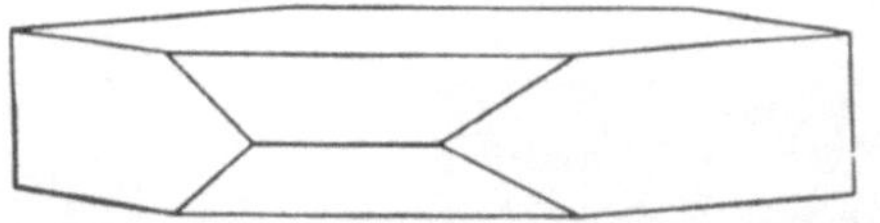

Abb. 336. *Schwerspattafel.* Flache rhombische Säule. Ruhrbezirk

Durch seine hohe Schwere und sehr gute Spaltbarkeit ist Schwerspat von ähnlich aussehenden Mineralen leicht zu unterscheiden. H. 3—3,5, W. 5, unlöslich in HCl.

Vorkommen. Der vorwiegend hydrothermale Schwerspat tritt nicht selten in schönen Kristallen (Tafeln oder Rosetten) als Begleiter sulfidischer Erze u. a. auf Gängen im Harz sowie in Lagern, so bei Meggen a. d. Lenne (wo er durch Bitumen schwarz gefärbt ist), ferner in der Eifel,

Abb. 337. Gruppe von fast wasserklaren *Schwerspatkristallen.* Zeche Herkules (Ruhrbezirk). Slg. W. B. Bochum

im Erzgebirge und schön kristallisiert auf Sprüngen des niederrheinischwestfälischen Steinkohlengebirges (Abb. 337), ferner in Cumberland und Cornwall (England) u. v. a. O. auf.

---

[1] gr. barýs = schwer.

Schwerspat findet sich in der Grube häufig als lästige Ausscheidung in Wassergerinnen und Steigleitungen der Schachtpumpen, wo er nach der Gleichung $BaCl_2 + H_2SO_4 = BaSO_4 + 2\,HCl$ entstanden sein dürfte.

Verwendung. Als Belastungsmittel, in Schwerflüssigkeitswäschen, zu Dickspülungen im Bohrbetriebe, zum Beschweren des Papieres und in der Farbenindustrie (Lithoponefarbe) u. a.

Zu den *Sulfaten* gehören (abgesehen von den des Zusammenhanges wegen schon bei den Kalisalzen erwähnten Mineralen) noch manche andere, so z. B.:

Anglesit $PbSO_4$. H. 3, W. 6,3. Vorkommen in der Verwitterungszone von Bleiglanzlagerstätten.

Glaubersalz $Na_2SO_4 \cdot 10\,H_2O$, *Bittersalz* $MgSO_4 \cdot 7\,H_2O$, *Alaun*[1].

Das als Ausblühungen von Gesteinen (Alaunschiefer) auftretende bekannte weiße Alaunmineral kristallisiert verschiedenartig. Es wird u. a. zum Beizen, Färben, Gerben und in der Medizin verwandt.

<h3 style="text-align:center">Cölestin[2] $SrSO_4$</h3>

Das Mineral kristallisiert rhombisch, ist körnig, faserig oder dicht und hat meist bläuliche Farbe. H. 3, W. 4. Färbt Flamme rot. Kommt vor in Obergembeck (Waldeck), auf Gängen im Deckgebirgsmergel der Zeche Sachsen i. W., in Schwefelgruben Siziliens u. a. O. Verwendung zur Feuerwerkerei und zu Strontiumpräparaten.

Zu den Sulfaten gehören weiter:

Eisenvitriol $FeSO_4 \cdot 7\,H_2O$. Ein grünes Mineral in Stalaktitenform als Neubildung auf Schwefelkieslagerstätten, z. B. auf dem Rammelsberg bei Goslar im „Alten Mann".

Kupfervitriol $CuSO_4 \cdot 5\,H_2O$. Ein blaues Mineral meist als stalaktitisches Verwitterungserzeugnis von Kupferkieslagerstätten. Vorkommen u. a. im Versatz des Rammelsberges, in Rio Tinto (Spanien) und in manchen Trockengebieten, wie in Chile.

d) Salze der Phosphorsäure (Phosphate)

Apatit[3] $Ca_5Cl(PO_4)_3$ bzw. $Ca_5F(PO_4)_3$

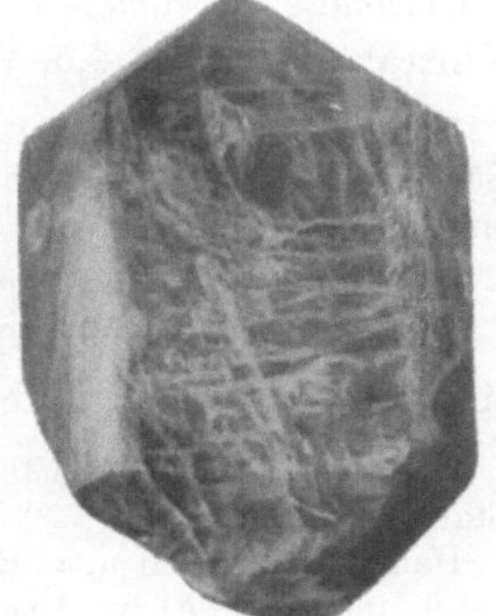

Abb. 338.
Apatitkristall. Hexagonales Prisma mit Doppelpyramide. Norwegen. Slg. W. B. Bochum

Apatit ist chlor- bzw. fluorhaltiger phosphorsaurer Kalk. Seine kurz- oder langsäuligen hexagonalen Kristalle haben vielfach prismatische Form (Prisma, Pyramide und Basis, Abb. 338).

Die Aggregate sind körnig, manchmal auch faserig und dicht. Bruch muschelig mit fettigem Glanz. Farblos, gelb, braun, grün, blaugrün usw. H. 5, W. 3,2. Geologisch und technisch ein wichtiges Mineral.

Vorkommen und Verwendung. Akzessorischer Gemengteil in fast allen Eruptivgesteinen, ferner auf deren Klüften und Drusenräumen wie auf selbständigen Gängen, auch als

---

[1] lat. alúmen = Alaun. — [2] lat. coeléstis = himmelblau.

[3] gr. apátein = täuschen, weil oft mit Beryll verwechselt.

Bestandteil der Eisenerze von Kiruna und Gellivaara. Schöne farbige Steine
dienen als Edelsteine. Apatit tritt als sog. „Phosphorit"[1] lagenweise und in
Knollenform vielfach im Kalkstein auf. Hier ist er stellenweise organischer Natur,
wie z. B. als „Guano" (Verbindungen von Tierexkrementen mit Kalkgesteinen)
auf Felseninseln Perus u. a. O.

Die wichtigsten Vorkommen Deutschlands sind die Amberger Phosphorite, die
Ablagerungen an der Lahn und Dill. Ferner in der Kreide Frankreichs und Belgiens,
von Tunis und Algerien, Halbinsel Kola (UdSSR) und der USA.

Phosphorit stellt neben dem künstlichen Thomasmehl fast das alleinige Roh-
material für den in der Landwirtschaft so wichtigen Phosphatdünger dar.

Welterzeugung an Phosphaten 1945 r. 9,8 Mio t.

Pyromorphit (Grün-Braunbleierz) $Pb_5Cl(PO_4)_3$ ist von grüner, brauner, blauer,
rot bis gelber Farbe. Isomorph mit Apatit. W. 6,9—7, H. 3,5. Kristalle säulig,
oft tonnenförmig. Sehr häufig im Ausgehenden von Bleiglanzlagerstätten.

Türkis[2] (Kalait): Traubig-nieriges Mineral von himmelblauer bis apfelgrüner
Farbe. H. 5—6. Seit alters beliebter Schmuckstein. Fundorte: Sinai, Persien,
Neumexiko u. a. O.

Monazit. Phosphat seltener Erden (Ce, La, Di, Th). Wirtschaftliche Bedeutung
haben die sog. Monazitsande Brasiliens, Vorderindiens und Ceylons.

Verwendung zur Herstellung der Gasglühlichtstrümpfe u. a.

Vivianit (Blaueisenerz) $Fe_3[PO_4]_2 \cdot 8H_2O)$. Erdiges blaues Mineral als Ver-
witterungsbildung, das auch in fossilen Knochen auftritt.

e) Salze verschiedener Säuren:
Chromate, Vanadate, Wolframate, Molybdate

Viele Minerale können von weiteren Säuren, wie z. B. Chromsäure,
Molybdänsäure u. a. abgeleitet werden. Sie sollen hier nur kurz auf-
geführt werden:

Chromate: *Chromeisenerz* (Chromit) (Fe, Mg) Cr_2O_4. Eisenschwarzes
Mineral. H. 5,5, W. 4,5. Wichtiges Chromerz.

Hauptgewinnungsländer: Jugoslavien, Bulgarien, Griechenland, Rhodesien,
Südafrika, Türkei, Kuba und Portugal. Das Metall Chrom dient als Stahlvered-
lungsmittel.

Jahreswelterzeugung an Chromerzen r. 2 Mio t.

Vanadate: Descloizit, Mottramit, Patronit, Carnotit und Vanadinit
sind die wichtigsten Erze.

Vanadium ist ein eisenähnliches Metall (biochemischer Natur) und dient der
Stahlveredelung.

Hauptvorkommen u. a. Rhodesien (SA), USA, Peru, Arizona, ferner Abenab
bei Tsumeb (SWA) im Ausgehenden von Cu-Pb-Zn-Lagerstätten. Wird u. a. als
Stahlveredler zur Erhöhung der Zähigkeit verwendet. Weltjahresförderung
r. 5000 t 1955.

Wolframate: Wichtigste Erze: *Wolframit* und *Scheelit* (Fe, Mn) WO_4.
H. 5, W. 7,2 bzw. 6. Breitsäulige oder taflige monokline bzw. tetragonale
Kristalle. Wolframit enthält 60% Wo.

---

[1] gr. phósphoros = Lichtträger. — [2] ital. turchese.

Vorkommen meist in Gemeinschaft mit pneumatolytischen Zinnerzen im Granit. Viele arme Lagerstätten im sächsisch-böhmischen Erzgebirge. Welterzeugungsländer: China, Südkorea, Brit. Columbien, Bolivien, Mazedonien u. a. O.

Wolfram wird u. a. in der Glühlampenindustrie, zu Wolframlegierungen als Stahlveredler zur Erhöhung der Härte und Hitzebeständigkeit (für Bohrstähle) verwendet. Wolfram-Karbide dienen als Ersatz für Diamant (sog. „Widiametall").

Jahresweltförderung (60% iges Konzentrat) r. 50000 t in 1955.

Molybdate: Wichtigstes Erz ist *Gelbbleierz* (Wulfenit) $(PbMoO_4)$.

Die in der Oxydationszone von Bleiglanzlagerstätten entstandenen Erze finden sich in größeren Mengen auf der *Climax-Mine* in Colorado (Ver. Staaten), in Norwegen, Korea, Mexiko, Jugoslavien, Tsumeb (SA) u. a. O.

Molybdän dient u. a. zur Stahlveredlung (Schnelldrehstähle).

f) Salze der Kieselsäure (Silikate)

Die *Silikate* sind Verbindungen von Kali, Natron, Kalk, Magnesia, Eisen und Tonerde mit verschiedenen Kieselsäuren: Orthokieselsäure (H_4SiO_4) und Metakieselsäure (H_2SiO_2). Diese Gruppe gehört zu den chemisch verwickeltsten aller Mineralabteilungen. Ihre Bedeutung beruht darauf, daß sie mit r. 60% die Hauptbestandteile aller Massengesteine darstellen und daher am Aufbau der Erdkruste sehr erheblichen Anteil nehmen.

Technisch finden sie z. T. als Edelsteine oder Nutzgesteine Verwendung. Da die sehr artenreiche Gruppe der Silikate nur wenige für den Bergmann wichtige Erze führt, soll sie hier nur kurz behandelt werden.

α) *Gruppe der Feldspäte*

Die *Feldspäte* bilden eine wichtige Gruppe gesteinsbildender Minerale. Es sind wasserfreie Alkali- oder Kalk-Tonerdesilikate mit zwei Spaltrichtungen. Die vorwiegend in Eruptivgesteinen auftretenden Feldspäte kristallisieren monoklin (Abb. 339) und triklin. Sie sind durchsichtig, trüb, undurchsichtig sowie licht gefärbt und stellen Mischkristalle der drei Komponenten: Kalifeldspat, Natronfeldspat und Kalknatronfeldspat dar. H. 6, W.

Abb. 339. Gruppe von *Feldspatkristallen* (Orthoklase). Schwarzwald. Slg. W. B. Bochum

2,5. Die monoklinen Feldspäte (*Orthoklase*)[1] sind mit 90° gerade spaltend und die triklinen *Plagioklase*[2] mit r. 86° schief spaltend. Ihre Kristalle,

---

[1] gr. orthós = rechter Winkel, klásis = Spaltung. — [2] gr. plágios = schief.

welche gerne Zwillinge bilden, sehen einander ähnlich und sind äußerlich oft schwer zu erkennen.

Bei ihrer Verwitterung entstehen durch Verlust der alkalischen Bestandteile:
Ton, Muskowit, Lehm und schließlich Ackererde.

Man kann unterscheiden:

Orthoklase. Die oft rosa gefärbten *Orthoklase* oder *Kalifeldspäte* $KAlSi_3O_8$
kristallisieren monoklin, vielfach in Form von Zwillingen, u. zw. je nach der Verwachsung als „Karlsbader" (Abb. 267), „Bavenoer" und „Manebacher" Zwillinge.

Nach Ausbildung und Farbe gibt es folgende Unterarten: *Gemeiner Feldspat*,
Sanidin[1] (*Mondstein*) und *Adular*[2]. Dazu tritt der „trikline" *Mikroklin*[3] ($KAlSi_3O_8$)

(darunter der blaugrüne, als Schmuckstein dienende *Amazonit*) von Kolorado,
Ural und SWA.

Plagioklase. Sammelname für alle triklinen Kalknatronfeldspäte (isomorphe
Mischung von $NaAlSi_3O_8$ und $CaAl_2Si_2O_8$),
mit meist geriefter Oberfläche (Zwillings-
streifung) und reicher Zwillingsbildung
wie beim Orthoklas.

Sie werden gegliedert in *Natronfeld-
späte* oder *Albite*[4], $NaAlSi_3O_8$, in *Kalk-
feldspäte* oder *Anorthite* $CaAl_2Si_2O_8$ und
in *Kalknatronfeldspäte* (Oligoklas, Andesin
und Labradorit).

Abb. 340. *Leuzitkristall* (Ikositetraeder) im
Leuzitbasalt des Laacher Seegebietes.
Slg. W. B. Bochum

Die Feldspäte finden u. a. in der keramischen Industrie ausgiebige Verwendung.

Typische Feldspatvertreter sind die in Eruptivgesteinen nicht seltenen *Leuzite*[5]
(Abb. 340) und *Nepheline*[6].

β) Gruppe der Glimmer

Die Minerale der Glimmergruppe kristallisieren monoklin in sechsseitigen Säulen (pseudohexagonal). Nach einer Richtung vollkommen
spaltbar, elastisch und biegsam. Die Spaltfläche hat Perlmutterglanz,
daher der Name „Glimmer". Chemisch sind es hydroxylhaltige Silikate,
die außer Tonerde und Kieselsäure entweder vorwiegend Kali, Lithium
oder Magnesia enthalten. Wegen ihres großen Anteils am Aufbau aller
Gesteine (u. zw. der Eruptivgesteine, der kristallinen Schiefer- und der
Sedimentgesteine) handelt es sich um wichtige Minerale. Wir unterscheiden u. a.:

Muskovit[7] (Kaliglimmer) $KAl_2(OH, F)_2[AlSi_3O_{10}]$ findet sich in Blättern
(sechsseitigen Tafeln) und monoklinen Säulen. Höchst vollkommen spaltbar, biegsam, elastisch, völlig durchsichtig und meist hellgelb gefärbt

---

[1] gr. sánis = Tafel (entsprechend der Form der Kristalle).
[2] lat. mons adula = St. Gotthard. — [3] gr. klínein = neigen.
[4] lat. álbus = weiß. — [5] gr. leukós = weiß.
[6] gr. nephelé = Wolke, Nebel. — [7] vítrum moscovíticum.

(sog. „heller" Glimmer). Er hat aber auch eine bräunliche bis grünliche Farbe und besitzt Perlmuttglanz. Sehr häufig vorkommender Glimmer. Feinschuppiger, seidenglänzender Muskowit wird „Serizit" genannt. H. 2, W. 2,7. Hauptvorkommen u. a. Ural, Ostafrika, Kamerun, Ver. Staaten.

Biotit[1] (Magnesiaeisenglimmer) $K(Mg, Fe^{II})_3(OH)_2[(AlFe^{III})Si_3O_{10}]$ ist dem Muskovit ähnlich, aber durch Eisenoxyd schwarzbraun bis tief-schwarz gefärbt (sog. „dunkler" Glimmer, Abb. 341). Hat wegen seines goldschimmern-den Aussehens bei der Verwitterung den Namen „Katzengold" erhalten. Obwohl sehr häufig, kann er wegen seiner Undurchsich-tigkeit technisch nicht verwendet werden.

Außer diesen Arten unterscheidet man noch: *Phlogopit* (Magnesiaglimmer), *Chlorit*[2] (grünlich gefärbt), *Lithionglimmer* (pfirsichrot), *Fuchsit* (smaragdgrün).

Abb. 341. Spaltblatt eines sechssei-tigen monoklinen *Glimmerkristalls* (Biotit). Zermatt (Schweiz). Slg. W. B. Bochum

Vorkommen und Verwendung. Wichtige Lager-stätten meist pegmatitischer oder pneumatolyti-scher Natur liegen in der Prov. Bihar (Indien), im Ural, Ver. Staaten, Ulugurugebirge (Ostafrika) u. a. Ländern. Glimmer dient u. a. als vortreffliches Isolationsmaterial in der Elektroindustrie sowie für Fensterscheiben und Schutzbrillen. Welterzeugung etwa 40000 t 1950.

In diese Gruppe gehört auch der *Glaukonit*[3], ein wasserhaltiges „Eisenalumi-niumsilikat" (mit 2—15% K_2O) in strandnahen marinen Ablagerungen. Dunkel-grüne, glänzende Körner, die u. a. die Grünsande des westfälischen Kreidemergels, z. B. den „Essener Grünsand", kennzeichnen.

Genannt seien ferner die Eisenoxydsilikate: *Thuringit* und *Chamosit*, die stellen-weise als Eisenerze gebaut werden.

γ) *Gruppe der Granate*

Granat[4] ist der Name für eine Reihe sehr verbreiteter isomorpher Mischungen, die nach ihrer Zusammensetzung und Farbe verschieden, in ihrer Kristallform aber gleich sind. Chemische Zusammensetzung: kieselsaure Salze mit Metallen, die die Farbe bedingen. Durchsichtig bis undurchsichtig, glasglänzend, selten farblos sind sie in allen Farben ver-treten. H. 6,5—7,5, W. über 3,4.

Die Granate kristallisieren regulär, und zwar besonders als Rhom-bendodekaeder („Granatoeder", Abb. 342). Ihre Farbe ist je nach der chemischen Zusammensetzung verschieden, aber meist rot. Man unter-scheidet blutrote Granate: wie Pyrop[5] (böhmischer Granat) und Alman-

---

[1] nach dem französ. Physiker BIOT benannt. — [2] gr. chlorós = grün.
[3] gr. glaukós = blau, glänzend. — [4] lat. gránum = Korn.
[5] gr. pyropós = von feurigem Aussehen.

din[1] (Karfunkel), rotgelbe Steine (Hessonite), bräunliche und stachel-
beergrüne Granate (Grossulare)[2] sowie schwarze Granate (Melanite[3]) u. a.

Abb. 342. *Granatkristalle* (sog. „Granatoeder"). Norwegen

Blutrote Granate aus Kimberley (SA) werden fälschlich als „Kaprubine" bezeichnet.

Vorkommen und Verwendung. Häufig in kristallinen Schiefern: Tirol, Ceylon,
Brasilien, Trebnitz (Böhmen), Madagaskar u. a. O. Die durchsichtigen werden
wegen ihrer Härte und ihrer schönen Farben viel zu Edelsteinen geschliffen
(Granatschmuck). Dienen auch als Ersatz für Rubine in der Uhrenindustrie.

Granat war der Modestein des vergangenen Jahrhunderts.

δ) *Augit-Hornblendegruppe*

Augit[4] und *Hornblende*[5] sind Kalk-Magnesiasilikate mit Eisen und
Tonerde von schwankender chemischer Zusammensetzung. Sie kristallisieren monoklin, rhombisch oder triklin. Ihre Farbe ist bei beiden
dunkelgrün oder dunkelbraun bis fast schwarz bei starkem Hornglanz.
H. 5—6, W. 3. Sehr häufige Bestandteile vieler Eruptivgesteine. Unterscheidung für den praktischen Bergmann nicht ganz leicht:

Augit (Pyroxen)[6]. Kristalle kurz prismatisch mit *achtseitigem* Querschnitt, ge-
neigtem Dach aus zwei Flächen und einem *Spaltungswinkel* von 87° (Abb. 343).

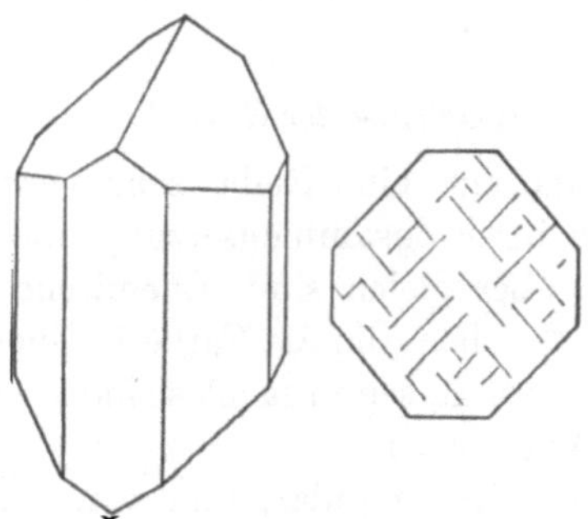

Abb. 343. *Augitkristall* mit achtseitigem Querschnitt und Dach aus zwei Flächen. Eifel

---

[1] Verstümmelt nach dem Ort Alabanda. — [2] lat. grossulária = Stachelbeere.
[3] gr. mélas = schwarz. — [4] gr. augé = Glanz.
[5] Wegen des hornartigen Schimmers.
[6] gr. pýr = Feuer, xénos = Fremdling.

Zu der *Augitgruppe* zählen: Diallág, Diopsíd (flaschengrün), gemeiner Augít und der hellgrasgrüne Jadeít $NaAlSi_2O_6$ (Material für vorgeschichtliche Steinbeile und für Kunstgewerbe).

Hornblende (Amphibol)[1]. Kristalle langprismatisch bei *sechsseitigem* Querschnitt, flachem Dach aus drei Rhomben und einem *Spaltungswinkel* von 124° (Abb. 344).

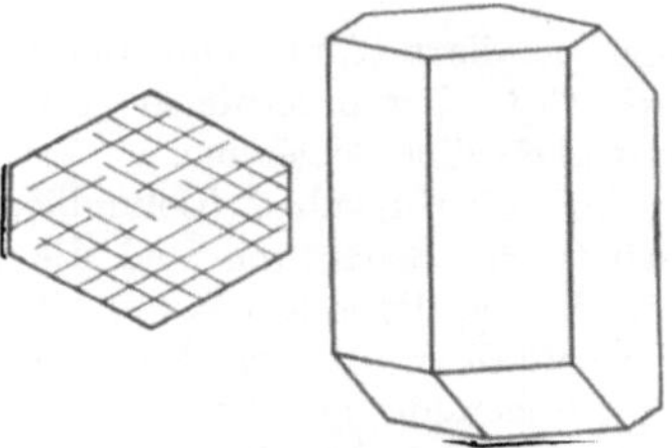

Abb. 344. *Hornblendekristall* mit sechsseitigem Querschnitt und Dach aus drei Rhomben. Eifel

Zur *Hornblendegruppe* gehören u. a.: Tremolit, Strahlstein, gemeine Hornblende und der hellgrüne Nephrit[2] (Beilstein), Asbest.

Preis für Jade bis 70 DM/g 1958.

ε) *Gruppe der Edel- und Schmucksteine (Silikate)*

Diese Gruppe umschließt u. a. eine Reihe wichtiger *Edelsteine*, die z. T. auch bergbaulich von Bedeutung sind. Hiervon abgesehen haben manche schöne Einzelminerale dieser Gruppe von jeher wegen ihrer Farbe und Kristallform das Interesse des Bergmanns erregt.

Olivin (Peridotit) $(MgFe)_2SiO_4$ u. a. isomorphe Silikate. Der rhombisch kristallisierende *Olivin* ist nach seiner olivgrünen Farbe benannt. Hauptkristallform prismatische Säule. Überaus verbreiteter Gesteinsgemengteil.

Vornehmlich in basischen Eruptivgesteinen (insbes. Basalten). Infolge oft vorhandener Nickelführung können durch Verwitterung des Olivins Nickellagerstätten entstehen. Wird durchsichtig und gelbgrün als Edelstein (*Chrysolith*) verwandt.

Beryll $Be_3Al_2Si_6O_{18}$. Das Mineral *Beryll*[3] umfaßt eine Reihe hexagonal (prismatisch) kristallisierender Edelsteine, die in der Zusammensetzung (Berylliumaluminiumsilikate) im wesentlichen gleich, in der Farbe aber verschieden sind. H. 7,5—8, W. 2,6. Es werden u. a. unterschieden:

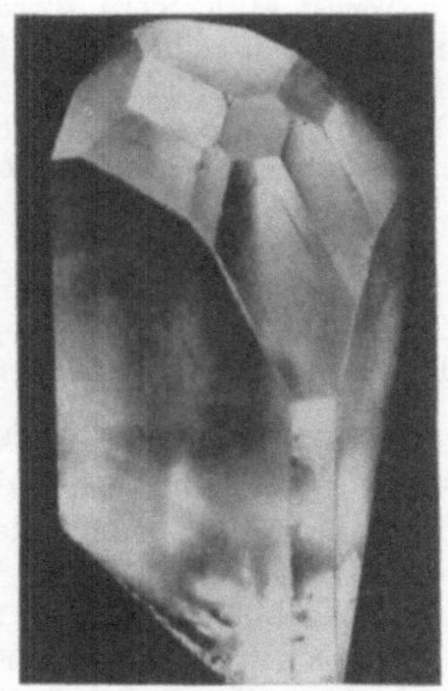

Abb. 345. Sechsseitige Säule eines Berylls. Minas Geraes (Brasilien)

---

[1] gr. amphíbolos = zweideutig, weil mit Turmalin verwechselbar.

[2] gr. nephrítes = Niere.

[3] gr. béryllos = Beryll, daher das Wort „Brille" (im Altertum wurde Beryll als Brillenmaterial verwendet).

Gemeiner Beryll. Weiße bzw. undurchsichtige Kristalle von oft bedeutender Größe (meterhohe, dicke, sechsseitige Säulen) (Abb. 345). H. 8, W. 2,3. Vorkommen u. a. in kristallinen Schiefern und in Graniten Süddakotas, Kolumbiens, des Urals, Brasiliens. Dient der gemeine Beryll heute als Vergütungsmittel in der Elektrotechnik bzw. zur Gewinnung des Leichtmetalls Beryllium (Preis je 1 kg = 250 Dollar), so werden die edlen Abarten zu Schmuckgegenständen verarbeitet. Zu den *edlen* gehören:

Smaragd[1]. Tief grasgrüne Beryllart (Aluminium-Beryllium-Silikat). Smaragde von intensiv grüner (durch Cr_2O_3 hervorgerufener) satter Farbe gelten neben fehlerfreien Rubinen als *wertvollste* aller Edelsteine.

Hauptfundorte: Muzo- und Chivorgruben (Columbien), Swerdlowsk (Ural), USA, Indien. Ohne wirtschaftliche Bedeutung sind die früher bekannten Vorkommen im Habachtal bei Salzburg. Preis je 1 Karat 20—8000 DM 1958.

Smaragd kann auch synthetisch in schönen, bis 1 cm großen Kristallen hergestellt werden. Diese (sog. „Igmeralde") sind wegen ihrer langen Bildungsdauer („Smaragdsynthese") wertvoll.

Goldberyll. Goldgelbfarbige Berylle: Ural, Brasilien und Ceylon.

Aquamarin[2]. Blaßmeergrün bis tiefblau, meist auf Drusenräumen im Granit. Kristallisiert hexagonal (Abb. 346). Sehr geschätzter Edelstein. H. 7,5—8, W. 2,7. Fundorte vorwiegend Minas Geraes (Brasilien), Madagaskar, Ural, Spitzkopje (SWA) und USA. Die meisten der gehandelten Aquamarine sind synthetischer Natur (hergestellt nach der „Spinell"-Synthese[3]). Die grünen Farben der natürlichen Aquamarine können durch „Brennen" in blaue umgewandelt werden. Aquamarin ist unmittelbar synthetisch nicht herstellbar. Er ist einer der Modesteine der letzten Jahrzehnte und kostet je 1 Karat r. 3—175 DM 1958.

Abb. 346. Aquamarinkristall (Brasilien). Slg. W. B. Bochum

Weitere Schmucksteine aus dieser Gruppe sind u. a.:

Topas[4] $Al_2(F_2|SiO_4)$. *Topas* besteht aus Kieselsäure, Tonerde und Fluor. Das rhombisch in Säulen kristallisierende Mineral zeigt in der Färbung große Mannigfaltigkeit. Es ist selten farblos, meist schön weingelb, bräunlich und rosa, seltener blau und braun gefärbt. H. 8, W. 3,5. Typisch pneumatolytisches Mineral.

Insbesondere der Edel- bzw. Goldtopas ist ein beliebter Edelstein. Preis je Karat 3—150 DM 1958.

Als wichtigste Fundorte gelten u. a. Brasilien, Ural, Sibirien, Ceylon, kleine Spitzkopje (SWA) und Schneckenstein (Sachsen). Wird durch Erhitzen rosarot. Die Mehrzahl der Handelstopase ist durch Erhitzen von Amethysten entstanden. Früher Modestein der Fürstenhäuser.

Turmalin[5]. Gut kristallisiertes Mineral in vielen Eruptivgesteinen, u. zw. ein Tonerdesilikat von schwankender Zusammensetzung (mit Borgehalt) und verschiedenen, oft zonar angeordneten Farben.

---

[1] gr. smáragdos = grüner Edelstein.
[2] lat. áqua marína = Meerwasser.
[3] lat. spinéllus = Schlehe (dieser Farbe entsprechend).
[4] sanskrit tapas = Feuer. — [5] Aus singhalesisch = turamali.

Zum Beispiel: *Schörl* (schwarz), *Rubellit* (rot), Indigolith (blau). Die Kristalle (mit zweifarbigem Dichroismus) werden durch Reiben elektrisch. H. 7, W. 3—3,25. Ohne Spaltbarkeit. Pneumatolytisch entstanden. Turmaline sind nicht synthetisch herstellbar (wohl turmalinfarbene Spinelle). Preis je Karat grün 20—100 DM/1958.

Hauptfundorte: Madagaskar, Brasilien, Ceylon, Usakos (SWA), Ver. St.

Zirkon[1] $ZrSiO_4$. Vielfach gut kristallisiertes Mineral verschiedener Farbe: meist weiß, gelb, braun, orangerot (Hyazinth)[2], grün oder violett. Große W. (3,9 bis 4,7), H. 7,5. Zeigt Diamantglanz und Radioaktivität (wegen seines Thoriumgehaltes). Glasklare Zirkone werden als Diamantersatz verwendet. Hauptfundorte: Australien, Brasilien, Hinterindien, Ceylon, Birma und USA, wo sie vorwiegend aus „Seifenlagerstätten" gewonnen werden. Preis 3—50 DM/Karat 1958.

Lasurstein (Lasurit) $3\,NaAlSiO_4 \cdot Na_2S$. Das auch als „Lapislazuli"[3] bezeichnete Mineral ist ein Mischsilikat (oft mit feinen Schwefelkieseinsprenglingen) von tiefer blauer Farbe. Bekannter und beliebter Schmuckstein. Wurde früher als Farbe (Ultramarin) verwendet. Hauptfundort: Zentralasien, Afghanistan und Chile.

Material für die bekannten „Skarabäen" (altägyptische Siegelsteine).

Rhodonit $MnSiO_3$. Mangansilikat, rosafarbig bis bläulich-rot. H. 5,5—6,5, W. 3,5. Wichtige Fundorte: Kalifornien, Broken Hill (Australien) und Sibirien. Hauptverwendung zu kunstgewerblichen Gegenständen.

ζ) *Tongruppe*

Die Minerale der Tongruppe sind sekundärer Natur, d. h. aus der Verwitterung bzw. thermalen Zersetzung wasserhaltiger Tonerdesilikate (Feldspäte) hervorgegangen. Hierbei verlieren die Gesteine ihre Alkalien (K, Na), während Kalk, Tonerde, Kieselsäure, Quarz und Glimmer zurückbleiben.

Hauptminerale der Tone sind: *Montmorillonit* $(Al_2[(OH)_2]Si_4O_{10}) \cdot nH_2O$ sowie *Bentonit, Leverrierit, Nontronit* und z. T. *Kaolin.*

Kaolin[4]. Hauptsächlich aus Kaolinit bestehend, ist weiß, erdig, locker, an der Zunge klebend, unschmelzbar und bildet, mit Wasser angerührt, eine plastische Masse, die beliebig geformt werden kann.

Es entsteht bei der vollständigen Zersetzung meist feldspatreicher Gesteine (Granit, Quarz-Porphyr u. a.) im warm-feuchten Klima z. B. der Tertiärzeit durch saure Wässer oder durch Einwirkung postvulkanischer Säuerlinge im Gefolge vulkanischer Vorgänge vielfach in bauwürdigen Mengen.

Kaolin findet im reinen (eisenfreien) Zustande zur Herstellung des Porzellans[5] Verwendung.

Bauwürdige Kaolinlagerstätten treten u. a. in der Oberpfalz, Rhein, Schiefergebirge, Mitteldeutschland (Halle und Meißen), ferner bei Karlsbad und Pilsen, in Cornwall (England), Limoges (Frankreich), China u. v. a. O. auf.

Hauptverwendung in der keramischen Industrie. Für die Herstellung feuerfester Steine darf der Ton weder Feldspat noch Kalk oder Eisen enthalten und auch bei den höchsten Temperaturen nicht schmelzen oder sintern. Wichtige Erzeugnisse sind u. a. die „Schamottesteine" für die zum Schmelzen dienenden

---

[1] franz. jargon (Kauderwelsch). Fachausdruck franz. Juweliere für diamantähnliche Steine. — [2] gr. hyákinthos. — [3] lat. lápis = Stein, arab. azul = blau.

[4] Nach dem chinesischen Berge Kau Ling.

[5] Nach porcélla = Name der Porzellanschnecke.

Glashäfen und für Koksöfen, die die höchsten Temperaturen aushalten müssen.
Die Feuerfestigkeit der Tone wird mittels des sog. „Seegerkegels"[1] festgestellt.
Auch im Ruhrbezirk gibt es hochfeuerfeste Tone (mit Seegerkegel 35), u. zw.
dünne weißbrennende „Tonsteineinlagerungen", wie ich sie in den Flözen Erda
und Hagen der Dorstener Schichten feststellen konnte.

η) Serpentin-Talkgruppe

Serpentin[2] ist ein wasserhaltiges Magnesiumsilikat mit mehr oder
weniger Eisenoxydul $H_4Mg_3Si_2O_9$. Es tritt nur in mikrokristallinen
Aggregaten auf, u. zw. in meist dichter, faseriger oder blättriger Form.
H. 3—3,5, W. 3,8.

Das gesteinsbildende, in Form von Lagern, Gängen und Trümmern in kristallinen
Schiefern und Kalksteinen auftretende Mineral ist vorwiegend aus der Zersetzung
von basischen Eruptivgesteinen (Olivin- und Hornblende- bzw. Peridotitgesteinen)
hervorgegangen. Dahin gehören:

Asbest[3] (faserige Abart der Hornblende und des Serpentins). Er bildet
für sich stenglige bzw. faserige Massen, deren Fasern senkrecht zu den
Kluftflächen stehen (Abb. 347 u. 348).

Abb. 347. Querfasrige *Asbestlagen* im Nebengestein.
Shabani-Mine in Südrhodesien (Südafrika).
Aufn. d. Verf.

Abb. 348. *Gefaserter Asbest.*
Südrhodesien (Südafrika).
Slg. W. B. Bochum

Je länger und feiner die Fasern, je wertvoller ist das Material. Bauwürdige Vorkommen finden sich in Zöblitz (Sachsen), Quebeck (Kanada), Swaziland (SA),
Shabani-Mine (Rhodesien), Schlesien, Ural, Zypern u. a. v. a. O. Die vielseitige
Verwendung des Asbests beruht auf seiner Unverbrennlichkeit (Schutzkleidung),
schlechten Wärmeleitung (Isolierplatten) und Widerstandsfähigkeit gegen Säuren.

---

[1] Es entspricht z. B. Seegerkegel 36 = 1790° C.
[2] lat. serpentínus = schlangenartig.
[3] gr. ásbestos = unverbrennlich.

Talk ist ein weiteres wasserhaltiges Magnesiumsilikat $Mg_6(OH)_4[Si_8O_{20}]$. Ist das erste Glied der Härteskala. Talk bildet blättrige, schuppige und dichte, sich fettig anfühlende Massen, H. 1, W. 2,7.

Talk ist meist sekundär aus der Zersetzung tonerdefreier Minerale hervorgegangen (Göpfersgrün, Schottland, Ver. Staaten). Bekannt ist die als Bildschnitzmaterial verwendete Abart des „Specksteins" sowie seine Benutzung für Isolatoren, als Schneiderkreide und Puder. Vorkommen in vielen metamorphen Gesteinen.

Meerschaum[1] bildet weiße, feinerdige, milde, poröse Knollen aus wasserhaltigem Magnesiumsilikat. Findet sich hauptsächlich in Kleinasien und in Algier. H. 2—2,5, W. 1,5—2 (schwimmt anfänglich auf Wasser) (Abb. 349).

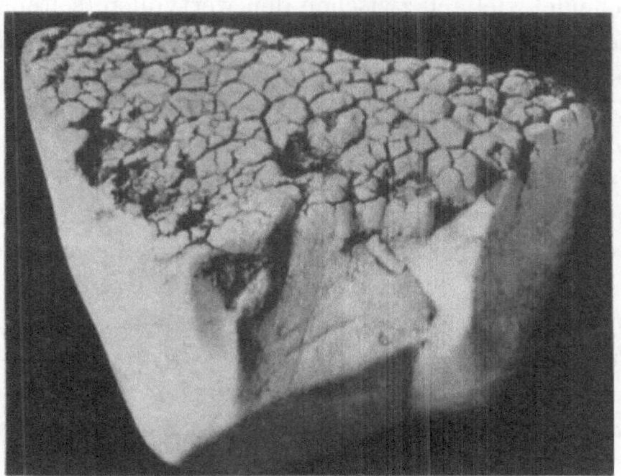

Abb. 349. Meerschaum mit Schrumpfrissen. Mähren

Der an der Zunge haftende Meerschaum ist wie Serpentin ein Verwitterungsprodukt und u. a. durch postvulkanische Vorgänge entstanden. Wird zu Pfeifenköpfen, Zigarrenspitzen u. a. verwendet. Wichtiges Vorkommen Eskischehir (Kleinasien).

ϑ) Die Zeolithgruppe[2]

Wasserhaltige, kristallisierte Natrium- und Aluminiumsilikate sehr verschiedener Ausbildung, den Feldspäten ähnlich. Vorwiegend auf Klüften und in Mandelräumen jungvulkanischer Gesteine (Phonolith, Trachyt, Basalt). Zeigen vielfach schöne nadelige oder säulige Kristallformen. Alle werden durch Salzsäure zersetzt.

Sie stellen Erzeugnisse der Verwitterung und hydrothermalen Zersetzung dar. Genannt seien *Natrolith, Heulandit, Desmin, Analcim*[3], *Harmotom, Phillipsit, Chabasit* u. v. a.

---

[1] arab. myrschen = Meerschaum.

[2] gr. zéo = koche, líthos = Stein; so genannt, weil sie vor dem Lötrohr schwellen (kochen). — [3] gr. ánalkis = schwach.

Da sie technisch und wirtschaftlich nur geringe Bedeutung haben, seien sie im einzelnen nicht näher besprochen.

Edelsteine[1]

Wegen der besonderen Stellung der *Edelsteine* unter den Mineralen soll ihrer hier nochmals zusammenfassend gedacht werden. Bekanntlich beruht ihre Wertschätzung als edle Steine sowohl auf ihren physikalischen Eigenschaften, und zwar der Durchsichtigkeit, der schönen Farbe, dem Glanz, dem Feuer, der Härte, als auch auf ihrer Seltenheit und Widerstandsfähigkeit sowie auf Modelaune, nicht zuletzt aber auf der Unzerstörbarkeit ihres inneren Wertes.

Man unterscheidet vielfach zwischen den wertvollen (selteneren) *Edelsteinen* und den weniger edlen (häufigeren) *Schmucksteinen* (Halbedelsteinen), ohne hier scharfe Grenzen ziehen zu können.

Zu den *Edelsteinen* im engsten Sinne gehören: *Diamant, Smaragd, Rubin* und *Saphir* (sog. „Juwelen"). Dazu treten weiter: *Aquamarin, Edelopal, Beryll, Spinell, Alexandrit*[2] (*Chrysoberyll*), *Turmalin, Kunzit. Granat, Edeltopas, Zirkon, Hyacinth, Chrysolith, Amazonit, Heliodor* u. a.

Abgesehen von den vorgenannten Edelsteinen gibt es noch eine Menge anderer Schmucksteine[3], die im Handel z. T. mit irreführenden Namen belegt werden, wie *Amethyst, Dioptas*[4] (Kupfersilikat, $Cu_6[Si_6O_{18}]6H_2O$), *Chrysopras, Rosenquarz, Rauchtopas, Olivin, Karneol, Heliotrop, Labrador, Opal, Mondstein, Rhodonit, Türkis, Chalzedon, Achat, Onyx, Citrin, Malachit, Azurit, Jadeit, Nephrit, Jaspis, Lapislazuli, Obsidian* und viele andere.

Die Edelsteine sind in der Natur auf verschiedene Weise entstanden (vgl. dazu die Ausführungen über die Entstehung der Minerale S. 178).

Seit einiger Zeit ist es gelungen, fast alle Edelsteine *künstlich* („synthetisch") herzustellen, u. zw. aus feiner Tonerde (mit färbendem Zusatz) durch die Hitze einer Knallgasflamme oder eines elektrischen Ofens in Form einer sog. „Schmelzbirne". Diese synthetischen Steine (sog. „I. G. Farbensteine") entsprechen bei Rubin, Saphir, Smaragd und gewissen Spinellarten hinsichtlich der chemischen Zusammensetzung, der Farbe, der Härte, des Glanzes und der Lichtbrechung fast den natürlichen echten Steinen. Sie werden aber im Handel als „Kunsterzeugnisse" bei weitem nicht so hoch bewertet. Nur dem Fachmann ist es möglich, sie u. a. durch die Form der Einschlüsse (Luftbläschen und Anwachsstreifen) und das

---

[1] Ganz allgemein unterscheidet man: a) *echte Steine* (Naturgebilde), b) *künstliche Steine* (synthetische) mit Eigenschaften der echten Steine und c) *Imitationen* (Nachbildungen aus Glas), die nur dem Äußeren, aber nicht den Eigenschaften der echten Steine entsprechen.

[2] Nach dem russischen Zar Alexander II. Der grüne Alexandrit (Al_2BeO_4) wird bei Lampenlicht rot.

[3] Schmucksteine, die durch Erhitzen von natürlichen Mineralen entstanden sind, werden nicht als „künstliche" angesehen.

[4] gr. dioptomái = ich sehe durch.

Lumineszenzverhalten, als „synthetische" zu erkennen. Beim „König der Edelsteine" (Diamant) ist die künstliche Herstellung „größerer" Steine noch nicht gelungen. Auch die synthetischen Steine spielen für die feinmechanische Technik (als Lagersteine für Taschenuhren und Präzisionsinstrumente) wie auch für Juweliere (für billigen Schmuck) eine große Rolle.

Die hochwertigen Edelsteine werden nach Karat ($= \frac{1}{5}$ g), die weniger wertvollen nach Gramm gehandelt. Der Preisunterschied zwischen den echten und synthetischen Steinen ist sehr groß. So kostet z. B. ein Karat des synthetischen Rubins etwa 3,50 DM, eines echten Rubins jedoch r. 1500 DM; das Verhältnis ist also etwa wie 1 zu 430.

Lagerstättenlehre

Nur Verstand und Redlichkeit helfen,
es führen die beiden
Schlüssel zu jeglichem Schatz,
welchen die Erde bewahrt.

GOETHE

Im Hinblick auf die Unersetzlichkeit der Mineralvorkommen als Rohstoffgrundlagen für Wirtschaft, Leben und Technik besitzen die *Lagerstätten der Minerale* eine allgemeine große Bedeutung.

I. Allgemeiner Teil

A. Begriff der Lagerstätten

Unter einer Lagerstätte versteht man eine durch einen *natürlichen Entstehungsvorgang* örtlich hervorgerufene *Anhäufung nutzbarer Minerale* und *Gesteine* in der Erde, deren Abbau vernünftigerweise Gegenstand wirtschaftlicher Verwertung sein kann.

Eine möglichst genaue Kenntnis ihrer geologischen Verhältnisse und ihrer Bildungsgesetze ist gerade für den praktischen Bergmann wichtig.

Demgemäß stellt die *Lagerstättenlehre* als angewandte Geologie und Mineralogie die Lagerstätten der Minerale in den Vordergrund ihrer Betrachtung. Bildet doch die Kenntnis der Lagerstätte die elementare Voraussetzung für alle ihre Hereingewinnung betreffenden bergmännischen, technischen und wirtschaftlichen Maßnahmen.

Bei der Beurteilung einer Lagerstätte ist die Frage für den Bergmann von besonderer Bedeutung, ob sie „absolut" (d. h. unter allen Umständen) oder „relativ" (d. h. nur unter gewissen Voraussetzungen und Bedingungen) bauwürdig ist.

Es ist klar, daß die Begriffe absolut und relativ nicht allein durch die Art und Menge des Minerals und den Verkaufswert bedingt, sondern abhängig vom neuesten Stande der technischen, wirtschaftlichen und verkehrsmäßigen Verhältnisse eines Rohstoffvorkommens sind. So wird z. B. auch eine große Eisenerzlagerstätte in einem weitab von jedem Verkehr gelegenen Gebiete nur schwer bergbauliche Interessen finden, während ein kleines gutes Uranerzvorkommen, wenn auch in verkehrsmäßig ungünstiger Lage, ein mehr oder minder begehrtes bergbauliches Objekt sein kann.

Jedenfalls hängt die *Bauwürdigkeit* einer Lagerstätte von sehr vielen Faktoren ab, wie von der Vorratsmenge, den Gewinnungskosten, dem Preis des Bergbauerzeugnisses, dem Gehalt an nutzbarem Mineral, dem Stand der Bergbau- und Hüttentechnik, dem Weltmarkt, der geographischen Lage des Fundortes, den Arbeits-, Transport- und Lohnverhältnissen, der bergbaulichen Teufe und vielen anderen Umständen. Nicht minder wichtig sind Fragen nach ihrer Entstehungsgeschichte, der geologischen Position, dem Streben des Landes nach Selbstversorgung mit Rohstoffen und viele andere.

Neben den reinen *Mineralvorkommen* gelten als Lagerstätten auch noch manche andere Bodenschätze, wie *nutzbare Gesteine und Erden, Erdgase* und vor allem der *Wasserschatz* (das *Grundwasser* einschl. der Mineral- und Heilquellen).

B. Einteilung der Lagerstätten

Bei der Einteilung der Lagerstätten kann man bezüglich ihrer Gliederung von ihrem *Inhalt,* ihrer *Entstehung,* ihrer *Beziehung zum Nebengestein* sowie von ihren *äußeren Formen* ausgehen.

1. Gliederung nach Inhalt und Entstehung

Nach ihrem **Inhalt** lassen sich unterscheiden Lagerstätten der:

festen Brennstoffe (Steinkohle, Braunkohle),
Erze (d. h. Mineralgemenge, aus denen sich Metalle oder Metallverbindungen gewinnen lassen),
wasserlöslichen Salze (Stein- und Kalisalze),
Kohlenwasserstoffe (Erdöl, Asphalt, Erdwachs und Ölschiefer),
sonstigen Minerale, nutzbaren Gesteine und Erden,
Erdgase,
Edel- und Schmucksteine und die
Vorkommen von *Grundwasser* (einschl. der Mineral- und Heilquellen).

Im Hinblick darauf, daß sich alle lagerstättenbildenden Vorgänge teils unmittelbar, teils mittelbar auf entwicklungsgeschichtliche natürliche geologische Vorgänge zurückführen lassen, ist es wissenschaftlich exakter, die nutzbaren Lagerstätten zunächst einmal nach „genetischen", d. h. aus ihrer **Entstehung** innerhalb der Erdkruste abzuleitenden Gesichtspunkten zu betrachten. Steht doch gerade ihre Bildungsgeschichte mit der für den ausbeutenden Bergmann so wichtigen äußeren Form der meisten Lagerstätten in engem Zusammenhange.

Nach ihrer **Entstehung** erlauben die nutzbaren Vorkommen der Erdkruste — entsprechend den drei natürlichen gesteinsbildenden Vorgängen — auch eine *dreifache* Gliederung u. zw.:
Lagerstätten der magmatischen Folge, d. h. Lagerstätten, die aus einer der verschiedenen Bildungsphasen schmelzflüssiger Teile der Erdtiefe hervorgegangen sind,

Lagerstätten der sedimentären Folge, d. h. Lagerstätten, die auf Umsetzungs-
bzw. Neubildungsvorgänge von Mineralsubstanz an der Erdoberfläche zurückgehen,

Lagerstätten der metamorphen Folge, d. h. primär vorhandene magmatische
oder sedimentäre Lagerstätten, die in geringeren oder größeren Tiefen der Erdrinde bei höheren Drucken und Temperaturen ganz oder teilweise in ihrem Mineralbestand und Gefüge umgewandelt („metamorphosiert") worden sind.

Hinsichtlich der *Altersbeziehung* zum einschließenden *Nebengestein*
lassen sich die Lagerstätten weiter gliedern in solche, *die gleichzeitig* mit
dem Nebengestein (*syngenetisch*)[1] und solche, die *später* als das Nebengestein (*epigenetisch*)[2], u. zw. durch Zufuhr meist aus der Tiefe stammen-
der Magmen, Minerallösungen (Mineralthermen) oder Mineraldämpfe
entstanden sind.

Die Erkenntnis der *Entstehung* noch im Abbau stehender Lagerstätten ist mitunter sehr schwierig und bei manchen Vorkommen noch Gegenstand der Forschung[3].

Auf die vielen wissenschaftlichen Erfahrungen und Untersuchungsergebnisse
der Entstehungsgeschichte und der Gliederung der Erzlagerstätten, insbesondere
der tektonischen Analyse der Metallkomponenten der Vorkommen und deren Verwachsungsart, der paläogeographischen und paläogeomorphologischen Verhältnisse der Erzgänge u. a. m., kann hier nicht näher eingegangen werden.

2. Kennzeichnung nach der äußeren Form

Angesichts der vorwiegend bergmännisch-lagerstättentechnischen
Zwecke der Darstellung soll hier die **äußere Form** der Lagerstätten zugrunde gelegt werden, da sie ja unter Berücksichtigung von Mächtigkeit, Ausdehnung und Einfallen des Vorkommens die Erschließungs-
arbeiten (Ausrichtung, Vorrichtung und Abbau) maßgeblich beeinflußt.

Daß bei dieser Gliederung stellenweise genetisch ungleichartige Lagerstätten
zusammengefaßt und gleichartige auseinander gezogen werden, ist unvermeidlich.

Der *Form* nach unterscheidet man seit alter Zeit:

a) Plattenförmige Lagerstätten

Flöze. Dem geschichteten Gebirge vorwiegend konkordant eingeschaltete plattenförmige Mineralvorkommen, die im Verhältnis zu ihrer meist
relativ geringen Mächtigkeit eine große Länge und Breite besitzen und
sich durch nahezu parallele und ebene Begrenzungsflächen auszeichnen.
Ihre ursprünglich horizontale Ablagerung ist durch gebirgsbildende
Kräfte häufig gestört.

---

[1] gr. sýn = zusammen (gleichzeitig). — [2] gr. epí = auf (später).

[3] Es hat sich sogar herausgestellt, daß für vereinzelte, schwierig zu erkennende
Vorkommen eine richtige genetische Deutung erst nach vollkommenem Abbau
möglich ist.

Nach ihrer Entstehung handelt es sich in den Flözen durchweg um sedimentäre („syngenetische") Ablagerungen.

Zum Vergleich des Verhältnisses zwischen Mächtigkeit und Ausdehnung eines Flözes diene z. B. das Flöz *Sonnenschein* im Ruhrbezirk, das bei 1—2 m Mächtigkeit sich über einen Flächenraum von weit mehr als 3000 km² erstreckt.

Beispiele: Stein- und Braunkohlenflöze (Abb. 350), Kupferschieferflöz von Mansfeld u. a.

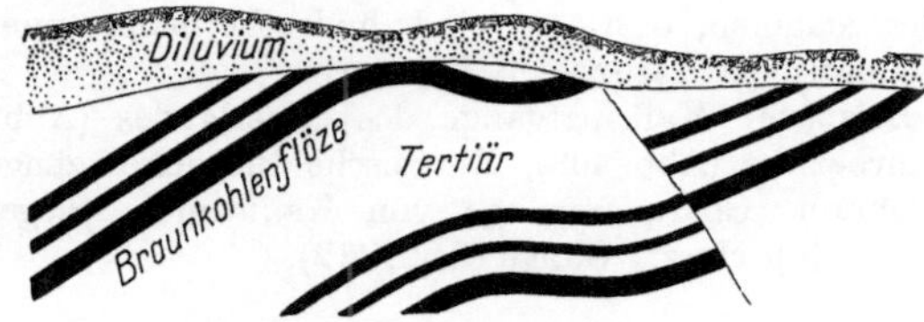

Abb. 350. Gefaltete und verworfene *Braunkohlenflöze* des Tertiärs. Cons. Fuchsgrube bei Frankfurt a. O.

Lager. Minerallagerstätten, die im Verhältnis zur Flächenausdehnung meist eine ziemlich große, aber oft wechselnde Mächtigkeit besitzen. Sie stellen im Querschnitt ± langgestreckte Linsen dar. Den Nebengesteinsschichten sind sie meist derart zwischengelagert, daß sie deren Faltungs-

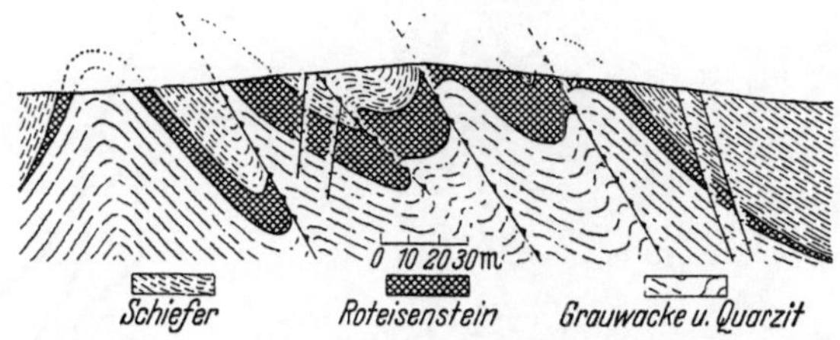

Abb. 351. Schichtenschnitt durch das stark gefaltete *Roteisensteinlager* des Prager Silurs (Nutschitz) unter Anreicherung des Erzes in den Mulden

und Zerreißungserscheinungen mitgemacht und örtlich durch Zusammenschiebung starke Mächtigkeitserweiterungen oder -verringerungen erfahren haben (Abb. 351).

Nicht selten überdecken die Lager das Liegendgestein diskordant, während die Hangendschichten mit dem Lager Konkordanz aufweisen, wie z. B. bei den meisten Transgressionslagerstätten der Eisenerze.

Der Entstehung nach können hier Ablagerungen magmatischer Natur (Intrusions- oder Eruptivlager), echte („syngenetische") Sedimente oder „epigenetische" Verdrängungslagerstätten vorliegen.

Beispiele: Eisenerzlagerstätten des Kirunatyps, Rot- und Brauneisenerzlager, Kalilager, metasomatische Bleizinkerzlager und Trümmerlagerstätten (Salzgitter) sowie Schwefelkieslager vom Rammelsberg und Meggen a. d. Lenne.

Gänge[1]. Ausfüllungen tektonisch aufgerissener Spalten mit Erzen[2] und sonstigen Mineralgemengen von plattenartiger Form, die gewisser-

---

[1] Es ist irreführend und unrichtig, sie als „Adern" zu bezeichnen.

[2] lat. aér, aeris = Erz. Unter „Erz" sind alle in der Natur vorhandenen Minerale und Mineralgemenge zu verstehen, aus denen sich Metalle erschmelzen lassen.

maßen vernarbte Wunden der Erdkruste darstellen. Daher ist der Ganginhalt stets *jünger* als das Nebengestein, also „epigenetisch".

Die Gänge verdanken ihre Entstehung meist den Absätzen aus der Tiefe von einem Pluton aufgestiegener heißer Minerallösungen (Thermen) bzw. Dämpfe oder Magmen, d. h. sie sind hydrothermaler, pneumatolytischer oder liquidmagmatischer Natur.

Beispiele: Kalkspatgänge des Sauerlandes (Abb. 352), Bleizinkerzgänge des Ruhrbezirks (Abb. 408), Rheinische Bleizinkerzgänge (Abb. 353), Erzgänge von Przibram, Goldquarzgänge von Kalifornien, Siegerländer Spateisensteingänge (Abb. 406), Harzer Gänge (Abb. 412).

Abb. 352. Kalkspatgänge im Massenkalk bei Hohenlimburg. Aufn. d. Verf.

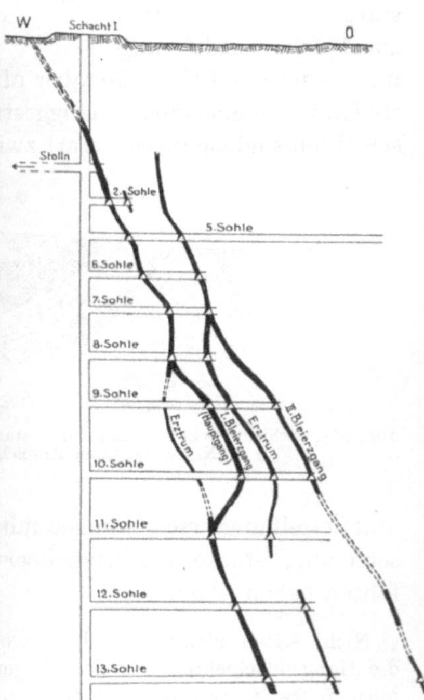

Abb. 353. Schematischer Querschnitt durch die Erzgänge der ehem. Zeche Verein. Glückauf bei Neviges. Nach PAECKELMANN

b) Lagerstätten von unregelmäßigen Formen

Stockwerke. Massige Gesteinszonen, die von zahllosen, $\pm$ schwachen Erzgängen netzartig durchschwärmt werden, derart, daß auch das Nebengestein auf feinsten Klüften mit Erz durchsetzt ist.

Da sich ein derartiges Vorkommen meist nicht scharf gegen das Nebengestein abgrenzt, muß unter Umständen die ganze erzführende Zone als Lagerstätte aufgefaßt werden, d. h. ist vom Bergmann abzubauen.

Der Entstehung nach gehören sie vielfach zu den sog. „pneumatolytischen" Lagerstätten.

Beispiel: Die Zinnerzvorkommen im sächsisch-böhmischen Erzgebirge (s. Abb. 354).

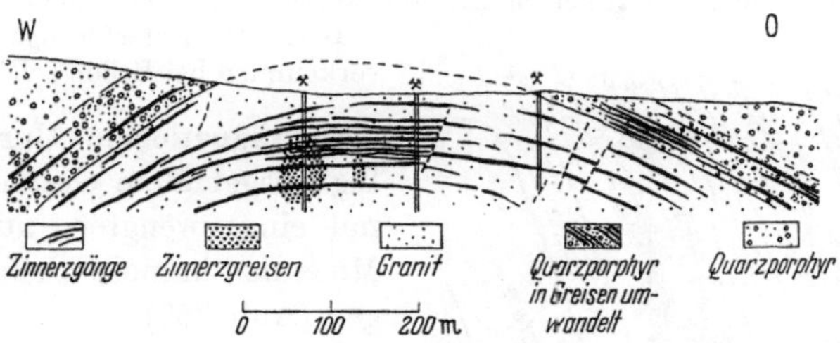

Abb. 354. Schematischer Querschnitt durch das Zinnwalder *Zinnerzstockwerk* (Granitstock mit Zinnerzgängen, sog. Flözen, und abgebauten Greisenzonen)

Stöcke. Meist $\pm$ unregelmäßig geformte, aber scharf begrenzte Mineralmassen von oft beträchtlichen Ausmaßen, die mitunter bis tief unter die Erdoberfläche reichen. Ringsum von Nebengestein umschlossen, durchsetzen sie diskordant die Hüllschichten.

Sie sind entstehungsgeschichtlich vielfach — aber nicht immer — magmatischen Ursprungs.

Beispiele: Ausscheidungen von Kupfererzen bei Montecatini (Toskana) (Abb. 355), von Nickelmagnetkies in Norwegen, von Magneteisenerzen des Urals, ferner Salzstöcke (Abb. 323).

Abb. 355. *Kupfererzstock* von Montecatini (Toskana). Umgez. nach vom RATH

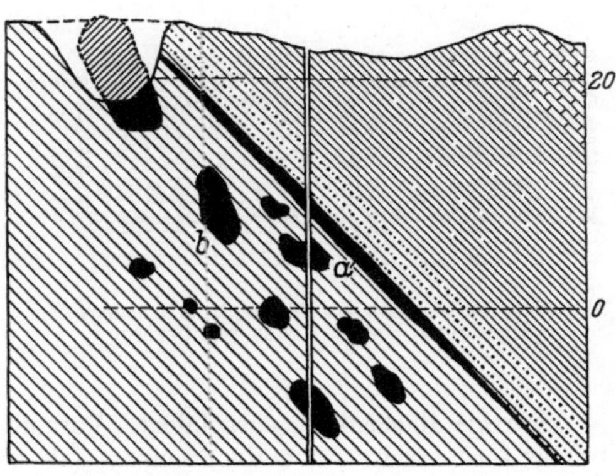

Abb. 356. Beispiele für *linsen-* (a) und *nesterförmige* Vorkommen (b)

Linsen, Nester, Putzen. Unregelmäßig begrenzte, größere oder kleinere Mineralanhäufungen im Nebengestein, die meist keine große Erstreckung im Streichen und im Fallen haben (Abb. 356).

Linsen haben meist nach allen Richtungen auskeilende Formen. Sie entstanden u. a. bei Ausscheidungen aus dem Schmelzfluß, bei metasomatischen Verdrängungsvorgängen und als sedimentäre Ablagerungen.

Als *Nester* und *Putzen* bezeichnet man meist unbedeutende zusammenhangslose Erzvorkommen verschiedenartiger Entstehungsweisen und jeden Alters.

Beispiel: Nesterförmige Zinkerzvorkommen bei Brilon i. W.

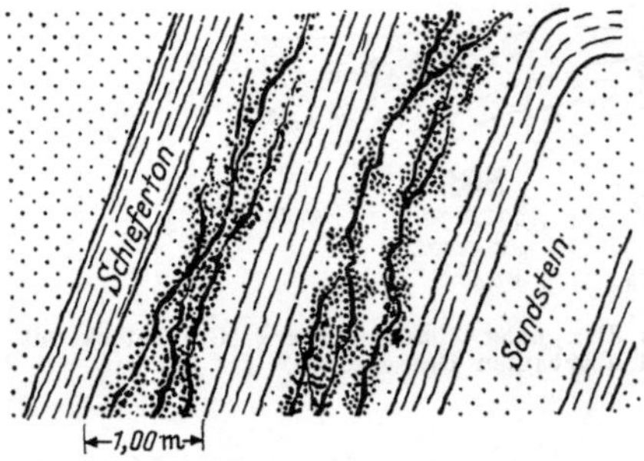

Imprägnationen. Unregelmäßig ausgebildete Gesteinszonen mit eingesprengten, nutzbaren Mineralen in meist kleinen Mengen (Abb. 357).

Dazu gehören die äußerlich sehr wechselvollen Verdrängungslagerstätten („metasomatische" Vorkommen). Auch die „konkretionären" Erzgebilde sowie die sog. „Fahlbänder"

Abb. 357. *Imprägnation* von Sandsteinbänken durch Malachit

(kristalline Gesteine mit bandförmigen Erzabsätzen) können hierhin gestellt werden.

Ihrer Entstehung nach sind die Imprägnationslagerstätten sehr verschiedenartiger Natur.

Beispiele: Erzimprägnationszonen in Kiruna (Lappland), am Rammelsberg und vielen anderen Orten, gewisse platinführende Gesteine in Südafrika, Toneisensteinkonkretionen der unteren Kreide bei Ochtrup-Bentheim (Abb. 358), Kiesfahlbänder Skandinaviens.

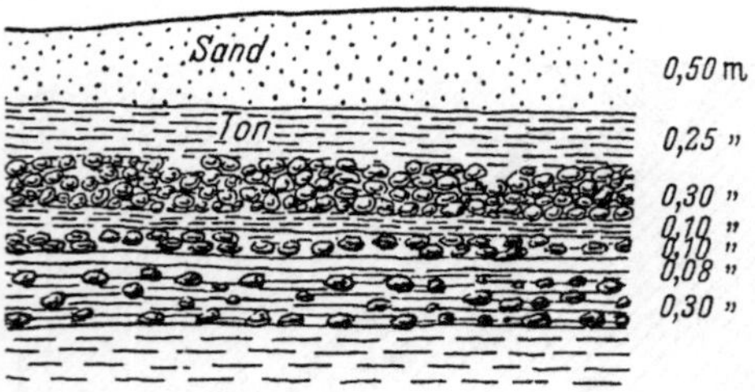

Seifen (Trümmerlagerstätten). Lockere (sandige und kiesige) zusammengeschwemmte Gesteinsablagerungen mit ± starker Anreicherung bestimmter Edelmetalle, Erze oder Edelsteine.

Abb. 358. *Konkretionen von Toneisenstein* in lagenweiser Anordnung. Untere Kreide von Ochtrup

Derartige flächenhaft ausgebildete Vorkommen sind durch Zertrümmerung primär anstehender Mineralvorkommen (als sog. „eluviale" Seifen) oder unter Weiterbeförderung des Materials in bewegtem Wasser und Absatz in Flüssen, See- oder Meeresbecken (als sog. „alluviale" Seifen) entstanden, wobei das Material nach der Wichte und der Korngröße sortiert wurde. Seifen können naturgemäß nur sehr widerstandsfähige Minerale bilden.

Beispiel: Gold- (Abb. 359), Platin- und Zinnseifen sowie Magneteisen-, Edelstein- (Diamant-, Granat- und Zirkon-)seifen vieler Länder. Dahin gehören auch die verfestigten „fossilen" Seifen, wie die präkambrischen Goldkonglomerate des Witwatersrandgebietes in Südafrika.

Eine besondere Art von Lagerstätten stellen die *Vorkommen des Erdöls* dar (Abb. 360).

Auf ihre von den vorgenannten abweichenden Ausbildungsformen wird im besonderen Teil noch näher eingegangen werden (s. S. 329).

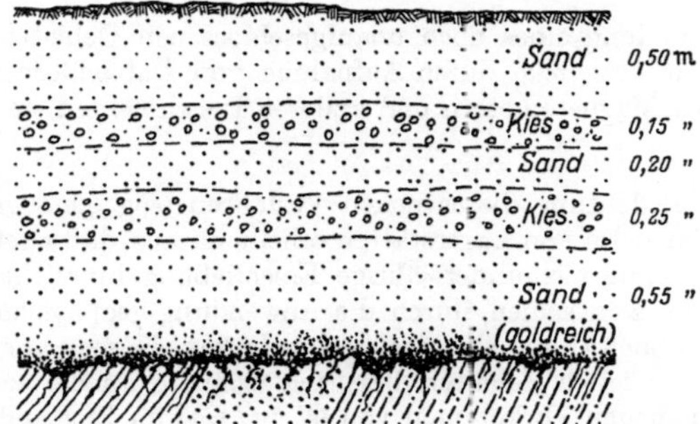

Abb. 359. Schematischer Schichtenschnitt durch eine kanadische *Goldseife*

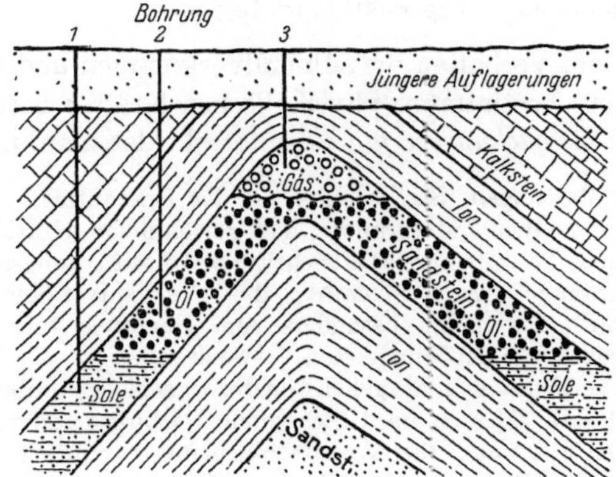

Abb. 360. *Öllagerstätte* vom Satteltypus (Schema). Im Scheitel Gas, auf den Sandsteinflanken Erdöl, in der Tiefe Sole bzw. Wasser

C. Aufsuchen von Lagerstätten

Bevor auf die verschiedenen Arten der Lagerstätten selbst eingegangen sei, soll noch kurz der mannigfachen *geologisch-bergmännischen Mittel zu ihrer Erforschung und Aufschließung* gedacht werden.

Bis in die Neuzeit ist der Nachweis von Lagerstätten nach erfolgter geologischer Vorprüfung und Kartierung durch die klassischen Verfahren der bergmännischen Oberflächenuntersuchung (Schurfgräben und Stollen, Aufschlußbohrungen u. a.) mit nachfolgender Weitererschließung durch Stollen und Schächte das übliche Verfahren gewesen.

Heute bedient man sich angesichts des Umstandes, daß in den alten, genau bekannten und durchforschten Kulturländern wichtigere neue

Funde wertvoller Mineralvorkommen nur noch selten an der Erdoberfläche gemacht werden, besonders zum Nachweis unter Deckgebirgsschichten und in der Tiefe *verborgener* Lagerstätten meist einer der neuzeitlichen *geophysikalischen Methoden*.

Zur ersten Erkundung eines noch unaufgeschlossenen Gebietes, wie im Ausland, kann auch das *Flugzeug* durch Aufnahme von Luftbildern unter Einsatz von Scintillometern, Magnetometern und anderen Instrumenten wertvollen Dienst leisten.

Die praktische Bedeutung dieser neuen Verfahren (sog. „moderne Wünschelruten") für den Nachweis von Lagerstätten erhellt daraus, daß auch der deutsche Boden, der durch seine vielhundertjährige Erschließung hinreichend auf Lagerstätten erforscht zu sein schien, durch die Anwendung geophysikalischer Untersuchungsmethoden noch Überraschungen gebracht hat, die man vor wenigen Jahrzehnten nicht für möglich gehalten hat. Ich erinnere an die erst seit einigen Jahren bekannten neuen Vorkommen von *Öl und Gas* im Emsland, verschiedene *Salzhorste* und *Öllagerstätten* im übrigen Norddeutschland, *Eisenerzvorkommen* von Damme, Gifhorn u. a. Die Zahl der hierdurch im *Auslande* nachgewiesenen — vorher ganz unbekannten — Lagerstätten ist Legion.

Bei den auf dem Verhalten der Mineralvorkommen und ihres Nebengesteins gegenüber bestimmten physikalischen Kräften beruhenden *geophysikalischen Untersuchungsverfahren* unterscheidet man u. a.:

a) Magnetische Messungen. Sie beruhen auf der Erkenntnis, daß eisen- und nickelhaltige Gesteine des Untergrundes das gewöhnliche Kraftfeld des Erdmagnetismus meßbar beeinflussen. Die wichtigsten Untersuchungsgeräte sind die „magnetische Feldwaage" (nach SCHMIDT), das „Vertikalvariometer" und das „Feldmagnetometer". Sie finden besonders zum Nachweis von Eisenerzlagerstätten und bei großregionalen Vorarbeiten Verwendung.

b) Gravimetrische Messungen. Sie gehen von der verschieden großen Anziehungskraft ungleich schwerer Massen im Untergrunde (Gebirgsmassive, Ozeanböden, Kontinentalschollen u. a.) aus. Ihre Apparate arbeiten nach dem Grundsatz des Abweichens nach der Richtung der größten Massenanziehung. Die früheren Schwerependel und Drehwaagen werden heute durch die sog. „Gravimeter" ersetzt. Besonders wichtig zur Feststellung von „Salzstöcken" im Untergrunde.

c) Die seismischen Verfahren[1]. Sie gründen sich auf der verschiedenen Leitfähigkeit der Gesteine für die Fortpflanzung künstlich durch Sprengungen erzeugter elastischer Erschütterungswellen (Abb. 361). Sie sind also gewissermaßen eine Art von Erdbebenmessung. Hierbei wird Verlauf und Lagerungsform von Mineralvorkommen durch das „Reflexions"- bzw. das „Refraktionsverfahren" festgestellt. Die große Zahl der hierdurch nachgewiesenen wertvollen Lagerstätten (Salzdome, Erdölvorkommen u. a.) beweist die hohe wirtschaftliche Bedeutung der seismischen Methoden.

d) Die geoelektrischen Verfahren. Sie stützen sich auf die Messung der verschieden großen elektrischen Leitfähigkeiten von Mineralen, Gesteinen und Wasser. Sehr wichtig sind auch die geoelektrischen Widerstandsmessungen von Gesteinen in unverrohrten Bohrlöchern nach dem „Schlumberger-Verfahren" geworden. Ihre Hauptbedeutung haben sie für Fragen der „Hydrologie" und „Ingenieurtechnik".

---

[1] gr. seismós = Erdbeben.

e) Die radioaktiven Methoden bedienen sich des Nachweises *radioaktiver Strahlen* von unmittelbar an der Oberfläche ausstrahlenden Erzgängen oder Erzkörpern durch das *Geiger-Müller-Zählrohr* und das Scintillometer (Lichtfunkendetektor).

Abb. 361. Schematische Darstellung der Erregung, Ausbreitung und seismographischen Aufzeichnung elastischer Bodenwellen. Nach L. MINTROP 1920

Besonders wertvoll ist dieses Verfahren für den Nachweis von *Uran(Radium)-Lagerstätten* geworden. Erfolgversprechend für die Suche nach derartigen Lagerstätten sind die vielfach unwegsamen, abgetragenen geologischen „Schilde" der Länder: Kanada, Skandinavien und Südafrika u.a., in denen Erzvorkommen unmittelbar an die Erdoberfläche treten und mit den neueren Methoden schon vom Flugzeug aus genau festgelegt werden können.

Für alle Rohstofferschließungen ist auch die Gewinnung wissenschaftlicher Erkenntnisse über das *Alter der geologischen Formation* bzw. der Horizonte, an die die Lagerstätten gebunden sind sowie ihre geologische Stellung (Entstehungsgeschichte und Tektonik) bedeutungsvoll. Neuerdings spielen bei der Untersuchung der Erdöllagerstätten u. a. sowie bei der Identifizierung der Stein- und Braunkohlenflöze auch *mikropaläontologische Durchforschungen* der erschlossenen Ablagerungen auf „Foraminiferen", „Ostrakoden" und „Pollen" eine Rolle.

Schließlich noch ein Wort zur *Wünschelrute*, die leider auch noch heute zum Nachweis von Minerallagerstätten in der Tiefe herangezogen wird. Trotz angeblich erzielter Erfolge steht durch wissenschaftliche Prüfung der sog. „Ergebnisse" der Wünschelrute fest, daß diese (aus Holz oder Metall) nur Vorgänge im Organismus der Rutengänger anzeigt. Keineswegs aber ist die Rute selbst durch Einwirkung von Ausstrahlungen seitens der Minerallagerstätte her beeinflußbar. Daher müssen alle der Wünschelrute zugeschriebenen Erfolge, ebenso wie die angeblichen Wirkungen sog. „Erdstrahlen" auf den Menschen, entweder als Zufallstreffer nach der Wahrscheinlichkeitsrechnung beurteilt oder ganz abgelehnt werden!

II. Besonderer Teil

Die wichtigsten Lagerstätten des deutschen Raumes

Im Hinblick auf den besonderen Zweck des Buches soll die Behandlung der Lagerstätten auf die Vorkommen des *deutschen Raumes* beschränkt bleiben.

Deutschland, insbes. die Bundesrepublik, ist, verglichen mit der Größe seines Gebietes, verhältnismäßig *reich* an Bodenschätzen aller Art. Wird doch der Gesamtwert der in der Bundesrepublik Deutschland vorhandenen Mineralvorkommen auf über 10000 Mia DM geschätzt. Neben bedeutenden Vorkommen an *Kohle* und *Salz* (einschließlich Kali) verfügt Deutschland noch über größere Lagerstätten an *Eisen-, Blei- und Zinkerzen,* so daß der Bedarf an Kohle, Salz, Eisen, Blei und Zink für Jahrzehnte gesichert ist. Dazu liegen die Hauptvorkommen (mit Ausnahme der oberschlesischen Bleizinkerze) in Westdeutschland. Bezüglich der meisten anderen Erze ist das Bundesgebiet jedoch auf Einfuhr aus dem Auslande angewiesen. Es ist deshalb ein Gebot der Selbsterhaltung, alle Lagerstättenvorkommen unseres Vaterlandes auf ihre Ausbeutbarkeit zu prüfen, bzw. großzügigst zu erschließen, notfalls sich im Ausland Ersatzlagerstätten zu sichern.

Insgesamt belief sich der Wert der aus deutschen Lagerstätten bergbaulich gewonnenen Minerale im Jahre 1952 auf r. 6,25 Milliarden DM.

Aus Gründen der besonders für den *Bergmann wichtigen Übersichtlichkeit* sollen hier die Mineralvorkommen gruppenweise nach ihrem *Mineralinhalt* behandelt werden, und zwar:

A. Kohlenlagerstätten.

B. Erzlagerstätten.

C. Salzlagerstätten.

D. Erdöl- und Kohlenwasserstofflagerstätten.

E. Sonstige nutzbare Minerale, Gesteine und Erden.

F. Erdgasvorkommen.

G. Edel- und Schmucksteine.

A. Kohlenlagerstätten

Unter *Kohlen* versteht man brennbare Sedimente, die im Laufe langer Zeiten aus pflanzlicher Substanz (Torf) unter vollkommenem Abschluß von der Luft durch Zersetzungsvorgänge in Braunkohle und später durch Einwirkung von Wärme und Druck zu Steinkohle geworden sind. Sie bilden die Grundpfeiler unseres Wirtschaftslebens.

Die Bedeutung der *Brennstoffe* (im engeren Sinne) für die Allgemeinheit erhellt schon daraus, daß unter den den Lebensstandard der Menschheit beeinflussenden Energiequellen die *Kohlen* bei weitem die erste Stelle einnehmen, wenn sie auch gegenüber den jüngeren Energiequellen nicht unerheblich an Bedeutung eingebüßt haben.

So betrug nach Feststellung der Weltkraftkonferenz des Jahres 1953 die Energienutzung der *Welt* durch:

Steinkohle	Erdöl	Erdgas	Braunkohle	Wasserkraft
51,4%	**29,3%**	**12,7%**	**4,8%**	**1,8%**

Demgegenüber wurde der Energiebedarf in der *Bundesrepublik* 1953 gedeckt: zu r. 76,6% durch Steinkohle, r. 16% durch Braunkohle[1], r. 6% durch flüssige Brennstoffe, r. 1,4% durch Wasserkraft und r. 1,3% durch die übrigen Energieträger.

An einen Ersatz oder an Erleichterung zur Deckung des ständig steigenden Energiebedarfs durch die in aufstrebender Entwicklung begriffene Erzeugung von *Atomenergie* ist in allernächster Zeit noch nicht zu denken.

Wegen der hohen Bedeutung der *Kohlen* als überaus wertvoller *Rohstoffe* sollen sie hier etwas eingehender behandelt werden, und zwar nach ihren *Eigenschaften*, ihrem *Werdegang* und nach ihren *Vorkommen* im *deutschen Raume*.

1. Kennzeichen und Eigenschaften der Kohlengesteine[2]

Um zu einem wirklichen Verständnis des Begriffes „*Kohle*" zu gelangen, seien die Eigenschaften und Kennzeichen des mit der Kohle entstehungsgeschichtlich verwandten *Torfs* vorausgeschickt.

Unter Torf[3] versteht man geschichtete Anhäufungen saurer, kohlenstoffreicher Überreste abgestorbener, unvollkommen zersetzter Pflanzen mit freier Zellulose in Senkungsgebieten.

Dem Augenschein nach zeigt der wasserreiche hell- bis dunkelbraune „Torf"[4] in einer schlammigen Grundmasse vorwiegend ± gut erhaltene Reste von Sumpfröhrichtgewächsen, Gräsern oder Moosen. Der zu oberst lockere Torf (sog. „Weißtorf") wird nach der Tiefe dicht und dunkelbraun (sog. „Schwarztorf"). Nicht selten kann man bei den Torflagerstätten (den „Mooren")[5] nach der Tiefe folgendes Idealprofil beobachten: Das durch Verarmung an Nähr

Abb. 362. Hochmoortorf im Bourtanger Moor. Aufn. d. Verf.

stoffen entstandene *Hochmoor* (mit jüngerem und älterem „Moostorf") (Abb. 362), das im Grundwasserbereich gebildete nährstoffreiche *Flachmoor* (Niederungs- oder Waldmoor) und zu unterst den *Faulschlammtorf* (Mudde).

---

[1] Braunkohle ist also der zweitgrößte Energieträger der Bundesrepublik, aber auch Gesamtdeutschlands.

[2] Der Gepflogenheit, auch den „Torf" zu den Kohlengesteinen zu zählen, soll hier nicht gefolgt werden, da beim Torf von einer eigentlichen Umwandlung (Kohlenstoffanreicherung) noch nicht gesprochen werden kann.

[3] altnord. torf = Rasen. — [4] „Torf" ist eine Bodenart.

[5] „Moor" ist ein geographischer Begriff.

Chemisch besteht Torf (Festsubstanz) aus r. 55—60% Kohlenstoff, 35% Sauerstoff und Stickstoff und 6% Wasserstoff. Der Wassergehalt des frischen Torfs
kann bis 95% betragen, liegt aber immer über 75%. Lufttrocken hat er noch
15—25% Feuchtigkeit. Sein unterer Heizwert ist im frischen Zustande sehr gering,
vermag aber lufttrocken recht hoch (bis auf 4000 kcal/kg) zu steigen.

a) Braunkohle

Die *Braunkohle* zeigt ein fortgeschrittenes Bild der Zersetzung von
Pflanzenresten, die hier mit den Augen oft noch wahrzunehmen sind.
Sie setzt sich meist aus einer Wechsellagerung dunkler und heller, ±
breiter Streifen zusammen.

Nach dem Ergebnis der Pollenanalyse[1] handelt es sich in diesen Streifen um
Lagen verschiedener Vegetationen, u. zw. um *dickere dunkle* Lagen (mit vielen
Holzresten) und dünnere *hellere sporenreiche* Schichten[2].

Die Art der in der Braunkohle noch erhaltenen holzigen Reste läßt erkennen, daß am Aufbau der Braunkohle naturgemäß andere Pflanzen als
beim Torf teilgenommen haben, und zwar vorwiegend tertiäre Nadel-

Abb. 363. Mächtiger Wurzelstock eines Mammutbaumes (Sequoia) in der Donatusgrube der Ville bei
Köln. Nach Zechenaufnahme

hölzer: Mammutbäume (Sequoien, Abb. 363) und Sumpfzypressen
(Taxodien), Laubbäume, Palmen, Zykadeen, Zyperazeen und Myriazeen
u. a. (vgl. auch Abb. 238).

Es braucht kaum betont zu werden, daß die Bildung eines mächtigen Braunkohlenflözes eine weit größere Zeitdauer in Anspruch nimmt als ein gleich dickes
Torfmoor. So soll die Bildungsdauer des bis zu 100 m mächtigen Braunkohlenflözes der Ville bzw. des Geiseltales etwa 1 Mio Jahre betragen haben.

---

[1] Pollen = Blütenstaub.

[2] Die dunklen Streifen stellen alte „Bruchwaldmoore" (trockene Sequoien- oder
Kiefernzwergpalmenwälder), die hellen Schichten Bildungen nasser, offener Moor-
fazies (kraut- bzw. grasartiger Pflanzen) dar.

Braunkohlen sind braune bis braunschwarze Kohlen von erdig lockerer bis fester Beschaffenheit mit glanzlosen bis glänzenden Bruchflächen. Man unterscheidet: *Weichbraunkohle* (mit dem Messer schneidbar) und *Hartbraunkohle* (nicht schneidbar).

Zu den **Weichbraunkohlen** (Braunkohlen mit 45—65% H_2O und holzigen Einschlüssen) gehören: *Erdbraunkohle* (gemeine Braunkohle), z. B. mitteldeutsche Braunkohle und stückige *Weichbraunkohle*, wie die Westerwälder Kohle.

Zu den **Hartbraunkohlen** (mit 20—30% H_2O, ohne holzige Einschlüsse) zählen: *Mattbraunkohle*, d. h. feste Braunkohle mit würfligem Bruch, brauner Farbe, nicht färbend aber staubend, z. B. Böhmische Braunkohle und *Glanzbraunkohle*: steinkohlenähnliche Kohle von schwarzer Farbe und muscheligem glänzenden Bruch, z. B. Pechkohle von Oberbayern.

Abarten der Braunkohle sind: *Lignit* (schneid- und polierfähiges Braunkohlenholz), z. B. Lignite der Erdbraunkohlen, *Pyropissit*[1], leicht brennbares und schmelzbares Kohlengestein von gelbrötlicher Farbe und hohem Bitumengehalt, sog. „Schwelkohle".

Als besonderes Merkmal der Braunkohle gilt ihr z. B. in Mitteldeutschland vorhandener großer Reichtum an *Wachs* oder *Harz*, der vornehmlich in der Schwelkohle enthalten ist. In der Technik wird dieser Bitumengehalt zu Montanwachs und Ceresin ausgewertet.

Kennzeichnend für alle Braunkohlen ist, daß sie ohne Zusatz eines Bindemittels brikettiert werden können.

Die durchschnittliche *chemische* Zusammensetzung der Braunkohle beträgt etwa 60—70% C, 15—25% O und 5% H. Ihr Heizwert schwankt zwischen 2000 (Rohkohle) und 5000 kcal/kg (Reinkohle). Die Grubenfeuchtigkeit der Braunkohle bewegt sich in weiten Grenzen, u. zw. zwischen 12% (Böhmen) und 60% (Norddeutschland), liegt also unter der von 75% beim Torf. Der vielfach große Wassergehalt macht den Transport der *rohen* Braunkohle auf weite Entfernung unwirtschaftlich. Sie wird deshalb meist brikettiert.

b) Steinkohle

Die *Steinkohle* stellt ein noch weiter entwickeltes Stadium der Zersetzung dar. Ihre pflanzlichen Urbestandteile sind durch den Inkohlungsprozeß fast völlig zerstört worden und daher nur noch *mikroskopisch* zu erkennen (Abb. 364). Sie hat sich vornehmlich in den älteren Formationen (hauptsächlich im Karbon und im Rotliegenden), aber auch in der Kreide, Jura und anderen Formationen als meist „streifige" Kohle gebildet.

Der *chemischen* Zusammensetzung nach besteht die Steinkohle aus r. 80—95% C, 2—15% O und 2—5% H. Ihr Heizwert bewegt sich etwa zwischen 6000—8800 kcal/kg.

Das Erzeugnis eines noch höheren Inkohlungsstadiums wird als *Anthrazit*[2] bezeichnet. Bei ihm ist die Pflanzensubstanz nur noch mikroskopisch (im polarisierten Licht zwischen gekreuzten Nikols) nachweisbar. Anthrazit zeichnet sich durch gelb-rötlichen metallischen Glanz, verhältnismäßig große Gleichartigkeit

---

[1] gr. pyr, pyrós = Feuer, lat. píssa = Pech. — [2] gr. ánthrax = Kohle.

und muscheligen Bruch aus. Außerdem sind Kohlenstoffgehalt, Heizwert und
Wichte beim Anthrazit höher als bei der gewöhnlichen Steinkohle.

Die höchste Stufe der Inkohlung zeigt der *Graphit*, soweit dieser durch metamorphe Beeinflussung ehemaliger Pflanzensubstanz entstanden ist. Er kann freilich nicht mehr zu den Kohlen im eigentlichen Sinne gezählt werden.

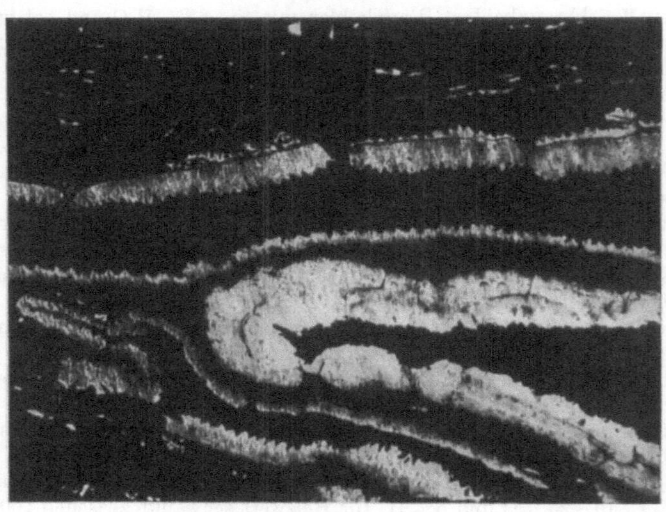

Abb. 364. Mikroskopisches Bild von Blattaußenhäuten (Kutikulen) mit sägeartiger Zähnung im
Flöz 7 der Zeche Brassert. v = 95×. Nach STACH aus KUKUK 1938

Zwischen Braunkohle und Steinkohle zeigen sich auch Übergänge (sog. Mittel-
kohlen). Immerhin gibt es kennzeichnende Unterschiede, die aber nicht lediglich
im Alter ihre Ursache haben. Treten doch einwandfreie Braunkohlen noch im
Unterkarbon (bei Moskau) und echte Steinkohlen schon im Tertiär (Japan) auf.

Einige der wichtigsten *Unterschiede* zwischen Braunkohlen und Steinkohlen gehen aus der nachstehenden Zusammenstellung hervor. Sie
beruhen u. a. auf deren verschiedenen Gehalten an Huminsäure
(s. Tabelle).

Unterschiede zwischen	Braunkohle	Steinkohle
Beim Abstreichen auf einer Porzellantafel	braun (selten schwarz)	schwarz, selten braun
Beim Kochen mit heißer Kalilauge (KOH)	wird Lauge tief- braun gefärbt	wird Lauge nicht gefärbt
Beim Kochen mit verdünnter Salpetersäure (1:10, sog. Ligninreaktion)	wird Lösung orange oder rotbraun gefärbt	wird Lösung weingelb oder nicht gefärbt
Wassergehalt beträgt	fast stets über 15%, häufig mehr als 20%	fast immer unter 7%, meist nur wenige %
Destillat reagiert	sauer (essigsäure- haltig)	basisch (ammonia- kalisch

2. Die besonderen chemischen
und physikalisch-technologischen Eigenschaften der Steinkohle

Die Kohle, die sich aus einer Vielzahl hochmolekularer organischer Verbindungen zusammensetzt, ist ein „Kolloid", d. h. ein Gebilde leimartig fein verteilter Stoffe.

Um ein Bild der Eigenschaften einer Kohle zu erhalten, bedürfen wir zunächst der Feststellung des *Verkokungsrückstandes*, der *flüchtigen Bestandteile* und des Gehaltes der Kohle an *Wasser* und *Asche* durch die sog. „*Kurz-* oder *Immediatanalyse*".

Enthalten doch alle Kohlen neben der brennbaren Substanz Wasser und Asche, wobei der Wassergehalt um so größer ist, je jünger die Kohle ist. Die *flüchtigen Bestandteile* (Dampf und gasförmige Zersetzungsprodukte einschl. des Wassers) erhält man bei Erhitzung der Kohle unter Luftabschluß (trockene Destillation) nebst einem festen Rückstand (Verkokungsrückstand), der auch die Asche einschließt. Das Verhältnis der flüchtigen zu den festen Bestandteilen ist das *Brennstoffverhältnis* (sog. „fuel ratio"). Die Menge des aschenfreien Verkokungsrückstandes in der Reinkohle wird als „fixer Kohlenstoff" bezeichnet.

Ziehen wir von der Kohlensubstanz den Betrag von Wasser und Asche ab, so bleibt die *Reinsubstanz* (sog. „waf-Kohle") übrig.

Die „*Elementaranalyse* oder *Vollanalyse*" weist den Gehalt der die organische Substanz zusammensetzenden *Elemente*: Kohlenstoff, Sauerstoff, Wasserstoff, Stickstoff und Schwefel nach.

3. Entstehung der Kohlen

Das lange umstrittene Problem der Kohlenentstehung ist durch chemische und geologische Forschungen sowie kohlenpetrographische Untersuchungen der letzten Jahrzehnte in seinen wesentlichen Grundzügen geklärt.

Ich nenne hier nur die Namen einiger der bekannteren deutschen Kohlenforscher, wie F. FISCHER, GOTHAN, E. HOFFMANN, KÜHLWEIN, MACKOWSKY, JURASKY, PATTEISKY, W. PETRASCHEK, H. und R. POTONIÉ, STACH, M. und R. TEICHMÜLLER, THOMSON u. a. Ihre Untersuchungsergebnisse spiegeln sich auch in den nachfolgenden Ausführungen wieder.

Zunächst geht aus den mikroskopischen Untersuchungen der Braun- sowie der Steinkohle hervor, daß es sich bei diesen Gesteinen um *zersetztes* (vertorftes) „*Pflanzenmaterial*" vergangener Zeiten handelt, und zwar von ausgedehnten Anhäufungen *kohlenstoffreicher* Massen in Gestalt von *Torfmooren*, d. h. den *Urmooren* der heutigen Braun- und Steinkohlenflöze.

Für die *Herkunft* des *Kohlenstoffs* kommt der geringe, etwa 0,03—0,04 Vol.-% betragende Gehalt der atmosphärischen Luft an *Kohlendioxyd* (CO_2) in Betracht. Dieses steigt ständig durch die tätigen Vulkane und Erdspalten „juvenil" aus den Tiefen der Erde auf. Andererseits bildet es sich reichlich als Zersetzungs- und Verwesungserzeugnis pflanzlicher und tierischer Stoffe.

Bemerkenswerterweise geht mit Hilfe des Blattgrüns (Chlorophylls) in den Pflanzenzellen der Blätter — unter Mitwirkung der Energie des Sonnenlichtes —

die so überaus kennzeichnende Umsetzung der anorganischen Luftkohlensäure in lebende organische Substanz (Kohlenhydrate) vor sich (sog. „Assimilation"). Dabei bildet der Kohlenstoff unter Abgabe des Sauerstoffs an die Luft mit dem aus dem Boden stammenden Wasser und Salzen *organische Stoffe*, die in der Pflanze zu *Zellstoff* $(C_6H_{10}O_5)n$ und *Lignin* werden. Gleichzeitig erzeugt die Pflanze auch noch widerstandsfähige fetthaltige Substanzen, wie *Harze* und *Wachse*.

Umgekehrt „atmen" die Pflanzen im Dunkeln gleich anderen Lebewesen Sauerstoff ein und *Kohlensäure* aus.

Will man den Prozeß der *Kohlenwerdung* richtig verstehen, so muß man von dem Ursprungsmaterial der Kohle, den *Pflanzen*, ausgehen und die Vorgänge beim Absterben der Pflanzen in der Natur betrachten.

Dabei unterscheidet man im einzelnen: *Verwesung* (langsame Verbrennung ohne Rückstand), *Vermoderung* (bei schwächerem Luftzutritt und geringer Feuchtigkeit hinterbleibt „Moder") und *Vertorfung* (durch Überdeckung mit Wasser unter Luftabschluß mit dem Ergebnis *Torf*). Dazu tritt noch der Prozeß der *Fäulnis*: Abgestorbene Wasserorganismen pflanzlicher und tierischer Natur (sog. „Plankton")[1] sinken im stagnierenden Wasser zu Boden und mischen sich dort mit unorganischem Schlamm des Bodens zu *Faulschlamm* (Abb. 365).

Abb. 365. Mit Faulschlamm erfüllter Verlandungssee. Die schwarzen Punkte sind Muscheln. Aufn. d. Verf.

Die Haupterzeugnisse sind die lediglich aus Pflanzenresten (über Torfmoore) hervorgegangenen *Humuskohlen* (sog. „Humite")[2], u. zw. Braunkohlen und Steinkohlen (mit leicht angedeuteter Schichtung) und andererseits die aus fetthaltigen Wasserorganismen und Torftrübe entstandenen schichtungslosen *Faulschlammkohlen* (sog. „Sapropelite")[3], wie Blätterkohle (Dysodil), Kennelkohle, Bogheadkohle und Schungit.

Für die Entstehung der Kohlen kommen vornehmlich die Vorgänge der *Vertorfung* und nur teilweise die der Vermoderung bzw. der Fäulnis in Frage. Da diese Prozesse im wesentlichen auf eine bakterielle Zersetzung im Inneren der Pflanzenmasse hinauslaufen, bezeichnet man sie, im Gegensatz zum „Verkohlen" des Holzes in Meilern, als **Inkohlung.**

Rein chemisch betrachtet vollzieht sich der Umwandlungsprozeß der abgestorbenen Pflanzenreste in Kohle („Inkohlung"), indem die Pflanzen durch Bedeckung mit Wasser und Schlamm der Einwirkung des Luftsauerstoffs ± entzogen, *vertorfen*, d. h. unter Beteiligung von Bakterien zunächst Gärungsprozesse durchlaufen. Dabei findet unter Auflösung der alten chemischen Verbindungen eine *Neugruppierung* ihrer Elemente statt. Hierbei spalten sich *Wasser* (H_2O) (Grubenfeuchtigkeit der Kohle), dann später im wesentlichen *Kohlendioxyd* (CO_2) (Kohlesäuregärung) und zum Schluß *Kohlenwasserstoffverbindungen* (vorwiegend CH_4) (Methangärung) ab.

Nach dem Stande unserer heutigen Erkenntnis, die *Torf-, Braun-* und *Stein-*

---

[1] gr. planktós = irrend. — [2] lat. húmus = Boden.
[3] gr. saprós = faul, pelós = Morast.

kohle als wesensgleiche Erzeugnisse der Natur ansieht, haben wir es also unter Berücksichtigung der Altersverhältnisse der verschiedenen Arten von Humuskohle mit folgender Reihe zu tun: *Torf, Braunkohle, Steinkohle* (einschl. *Anthrazit* und *Graphit*).

Vergleicht man nämlich die altersverschiedenen Vertreter der Kohlenreihe (s. Zahlentafel) nach ihrer elementaren Zusammensetzung, so sieht man deutlich, wie sie mit der Zunahme ihres geologischen Alters im allgemeinen *kohlenstoffreicher*, d. h. „reifer" werden, dagegen an H und O sowie an Stickstoff abnehmen.

Inkohlungs-reihe	Flüchtige Bestandteile (%)	C-Gehalt (%)	H-Gehalt (%)	O + N-Gehalt (%)
Holz..........	80	50	6,0	44
Torf..........	65	55—60	5,7	39—34
Braunkohle ...	60—50	65—72	6,0—5,3	28—21
Flammkohle ..	45—40	75—80	5,8—5,5	19—13
Gaskohle......	35—28	80—87,5	5,5—5,0	10,0—7,5
Fettkohle	28—19	87,5—89,5	5,0—4,5	7,5—5
Magerkohle....	14—10	90,5—92	4,4—4	5—4
Anthrazit	10	91	4—2	4,0
Graphit	0	100	0	0

Elementar-Zusammensetzung nach Alter bzw. Inkohlung (bezogen auf aschen-, wasser- und schwefelfreie Substanz).

Diese rein zahlenmäßigen Feststellungen dürfen aber nicht zu der Auffassung führen, daß zwischen den altersverschiedenen Vertretern der sog. Kohlenreihe keine wesentlichen Unterschiede bestehen und die einzelnen Kohlenarten mit zunehmendem Alter *ohne weiteres ineinander übergehen*. So einfach liegen die Dinge freilich nicht.

Gehen wir noch einmal auf die Vorgänge bei der Entstehung der heutigen Torfmoore — als Analoga der Kohlenurmoore — ein, so können folgende Umstände nicht übersehen werden:

Wichtige Voraussetzung zur Entstehung ± mächtiger Torflagerstätten ist neben üppigem Pflanzenwachstum unter günstigen klimatischen Verhältnissen eine langsame aber ständige *Senkung* des Untergrundes, d. h. die Herausbildung von Trogformen im Gelände bzw. Bildung von Torfmooren im Gefolge von Geosynklinalbildungen in Vortiefengebieten mit folgendem Sauerstoffabschluß der Torfmoore unter Wasserbedeckung.

Torfmoore sind also *tektonisch* bedingt. Ganz besonders gilt das aber für die Bildung der *Urmoore von Braun- und Steinkohlenflözen*. Ein augenfälliges Beispiel für das durch dauernde Senkung hervorgerufene wiederholte Entstehen ausgedehnter Waldböden liefert das in Abb. 366 wiedergegebene *Brühler Braunkohlenflöz*. Es zeigt sowohl einen freigelegten „Stubbenhorizont" von „Sequoien" als (im steilstehenden Anschnitt) noch viele übereinanderliegende und durchgehende stubbenreiche Waldmoorböden.

Die große Mächtigkeit des bis zu 100 m dicken Gesamtflözes weist mit seinen verschiedenartigen Moorvegetationen auf den Absenkungsrhythmus des zur

Bildungszeit viel stärkeren Urmoores des Flözes hin, das sich nur auf einer langsam sinkenden Scholle der Kölner Bucht gebildet haben kann.

·Nicht immer jedoch sind die Braunkohlenflöze allgemein tektonisch bedingt.
Beispielsweise müssen manche Flöze Mitteldeutschlands, wie z. B. die eozänen bei

Abb. 366. Freigelegter alter Waldboden mit „Sequoienstümpfen". Hauptflöz der Beisselsgrube im
Brühler Bezirk. Nach Aufn. der Grube

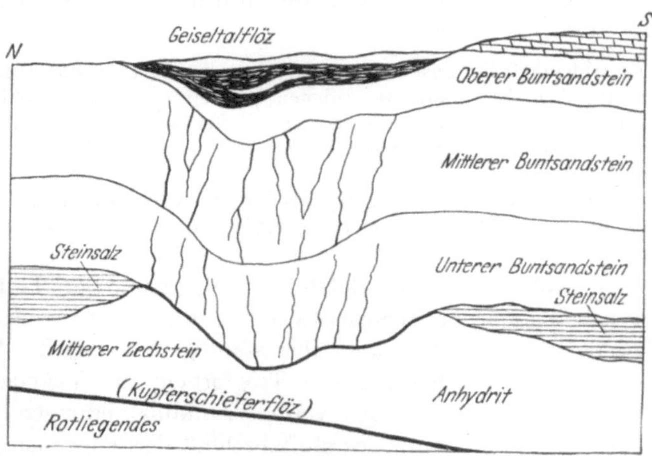

Abb. 367. Querschnitt durch das Braunkohlenflöz des Geiseltals (südl. Halle). Zeigt die durch Auflösung des Salzes im Untergrunde entstandene Senkungsmulde zur Bildung des Braunkohlenflözes
(nach LEHMANN)

Halle u. a. O., auf *örtlich begrenzte* Senkungsvorgänge (sog. „salztektonischer Typ")
infolge der schon in vortertiärer Zeit begonnenen *Auslaugung* oder Abwanderung
des Zechsteinsalzes im tieferen Untergrunde zurückgeführt werden (Abb. 367).

Auch die *Steinkohlenflöze* der bekannten großen Kohlenbecken verdanken ihre Entstehung *ständig sinkenden* Tiefgebieten (Vortiefen) mit
ausgedehnten Waldsumpfmooren.

Mit der variscischen Gebirgsbildung waren die Grundbedingungen für die Entstehung der an den Nordabfall des Gebirges sich anlehnenden Steinkohlen-

ablagerung des „Nordwesteuropäischen Kohlengürtels", insbesondere des Ruhrkohlengebirges, gegeben.

Die Entstehung der Steinkohlenablagerung im „Molassebecken" des Ruhrbezirks mit seinen zahlreichen Flözen entspricht folgender Vorstellung: Die tektonisch bedingte, sog. „subvariscische Vortiefe" des variszischen Gebirges füllte sich mit dem durch breite Flußläufe vom verwitterten Gebirge herabkommenden Schlamm in Form ausgedehnter Deltabildungen. Auf dem an Nährstoffen reichen und in langsamer Senkung begriffenen Grunde dieser Schwemmlandgebiete entstanden — begünstigt durch ein feuchtwarmes, frostfreies, vielleicht subtropisches, Klima und die Nähe des Meeres sowie starke Niederschläge am Abfall des Gebirges — *üppige Waldsumpfmoore*. Bei schnellerer (nicht immer plötzlicher) Senkung des Untergrundes und Steigen des Grundwassers sowie Überlagerung mit meist feinkörnigem Schlamm und Geröll wurden die Torfmoore zugedeckt und von der Luft abgeschlossen (anaerobe Bildung). War die Senkung durch Auffüllung wieder ausgeglichen, so stießen zu Zeiten der Ruhe oder langsamer Senkung auf dem von Wasser freien Untergrunde neue Waldsumpfmoore vor. Auch diese wurden wieder begraben. Zeitweise überflutete auch das nahegelegene Meer die gesamten Ablagerungen und setzte seinen mit Fossilresten durchsetzten Schlamm (die sog. „marinen" Schichten) ab. Und so bildeten sich infolge des durch epirogenetische Vorgänge bedingten Rhythmus von Bewegung und Stillstand zahlreiche Urmoore mit ihren Gesteinszwischenmitteln, bis die Gesamtsenkung des Beckens zur Ruhe gekommen war und der Ausfüllung ein Ende gesetzt wurde.

Von dem Luftsauerstoff ± abgeschlossen erlag das Pflanzenmaterial der Urmoore im weiteren Verlauf dem *Inkohlungsprozeß* (sog. „Carbonification"), mit einer starken Volumreduktion (etwa 1 : 4 bis 1 : 10) des pflanzlichen Ausgangsmaterials.

Über die bei den *Inkohlungsvorgängen*, d. h. bei der Umwandlung des Torfs in Steinkohle im einzelnen sich abspielenden Vorgänge herrschen noch manche gegensätzliche Anschauungen. Allgemein anerkannt ist, daß der Prozeß der *Inkohlung* in *zwei* Stadien verläuft, die als „*biochemische*" bzw. „*geochemische*" Inkohlung bezeichnet werden.

Während der *ersten*, auf rein *biologischem* Wege (durch die Lebenstätigkeit von Mikroorganismen) sich vollziehenden *Phase* (Vertorfung) werden durch die verschiedenartigen Zersetzungsvorgänge die unterschiedlichen „*Gefügebestandteile*" (S. 267) und „*Streifenarten*" erzeugt.

Die *zweite Phase* der Inkohlung, die *geochemische Carbonification*, verläuft in *zwei* Sonderstadien, u. zw.:

a) *Diagenese* (Umwandlung unter normalem Druck- und Temperaturverhältnissen). Sie ist im Stadium der „*weichen Erdbraunkohle*" beendet und

b) *Metamorphose* (Umwandlung durch *erhöhte Temperatur*, *Druck* und *Zeit*). Sie führt über *Glanzbraunkohle* zu *Steinkohle* und endet mit dem *Anthrazit*. Dabei bewirkt die mit der Teufe wachsende *Temperatur* „chemische" Umsetzungen, wie Steigerung des C-Gehaltes bei Verminderung von O, H und der fl. Bestandteile, während die Erhöhung des *Druckes* die „physikalischen" (strukturellen) Eigenschaften der Härte, Gefügefestigkeit, Porosität und optischen Verhältnisse verändert.

Die Erhöhung der Temperatur tritt bei der infolge zunehmender Versenkung in größere Erdtiefen steigenden *Erwärmung* der Kohle ein, die örtlich auch von einer aus einem tief gelegenen vulkanischen Pluton erfolgten Wärmezufuhr oder von einer magmatischen Intrusion stammen kann (sog. „diathermische Metamorphose").

Hiermit in Übereinstimmung steht, daß z. B. die älteste gebaute oberflächennahe karbonische Kohle Europas, die „Moskauer Kohle", im „Braunkohlenstadium" verblieben ist, da sie *keiner Tiefenerwärmung*, aber auch *keinem Gebirgsdruck* ausgesetzt war.

Wenn auch bei der Metamorphose der Kohlen der *Erhöhung der Temperatur* die größte Rolle zufällt, so darf doch die Bedeutung des *Druckes* nicht unterschätzt werden.

Herrscht somit über das Ausgangsmaterial der Kohlenflöze wie über das Endergebnis der Inkohlungsvorgänge Übereinstimmung, so ist man über die ökologischen[1] Bedingungen der Anhäufungen so großer Massen zersetzter Pflanzenreste noch verschiedener Meinung.

Beispielsweise stehen sich über die Art und Weise der Pflanzenansammlungen der ehemaligen Kohlenmoore die Vertreter der *Autochthonie*[2] (einschl. der sedimentierten Autochthonie, der sog. Hypautochthonie R. Potoniés) und der *Allochthonie*[3] gegenüber.

Abb. 368. Wurzelboden mit Wurzelstock (Stigmaria) und Anhängseln (Appendices) aus dem Liegenden eines Flözes des Ruhrbezirks

Nach Annahme der Autochthonisten sind die heutigen Braun- und Steinkohlenflöze an der Stelle des Lebensraumes der Pflanzen gewachsen, d. h. aus *bodenständigen Torfmooren* unter Werden und Vergehen zahlloser Waldsumpfmoorbestände. Die fast unter allen Flözen der großen Kohlenreviere auftretenden „Wurzelböden" (Abb. 368) sprechen für ihre Bodenständigkeit.

Die *Allochthonisten* behaupten dagegen, daß die heutigen Kohlenflöze aus *Ansammlungen angeschwemmter Hölzer und Pflanzenreste* hervorgegangen seien, die sich von unweit oder entfernter gelegenen Stellen in stillen Winkeln oder Buchten abgesetzt hätten. Die Kohlenflöze seien also als *allochthone*, d. h. *bodenfremde* Bildungen anzusehen.

Von den Vertretern der Allochthonie wird auf die mit Pflanzenwuchs bestandenen schwimmenden Inseln bzw. die Treibholzansammlungen in den Deltas großer Flüsse und auf die durch Meeresströmungen auf nordischen Inseln angehäuften Holzmassen hingewiesen.

Es ist kaum zu bestreiten, daß bestimmte Kohlenflöze, wie z. B. die Flöze im Becken von Commentry (Frankreich), und wahrscheinlich auch die Permkohle von *Stockheim* (Bayern) aus ortsfremden Pflanzenresten entstanden. Diese Vorkommen besitzen aber meist geringe Ausdehnung, große und stark wechselnde Mächtigkeit, vielfach grobes Nebengestein, Diskordanz gegenüber ihrer Unterlage und hohen Aschengehalt. Auch in den autochthonen Flözen sind gewisse Kohlenstreifen, wie die bekannten Kennel- oder Bogheadlagen, insbesondere aber die gewöhnlichen *Bergemittel* der Kohlenflöze „allochthon" entstanden. Sicherlich ist aber die Mehrzahl der

---

[1] gr. Ökologie = das Verhältnis der Lebewesen zur Umwelt betreffend.
[2] gr. autós = derselbe, chthón = Erde (bodeneigen).
[3] gr. állos = anderswo (bodenfremd).

wirtschaftlich bedeutungsvollen Flöze „autochthoner Natur". Jedenfalls gilt das für die Flöze des nordwesteuropäischen Kohlengürtels mit ihren echten Wurzelböden.

Man kann die Kohlenvorkommen auch danach unterscheiden, ob sie in der Nähe des Meeres, bzw. in dessen Überflutungsgebieten („paralisch") oder ohne Zusammenhang mit dem Meere, in von Süßwasser erfüllten Binnenbecken, z. B. innerhalb des variscischen Gebirges („limnisch"), entstanden sind.

Paralische Vorkommen sind durch gelegentliche Einlagerungen „mariner"[1] Faunenschichten im Nebengestein und stellenweises Vorkommen der autochthonen pflanzenführenden Dolomitknollen („Torfdolomite") in der Kohle einzelner Flöze deutlich gekennzeichnet. Dagegen führen die *limnischen* Ablagerungen lediglich „Süßwasserreste".

Gleichzeitig sind die *paralischen*[2] Steinkohlenflöze zumeist auch „autochthoner" Natur. Demgegenüber scheinen die *limnischen*[3] Kohlenlagerstätten häufiger „allochthon" entstanden zu sein.

4. Die Ruhrsteinkohle und ihre Eigenschaften

Im Hinblick auf die große Bedeutung der Ruhrsteinkohle für Technik und Wirtschaft[4] sei der Eigenschaften der verschiedenen Arten der Ruhrkohle noch kurz gedacht. Nach ihren *physikalisch-chemischen* (technologischen) Eigenschaften unterscheidet der Ruhrkohlenbergmann nach der alten Einteilung vom Hangenden zum Liegenden:

Flammkohlen und Gasflammkohlen. Streifenkohlen mit viel Glanzkohle. Die Kohle fällt staubreich und stengelig, der Kohlenstaub ist grobkörnig, die Kohle vielfach sehr hart. Kohlenstaub- und Grubengasentwicklung sind geringer als bei der Fettkohle. Nach der Verkokungsfähigkeit eine sog. „Sandkohle".

Gaskohlen. Harte Streifenkohlen mit geringer Staubentwicklung. Grubengasentwicklung stärker als bei Gas- und Gasflammkohlen. Nach der Verkokbarkeit eine sog. „Sinter- bis Backkohle".

Fettkohlen. Glanzkohlenreiche, bröckelige Streifenkohle. Fällt feingrusig und entwickelt viel Grubengas und Staub. Verkokungsmäßig eine sog. „Backkohle".

Eß- und Magerkohlen. Reich an Glanzkohle. Stellenweise sehr staubreich und entwickelt wenig Grubengas. Verkokungstechnisch eine „Sinter- bis Sandkohle".

Jedenfalls zeigen die *Fettkohlen* (Flöze der Bochumer Schichten) die *besten Verkokungseigenschaften*, während sie sowohl nach dem Liegenden (Magerkohlen) als nach dem Hangenden (Flammkohlen) hin über „Sinterkohlen" zu „Sandkohlen" (Abb. 369) werden.

Kennzeichnend für die Ruhrkohle wie für alle Steinkohlen ist der sog. *Gasgehalt der Kohle* = Menge der flüchtig werdenden Bestandteile — Wasser bei der *Tiegelverkokung* der Kohle. Hierbei entstehen, wie Abb. 369 zeigt, sehr verschiedenartige Kokse.

---

[1] lat. marínus = dem Meere angehörend.

[2] gr. pará = bei, hal = Meer. — [3] gr. limné = Sumpf.

[4] Sie dient vorwiegend als *Rohstoff*, u. zw. u. a. zur Erzeugung von Koks, Gas, Strom, Kunst-, Farb-, Treib- und Sprengstoffen, Düngemitteln, Parfüms, Medikamenten u. v. a. Aus 1 kg Kohle werden bei der Verkokung gewonnen: 0,7 kg Koks, 50 g Teer, 6 g Benzol, 3 g Amoniak und 350 l Gas. Dabei sind deren Weiterentwicklung in Veredlungsprozessen kaum Grenzen gesetzt.

Diese flüchtigen Bestandteile (bezogen auf wasser- und aschefreien Vitrit) sind der beste Maßstab für den wichtigen Begriff der *Inkohlung* = Reife der Kohlen.

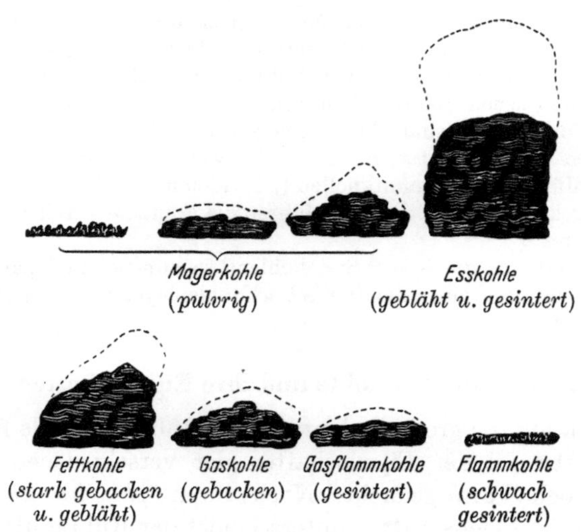

Abb. 369. Verkokungsproben der verschiedenen Kohlenarten des Ruhrbezirks

Hinsichtlich der Entwicklung der Inkohlung dürfte die durch die Versenkung in größere Erdtiefen zur Auswirkung gelangende Erwärmung der Kohle von besonderem Einfluß gewesen sein.

Im übrigen zeigen sich im Ruhrbezirk bezüglich des Gehaltes an flüchtigen Bestandteilen neben einigen Sondererscheinungen immer wieder zu beobachtende Gesetzmäßigkeiten:

a) Die Menge der flüchtigen Bestandteile der Flöze sinkt im ungestörten Gebirge mit dem Alter und der stratigraphischen Tiefe, u. zw. von den hangendsten zu den liegendsten Flözen von r. 45% auf r. 5% ab, d. h. also um r. 1,4% auf 100 m Teufe (sog. HILTsche Regel).

b) Die Inkohlung gleicher Flöze wächst von ONO nach WSW bis zum Rhein und nimmt dann weiter nach Westen wieder ab. So hat z. B. Flöz Katharina im Osten r. 36%, im Westen (am Rhein) r. 26% flüchtige Bestandteile.

c) Gleichzeitig steigt im allgemeinen der Inkohlungsgrad gleicher Flöze von SO nach NW und stellenweise auch nach der „absoluten Teufe", ü. zw. um 0,3 bis 0,8% je hundert Meter.

Insgesamt ergibt sich bezüglich der *wissenschaftlichen* Einteilung und der *handelsüblichen* Bezeichnung folgendes Bild (Abb. 370).

Nicht zu verwechseln mit dem Gehalt der Kohle an flüchtig werdenden Bestandteilen ist der *Grubengasgehalt* eines Flözes = Menge der in der Kohle bei der Inkohlung abgespaltenen Gase (sog. „Flözgas").

Das Gas ist entweder durch *Adsorption*, *Absorption* (Lösung des Gases in der Kohle), oder als *Porenfüllung* in der Kohle vorhanden.

Die Abhängigkeit der Grubengasführung vom Grade der Inkohlung und insbesondere von der tektonischen Beanspruchung scheint durch neuere Untersuchungen geklärt, u. zw. sollen die bei der ersten Inkohlungs- und Gasabspaltungsphase entstandenen Grubengasmengen völlig entwichen sein, während der heutige Grubengasgehalt vorwiegend auf eine jüngere tektonische Beeinflussung zurückgeführt wird.

Die Abgabe dieses Grubengases wird im Gegensatz zum „Entgasen" (im Koksofen) und „Vergasen" (im Generator) als „Ausgasen" bezeichnet.

Gleichzeitig steigt mit der *Inkohlung* (Reiferwerden der Kohle) ihr theoretischer *Heizwert* in Kalorien, und zwar von r. 7500 WE (Flammkohlen) auf r. 8400 WE (Magerkohlen).

Wegen der großen Verunreinigungen der verschiedenen Kohlenarten ist er in der Praxis geringer.

Eine große Rolle spielt auch der *Aschengehalt* (Glührückstand bei der Verbrennung) der Ruhrkohlen.

Dieser beträgt bei guten Ruhrsteinkohlen bis 7%, bei mittleren bis 15% und bei schlechten mehr als 15%. Der „gebundene" Aschengehalt der Kohlen stammt aus den Pflanzen selbst, der „freie" aus Einschwemmungen bei der Ablagerung des Torfes, aus späterer Infiltration von Klüften her oder aus metasomatischer Umwandlung.

Die Hauptbestandteile der Kohlenasche bestehen aus Kieselsäure, Eisenoxyd, Tonerde und Kalk. Ma-

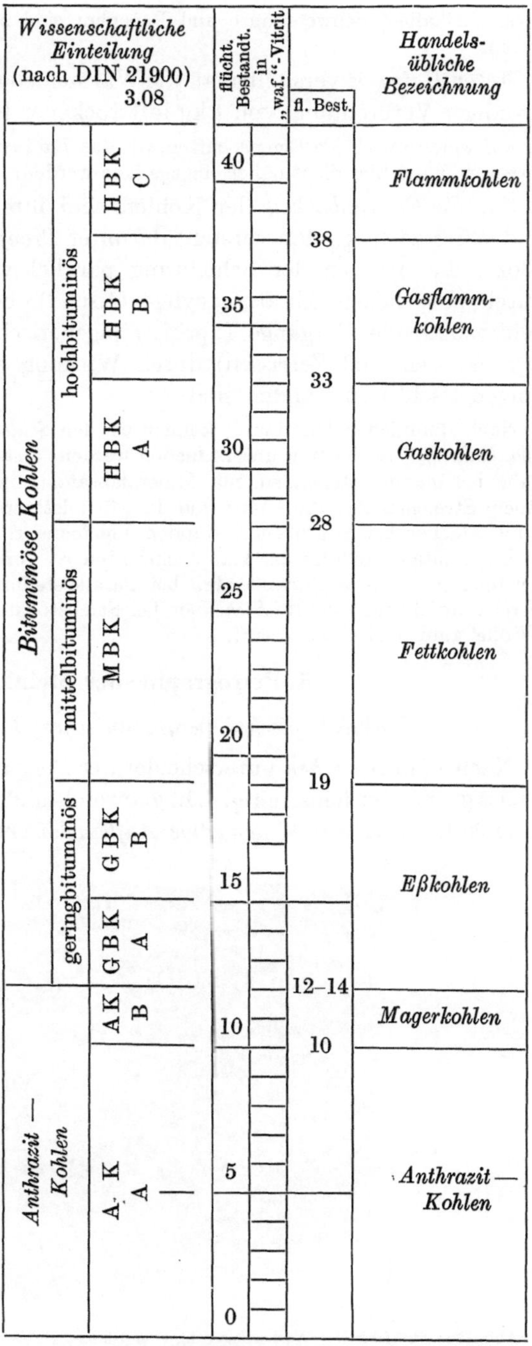

Wissenschaftliche Einteilung (nach DIN 21900) 3.08			flücht. Bestandt. in „waf"-Vitrit	fl. Best.	Handelsübliche Bezeichnung
Bituminöse Kohlen	hochbituminös	HBK C	40		*Flammkohlen*
				38	
		HBK B	35		*Gasflammkohlen*
				33	
		HBK A	30		*Gaskohlen*
				28	
	mittelbituminös	MBK	25		*Fettkohlen*
			20		
				19	
	geringbituminös	GBK B	15		*Eßkohlen*
		GBK A			
				12–14	
Anthrazit — Kohlen		AK B	10		*Magerkohlen*
				10	
		A. K A	5		*Anthrazit — Kohlen*
			0		

Abb. 370. Wissenschaftliche Einteilung und handelsübliche Bezeichnung der Ruhrkohle

gnesia, Alkalien, Schwefelsäure und Phosphor sind nur in geringen Mengen vertreten.

Unter *Heizwert* versteht man die Wärmemenge in kcal/kg, die bei vollständiger Verbrennung von 1 kg lufttrockener Kohle frei wird.

Auf weitere wichtige Eigenschaften, wie das *Backvermögen* und das *Verkokungsvermögen*, kann hier nicht näher eingegangen werden.

Für die *Gewinnbarkeit* der Kohlen sind ihre *Schichtlösen*, *Schlechten* und *Risse* wichtig. Man versteht darunter *Trennflächen* in der Kohle der Flöze, die bei den der Schichtung parallel verlaufenden *Schichtlösen* durch natürlichen Absatz („syngenetisch"), bei den *Schlechten* durch gebirgsbildende Vorgänge („primärepigenetisch") und bei den *Rissen* (Druckrissen und Zerrissen) durch Wirkung des Abbaus („sekundärepigenetisch") entstanden sind.

Nach räumlicher Anordnung können bei den *Schlechten* u. a. „*bankrechte*" und „*bankschräge*" Schlechten unterschieden werden: erstere mit glatten, glänzenden, nahe beieinander stehenden, mit Mineralabsatz (Ankerit) belegten Flächen und einem Streichen zw. 120—140^g und 15—45^g; letztere mit Bewegungsspuren auf ihren Flächen bei $\pm$ großen Abständen voneinander.

Die richtige Stellung der Hauptschlechten ist von Bedeutung für die Kohlengewinnung: höchste *Gewinnbarkeit* bei Parallelstellung der Hauptschlechten zur Strebstoßrichtung; größte *Sicherheit* bei Strebstoßstellung in einem bestimmten Winkel zum Schlechtenverlauf.

5. Petrographie der Steinkohle

a) *Makroskopisches (bergmännisches) Bild der Steinkohle*

Nach dem *Aussehen* unterscheidet der Bergmann seit alters her in der meist grob- oder feinstreifig, d. h. glänzend- und mattstreifig entwickelten Steinkohle *drei verschiedenartige Aufbauelemente* (Abb. 371), die freilich

Abb. 371. *Streifenkohle.* Wechsellagerung von Glanz-, Matt- und Faserkohle (im Querbruch). Aus KUKUK 1938

mit zunehmender Inkohlung von der Fettkohle abwärts nicht mehr scharf zu erkennen sind. Und zwar:

Glanzkohle: hochglänzende, spröde, fast strukturlose, schlechtenreiche und nicht abfärbende gleichartige Kohle (Abb. 372).

Abb. 372. *Glanzkohle* eines Flözes der Fettkohlenschichter (im Querbruch). Aus KUKUK 1938

Abb. 373. *Mattkohle* des Ruhrbezirks (im Querbruch). Aus KUKUK 1938

Mattkohle: mattgrauschwarze, harte, ungleichartige Kohle (Abb. 373).

Faserkohle: seidenglänzende, tiefschwarze, sehr zerreibliche, holzkohlenähnliche, stark abfärbende Kohle (Abb. 374).

Diese drei Kohlenarten sind nicht nur nach ihren physikalischen, sondern auch nach ihren chemisch-technischen Eigenschaften voneinander verschieden.

Dazu tritt noch die nur lagenweise (seltener flözweise) vorhandene *Kennelkohle*[1] (Faulschlammkohle), eine homogene, schichtungslose Kohle mit musche-

---

[1] engl. candle = Kerze.

ligem Bruch und mattem Pechglanz (Abb. 375). Sie ist feinkörnig und politurfähig und brennt, wenn sie nur schwach inkohlt ist, angezündet selbständig weiter. Bezeichnenderweise fehlt in ihrem Liegenden der „Wurzelboden".

Abb. 374. *Faserkohle* des Ruhrbezirks (pflasterartig auf einer Schichtfläche). Aus KUKUK 1938

Abb. 375. *Kennelkohle* des Ruhrbezirks (Bruchstück). Aus KUKUK 1938

Schließlich gehört dahin auch noch der sog. *Brandschiefer*, eine mit dünnen und dünnsten Kohlen- und Schiefertonlagen wechsellagernde kohlige Masse (mit mehr als 20% und weniger als 60% Ton und Quarz), die zum Unterschied von der *unreinen Kohle* nicht mehr aufbereitet werden kann.

Für die Zwecke der *grubentechnischen* Aufnahmen von Flözen unterscheidet man je nach dem Überwiegen von Glanz- oder Mattkohlen: *Glanzkohle, Glanzstreifenkohle, Streifenkohle, Mattstreifenkohle, Mattkohle* und *Faserkohle*, ferner *Kennelkohle* und *Brandschiefer* (Abb. 376).

Die wachsende Erkenntnis, daß der Wert der Kohle sich nicht mehr mit ihrer Eigenschaft als Brennstoff erschöpft, sondern vornehmlich als „Grundrohstoff"

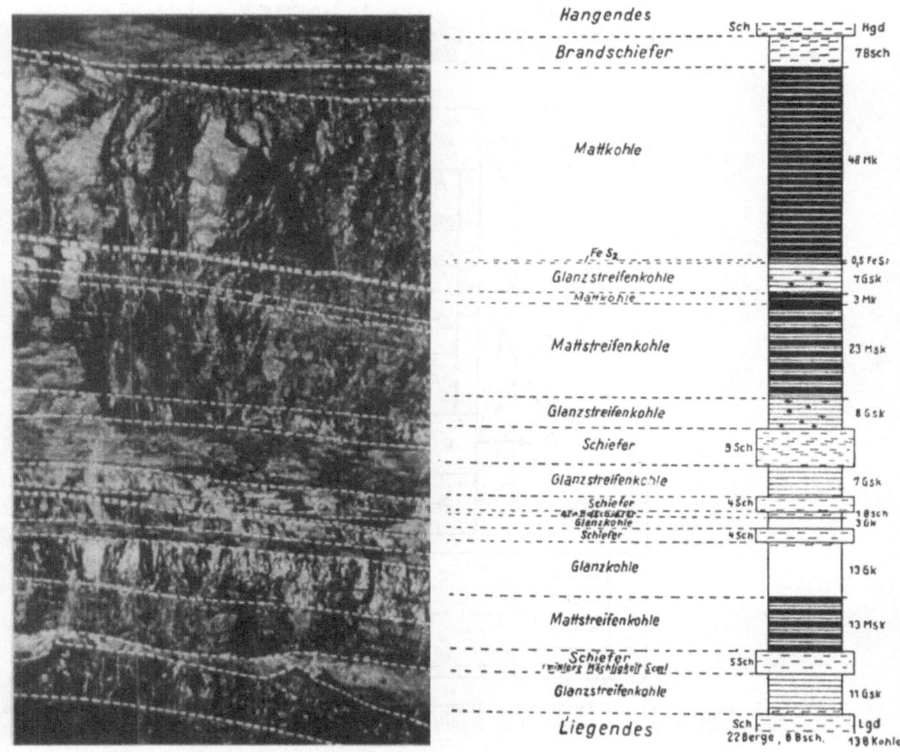

Abb. 376. Makropetrographischer Flözschnitt eines Gasflammkohlenflözes

von Bedeutung ist, machte es erforderlich, die Kohle stofflich genauer zu untersuchen, u. zw. nicht nur mit chemisch-technologischen Mitteln, sondern in erster Linie mittels des *Mikroskops.*

b) *Mikroskopisches Bild der Steinkohle*

Die *mikroskopischen* Untersuchungen[1] haben nun gelehrt, daß die Steinkohle nicht nur aus verschieden geformten, sondern auch aus verschiedenartigen **Grundbestandteilen** („*Gefügebestandteilen*", Gemengteilen) sog. „Mazeralen" besteht (Abb. 377). Es handelt sich in ihnen um chemisch-physikalisch gekennzeichnete, mikroskopisch kleine Pflanzenteile (unter $100\,\mu$), die durch differenzierte Zersetzungsvorgänge in einer

---

[1] Die mikroskopischen Untersuchungen stützen sich weniger auf die bei den gewöhnlichen Gesteinsuntersuchungen üblichen „Dünnschliffe" dünner Gesteinssplitter, als vorwiegend auf „polierte Anschliffe" von Kohlenstücken im auffallenden Licht (sog. „Reliefschliffe").

frühen Phase der Kohlenbildung entstanden sind. Man kann sie den *Mineralen* der Gesteine gleichsetzen.

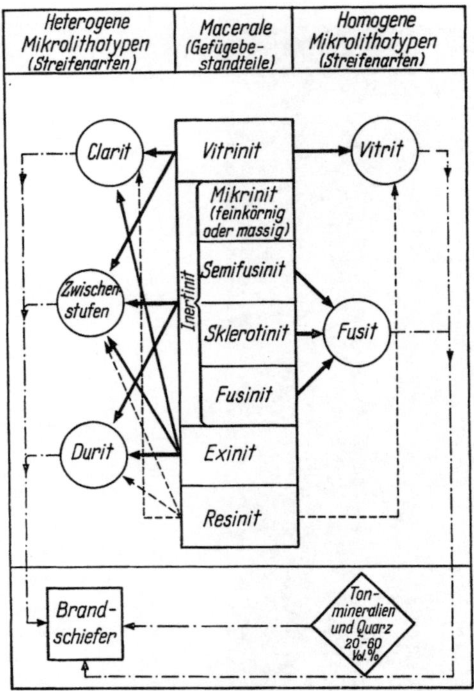

Abb. 377. Darstellung der Zusammensetzung der Steinkohle nach *Gefügebestandteilen* (*Mazeralen*) und die Ableitung der heterogenen und homogenen *Streifenarten* (*Mikrolithotypen*) aus den Mazeralen (nach MACKOWSKY)

Die nachstehende Zusammenstellung kennzeichnet die sog. „Mazerale" und „Mazeralgruppen" (nach Intern. Kommission für Kohlenpetrologie 1956).

Vollständige	Vereinfachte
Bezeichnungsweise	
Mazerale	Mazeral-Gruppen
Collinit (gefügelos) Telinit (gefügezeigend)	Vitrinit
Sporinit (Außenhäute von Sporen) Kutinit (Blatthäute) Alginit Resinit (fossiles Harz oder Wachs)	Exinit
Mikrinit (Pflanzenhäcksel) Semifusinit (Zellstruktur) Fusinit (Rohzellgefüge, opak) Sklerotinit (Pilzdauersporen und Pilz- hyphengeflecht)	Inertinit (nicht oder fast nicht verkokbar)

Diese Gefügebestandteile (Mazerale) bauen die schon erwähten, makroskopisch .erkennbaren Kohlenaufbauteile, die **Streifenarten** (intern. „*Lithotypen*" genannt) auf. Es sind dies: *Vitrit*[1], *Clarit*, *Durit*[2] und *Fusit*[3]. Sie sind den *Gesteinen* vergleichbar.

Grob gesagt, entspricht:

Vitrit der Glanzkohle, *Clarit* der Glanzstreifenkohle, *Durit* der Mattkohle, *Fusit* der Faserkohle. Mit diesen *Lithotypen* beschäftigen sich die wissenschaftlichen Untersuchungen in Richtung der Kohlenveredlung.

a) *Vitrit* (Abb. 378). Homogene Mikrolithotype. Häufigste Streifenart der Kohle. Mit mehr als 50% am Aufbau der Flöze beteiligt. Seine Grundmasse besteht fast nur (mindestens 95%) aus Vitrinit.

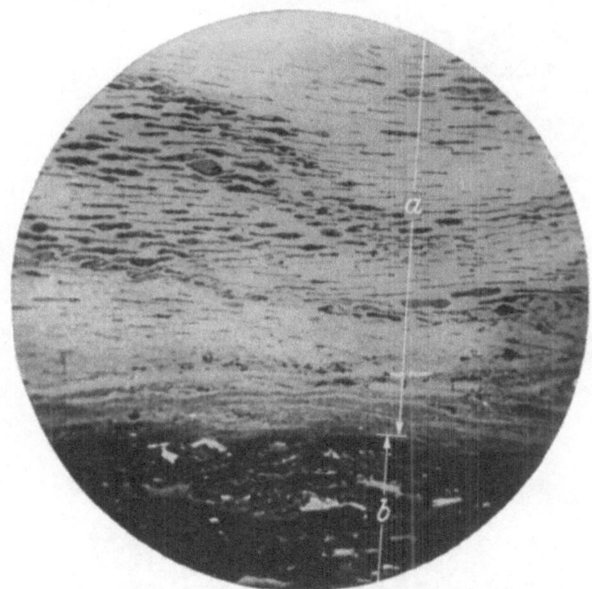

Abb. 378. Mikroskopisches Anschliffsbild des Vitrits einer Flammkohle mit Zellgefüge (*a*), Durit (*b*). Vergr. 140 ×. Aus KUKUK 1938

Vitrit zeigt bei bestimmter Inkohlung hohe Backfähigkeit, vielfach Schlechten und neigt zur Rußbildung sowie zur Selbstentzündung, ist aschenarm und Hauptträger der Verkokbarkeit der Kohle.

b) *Clarit* (Abb. 379). Heterogene Mikrolithotype. Seine Grundmasse besteht größtenteils (zu 95%) aus Vitrinit mit Einlagen von Sporen und Blatthäuten.

Aschengehalt höher als beim Vitrit, Verkokungsfähigkeit gut.

c) *Durit* (Abb. 380). Heterogene Mikrolithotype (mit 95% Inertinit und 25% Exinit). Grundmasse verschieden zusammengesetzt. Bitumenkörper in mikrinitisch-fusitischer Grundmasse eingelagert (Träger des Teergehalts). Sporenreiche, gering inkohlte Durite haben viele flüchtige Bestandteile und eignen sich für Verschwelung und Verarbeitung auf Wertstoffe. Backfähigkeit gering, Härte groß.

d) *Fusit* (Abb. 381). Homogene Mikrolithotype. Einheitliche Streifenart mit deutlichem Holzzellgefüge. Besteht aus den Mazeralen Fusinit, Semifusinit und Sklerotinit (s. diese).

---

[1] lat. vítrum = Glas. — [2] lat. dúrus = hart. — [3] lat. fúsco = ich schwärze.

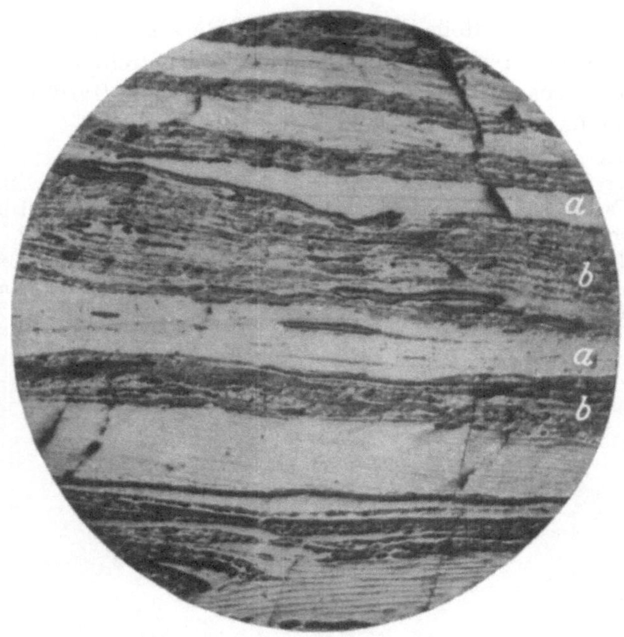

Abb. 379. Mikroskopisches Anschliffsbild von *Claritstreifen* (*a*) wechsellagernd mit *Vitritstreifen* (*b*) einer Glanzkohle mit Mikro- und Megasporen. Vergr. 10 ×. Aus Kukuk 1938

Abb. 380. Mikroskopisches Anschliffsbild des *Durits* (Mattkohle). Vergr. 10 ×.
Aus Kukuk 1938

Backfähigkeit kaum vorhanden, flüchtige Bestandteile gering. Kann aschenarm als Magerungsmittel für Kokskohle dienen.

Abb. 381. Mikroskopisches Anschliffsbild des *Fusits* (Faserkohle). Hell = Zellwände. Aus KUKUK 1938

Heute bildet die *Kohlenmikroskopie* unterstützt durch die von STACH und andern weiter entwickelten *Kohlenanschliffe* (besonders in Europa) sowie von *Kohlendünnschliffen* (besonders in Nordamerika) ein wertvolles Hilfsmittel zur Beurteilung der Kohle nach der chemisch-technologischen bzw. aufbereitungstechnischen Seite.

6. Lagerstätten der brennbaren Gesteine, insbesondere der Steinkohle

Die Lagerstätten der festen Brennstoffe: Torf, Braunkohlen und Steinkohlen reichen in Deutschland aus, um seine Bewohner noch für lange Zeit mit Brennstoff zu versorgen. Nach der Höhe seiner *Steinkohlenförderung* im Betrage von r. 133,6 Mio t in 1958 steht die Bundesrepublik noch an vierter Stelle in der Welt.

Die *Steinkohlenlagerstätten* des deutschen Raumes verteilen sich hinsichtlich ihres Alters auf verschiedene Formationen, und zwar auf: *Unterkarbon, Oberkarbon, Rotliegendes, Jura* und *Kreide*.

Nur die Vorkommen des *Oberkarbons* sind von großer wirtschaftlicher Bedeutung, während diejenigen des Unterkarbons, des Rotliegenden, des Juras und der Kreide eine sehr untergeordnete Rolle spielen.

Betrachten wir zunächst die stratigraphische Gliederung der wichtigsten kohlenführenden Formationen in *Deutschland*.

Die Tatsache, daß die Flözführung nicht gleichmäßig auf alle Unterabteilungen der Karbonformation verteilt ist, führte früher zu der mehr von bergmännischen

Gesichtspunkten ausgehenden *alten* Gliederung in *flözführendes* (produktives[1]) und *flözleeres Karbon*.

·Nach der *geologischen* Stellung der Ablagerungen ist jedoch zu unterscheiden zwischen: *Oberkarbon* (vorwiegend „limnisch-terrestrisch[2]“) und *Unterkarbon* (vorwiegend „marin“).

Dabei stellt im großen und ganzen in Deutschland das *Oberkarbon* die *produktive* (oder flözführende) und das *Unterkarbon* die *flözleere* Stufe dar; jedoch ist die Flözführung nicht lediglich auf die obere, sog. „produktive Abteilung“, beschränkt.

Von grundlegender Bedeutung ist, daß nach den durch die vier *Heerlener Kongresse* (1927, 1935, 1951 und 1958) getroffenen *internationalen* Vereinbarungen die *gesamte Karbonformation* in Unterstufen eingeteilt wird. Ihre stratigraphische Gliederung ist vorwiegend auf die im Nebengestein auftretende Fauna, und zwar die *marine Fauna* (und nur im geringen Maße auf ihre Flora), aufgebaut.

Wir unterscheiden also zunächst:

Oberkarbon	*Stefan*[3] A—C *Westfal*[4] A—D *Namur*[5] A—C
Unterkarbon	*Dinant*[5]

Das *westfälische Oberkarbon*, dem das Stefan fehlt, wird (von oben nach unten) eingeteilt in das:

Westfal D: Piesberg- und obere Ibbenbürener Schichten (Osnabrücker Schichten),
Westfal C: Dorstener Schichten (Flammkohle),
Westfal B: Horster Schichten (Gasflammkohle) und
           Essener Schichten (Gaskohle),
Westfal A: Bochumer Schichten (Fettkohle) und
           Wittener Schichten (Eßkohle),
Namur: Sprockhöveler Schichten (Magerkohle).

a) Torfvorkommen

(vgl. Abb. 382, Übersichtskarte der Steinkohlen-, Braunkohlen- und Torflagerstätten):

Wegen der Bedeutung der *Torfvorkommen* für die Wärmeerzeugung in kohlenarmen Gebieten können sie zwar als „Brennstofflagerstätten“ angesprochen werden, gehören jedoch streng genommen nicht zu den Kohlenlagerstätten.

Die natürlichen *Lagerstätten des Torfes* sind die ausgedehnten „Moorgebiete“ des deutschen Raumes. Nach ihrer Bildungsgeschichte sind hier zu unterscheiden: die „Flach- bzw. Niederungsmoore“ und die „Übergangs- und Hochmoore“.

---

[1] produktiv vom lat. prodúcere = erzeugen.
[2] gr. limné = Sumpf, lat. térra = Erde.
[3] nach der franz. Stadt St. Etienne (= St. Stephan). — [4] nach Westfalen.
[5] nach den belg. Städten Namur und Dinant.

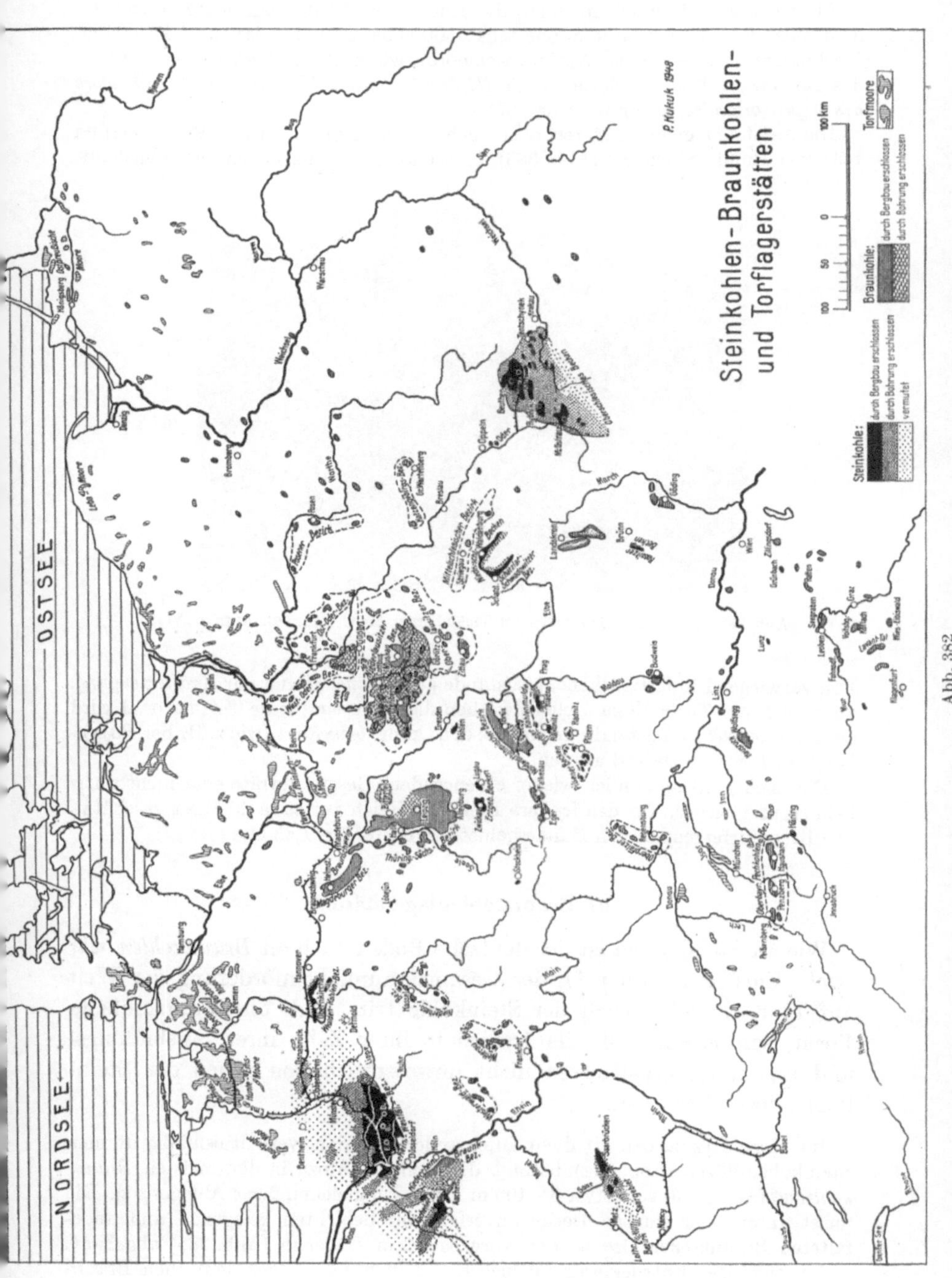
OSTSEE
NORDSEE
P.Kukuk 1948
Steinkohlen-Braunkohlen-
und Torflagerstätten
Steinkohle:
durch Bergbau erschlossen
durch Bohrung erschlossen
vermutet
Braunkohle:
durch Bergbau erschlossen
durch Bohrung erschlossen
Torfmoore
100 km
Abb. 382

Als wichtigste Moorgebiete seien die Hoch- und Niederungsmoore Nordwestdeutschlands mit insgesamt mindestens 650000 ha Umfang (davon r. 470000 ha Hochmoore und 180000 ha Niederungsmoore), wie z. B. die *Ostfriesischen Moore,* das *Bourtanger Moor* im Emsland, die *Niedersächsischen Moore* und die *Hochmoore des Alpenvorlandes,* genannt (Abb. 382).

Die meist nur mehrere Meter, aber auch bis zu 12 m mächtigen Moore werden teils von Hand (Stichtorf) (Abb. 383), teils maschinell (Maschinentorf) abgebaut.

Abb. 383. Gestochene Torfsoden im Tiefenberger Moor⸜ (Allgäu). Aufn. d. Verf.

Das vorwiegend in lufttrockenem Zustande als *Brennstoff* und zur *Krafterzeugung,* aber auch als *Torfmull* zu vielen Zwecken dienende *natürliche* Torfmaterial wird auch im *veredelten* Zustande verwandt, d. h. kann *brikettiert* (wie z. B. bei *Papenburg*), *verkokt* oder *vergast* werden.

Die (sich ganz allmählich wieder erneuernden) Gesamtvorräte sind nicht unerheblich und werden für das frühere Deutsche Reich auf etwa 10 Mia t geschätzt. Die Brenntorferzeugung im Bundesgebiet betrug 1957 r. 1,53 Mio t.

b) Braunkohlenlagerstätten

Wie an Steinkohlen ist der deutsche Boden auch an *Braunkohlen sehr reich.* Entfallen doch r. $^2/_3$ der Gesamtbraunkohlenförderung der Welt auf Deutschland. Gleich der Steinkohle tritt auch die Braunkohle in Form von Flözen auf, die freilich in ihrer Zahl, ihren Ausbildungs- und Lagerungsverhältnissen nicht unwesentlich von denen der Steinkohlenflöze abweichen.

Im Gegensatz zu den oft dicht aufeinanderfolgenden, verhältnismäßig dünnen Steinkohlenflözen (Abb. 384) beträgt die Zahl der Flöze in den meisten *Braunkohlengebieten* 1—3 von etwa 3—100 m Dicke bei gleichmäßiger Ablagerung. Die meist unter einer starken Decke unverfestigter Schichten gelegenen und ungefalteten Braunkohlenflöze werden vorwiegend im Tagebau (Abb. 385) abgebaut.

Im Zuge der Entwicklung hat sich die Bauwürdigkeit der deutschen Braunkohlenflöze hinsichtlich des Verhältnisses von Decke zur Kohlenmächtigkeit sehr geändert, so daß heute Abbau im „Tieftagebau" noch bei einem weit ungünstigeren Verhältnis als früher wirtschaftlich geführt werden kann. Wegen ihres geringen Heizwertes wird die oft wasserreiche Rohbraunkohle (mit bis 60% H_2O), die keinen großen Transport verträgt, meist *brikettiert*. Andererseits dient sie wegen ihrer

Abb. 384. Mehrere gefaltete unreine Steinkohlenflöze aus dem Saarrevier. Nach GUTHÖRL

Abb. 385. Blick in den Braunkohlentagebau der Grube Fortuna mit stufenförmigem Abbau des mächtigen Braunkohlenflözes der Ville durch Bagger und Großraumwagen. Nach Zechenaufnahme

verhältnismäßig niedrigen Gestehungskosten infolge Einsatz neuzeitlichster Gewinnungseinrichtungen (Großbagger, Schaufelradbagger und Abraumförderbrücken u. a. m.) in wachsendem Maße unmittelbar der Stromerzeugung und als Rohstoff für die chemische Großindustrie.

Gesamtbraunkohlenförderung im Bundesgebiet r. 96,8 Mio t/58. Briketterzeugung r. 16,4 Mio t. Gesamtkohlenvorräte insgesamt etwa 63 Mia t. Von diesen sollen etwa 9 Mia t baureif sein. Bei einem Verhältnis des Wärmewertes von Braunkohle zu Steinkohle wie 1 : 3,5 entsprechen diese r. 93,8 Mio t etwa 27 Mio t Steinkohle.

Die zahlreichen Einzelvorkommen des deutschen Raumes lassen sich zu mehreren *Hauptbraunkohlengebieten* zusammenfassen (vgl. Abb. 382):

Mitteldeutsches Braunkohlengebiet (zwischen Harz, Thüringer Wald und Elbe) mit den Mittelpunkten Halle und Leipzig.

Hier sind bis drei mächtige „eozäne" Braunkohlenflöze abgelagert, und zwar im Braunschweigisch-Magdeburger und Thüringisch-Sächsischen Bezirk. Eines von ihnen erreicht im Geiseltal r. 100 m bei einem Heizwert der Kohle von 2500 kcal/kg und 55% H_2O. Das Flöz ist auch durch seine zahlreichen guterhaltenen „Tierfunde" bekannt geworden.

Gesamtvorräte r. 10 Mia t.

Westdeutsches Gebiet (Niederrhein. Braunkohlen-, Westerwälder-, Niederhessischer- und Wetteraubezirk) in einer Ausdehnung von über 3000 km².

Wichtigste Ablagerung Westdeutschlands und gleichzeitig auch des gesamten Bundesgebietes ist das im Norden und Nordwesten in 3 Einzelflöze sich aufspaltende *Villeflöz* (Abb. 386) des Vorgebirges mittel- bis obermiozänen Alters. Das noch im Tagebau (Abb. 385) gewonnene Braunkohlenflöz hat eine Länge von etwa 40 km bei 2—4 km Breite. Ein großer Teil der Tagebaue geht aber seiner Erschöpfung entgegen.

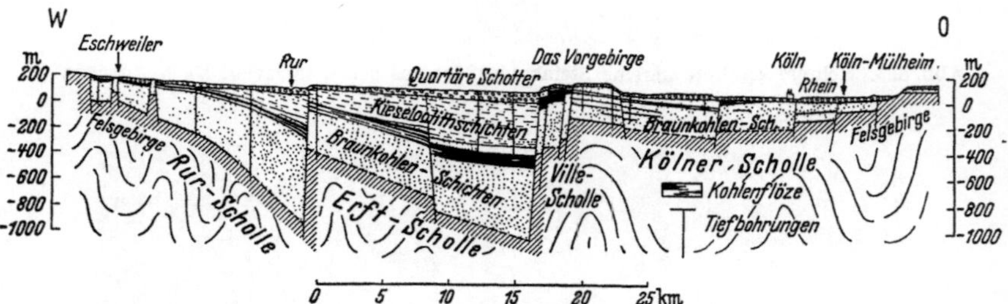

Abb. 386. Schematischer. Schichtenschnitt durch das niederrheinische Braunkohlengebiet. Umgez. nach BREDDIN

Dafür ist durch Tiefbohrungen westlich der Erft die Fortsetzung des in Schollen zerbrochenen Flözes unter einem bis 250 m messenden Deckgebirge auf weite Erstreckung in 30—70 m Mächtigkeit nachgewiesen. Hierdurch sind die Gesamtkohlenvorräte auf r. 60 Mia t gewachsen, wenn auch die Kohle insgesamt an Asche und Wasser (d. h. an Ballast) reicher und die Brikettierfähigkeit fraglich geworden ist.

Zur Zeit wird im NW des Revieres unter tiefer *Absenkung* des *Grundwasserspiegels* der Übergang von dem ausgehenden flachen Tagebau zu dem die Zukunft beherrschenden „Tieftagebau" der Kohle durchgeführt. Dabei wird sich das Verhältnis von Deckgebirge zur Flözmächtigkeit von 0,3:1 auf 3:1 erhöhen.

Auf der Grundlage des nachgewiesenen großen Kohlenvorrats steht dieses Gebiet im Begriff, sich durch weitgehende Mechanisierung und die Errichtung bedeutender Kraftwerke zu einem der wichtigsten Kraftzentren Westeuropas zu entwickeln.

Der *Niederhessische Bezirk um Kassel.*

Er hat nur eine geringe wirtschaftliche Bedeutung.

Ostdeutsches Braunkohlengebiet (Lausitzer Revier). Hier bilden die beiden mächtigen miozänen Flöze des Senftenberger Reviers den Schwerpunkt einer steigenden Entwicklung.

Förderung 1952 r. 65 Mio t.

Die weiteren *Vorkommen der Ostzone* sollen nicht im einzelnen betrachtet werden.

. Die Gesamtförderung an Braunkohle in der Ostzone soll 1957 r. 215 Mio t und die Brikettèrzeugung r. 53 Mio t betragen haben.

Süddeutsches Braunkohlengebiet. Besonders genannt seien die in der subalpinen Molasse des bayerischen *Alpenvorlandes* gelegenen gefalteten oligozänen „Pechkohlenflöze". Hier schütten einige dünne Flöze bei *Peissenberg, Penzberg, Hausham* und *Marienstein* eine schwarze, muschelig brechende Braunkohle, die infolge tektonischer Beanspruchung als „Pechglanzkohle" (mit r. 5000 kcal/kg) entwickelt ist.

Förderung in 1958 r. 1,81 Mio t; Vorräte etwa 100 Mio t.

Erwähnt seien auch noch die *oberpfälzischen miozänen Braunkohlenvorkommen* u. a. von Wackersdorf bei *Schwandorf* in Bayern mit einem Ober- und Unterflöz.

Förderung 1958 r. 2,8 Mio t.

c) Steinkohlenlagerstätten

Nach ihrer *bildungsgeschichtlichen* Seite lassen sich die verschiedenen Steinkohlenvorkommen zu folgenden Gruppen zusammenfassen (vgl. Übersichtskarte Abb. 382):

α) *Die meeresnahen (paralischen) Steinkohlenvorkommen (Ruhrbezirk, Aachener Gebiet und Oberschlesisches Becken).*

Die in der Nähe des ehemaligen Karbonmeeres in der am Nordsaum des variszischen Gebirges gelegenen Vortiefe zur Ablagerung gekommenen Kohlenflöze sind durch zwischengeschaltete Meeressedimente (sog. „marine" Schichten) gekennzeichnet. Eine Sonderstellung nimmt das nur in seinem unteren Teil „paralische" *„Oberschlesische Becken"* ein, das nach neuen Erkenntnissen einer südlich des variszischen Gebirges gelegenen anderen Vortiefe zuzuweisen ist, der auch das Donezbecken und die asturischen Becken (Spanien) angehören. Des Zusammenhanges wegen sei es hier noch kurz mitbehandelt.

Das Niederrheinisch-Westfälische Steinkohlengebiet (Ruhrrevier). Das wichtigste deutsche Kohlenvorkommen ist der *Niederrheinisch-Westfälische Steinkohlenbezirk,* kurz als „Ruhrrevier" bezeichnet (Abb. 387).

Im Hinblick auf das vorhandene reiche Sonderschrifttum[1] und den knappen Raum kann hier nur das Notwendigste unter Hinweis auf die erläuternden Abbildungen im Text gesagt werden.

Bekanntlich handelt es sich im Ruhrbezirk um ein Teilgebiet des an den Nordabfall des armorikanisch-variszischen Gebirges sich anlehnenden *nordwesteuropäischen Kohlengürtels,* der sich von Osnabrück aus nach Westfalen-Rheinland und weiter über die Gebiete von Aachen und Limburg (Holland) nach Belgien und Frankreich und unter dem Kanal nach England (Kent) erstreckt. Wir haben es im Ruhrbezirk nur mit dem

---

[1] P. Kukuk: Geologie des Niederrheinisch-Westfälischen Steinkohlengebietes Berlin 1938. — P. Kukuk und C. Hahne: Das Niederrheinisch-Westfälische Steinkohlengebiet. Lernbuchbeitrag für Bergschulen. Bochum 1957. — Schrifttumsverzeichnis, S. 346 ff.

über 6200 km² nachgewiesenen Südflügel einer ausgedehnten Steinkohlenablagerung zu tun.

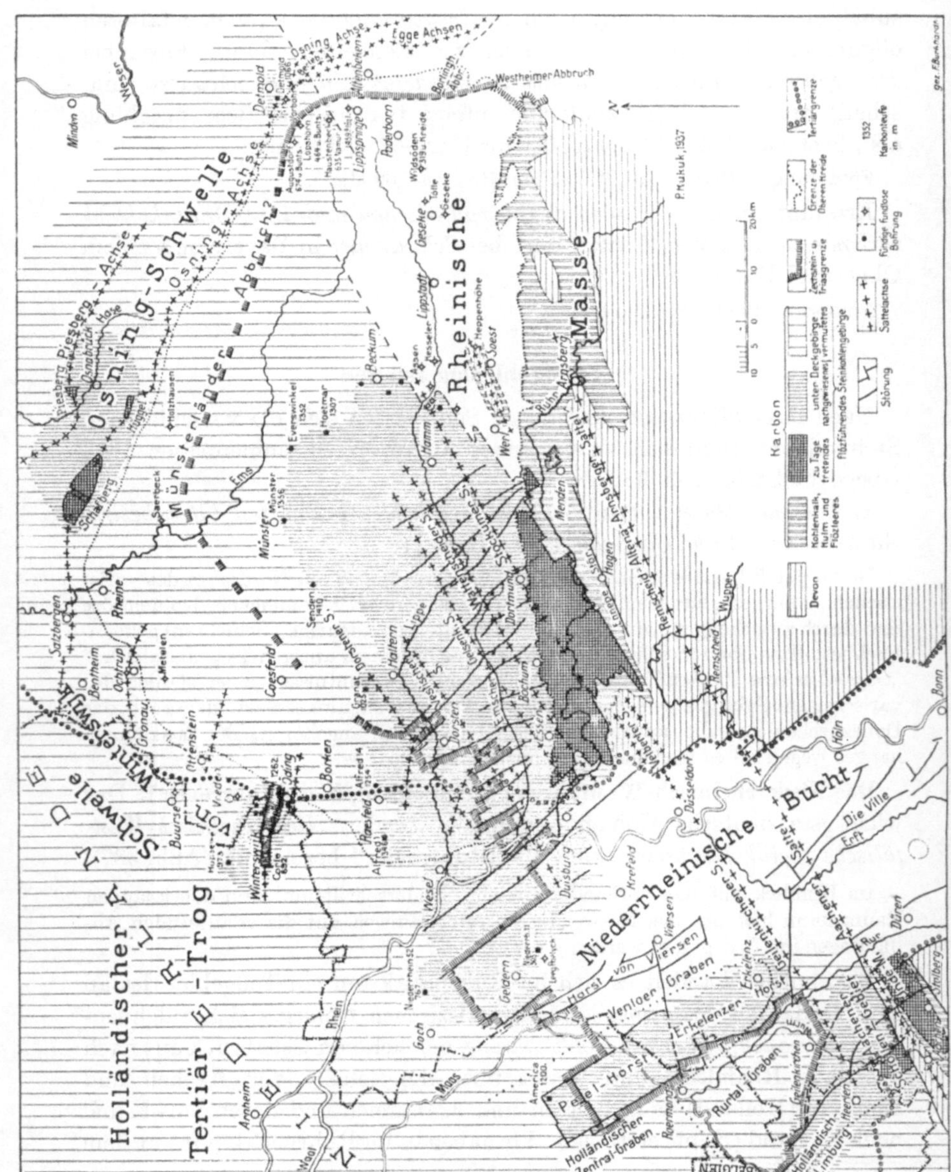

Die im Süden des Gebietes auf einer kleinen Fläche von etwa 500 km² zutage tretenden gefalteten Ablagerungen des Ruhrkarbons werden

Ruhrrevier

etwa nördlich einer Linie Duisburg, Bochum und Dortmund von einem nach Norden bzw. NW an Mächtigkeit zunehmenden Deckgebirge aus fast ungefalteten jüngeren Schichten des Zechsteins, der Trias, der Kreide, des Tertiärs und des Pleistozäns ungleichförmig überlagert (Abb. 387).

Die in der subvariszischen Vortiefe rhythmisch abgelagerten klastischen Sedimente von r. 2900 m Mächtigkeit bestehen aus Sandsteinen, konglomeratischen Sandsteinen, Sandschiefertonen und Schiefertonen, die etwa 65 durchaus bauwürdige Flöze (von 0,60—3 m Mächtigkeit, im Mittel 1,37 m mit 1,22 m reiner Kohle) einschließen.

Man gliedert die (gesteinsmäßig einförmigen) Ablagerungen des Ruhrkarbons (Namur und Westfal) in sechs Zonen, und zwar in Dorstener, Horster, Essener, Bochumer, Wittener und Sprockhöveler Schichten (mit Flammkohlen-, Gasflamm-kohlen-, Gaskohlen-, Fettkohlen-, Eßkohlen- und Magerkohlenflözen) (vgl. die nachstehende Zusammenstellung, S. 281). Die Identifizierung der Flöze des Ruhrkarbons erfolgt im einzelnen durch feinstratigraphische Untersuchungen.

Die terrestrischen Absätze der Gesteinsablagerungen werden durch das gelegentliche Auftreten von „Meeresschichten" (marine Schichten) untergliedert.

Durch einen gegen Ende der Karbonzeit (in der „asturischen Phase der variszischen Orogenese") einsetzenden starken, von SO nach NW wirksam gewesenen Faltungsschub sind die Ablagerungen des Karbons zu Westsüdwest — Ostnordost streichenden breiten, flachgelagerten Hauptmulden und schmalen, stark aufgefalteten Hauptsätteln zusammengeschoben worden (Abb. 388). Sie werden in der Richtung von Südosten nach Nordwesten als:

> *Wittener Mulde*
> > *Stockumer Sattel*
> *Bochumer Mulde*
> > *Wattenscheider Sattel*
> *Essener Mulde*
> > *Gelsenkirchener Sattel*
> *Emscher-Mulde*
> > *Vestischer Sattel*
> *Lippe-Mulde*
> > *Dorstener Sattel*

bezeichnet. Dieses vielfach nach der Tiefe an Faltungsstärke zunehmende (*disharmonische*) Faltengebilde ist durch meist dem Generalstreichen

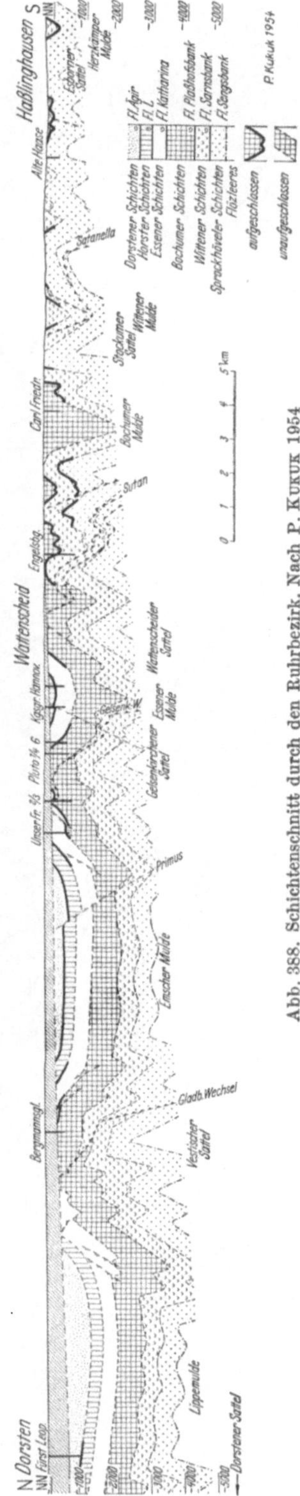

Abb. 388. Schichtenschnitt durch den Ruhrbezirk. Nach P. KUKUK 1954

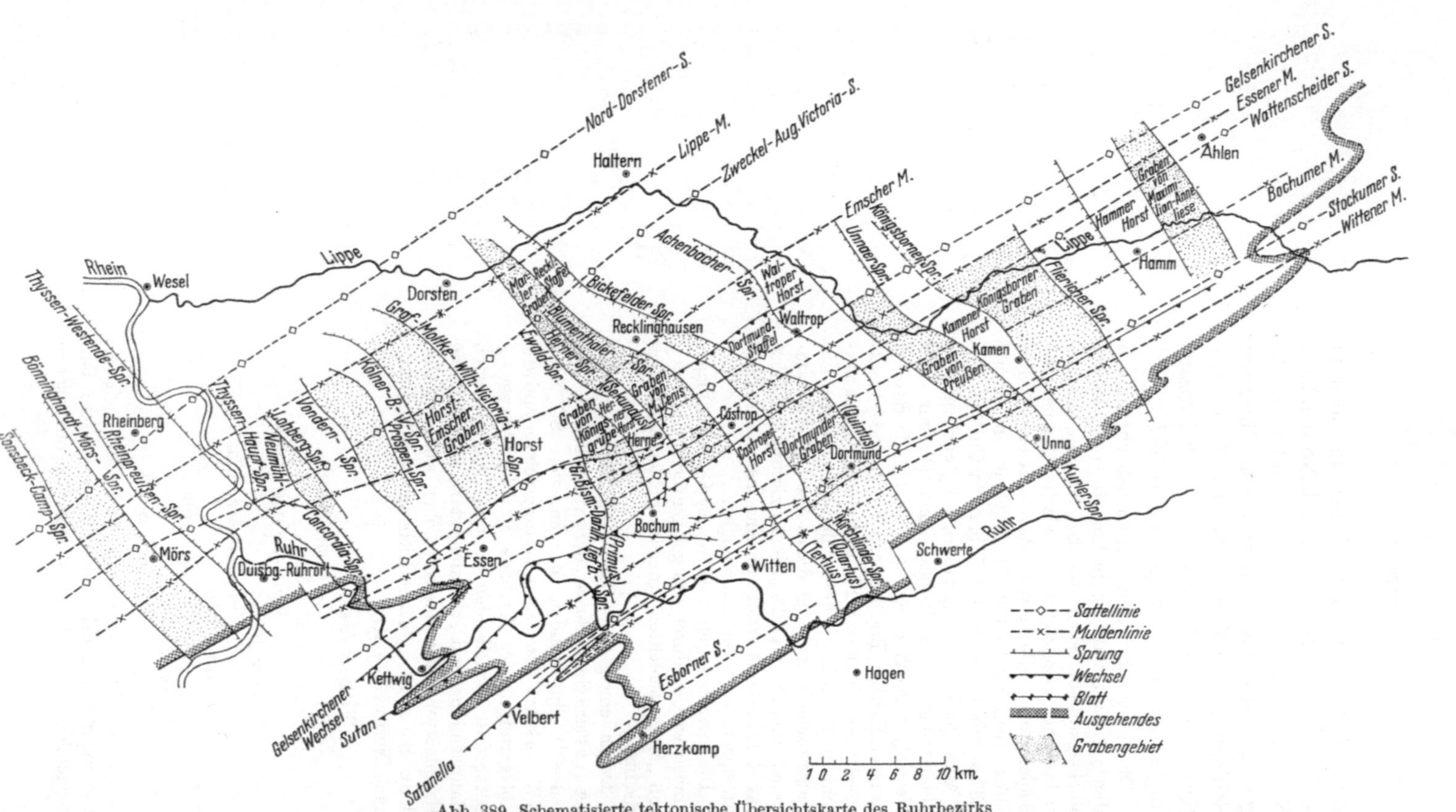

Abb. 389. Schematisierte tektonische Übersichtskarte des Ruhrbezirks

Allgemeine Angaben über das Ruhrkarbon

	Stufen	Gebirgs-mächtigkeit (Durch-schnitt) m	Zahl bau-würdiger Flöze etwa	Unterer Heizwert der Kohle kcal/kg	Wichtige Flöze (Leitflöze)	Verwendung der Kohle
Oberes Westfal (C)	*Dorstener Schichten* (Flamm-kohlen)	330	5—8		Flöz Hagen (Tonstein-flöz)	Vergasung, Verschwe-lung, Gene-ratorgas u. Dampf-erzeugung,
Mittleres Westfal (B)	*Horster Schichten* (Gasflamm-kohlen)	360	6—10	6100 bis 7450	Ägir, Bismarck	Feinkohle zur Ver-kokung
Mittleres Westfal (B)	*Essener Schichten* (Gaskohlen)	490	10—12		Zollverein 1—8, Laura, Victoria	Gaserzeu-gung, Kes-selfeuerung
Unteres Westfal (A)	*Bochumer Schichten* (Fettkohlen)	650	12—25	6500 bis 7900	Katharina, Hugo, Präsident, Sonnen-schein	Feinkohlen zur Koks-herstellung, Industrie-kohlen
Unteres Westfal (A)	*Wittener Schichten* (Eßkohlen)	460	6	6800 bis 8000	Plaßhofs-bank, Finefrau, Mausegatt	Kessel-feuerung, Schmiede-zwecke, Feink. f. Brikett-herstellung
Namur	*Sprock-höveler Schichten* (Mager-kohlen)	530	3	6700 bis 7900	Sarnsbank, Hauptflöz, Neuflöz	Hausbrand und indu-strielle Zwecke, Feinkohlen f. d. Brikett-herstellung

parallel verlaufende, gleichaltrige Pressungsstörungen („*Überschiebungen*" auf Wechseln) zerrissen. Außerdem ist es durch zahlreiche, kurz hintereinander erfolgte querschlägige „*Abschiebungen*" (auf Sprüngen) in NW—SO streichende „Horste", „Gräben" und „Staffeln" zerlegt worden. (Abb. 389). Dazu treten noch die meist jüngeren „*Verschiebungen*" (auf Blättern). Die Sprung- und Verschiebungsklüfte sind örtlich Träger bauwürdiger ascendent-hydrothermaler Bleizinkerzvorkommen, wie auf Zeche Auguste Victoria, Christian Levin und Graf Moltke.

Über die vielen weiteren Einzelheiten geben die Abb. 387, Abb. 388, Abb. 389, das erwähnte Sonderwerk des Verfassers und die weiter unten angeführte Literatur Aufschluß.

Die *große wirtschaftliche Bedeutung* des Ruhrbezirks beruht nicht allein auf der Höhe seiner *Förderung* (r. 122,3 Mio t/1958), dem *Netto-Produktionswert* seiner Erzeugnisse (r. 8 Mia DM) und der *Nachhaltigkeit* seiner sicheren *Vorräte* (r. 41 Mia t bis 1200 m), sondern auch auf der *Mannigfaltigkeit* der den Verbrauchern der Kohle zur Verfügung stehenden *Kohlenarten* (Anthrazit-, Mager-, Eß-, Fett-,

Gas- und Gasflammkohlen) sowie der *Menge* (r. 39,4 Mio t/1958) und der großen
Güte seines *Kokses* (besonders für Hochöfen), seines *Gases* und seiner wertvollen
Nebenerzeugnisse (Teer, Benzol, Ammoniak, Koksofengas u. a.), seiner *Briketts*
(6,5 Mio t/1957), der Menge seines elektrischen *Stroms* u. v. a. Sie geht auch aus
der großen Zahl seiner *Bergleute* (r. 343 600/1957) hervor.

Zum Ruhrgebiet im weiteren Sinne gehört auch noch der *Osnabrücker
Bezirk*, in dem bei *Ibbenbüren* etwa 7 Eß- und Magerkohlenflöze
(Westfal C und D) mit 10—19% flüchtigen Bestandteilen und r. 5 m
Kohle gebaut werden.

Die Gesamtförderung dieses Bezirks erreichte r. 1,8 Mio t/1957.

Das Aachener Steinkohlengebiet (Inde-Wurmmulde). Die Schichten
des *Aachener Bezirks* (der Stätte des ältesten deutschen Kohlenbergbaus)
stellen — unter Überbrückung durch die Horstscholle von Erkelenz (sog.
Peel-Horst) — die unmittelbare Fortsetzung des Ruhrbezirks bzw. des
Karbons der linken Rheinseite dar (Abb. 387).

Die im Süden des Reviers zu Tage tretenden Steinkohlenschichten werden nach
N von einem mächtiger werdenden Deckgebirge überlagert.

Schichtenfolge des Aachener Karbons

Stufen		Schichten	Mächtig-keit (m)	Leithorizont
	C	Merksteiner Schichten	200	Dominahorizont
Westfal	B	Alsdorfer Schichten	450	Katharinahorizont
	A	Kohlscheider Schichten	450	Lingulahorizont
Namur		Stolberger Schichten	1100	
Dinant				

Das *Aachener Karbon* ist wie das Ruhrkarbon wellig gefaltet (Abb. 390) und
besonders im östlichen Teile durch NW-SO verlaufende Querbrüche, wie „Feldbiss",
„Münstergewand" (Indemulde) und „Sandgewand" (Wurmmulde) in Horste,
Gräben und Schollen zerrissen.
Wir unterscheiden hier zunächst die im Süden gelegene, heute abgebaute *Esch-
weiler-* oder *Indemulde* (Abb. 390). Diese im SW fast modellförmige, r. 15 km
lange und 25 km breite Mulde führte insgesamt etwa 18 bauwürdige Flöze. Sie
gehören als „Außenwerke" der Stolberger und als „Binnenwerke" der Kohlscheider
Gruppe an. Getrennt durch den aus Devon- und Unterkarbonschichten aufge-
schuppten „Aachener Sattel" folgt nach Norden die mit den Kohlscheider und
Alsdorfer Schichten gefüllte *Wurmmulde* (Abb. 390). Sie zeigt einen ganz anderen
Bautypus. Insbes. im Süden sind infolge Aufschiebung der Indemulde auf die
Wurmmulde nach Nordwest die Flöze stark gestaucht (Engfaltungszone) zu
„Zickzack-Falten" mit steil gestellten Flügeln („Rechten") und flach gelagerten
Stücken („Platten") (Abb. 390). Weiter nach Norden geht die Spitzfaltung
wieder in eine wellenförmige Lagerung über. Während im Westen r. 14 Flöze
mit etwa 12 m Kohle „anthrazitische Magerkohlen" (mit 6—9% fl. B.) schütten,

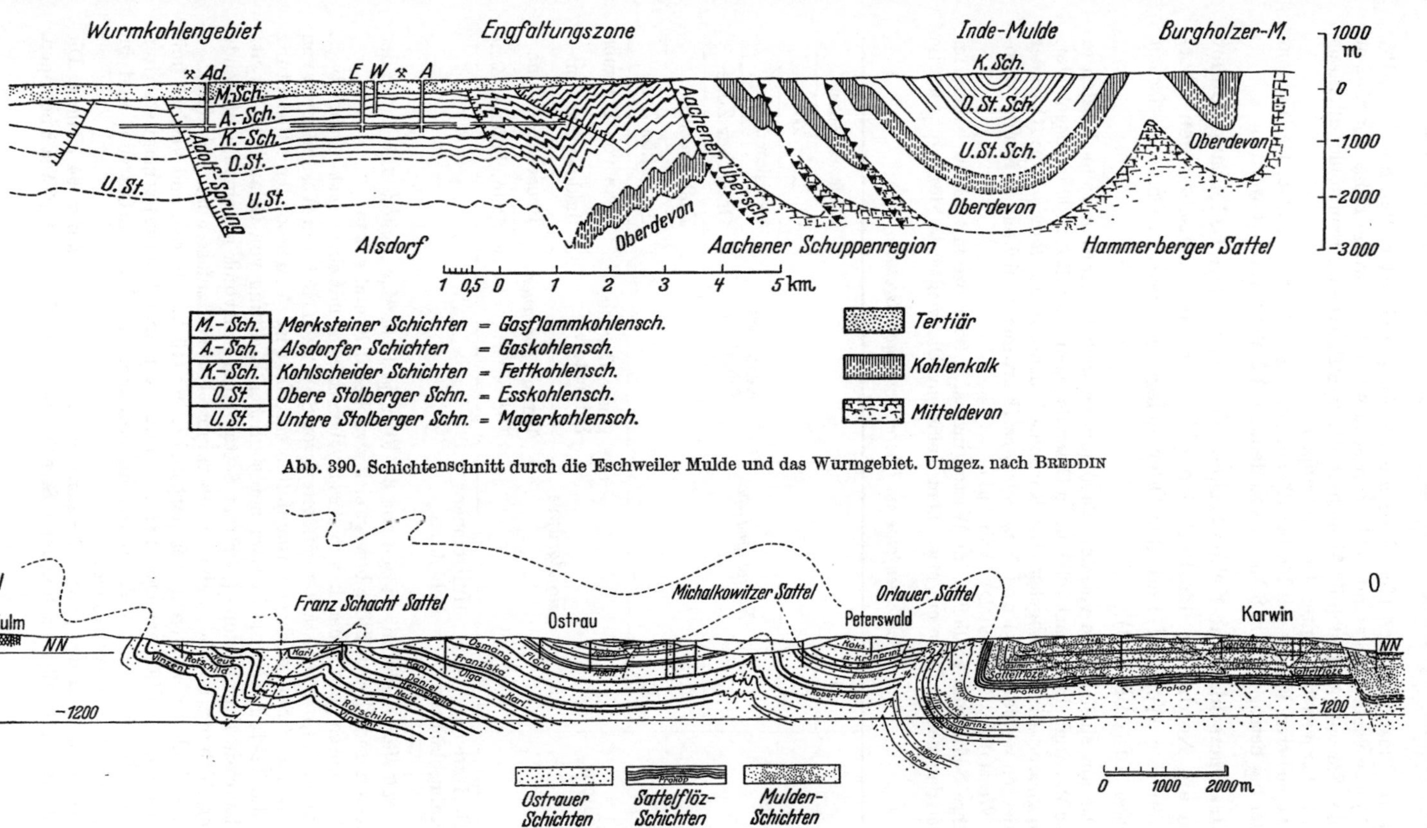

Abb. 390. Schichtenschnitt durch die Eschweiler Mulde und das Wurmgebiet. Umgez. nach Breddin

Abb. 391. Schichtenschnitt durch das Oberschlesische Becken. Umgez. nach Petrascheck

sind die Flöze im Osten (Eßkohlen mit 14—16% und Fettkohlen mit 19—24% fl. B.) gasreicher. Insgesamt zählt man etwa 40 ± bauwürdige Flöze mit r. 32 m Kohle. Sie entsprechen (mit Ausnahme der westfälischen Flammkohle) allen aus dem Ruhrrevier bekannten Kohlengruppen.

Die sicheren *Vorräte* werden bis 1200 m auf r. 1,7 Mia t geschätzt. Die Kohlenförderung betrug 1958 r. 8 Mio t, von denen r. 1,5 Mio t verkokt wurden.

Das Oberschlesische Kohlenbecken. Eine wachsende Bedeutung kommt dem am Nordrande der Beskiden (Westkarpaten) zwischen den Oberläufen der Weichsel und der Oder gelegenen riesigen *Oberschlesischen Becken* zu (Abb. 382).

Das auf einer Fläche von über 6500 qkm entwickelte Karbon ist im Westen in einer Mächtigkeit von fast 7000 m, im Osten dagegen nur mit r. 2500 m ausgebildet. Man gliedert die hier abgelagerten Karbonsedimente in die *Randgruppe* (Ostrauer Schichten = Namur A) und *Binnengruppe* (Karwiner Schichten = Namur B sowie Westfal A, B, C und D) (Abb. 391).

Ihre Sedimente schließen im Westen insges. r. 95 Flöze mit 135 m Kohle, im Osten dagegen 50 Flöze mit etwa 90 m Kohle ein. Die wichtigste Flözgruppe ist die

Schichtenfolge im Oberschlesischen Becken

Westfal	D			Libiazer Zone
	C			Chelmer Zone
	B	*Binnengruppe*	*Karwiner Schichten*	Lazisker Zone
				Orzescher Zone
	A			Rudaer Zone
Namur	B			Sattelflöz-Zone
	A	*Randgruppe*	Obere *Ostrauer* Schichten	Zone von Poremba
				Jaklowetzer Zone
			Untere *Ostrauer* Schichten	Hruschauer Zone
				Petershofener Zone
Flözleere Kulmschichten		Hultschiner Schichten		

sog. *Sattelflözgruppe* mit Flözen von 6—10 m, ja 16 m Mächtigkeit. Die Dicke der jüngeren und älteren Flöze bewegt sich zwischen 0,70 und r. 2 m.

Tektonisch gesprochen hat man es in Oberschlesien mit einem fast regelmäßigen Troge zu tun, der von stärker gefalteten, von SSW nach NNO (im Westen) sowie von WNW nach OSO gerichteten Randfalten eingefaßt ist. Von besonderer Bedeutung für die Tektonik ist die in etwa nordsüdlicher Richtung von Orlau bis Gleiwitz verlaufende Faltungszone („Orlauer Sattel"), die in Rybnik als eine flachfallende Überschiebung, im Süden aber als überkippte Falte aufzufassen ist (Abb. 391).

Die Kohle ist im allgemeinen hart und daher stückreich, rein und vielfach (mit Ausnahme des Mährisch-Ostrauer sowie des Karwiner Reviers) schlagwetterfrei. Kokskohlen sind nur stellenweise, insbesondere im Mährisch-Ostrauer und im Karwiner Revier, vorhanden.

Die Förderung des ganzen Beckens belief sich in 1958 auf r. 94,7 Mio t. Die Gesamtvorräte sollen nach neuerer Berechnung bis 1200 m r. 114,5 Mia t betragen.

β) Die meeresfernen (limnischen)[1] Kohlenvorkommen (Saargebiet und Lothringen, Waldenburger Steinkohlenbecken .u. a.)

Hierzu gehören die im Inneren des variscischen Gebirges ohne Beziehung zum Meere entstandenen Festlandssenken, wie das Saargebiet und Lothringen, das Waldenburger Becken und die kleinen Vorkommen Sachsens und anderer Gebiete.

Saargebiet und Lothringen. Im *Saargebiet* (und seiner südwestl. Fortsetzung) liegt im variscischen Streichen zwischen Vogesen und Südrand des Schiefergebirges (Hunsrück) ein ausgedehntes nichtmarines „limnisches" Vorkommen von r. 175 km Länge und 50 km Breite vor.

Das einen Teil der SW—NO streichenden Saône-Saar-Saalesenke füllende Saarkarbon (mit Schichten des Westfals C und D sowie des Stefans A bis C) stellt einen flach nach Norden einfallenden, von Zerrungsspalten zerrissenen breiten Sattel dar, dessen Nordflügel diskordant von Sedimenten des Rotliegenden und der Trias überdeckt wird. Weiter nach SW (Lothringen) entwickeln sich aus dem Saarbrücker Hauptsattel drei Einzelsattelgebilde. Längs des Südrandes verläuft die in genetischer Verbindung mit dem Saarbrücker Hauptsattel stehende, nach NW einfallende „Hauptüberschiebung". Bedeutung hat auch der nach SO sich einsenkende „Südliche Hauptsprung". Entgegen den älteren Auffassungen schneidet er das Karbon nach Süden nicht ab, verwirft aber das Deckgebirge (Abb. 392).

In dem an Kohlenflözen reichen *Saarrevier* werden etwa 123 r. 1 m mächtige Flöze (mit insgesamt 120 m Kohle) gebaut. In *Lothringen* wachsen die Flöze örtlich auf 4—20 m Mächtigkeit an. Der Anteil der gebauten Kohle an den bis

---

[1] gr. limné = stehendes Wasser.

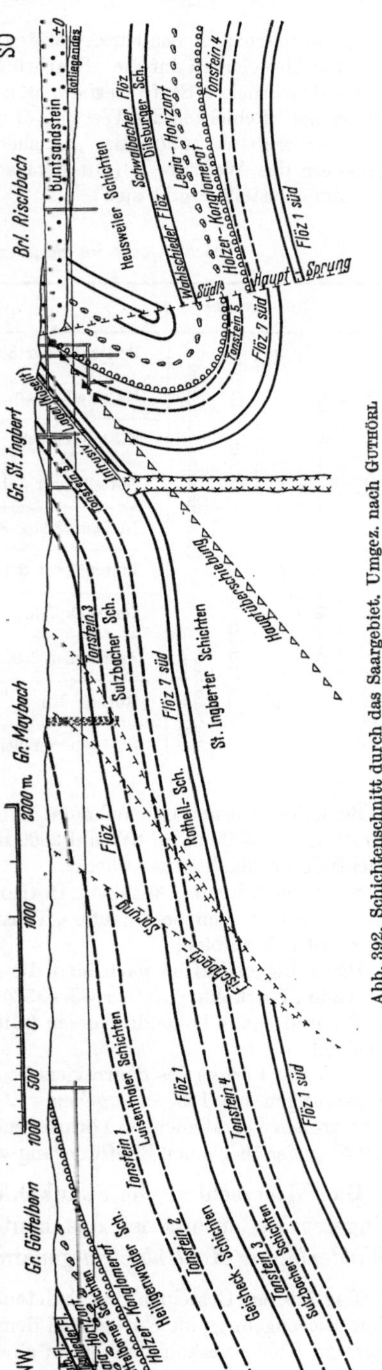

Abb. 392. Schichtenschnitt durch das Saargebiet. Umgez. nach GUTHÖRL

286 Kohlenlagerstätten

r. 4000 m mächtigen Schichten beträgt etwa 3,1%. Sie verteilen sich vom Liegenden zum Hangenden auf die „Saarbrücker" und „Ottweiler" Stufen.

Die Saarbrücker Stufe zerfällt u. a. wieder in die flözreichen „Rothell und Sulzbacher" Schichten des Westfals C (mit dem sog. *Fettkohlenzug*, der Grundlage des Saarbergbaus) und die „Geisheck", „Luisenthaler und Heiligenwalder" Schichten des Westfals D (mit dem sog. unteren und oberen *Flammkohlenzug*). Zusammengestellt ergibt sich:

Schichtenfolge im Saarrevier (nach GUTHÖRL, 1955)

Perm	Rotliegendes					Leitschichten	Flözzüge
Oberes Oberkarbon	Stefan	C	Ottweiler-Gruppe	Flammkohlen-Schichten	Breitenbacher Sch.		
		B			Heusweiler Sch.		
		A			Dilsburger Sch.		
					Göttelborner Sch.	Wahlschieder Flöz Leaia-Horizont	
Mittleres Oberkarbon	Westfal	D	Saarbrücker Gruppe		Heiligenwalder Sch.	Holzer Konglomerat	Oberer Flammkohlenzug
					Luisenthaler Sch.	1. Tonsteinflöz	Unterer Flammkohlenzug
		C		Fettkohlen-Schichten	Geisheck-Sch.	2. Tonsteinflöz	
					Sulzbacher Sch.		Fettkohlenzug
					Rothell Sch.	5. Tonsteinflöz	
					St. Ingberter Sch.		

Bemerkenswerterweise nehmen im eigentlichen Saarrevier die Schichten des Westfals von 3000 m im SW auf 2000 m im NO ab, während das Stefan in gleicher Richtung an Mächtigkeit wächst.

Statt der leitenden marinen Horizonte in den paralischen Becken finden sich im Saargebiet kennzeichnende „Tonsteinbänke" als Leit- und Grenzhorizonte (siehe Schichtenfolge).

Ihren Eigenschaften nach sind die aschenreichen Kohlen größtenteils (r. 70%) kokende „Fettkohlen" (mit r. 33—38% fl. B.), teils „Flammkohlen" (mit 37—45% fl. B.) und nicht kokende Kohlen (mit r. 40% fl. B.), früher als Magerkohlen bezeichnet.

Über die *Vorräte* des Saarreviers liegen noch keine einwandfreien Angaben vor. Schätzungen bis 1200 m ergeben r. 2,8 Mia t/1956 (ausschließlich der sicherlich sehr großen Vorratsmengen Lothringens). Verwertbare Jahresförderung r. 16,4 Mio t/1957 gegenüber einer Rohförderung von 27 Mio t.

Das Niederschlesische Steinkohlenbecken. Von wirtschaftlich weit geringerer Bedeutung ist das heute tschechoslowakisch-polnische, auch *Waldenburger Kohlenbecken* genannte Vorkommen.

Das älteren Gesteinen des Sudetengebirges diskordant aufgelagerte, zwischen dem Riesengebirge im Westen und dem Eulengebirge im Osten gelegene, hufeisenförmige Kohlenvorkommen ist in einer von Nordwest nach Südost streichenden und nach Südost geöffneten Mulde von r. 50 km Länge und 35 km Breite abgesetzt

(Abb. 393). Das Steinkohlengebirge tritt nur an den Rändern zutage. Seine Schichtenfolge geht aus den Ausführungen von S. 288 hervor.

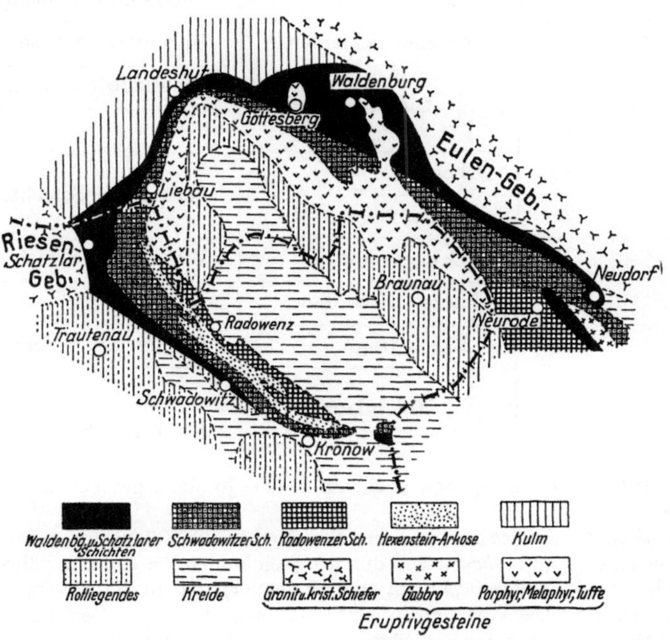

Abb. 393. Übersichtskarte des Niederschlesischen (Waldenburger) Steinkohlengebietes

Nach der Beckenmitte zu werden die Karbonsedimente von Eruptivgesteinsdecken und jüngeren Deckgebirgsschichten überlagert, die die Lagerungsverhältnisse des Karbons stark verschleiern. Infolge ungleichmäßiger Verteilung der kohleführenden Stufen und der vielfach vorhandenen Unregelmäßigkeit der Flözausbildung ist der nicht sehr große Kohlenreichtum örtlich bescheiden.

Die bergbaulich wichtigste Flözgruppe ist außer dem *Liegendzug* (Namur A) der *Waldenburger Hangendzug* (Westfal A und B) (siehe folgende Tabelle).

Insgesamt sind 20—25 Flöze mit etwa 25 m Kohle entwickelt. Sie führen teils Schmiede-, teils Koks- und Gaskohlen. Meist ist die Kohle sehr aschenreich und in den gleichen Flözen bald mager, bald verkokbar. Besonders störend wirken sich neben dem „Grubengas" die oft unvermutet auftretenden „Kohlensäureausbrüche" aus.

Jahresförderung r. 4,8 Mio t bei etwa 3 Mia t Gesamtvorrat.

Kleinere Steinkohlenvorkommen

Neben den großen Kohlenlagerstätten findet sich auch noch eine Reihe kleinerer verstreuter Kohlenvorkommen:

Dazu gehören die *oberkarbonischen Steinkohlenvorkommen Sachsens* (Westfal C und D). Sie liegen zum Teil im erzgebirgischen Becken, so bei *Lugau-Ölsnitz* und *Zwickau* mit 6—10 bauwürdigen Flözen und etwa 15 m Mächtigkeit teilweise pechkohlenartiger, teils faserkohlenreicher Kohle (sog. „Rußkohle"), ferner des *Unterrotliegenden* des *Plauenschen Grundes* bei *Döhlen* mit einem 2—4 m dicken aschenreichen Glanzkohlenflöz und 1—2 Mio t Vorrat.

Schichtenfolge im Niederschlesischen Karbon

				Radowenzer Schichten
Stefan		Ottweiler Schichten		Hexenstein-Arkose
				Schwadowitzer Schichten
		— Diskordanz —		
	C			
Westfal	B	Oberer	„Hangend-	Schatzlarer Schichten
	A	Unterer	zug"	
	C	Flözleeres Mittel		Weißsteiner Schichten
Namur	B	Lücke (Diskordanz)		(Florensprung)
	A	„Liegendzug"		Waldenburger Schichten
		— Diskordanz —		
Visé				Kulm und Kohlenkalk

Die Vorräte Sachsens werden noch auf r. 50—70 Mio t geschätzt. Förderung.
r. 3,6 Mio t.

Im *Wealden Niedersachsens* wird in *Obernkirchen* (bei Bückeburg) u. a. auf der
neuen Schachtanlage *Auhagen* ein dünnes Steinkohlenflöz gebaut, während das
Steinkohlenbergwerk *Barsinghausen* (bei Hannover) und in *Meißen* (bei Minden)
stillgelegt wurden. Die Vorkommen verfügen noch über einen Gesamtvorrat von
etwa 100 Mio t bei einer Jahresförderung von r. 0,79 Mio t/1956. Sehr geringe Bedeutung haben die Vorkommen von *Plötz, Wettin-Löbejün* (bei Halle).

Beachtung kommt dem südlich von *Berlin* erbohrten „unterkarbonischen"
Steinkohlenvorkommen von *Dobrilugk-Kirchhain* zu, das bergbaulich in der Aufschließung begriffen war, z. Z. aber stilliegen soll. Hier sind in verhältnismäßig
geringer Tiefe 0,4—1,8 m mächtige, aschenreiche Flöze anthrazitischer Glanzkohle (mit 4—8% flücht. Best.) nachgewiesen worden, deren Vorräte auf etwa
50 Mio t geschätzt werden.

Die *gesamte Steinkohlenförderung in Westdeutschland* betrug 1958 r. 132,5 Mio t.
Davon wurden etwa 5 Mio t ausgeführt.

B. Erzlagerstätten

1. Begriff der Erzlagerstätten und Gliederung
nach ihrer Bildungsgeschichte

Unter einer *Erzlagerstätte* ist eine örtliche Anreicherung metall-
haltiger Mineralgemenge (sog. „Erze") in der Erdkruste zu verstehen,
aus denen sich vernünftigerweise nach dem jeweiligen Stand der Auf-
bereitungs- und Hüttentechnik Metalle oder Schwermetallverbindungen
gewinnen lassen.

Demgemäß ist weder Zahl noch Art der Erze noch Höhe des Metallgehaltes
als Begriff einer Erzlagerstätte für alle Zeiten feststehend. Unter Umständen

können sogar sehr arme Mineralvorkommen noch als Erze bezeichnet werden, wenn nur die Gesamtsubstanz an Erz genügend groß ist, oder bestimmte Umstände, z. B. Kriegsnotwendigkeiten, zu bergbaulicher Gewinnung zwingen.

Nach der bei der „Einteilung der Minerallagerstätten" gegebenen *entstehungsgeschichtlichen* Gliederung (s. S. 241) unterscheidet man:

a) Magmatische Lagerstätten

Unter Annahme der Entstehung der Erde aus feurig-flüssigem Zustande und der Vorstellung, daß bei einem in der Abkühlung begriffenen, hochtemperierten Silikatschmelzfluß (Pluton) Entmischung und Kristallisation der Stoffe nicht zu gleicher Zeit, sondern erst bei bestimmter Temperatur nacheinander beginnen, können wir je nach ihren Entfernungen vom Magma und ihren Abkühlungsstadien ganz allgemein von Lagerstätten *verschiedener Abfolgen* sprechen.

Wir gliedern sie in Vorkommen: α) der liquidmagmatischen[1] Folge, β) der pneumatolytischen[2] Folge, γ) der hydrothermalen[3] Folge und δ) der Exhalationsvorgänge.

α) *Liquidmagmatische Vorkommen*

Vorkommen, die zu Beginn der Erstarrung entstehen, in dem das sehr heiße glutflüssige Magma sich noch im Zustand des Kristallbreis befindet. In dieser sog. „liquidmagmatischen Phase" saigern bestimmte Mineralvorkommen durch Differentiationsvorgänge[4] bei etwa 1200—550° aus.

Dazu gehören z. B. die *Ausscheidungen gediegener Metalle* aus dem Schmelzfluß, wie z. B. Eisen im Basalt, Platin in ultrabasischen Gesteinen (z. B. Norit), ferner *Ausscheidungen oxydischer Erze* (Magneteisen-, Titaneisen-, Chromeisenerz) sowie *sulfidischer Erze* (Magnetkies in Grabbrogesteinen, intrusive Kieslagerstätten).

β) *Pneumatolytische Vorkommen*

sind solche, die gegen *Ende* der Erstarrung des Magmas (etwa zwischen 500° und 370°) sich im wesentlichen aus den leicht flüchtigen und flüssigen Bestandteilen (überhitzte Dämpfe und Lösungen) der Restschmelzen und Restlaugen im Bereiche von Tiefengesteinsmassen gebildet haben.

In der *pneumatolytischen (gasförmigen) Phase* werden aus der Restschmelze zuerst die grobkörnigen Minerale in Form sog. „Pegmatitgänge" ausgeschieden (und zwar gold-, kupfer- und zinnführende Pegmatite). Im weiteren Verlauf können die leicht flüchtigen Bestandteile in die sich öffnenden Spalten der Randzonen eindringen und sich dort absetzen. Hierhin rechnen die *pneumatolytischen Zinnerzgänge* („Greisen" oder „Zwitter") mit ihren typischen Begleitmineralen, wie Turmalin, Topas, Beryll, Flußspat und Lithiumglimmer. Bei reaktionsfähigem Nebengestein, z. B. Kalk oder Dolomit, kommt es zur Bildung *kontaktpneumatolytischer Lager-*

---

[1] lat. líquor = Flüssigkeit, gr. mágma = Teig (Gesteinsschmelzfluß).
[2] lat. pneúma = Hauch, lýein = lösen.
[3] gr. hýdor = Wasser, thermé = warme Quelle.
[4] lat. differéntia = Unterschied.

stätten, und zwar unregelmäßiger Vorkommen von Magnetit, Molybdän, Wolfram, Bleiglanz-Zinkblende, Goldarsenkies u. a. Wichtigstes Kennzeichen dieser Lagerstättenart ist das Auftreten typischer Kontaktminerale (Kalksilikate): Vesuvian, Amphibol, Pyroxen, Epidot u. a.

γ) *Hydrothermale Vorkommen*

Sinkt die Temperatur des sich abkühlenden Magmas unter 374°, so scheiden sich in der sog. „Warmwasserphase" („Hydrothermalphase") neue Mineralbildungen aus, die sich in tektonischen Spalten und Hohlräumen des Nebengesteins durch Abkühlen und Verdunsten des Lösungsmittels bzw. Einwirkungen verschiedener Lösungen aufeinander absetzen. Ihre Ausscheidungen sind mit gebirgsbildenden (orogenen) Phasen verknüpft.

Zu diesen sind in erster Linie die *Erzgänge* zu stellen. Sie stehen teils in *enger* Beziehung zum Magma bzw. zu eruptiven Vorgängen (magmanahe oder „perimagmatische[1]" Vorkommen), wie die sulfidischen Quecksilber-, Kupfer- und Edelmetallerzgänge, teils in *entfernterer* (magmaferne oder „apomagmatische[2]" Vorkommen), wie die Eisen- und Manganerz-, Bleizinkerzgänge u. a.

In diese Gruppe fallen auch die *metasomatischen*[3] *Lagerstätten*, entstanden durch Verdrängung vorwiegend löslicher Gesteine (Kalke), aber auch von Silikatgesteinen durch Eisen-, Blei-, Zink-, Kupfererze und die *Imprägnationslagerstätten*, infolge Durchdringung durchlässiger Gesteine und Erzabsatz, wie z. B. Kieslager, Fahlbänder, Blei-, Kupfer- und Golderzlager (Witwatersrandkonglomerate).

δ) *Submarine*[4] *exhalativ*[5]-*sedimentäre sowie subvulkanische Lagerstätten*

Dahin gehören z. B. die sedimentären Roteisensteinablagerungen des Lahn- und Dillgebietes sowie die Kieslagerstätten des Rammelsberges und von Meggen a. d. Lenne.

b) Sedimentäre Lagerstätten

In den *Lagerstätten der sedimentären Folge* handelt es sich um Vorkommen, die sich aus der durch chemische und physikalische *Verwitterung* hervorgerufenen Umwandlung und Zerstörung von primären Erstarrungs- und älteren Sedimentgesteinen gebildet haben, bzw. durch Vermittlung des Wassers oder chemischer Vorgänge und unter besonderen klimatischen Bedingungen abgelagert worden sind.

Sie umfassen schichtige Vorkommen „syngenetischer" Natur, die durch mechanischen oder chemischen Absatz gleichzeitig mit dem sie einschließenden Nebengestein in flöz- oder lagerartiger Form entstanden. Dabei kann es sich sowohl um *Verwitterungslagerstätten*, z. B. Manganerzlager auf dem Hunsrück, Nickelerzvorkommen in Frankenstein, ferner um *sulfidische Lager* (Mansfelder Kupferschiefer, Lager von Meggen) oder um *oxydische Eisenerzlager* (Oberer See) bzw. oolithische Rot- und Brauneisenerzlagerstätten handeln. Hierin rechnen weiter z. B. die *sedimentären Manganerzlager* (Nikopol, Tschiaturi in Rußland) und die *Seifenlagerstätten* (Gold-, Platin-, Zinnseifen) sowie *Salz-* und *Kalisalzlager* und schließlich auch die Lagerstätten von *Kohle* und *Erdöl*.

---

[1] gr. perí = um, herum. — [2] gr. ápo = von, weg.

[3] gr. metá = um; sóma = Körpervertauschung.

[4] lat. sub = unter, mare = Meer.

[5] Exhaláre = lat. ex aus, haláre = hauchen.

c) Metamorphe Lagerstätten

Unter *metamorphen Lagerstätten* werden Mineralvorkommen verstanden, die zwar primär der magmatischen oder sedimentären Folge angehört haben können, aber nachträglich in tieferen Teilen der Erdrinde durch hohen Druck und Temperatur teils in ihrem Mineralbestand, teils in ihrem Gefüge umgewandelt worden sind. Hierdurch wurden zwar keine neuen Lagerstätten oder Anreicherungen, sondern Durchmengungen und Zerreißungen der ursprünglichen Mineralsubstanzen hervorgerufen.

Zu dieser Gruppe zählen in Deutschland u. a. die Kieslagerstätte von *Pfaffenreuth* (bei Waldsassen), die Umwandlungsvorkommen von Spateisenstein in Magnetit oder Eisenglanz und die durch eindringende Magmen veränderten Kontaktlagerstätten. Während ihre wirtschaftliche Bedeutung in Deutschland gering ist, sind im Ausland viele große Vorkommen metamorpher Natur bekannt, so die Kupfererzlagerstätte von *Outokumpu* (Ostfinnland), die Eisenerze von *Krivoi Rog* (Ukraine) und die silberreichen Bleizinkerzlagerstätten von *Broken Hill* (Australien).

2. Erzgänge

Da von den vielen Ablagerungsformen der Erze die *Erzgänge* die bekanntesten und für den bergbaulichen Betrieb kennzeichnendsten sind, sollen sie hier etwas eingehender behandelt werden.

Unter Gängen verstehen wir hydrothermale, pneumatolytische oder liquidmagmatische Ausfüllungen irgendwie entstandener Klüfte und Spalten in der Erdkruste mit Erzen oder anderer nutzbarer Mineralsubstanz. Sie durchsetzen das Nebengestein nach den verschiedensten Richtungen, bald ohne, bald mit Verwerfung des Nebengesteins. Lagerstättentechnisch kann man unterscheiden:

Einfache Gänge: Tektonisch einheitliche, mit Erz erfüllte *Spalten*, die durch zu verschiedenen Zeiten erfolgte Erzabsätze ± symmetrisch ausgefüllt sind. Sie setzen scharf gegen das Nebengestein ab und zeigen gut entwickelte Salbänder (Abb. 394) mit oft tonigen „Bestegen".

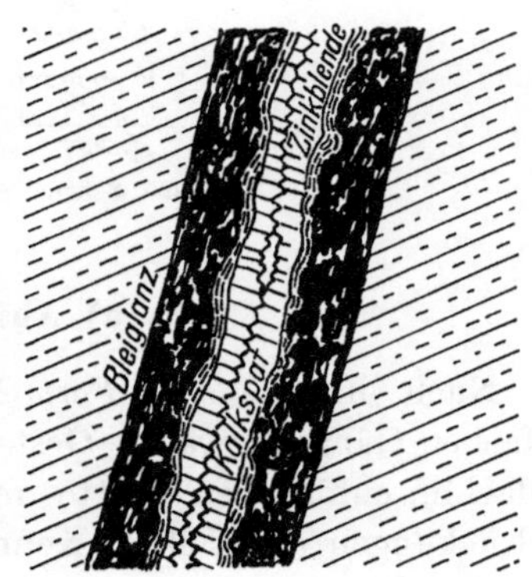

Abb. 394. Einfacher Erzgang (rheinischer Bleizinkerzgang) mit systematischem Aufbau (Schema)

Zusammengesetzte Gänge: In diesen handelt es sich um „mineralisierte" Störungszonen, deren Einzelklüfte mit vielfach verschiedenaltrigen (während mehrerer Bewegungsphasen entstandenen) und verschiedenartigen Mineralausscheidungen sowie mit mehr oder weniger großen Nebengesteinsbrocken (Gebirgskeilen) gefüllt sind (Abb. 395).

Beträgt die Mächtigkeit der einfachen Gänge meist kaum mehr als 1 m, so können zusammengesetzte bis auf mehrere Hunderte von Metern anwachsen. Bei ihnen fehlen vielfach die ± parallelen Begrenzungsflächen, die sog. „Salbänder", mit oder ohne „Besteg“. Vielfach zeigt sich ein Salband nur am Liegenden der Gänge (Abb. 395).

Gänge treten selten vereinzelt auf. Meist sind mehrere ± parallele Spalten zu „Gangsystemen“, „Gangschwärmen“, „Gangzügen“ oder „Netzgängen“ vereinigt.

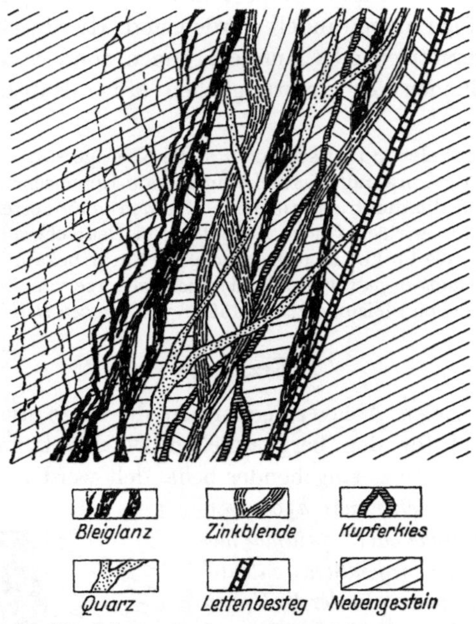

Abb. 395. Schema eines zusammengesetzten Erzganges

a) Ausbildung der Gänge

Nach ihrer *äußeren Form* haben die Gänge (in erster Linie die einfachen Gänge) etwa die Gestalt einer verbogenen, örtlich zerbrochenen, flachlinsenförmigen Platte mit ± starken Verdickungen oder Verdrückungen (Abb. 396). Kennzeichnend ist auch — besonders bei einfachen Gängen — ihr symmetrisch lagenweiser Mineralaufbau (Abb. 397).

Meist sind die Gänge im etwas spröden Gestein besser ausgebildet als im plastischen Gebirge, wo sich die Gänge schnell schließen.

Die durchschnittliche bauwürdige *Mächtigkeit* der Einzelgänge (gemessen am senkrechten Abstand des Hangenden vom Liegenden) wechselt in weiten Grenzen.

Während z. B. Uran-Pecherzgänge vielfach messerdünn sind, haben Bleizinkerzgänge meist ein bis mehrere Dezimeter Mächtigkeit und Spateisensteingänge solche von etwa 1 m und viel mehr.

Auch ihre *streichende* Erstreckung ist sehr verschieden und schwankt zwischen wenigen Metern und vielen Kilometern. Ebenso unterschiedlich ist das Ausmaß der *Tiefenerstreckung* (Seigerteufe) der Gänge, das wenige Meter bis mehrere Kilometer betragen kann.

Entsprechend der Entstehung der meisten Gänge als Folge von Zerrungsvor-
gängen („Zerrspalten") ist ihr Einfallen meist steil (seiger). Aber auch flach nieder-
setzende (tonnlägige) Gänge, wie in Ramsbeck i. W., sind nicht selten.

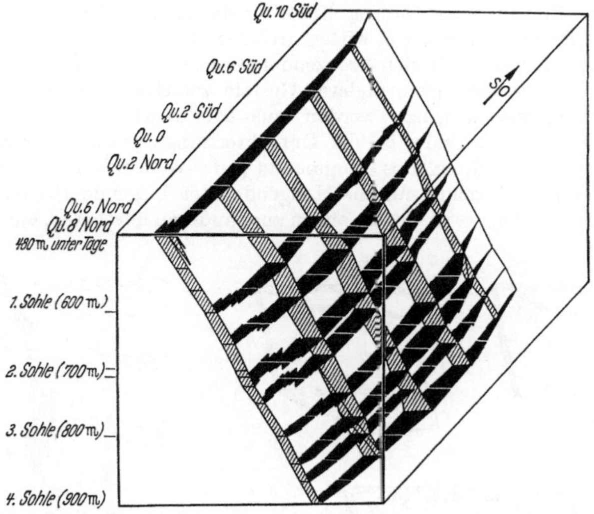

Abb. 396. Erzführender Blumenthaler Sprung im Bereiche des nördlichen Erzmittels der Zeche
Auguste Victoria (nach HESEMANN und PILGER 1951)

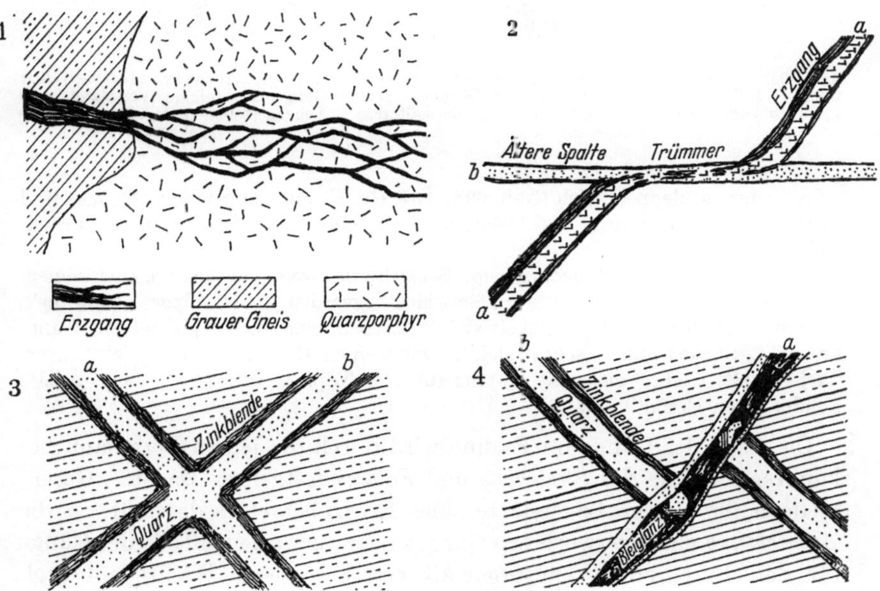

Abb. 397. Verschiedenes Verhalten von Gängen: 1. Gang zerschlägt sich. 2. Gang (a) wird von
älterer Spalte (b) abgelenkt. 3. Zwei gleichaltrige Gänge bilden ein Gangkreuz. 4. Der jüngere Blei-
glanzgang (a) verwirft den älteren Gang (b)

Fällt Einfallen und Streichen eines Ganges ganz oder teilweise mit der Schichtung des Nebengesteins zusammen, so spricht man bergmännisch, wenn auch wissenschaftlich nicht exakt, von „Lagergängen".

Bedeutungsvoll ist auch der Begriff des „Einschiebens", d. h. des Indieteufesetzens der Erzführung eines Ganges. Er ist für die Planung des Abbaus, wie z. B. bei den Siegerländer Gängen, von wirtschaftlicher Bedeutung.

Man beachte ferner: Von sich kreuzenden Gängen ist der durchbrochene der ältere. Beim Übertreten in ein anderes Gestein zerschlagen sich oft die Gänge im Einfallen und Streichen, bzw. werden „aus- oder abgelenkt" oder „verworfen" (Abb. 397). Nicht selten findet bei der Durchkreuzung der Gänge (im Gangkreuz) (Abb. 397 3) eine „Veredlung" des Ganginhalts (Adelsvorschub) statt. Nebengänge, die vom Hauptgang bogenförmig ins Hangende oder Liegende abspleißen, bilden ein „Bogentrum" oder, wenn sie von einem zum anderen überleiten, ein „Diagonal-

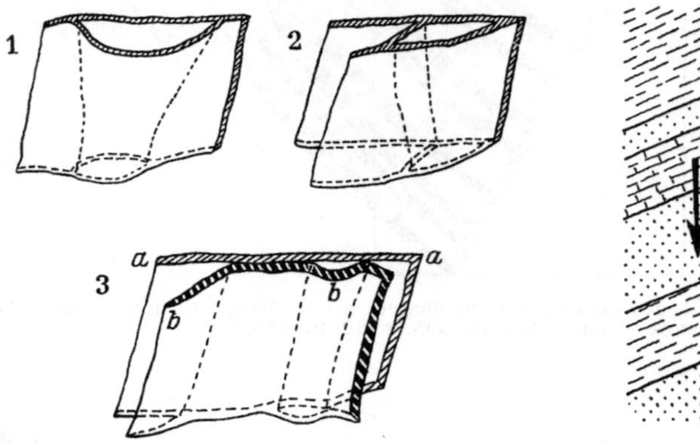

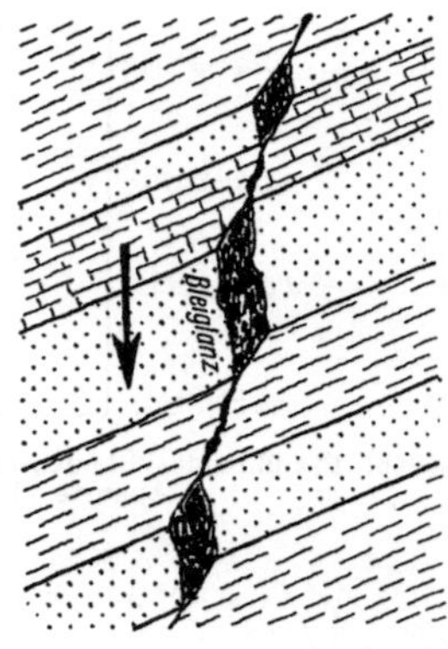

Abb. 398. Perspektivische Darstellung des Verhaltens von Gängen: 1. Bogentrum. 2. Zwei Gänge mit Diagonaltrum. 3. Ein jüngerer Gang (*b*) schleppt sich längs eines älteren Ganges (*a*)

Abb. 399. Örtliche Erweiterungen einer Gangspalte infolge Versetzung des Nebengesteins längs eines Sprunges (Schema)

trum" oder „schleppen" sich (Abb. 398). Örtliche Erweiterungen eines Ganges sind vielfach auf Versetzung des Gebirges längs einer Verwerfungsspalte zurückzuführen (Abb. 399).

Nach altbergmännisch-geologischer Bezeichnungsweise sagt man je nach seinem Verhalten vom Gang: „Er verschmälert sich", „verdrückt sich" bzw. „keilt aus", „kommt aus der Stunde", „gabelt sich", „zertrümmert sich", „bildet ein Gangkreuz", „tut sich auf", „schart sich", „wirft einen Haken", „stützt sich", „verflächt sich", „richtet sich auf", „steht auf dem Kopf", „vertaubt", „zeigt Adel", „bildet einen Erzfall" usw.

Die Lage der Gänge im Raume wird durch die jedem Bergmann bekannten Begriffe des *Streichens* und *Fallens* festgelegt. Da der „Gang" vielfach die einzige Lagerstätte eines Erzgrubenfeldes darstellt, ist die *Ausrichtung* eines verworfenen Ganges oder verworfener Teile der Gänge für den Erzbergmann naturgemäß von besonderer Wichtigkeit (vgl. dazu S. 51 ff.).

b) Ausfüllung des Gangraumes

Bei der Ausfüllung einer Gangspalte durch die sog. „Gangmasse" unterscheiden wir geologisch zunächst die *Gangminerale* (das Erz), die *Gangart* und schließlich das *Ganggestein* (Abb. 400).

Die *Gangminerale* (das Erz) kommen entweder „derb" (d. h. in größeren geschlossenen Massen) oder „eingesprengt" in der Gangmasse vor. Sie erfüllen zumeist nicht den ganzen Ganghohlraum, sondern beschränken sich auf bestimmte Zonen im Gang, die „Gangmittel". Sie werden auch als „Erzfälle" bezeichnet und gehen gewissermaßen als Erzsäulen oder Schläuche in geneigter Richtung in die Tiefe. Dabei ist den im Gange auftretenden Mineralen oft eine kennzeichnende Mineralvergesellschaftung (die sog. „Paragenese[1]") eigen, wie z. B. Bleiglanz und Zinkblende.

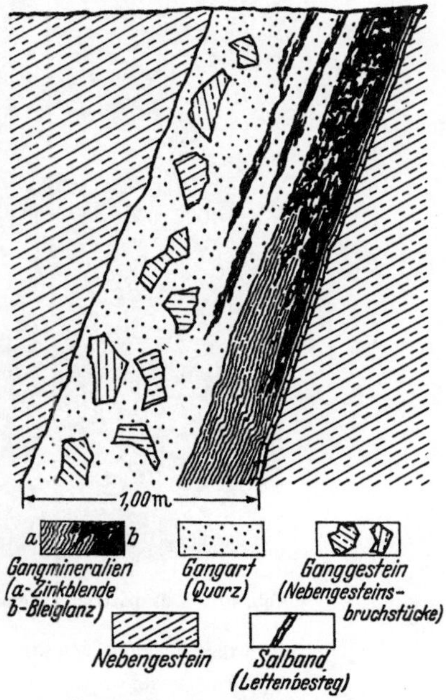

Die die Spalte außerdem ausfüllenden, nichtmetallischen Begleitminerale, sog. „*Gangart*" bestehen meist aus Quarz oder Chalzedon, Karbonaten (Kalkspat (Abb. 401), Dolomit, Ankerit und Eisenspat), ferner aus Schwerspat, Flußspat, Apatit und gegebenenfalls aus „Kontaktmineralen".

Das *Ganggestein* endlich setzt sich teils aus Nebengesteinsbruchstücken, teils aus dem Zerreibungsprodukt des Nebengesteins, dem „Gangtonschiefer" bzw. den „Gangletten" zusammen.

Abb. 400. Füllung eines Ganges mit „Gangmineralen", „Gangart" und „Ganggestein" (Schema)

Die Ausbildung der *Gangmasse*, insbesondere die *Art der Verwachsung der Mineralbestandteile* mit- und untereinander, wird als „*Gangstruktur*" bezeichnet. Je nach ihrer Sonderausbildung unterscheidet man u. a.: „Lagen- oder Krustenstruktur", „Breccienstruktur", „Ringel-" oder „Kokardenerzstruktur" (eine zonare Mineralumkrustung von Nebengesteinsbrocken) oder „massige Struktur"[2] (Abb. 402).

Die in der ausgefüllten Gangspalte noch verbliebenen, vielfach mit gutausgebildeten Mineralen besetzten Hohlräume nennt man „Drusenräume".

Der bergbaulich ausgeförderte und nutzbare Gesamtbestandteil eines Ganges (das „Gut" bzw. „Erz") wird bergmännisch als „Haufwerk" angesprochen. Dieses braucht anteilmäßig nicht reich zu sein. So führt z. B. das Haufwerk einer Bleierzlagerstätte vielfach nur etwa 3—9% Bleiglanz (PbS) mit etwa 2,5—7% Pb

---

[1] gr. paragénesis — Zusammenvorkommen.

[2] Zur genauen Untersuchung feinverwachsener Erze bedient man sich des Metallmikroskops, mittels dessen glatt geschliffene und polierte Erzflächen im auffallenden Lichte geprüft werden (sog. erzmikroskopisches Verfahren). Auf seine große Bedeutung für die Klärung vieler wissenschaftlicher und praktischer Fragen kann hier nicht eingegangen werden.

Abb. 401. Kalkspattrum in einem Bleizinkerzgang des Oberharzes

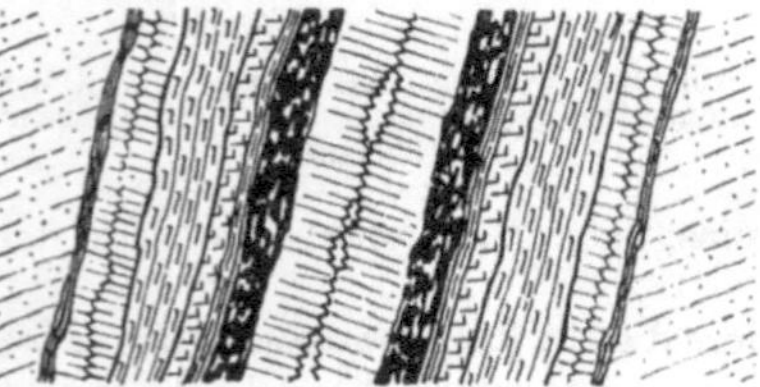

Lagen-oder krustenförmige Struktur

Breccienstruktur

Ringelerzstruktur

Richtungslos massige Struktur

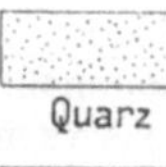

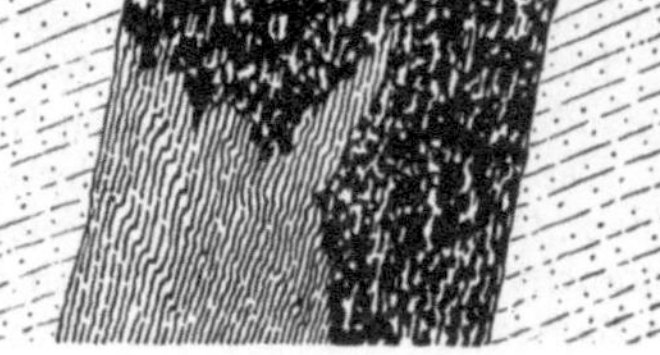
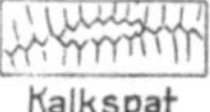

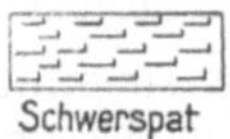

Abb. 402. Schematische Darstellung verschiedener Ausbildungsformen der Erzmasse
(Gangstrukturen) auf Erzgängen

(Produkt oder Konzentrat). Der unhaltige Rest wird in der Aufbereitung ausgeschieden; er heißt „Berge" oder „Abgänge".

Als „Nebenprodukte" werden die bei der Aufbereitung außer dem Hauptmineral gewonnenen nutzbaren Minerale bezeichnet, z. B. Flußspat auf Bleierzlagerstätten.

c) Entstehung

Im allgemeinen ist der Inhalt der Gangspalten durch hydrothermalen Absatz *aufsteigender* (ascendenter)[1] und Metallverbindungen führender, verdünnter, *heißer Lösungen* („Thermalwässer"[2]) entstanden, u. zw. zu den verschiedensten geologischen Zeiten[3].

Die Minerale scheiden sich zunächst an den Stößen ab, um schließlich den ganzen Spaltenraum auszufüllen. Die Gänge setzen meist dort auf, wo die Sprungklüfte die Hauptsättel des Gebirges durchziehen und die Spalten genügend weit klaffen. Günstig für die „Erzanreicherung" in Gängen des Ruhrbezirks ist „Sandschiefer" bzw. feinkörniger milder Sandstein (mit „Brecciestruktur") als Nebengestein.

Zum kleinsten Teile haben sich die Gänge aus absteigenden („descendenten")[4] Wässern gebildet.

Kennzeichnend für die Mehrzahl der Gangvorkommen ist die enge Bindung bestimmter Erze und Gangarten an die oft verschiedenzeitigen tektonischen Vorgänge der Gebirgsbildung.

Der ascendierende Vorgang ist nicht nur auf wässerige Lösungen beschränkt, sondern umfaßt auch Gesteinsschmelzen, Gase und Dämpfe. Ihr Aufsteigen steht mit dem Ausklingen tiefvulkanischer Tätigkeit in Verbindung, derart, daß der Metallgehalt der Lösungen teils den „Dämpfen" und „Gasen", die bei der Erstarrung vorwiegend granitischer Gesteinschmelzen eines in der Tiefe steckengebliebenen Plutons frei werden, teils zersetzten Gesteinsmassen entstammt.

Jedenfalls gehört die Gangbildung noch dem magmatischen Zyklus an.

Naturgemäß sind alle Gänge jünger als das Nebengestein, d. h. „epigenetisch".

d) Teufenunterschiede[5]

Die Zusammensetzung der (vielfach verschiedenaltrigen) Erzminerale eines Ganges (Paragenese) verändert sich nach der Teufe.

Hängt doch die Mineralführung eines Ganges von den chemisch-physikalischen Bedingungen, d. h. vorwiegend von der Abnahme des Temperatur- und Druckgefälles des hochgestiegenen hydrothermalen Erzbringers in Richtung von der Oberfläche des in der Tiefe gelegenen Plutons zur Erdoberfläche, also von der jeweiligen Teufe, ab.

Damit zeigt sich in *vertikaler* Richtung ein geochemisches *Naturgesetz*, d. h. eine gesetzmäßige Änderung der Mineralführung nach der Teufe. Es ist das Gesetz des *„primären Tiefenunterschiedes"*.

---

[1] lat. ascéndere = aufsteigen. — [2] gr. thermós = warm.

[3] Dem alten Bergmannswunsch: „Es wachse das Erz" liegt also eine, wenn auch unbewußt richtige Vorstellung zugrunde.

[4] lat. descéndere = absteigen.

[5] Die hier in erster Linie für Ganglagerstätten entwickelten Teufenunterschiede gelten mindestens zum Teil auch für Erzlagerstätten anderer Entstehungsweisen.

Beispielsweise nehmen auf den Bleizinkerzgängen vieler Erzbezirke die Zinkerze nach der Teufe auf Kosten der Bleierze zu. Andererseits werden, wie in Freiberg, die Bleiglanzgänge nach der Teufe immer schwefelkiesreicher.

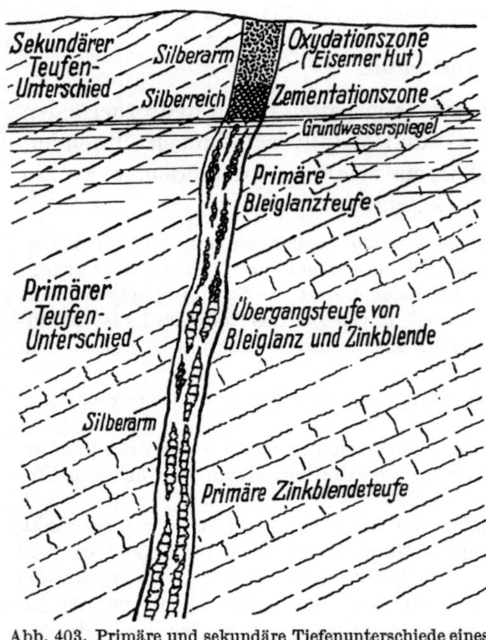

Abb. 403. Primäre und sekundäre Tiefenunterschiede eines Erzganges (Schema)

Man spricht bei derartigen paragenetischen Veränderungen auch vom sog. „Telescoping", d. h., die verschiedenen Mineralphasen kommen nicht regelmäßig unter- oder nebeneinander vor, sondern durchdringen sich nach der Teufe.

Für die Ausbildung des primären Ganginhaltes sind (wenigstens stellenweise) sowohl der petrographische Charakter des Nebengesteins, als hauptsächlich die tektonischen Verhältnisse der vom Gang durchsetzten Nebengesteinsschichten von Bedeutung.

Der Mineralgehalt der Gänge bzw. einer Erzlagerstätte kann aber auch *nachträglich von oben her* umgewandelt worden sein. Man bezeichnet diese durch Einwirkungen der atmosphärischen Verwitterung bzw. Zersetzung herbeigeführten Änderungen als *„sekundäre Teufenunterschiede"*.

Im Bereich dieser Zersetzung kommt es meist zur Herausbildung *mehrerer* nach der Tiefe aufeinanderfolgender, kennzeichnender Zonen:

α) *Oxydationszone (sog. „eiserner Hut" der Bergleute)*[1]

Die Oxydationszone umfaßt eine unweit der Oberfläche (über dem Grundwasserspiegel), durch Einwirkungen der mit Sauerstoff und CO_2 beladenen *Sickerwässer* sowie des Schwefelwasserstoffs und organischer Säuren, entstandene *Zersetzungs- und Auslaugungszone* des *primären Erzkörpers*.

Sie zeigt meist ein zerfressenes, poröses Aussehen bei braunroter bis schwarzer Farbe. Wegen ihrer starken Anreicherung an Eisen hat sie die Bezeichnung „Eiserner Hut" erhalten.

---

[1] Ein alter Bergmannsspruch sagt: „Es tut kein Gang so gut, er hätte denn einen eisernen Hut!"

Dieser Prozeß spielt sich so ab, daß vorwiegend sulfidische Erze, z. B. Eisensulfide, in Eisensulfate und Schwefelsäure umgewandelt werden. Erstere werden teils weggeführt, teils durch Hydrolyse[1] in Brauneisenstein ($Fe_2O_3 + nH_2O$) und Manganverbindungen umgewandelt. Die Schwefelsäure greift die weiteren löslichen Bestandteile des Ganges und seines Nebengesteins an und erzeugt die löcherige Struktur des Erzes. Gleichzeitig entstehen u. a. Karbonate, Chloride der Metalle (Chlor- und Bromverbindungen des Silbers) sowie Oxyde und Phosphate. Die sulfathaltigen Lösungen der Schwermetalle (Gold, Silber, Kupfer u. a.) wandern in die Tiefe. Hierdurch verarmt die Oxydationszone an Edelmetallen bzw. wird völlig metallfrei.

β) Zementationszone

Die unterste bis in das Grundwasser reichende Verwitterungszone geht in eine verhältnismäßig geringmächtige, dafür aber vielfach *gediegene Edelmetalle* und reiche Metallsulfide führende *Anreicherungszone*, die sog. „Zementationszone", über (Abb. 403). Sie hat für Gold-, Silber- und Kupfererzlagerstätten eine besondere wirtschaftliche Bedeutung.

Die Ursache der Edelmetallanreicherung beruht darauf, daß der Inhalt der aus der Oxydationszone herabsinkenden edelmetallhaltigen Lösungen durch die in der Tiefe im Gang anstehenden, noch unzersetzten Metallsulfide niedergeschlagen wird.

Hierbei werden die primären unedlen Sulfide u. a. in Kupfer- und Silbersulfide: Kupferglanz Cu_2S, Bornit Cu_5FeS_4, Covellin CuS, Silberglanz Ag_2S, umgewandelt, während gediegenes Silber, Gold und bisweilen Kupfer frei werden.

Über die Tiefenlage und Mächtigkeit dieser Zone lassen sich keine festen Regeln aufstellen.

γ) Primäre Zone

In noch größerer Tiefe (unterhalb des Grundwasserspiegels) steht der *unveränderte Gang* mit den ursprünglichen sulfidischen Erzen an. Dieser weist naturgemäß einen wesentlich geringeren Edelmetallgehalt auf als im Bereich der Zementationszone (Abb. 403).

Die vorgeschilderten Unterschiede im Edelmetallgehalt der Gänge sind auch in Deutschland der Grund gewesen, warum der nach dem Abbau der *Reicherze* (in der „Zementationszone") in den Bereich der *edelmetallarmen* „primären Zone" tretende alte Erzbergbau örtlich nicht mehr baulohnend wurde und aufgegeben werden mußte.

Dadurch wird es verständlich, warum der früher so ertragreiche *Erzbergbau Deutschlands* im Laufe der Zeit sehr hinter der Bedeutung der Gewinnung von Kohle, Salz und Erdöl zurückgeblieben ist.

3. Vorkommen der Erzlagerstätten (nach ihrem Metallinhalt)

Die Lagerstätten der *Erze* sind über den ganzen deutschen Raum verstreut.

---

[1] Chemischer Zerfall eines Salzes in die freie Säure und die freie Base unter Wasseraufnahme.

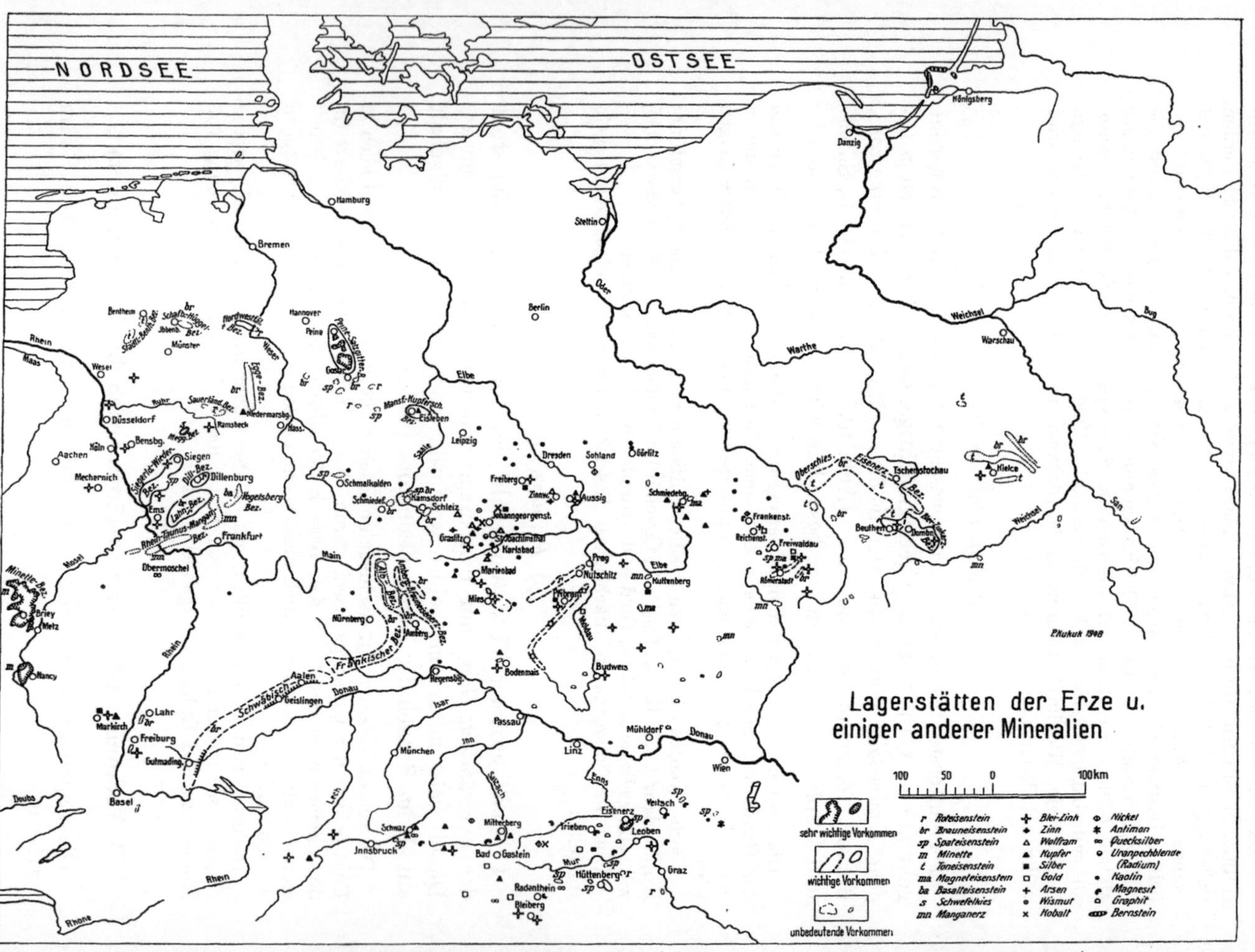
NORDSEE
OSTSEE
Königsberg
Danzig
Stettin
Warschau
Hamburg
Bremen
Hannover
Peine
Goslar
Berlin
Bentheim
Schafberg. Bez.
Ibbenb. Bez.
Stadtld.-Zechl. Bez.
Münster
Nordwestd. Bez.
Peine-Salzgitter-B.
Egge-Bez.
Wesel
Aachen
Köln
Düsseldorf
Mechernich
Bensbg.
Megg.-Bez.
Ramsbeck
Niedermarsb.
Nass.
Sauerländ. Bez.
Siegen
Siegerländer-Wieder.
Dillenburg
Dill.-Bez.
Ilbgelsberg Bez.
Lahn-Bez.
Ems
Rhein-Taunus-Mangant.-Bez.
Obermoschel
Frankfurt
Mansf.-Kupferschf. Bez.
Eisleben
Leipzig
Saale
Schmalkalden
Schmiedef.
Ramsdorf
Schleiz
Freiberg
Zinnw.
Aussig
Johanngeorgenst.
Graslitz
Dresden
Sohland
Görlitz
Schmiedebg.
Frankenst.
Reichenst.
Freiwaldau
Rimerstadt
Oberschles. Eisenerz-Bez.
Tschenstochau
Kielce
Beuthen
Kattow.-Bez.
Stoßschirmthal
Karlsbad
Marienbad
Mies
Nütschitz
Prag
Moldau
Pribram
Elbe
Hüttenberg
Nürnberg
Amberg
Amberg-Braunkohlen-Bez.
Fränkischer Bez.
Schwäbisch Bez.
Aalen
Geislingen
Regensbg.
Bodenmais
Budweis
Donau
Isar
Passau
Linz
Enns
München
Salzach
Mühldorf
Wien
Innsbruck
Schwaz
Mitterberg
Bad Gastein
Radenthein
Bleiberg
Eisenerz
Trieben
Leoben
Veitsch
Mur
Hüttenberg
Graz
Lahr
Markirch
Freiburg
Gutmading.
Basel
Doubs
Rhone
Rhein
Mosel
Maas
Ruhr
Nahe
Main
Minette-Bez.
Briey
Metz
Nancy
Elbe
Oder
Weichsel
Warthe
Bug
San
P. Kukuk 1948
Lagerstätten der Erze u.
einiger anderer Mineralien
100   50   0   100km
sehr wichtige Vorkommen
wichtige Vorkommen
unbedeutende Vorkommen
r   Roteisenstein   Blei-Zink   Nickel
br Brauneisenstein   Zinn   Antimon
sp Spateisenstein   Wolfram   Quecksilber
m   Minette   Kupfer   Uranpechblende
t   Toneisenstein   Silber   (Radium)
ma Magneteisenstein   Gold   Kaolin
ba Basalteisenstein   Arsen   Magnesit
s   Schwefelkies   Wismut   Graphit
mn Manganerz   Kobalt   Bernstein

Ich verweise bezüglich der Einzelvorkommen auf die Übersichtskarte der Lagerstätten der Erze und einiger anderer Minerale (Abb. 404).

Der Bergbau auf Erze, der sich örtlich bis über das Jahr 2000 v. Chr. zurückverfolgen läßt, erlangte erst im Zeitalter der Industrialisierung seinen richtigen Platz als einer der wichtigsten Grundlagen der Volkswirtschaft und politischen Kraft. Sind doch die Metalle als einzige Stoffe des menschlichen Bedarfs unvergänglich und beständig, so daß sie sich, in welcher Form sie auch einmal vorhanden waren, durch Umschmelzungsvorgänge immer wieder in ihre metallische Urform zurückführen lassen.

Leider hat der Mangel an reichen, stückigen Erzen Deutschland seit etwa 30 Jahren genötigt, auf arme und ärmste Erze zurückzugreifen, die besonders infolge der um etwa 40% gesunkenen Metallpreise der letzten Jahre bei den Buntmetallen nur unter Aufwendung berg-, aufbereitungs- und hüttentechnischer Höchstleistungen gewinnbar sind.

Außerdem dürften trotz aller Rationalisierungsmaßnahmen die meisten deutschen Erzlagerstätten — soweit sie nicht sehr substanzreich sind — schon in wenigen Jahrzehnten erschöpft sein, zumal der Hunger nach Metallen im Laufe der Zeit ständig zunimmt.

Demgegenüber erlangen heute – im Zeitalter der Legierungstechnik und der Atomenergie — auch andere, früher kaum beachtete Metallträger und Elemente hohe wirtschaftliche Bedeutung. Das betrifft u. a. die *Uranerze*, die *Minerale der seltenen Erden*, ferner *Zirkon* und *Monazit*, die *Nickel-* und *Kobalterze, Beryll*, chrom- und titanhaltige *Eisenerze, Wolframerze* und die *Elemente*: *Thorium, Lithium, Niobium, Plutonium, Selen* und andere.

Hinsichtlich der für die Praxis so wichtigen Frage nach der *Bauwürdigkeit* bzw. der Bewertung der Minerallagerstätten nach dem Metallgehalt, gibt es keine starren Regeln. Immerhin dürften einige der Praxis entnommene Angaben über die *untere* Bauwürdigkeitsgrenze (sog. „kritischer Gehalt") eines Erzvorkommens einen Anhalt für ihre Beurteilung geben und daher von praktischem Werte sein.

Als *bauwürdig* können Erzlagerstätten — unter Berücksichtigung vieler anderer Faktoren, wie Beachtung der Gesetze der Lagerstättenlehre, insbesondere der Substanzgröße, Verwachsungsart des Erzes, Verteilung des Metallgehaltes und seiner sekundären Verschiebung, Mächtigkeit der Lagerstätte, geologischer Verband, geographische Lage, Markt- und Absatzverhältnisse u. a. — gelten, wenn sie (nach PETRASCHECK u. a.) im Haufwerk enthalten bei:

Gold	a) Berggold etwa 10 g Au/t,
	b) Seifengold (junge Seifen) 1—0,3 g Au/t,
	c) Fossile (verfestigte) Seifen heute bis 3 g Au/t (früher 13 g Au/t),
Silber	mindestens 0,3% Ag = 3000 g Ag/t im Roherz,
Platin	a) Primäre Platinlagerstätten bis 3 g Pt/t bzw. 5—10 g Pt/t im Roherz,
	b) Lockere Platinseifen bis 0,2 g Pt/t,
Kupfer	1—6% Cu im Roherz (je nach Lagerstättengröße und -art),
Blei	mindestens 3% Pb im Roherz ⎱ oder 7% Pb + Zn,
Zink	mindestens 6% Zn im Roherz ⎰
Eisen	mindestens r. 24% Fe (etwas weniger bei hohem Kalk- und geringem SiO_2-Gehalt),
Nickel	bis 1% Ni im Roherz,
Antimon	bis 8% Sb im Roherz,
Kobalt	bis 3% Co im Roherz,
Molybdän	bis 0,3% MoS_2 = 0,2% Mo,
Vanadium	bis 2% V im Roherz,

Quecksilber　bis 0,3% Hg im Roherz,
Chrom　　　bis 33% Cr_2O_3 im Roherz,
Uran　　　　bis 1% U_3O_8,
Mangan　　bis 45—50% Mn bzw. 30% Mn + Fe,
Wolfram　　bis 0,4% WO_3 im Roherz,
Schwefelkies bis 30% S im Roherz,
Zinn　　　　bis 0,3% Sn im Roherz,
Graphit　　bis 25—30% Flinz,
Bauxit　　　bis 50% Al_2O_3,
Diamant　　bis etwa $^1/_{10}$ g/t.

Zur Erlangung eines klaren Überblickes scheint es zweckmäßig, die Erzvorkommen des deutschen Raumes nach ihrem *Metallinhalt* gruppenweise zu besprechen:

a) *Edelmetalle* (Gold, Silber, Platin),
b) *Eisen*,
c) *Stahl- und Eisenveredler* (Mangan, Wolfram, Chrom, Nickel, Vanadium, Molybdän),
d) *Nichteisenmetalle*:
　　　α) Blei und Zink,
　　　β) Kupfer und Zinn,
　　　γ) Leichtmetalle (Aluminium und Magnesium),
　　　δ) Kobalt, Wismut, Arsen, Antimon sowie Uran, Quecksilber, Schwefelerze u. a.

a) Edelmetalle

Gold. Wegen völligen Abbaus der alten *goldhaltigen Lagerstätten* kann man heute von eigentlichen Goldvorkommen im deutschen Raume nicht mehr sprechen.

Von den ehemaligen deutschen Goldlagerstätten seien nur der heißhydrothermale Goldquarzgang von *Brandholz* bei Goldkronach, die ganz geringe Goldmengen enthaltenden deutschen Bleizinkerzvorkommen, der Mansfelder Kupferschiefer, die Rammelsberger Erze sowie die goldarmen Terrassenschotter deutscher Flüsse, wie der Oberrhein (sog. „Rheingold" der „Edda"), Eder und Donau (mit Flitterchen von 0,005 mg) erwähnt. Zur Zeit wird Gold als Nebenerzeugnis u. a. bei der Verhüttung des Arsenkieses von Reichenstein und der Rammelsberger Erze gewonnen.

Silber. Auch Silberlagerstätten (im eigentlichen Sinne) sind in Deutschland nicht mehr vorhanden.

Dagegen wird metallisches Silber bei der Verhüttung gewisser silberhaltiger Erze (Mansfelder Kupferschiefer, rheinisch-westfälischer Bleiglanz sowie ausländische Erze) gewonnen.

Die Jahreserzeugung an Silber in Deutschland betrug vor dem Kriege noch etwa 100 t.

Platin. Bauwürdige Platinlagerstätten gibt es in Deutschland nicht.

Etwas Platin fällt bei der Verhüttung bestimmter Erze an, so auf der Okerhütte bei Goslar und auf den Kupferhütten von Mansfeld in Höhe von insgesamt etwa 11 kg (1956).

b) Eisen

Eisenerzvorkommen sind in Deutschland weit verbreitet. Es handelt sich vorwiegend um *eisenarme*, meist *saure* Erze mit etwa 25% Fe.

Im Gegensatz zu anderen Ländern (wie Schweden oder USA) ist unser Land arm an hochwertigen Erzen. Immerhin belaufen sich die sicheren und wahrschein-lichen Eisenerzvorräte im *Bundesgebiet* auf etwa 2,5 Mia t mit r. 750 Mio t Eisen. Die Fördermenge des Bundesgebietes an Roherzen in Höhe von r. 18,3 Mio t. 1957 (mit r. 4,6 Mio t Fe) reicht aber nur zu etwa 30% aus, um den Bedarf zu decken. Leider setzen die armen deutschen Erze große Schlackenmengen ab und erfordern hohen Koksbedarf. Deutschland ist daher in starkem Maße (zu etwa 70% in 1957) auf Einfuhr hochwertiger ausländischer Erze in Höhe von r. 19,2 Mio t, so aus Schweden (7,6 Mio t), Frankreich, Spanien, Afrika, Kanada, Südamerika (Venezuela und Brasilien) angewiesen. Rund 56% der Gesamteinfuhr nahm der Ruhrbezirk auf.

Die armen deutschen Erze (mit 20—30% Fe) können nur durch besonders entwickelte Aufbereitungsverfahren (Wäsche, Sinterung, Röstung, Magnetscheidung u. a. m.) sowie durch technisch weit durchgebildete Verhüttungsprozesse (saures Schmelzen, Krupp-Rennverfahren u. a.) schmelzwürdig gemacht werden.

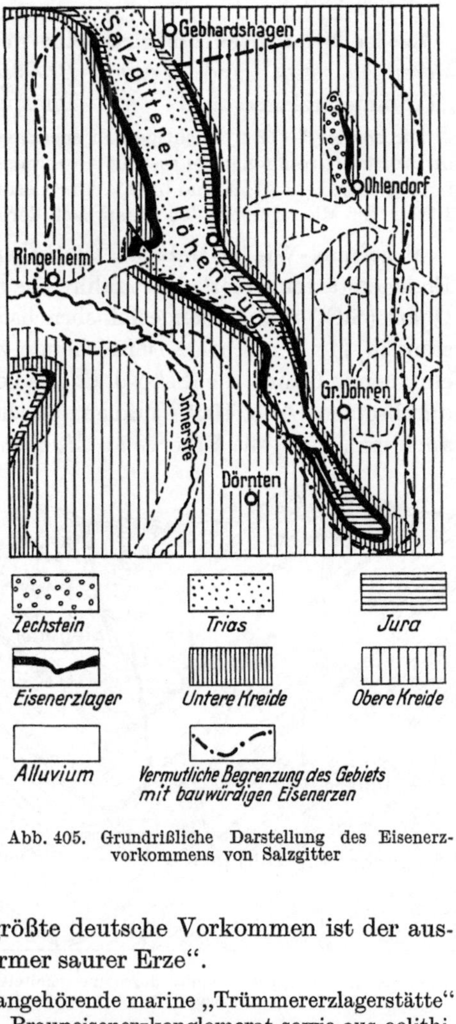

Die wichtigsten *Eisenerzlagerstätten* der Bundesrepublik, die genetisch fast allen Lagerstättentypen angehören können, sind heute folgende:

Abb. 405. Grundrißliche Darstellung des Eisenerzvorkommens von Salzgitter

Erzlager von Salzgitter. Das größte deutsche Vorkommen ist der ausgedehnte *Salzgitterer Horizont* „armer saurer Erze“.

Die der unteren Kreide (Neokom) angehörende marine „Trümmererzlagerstätte“ besteht aus einem groben bis feinen Brauneisenerzkonglomerat sowie aus oolithischen Lagen von schnell wechselnder Mächtigkeit. Sie begleitet den Höhenzug von Salzgitter in NW-Richtung auf etwa 20 km Länge und 3—4 km Breite (Abb. 405).

Das r. 10—100 m (im Durchschnitt 30 m) mächtige Vorkommen mit sandig-toniger, selten kalkiger Grundmasse hat 25—39% (im Durchschnitt 32%) Eisen bei r. 21—30% Kieselsäure, Tonerde, geringem Kalkgehalt (3—7%), 0,5% P und 0,1—1% S.

Durch Siebung, Wäsche und Sinterung kann das arme und saure Roherz auf 40—45% Fe angereichert werden. Der großzügig geführte Abbau geht meist unter Tage, aber auch über Tage um. Durch neuere Hüttenprozesse ist die Gewinnung des sauren Erzes wirtschaftlich geworden.

Die nachgewiesenen Gesamtvorräte betragen etwa 900 Mio t. Die Erzförderung belief sich 1957 auf r. 6,7 Mio t.

Ilseder Brauneisenerzbezirk: eine in zwei getrennten Mulden (*Groß-bülten-Adenstedt* und *Lengede-Broistedt*) abgelagerte arme kalkige „Trümmererzlagerstätte" mit Phosphoritgeröllen im Emscheralter.

Die beiden 3—12 m mächtigen Eisenerzlager mit meist fester kalkiger, oder wie in Broistedt, tonig-glaukonitischer Grundmasse enthalten r. 30% Fe, 10% SiO_2, r. 15% CaO, 1—1,5% P und bis 4% Mn. Gesamtvorräte etwa 130 Mio t. Förderung 1957 r. 2,6 Mio t für den Thomasprozeß der Ilseder Hütte.

Siegerland-Wieder-Bezirk. Das Siegerland, wohl das älteste deutsche Erzlagerstättengebiet[1], führt zahlreiche mit *Spateisenstein* ($FeCO_3$), r. 20% Quarz (SiO_2) und Nebengesteinsbruchstücken gefüllte, etwa 1—3 (höchstens 30) Meter mächtige, tiefreichende, zu Gangzügen vereinigte und steil einfallende Gänge, die diskordant das gefaltete, devonische Nebengestein durchsetzen (Abb. 406). Infolge des hohen Mangangehaltes liegt hier auch eine wertvolle Reserve an *Mangan* (von etwa 1 500 000 t) vor.

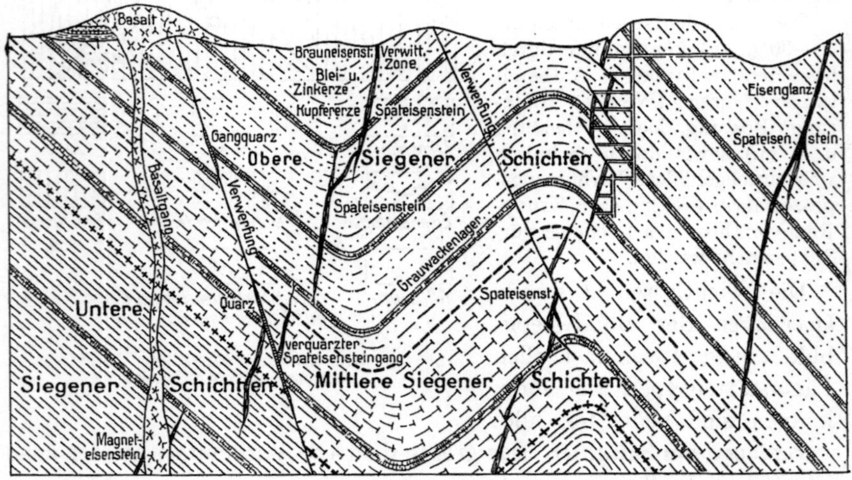

Abb. 406. Schematischer Schnitt durch die gefalteten Schichten des Siegerlandes mit den dort aufsetzenden Spateisensteingängen. Umgez. nach HENKE

---

[1] Angeblich schon zur La Tène-Zeit bekannt.

Fe-Gehalt der Roherze (Eisenmanganspat) beträgt r. 30% bei 6% Mangan im Haufwerk. Durch Röstung kann der Gehalt an Fe auf 50% und an Mn auf 10% gesteigert werden. Während die Mehrzahl der Forscher die Gänge als Ausscheidungen hydrothermaler Vorgänge ansieht, werden sie von anderer Seite für Ausschwitzungen sekretionärer Natur aus dem Nebengestein in der Zeit der Metamorphose und Druckschieferung gehalten.

Das gewonnene Erz dient wegen seiner Phosphorarmut und seines Manganreichtums in erster Linie zur Erzeugung eines wertvollen Stahls[1] bzw. Spiegeleisens. Unbedingte Voraussetzung für die Erhaltung der Lebensfähigkeit des Siegerlandes ist die Erschließung neuer Gangmittel (Ersatzspalten), die mit allen Mitteln bergmännischer Erfahrung sowie geologisch-tektonischer und geophysikalischer Untersuchungen versucht wird.

Vorräte bis 1300 m etwa 30 Mio t; Förderung in 1958 r. 1,38 Mio t.

Lahn-Dill-Bezirk. Der Bezirk umfaßt ein hauptsächlich in zwei langgestreckten Mulden: *Dill- und Lahnmulde* auftretendes, tektonisch stark gestörtes *Rot-, Fluß- und Brauneisenerzlager* von sehr wechselnder Mächtigkeit (Abb. 407).

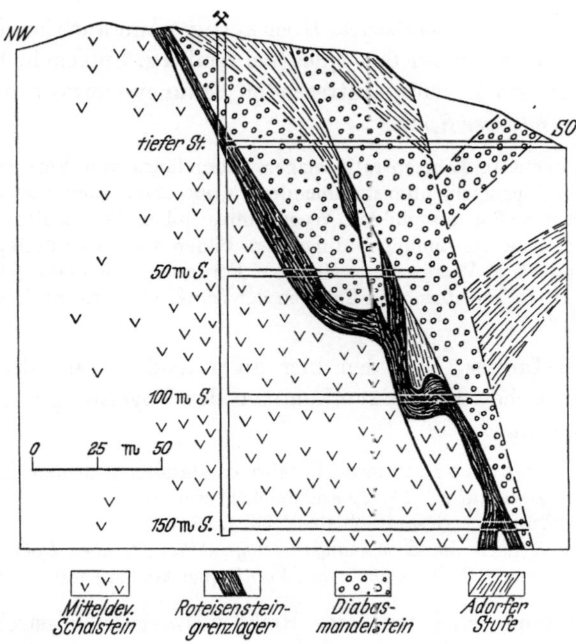

Abb. 407. Roteisensteinlager der Grube „Laufender Stein" bei Dillenburg (umgez. nach LIPPERT)

In den horizontbeständigen, an Grünstein bzw. Schalstein gebundenen, oft überkippten Lagern (sog. „Keratophyr-Eisenerzen") handelt es sich wahrscheinlich um einen exhalativ-sedimentären Erzabsatz in submarinen Bereichen an der Wende von Mittel- zum Oberdevon.

---

[1] Das Schwert Karls d. Gr. soll aus Siegerländer Erz geschmiedet worden sein.

Der Eisengehalt der kieseligen Erze des Dillgebietes beträgt 30—49% und der kalkigen Erze des Lahngebietes 30—35%. Das gewonnene Erz dient vorwiegend den Bedürfnissen der hessischen Gießerei-Industrie. Erzvorräte insgesamt etwa 15 Mio t. Förderung 1953 r. 716000 t. Die wirtschaftliche Bedeutung des Bezirkes ist gesunken.

Dogger-Erze Süddeutschlands. Die in einigen Horizonten des Doggers (Murchisonae- und Makrocephalen-Horizont) auftretenden, 1—6 m mächtigen, nur örtlich bauwürdigen Eisenerzflöze, sog. *Doggererze*, sind heute von geringerer Bedeutung.

Sie ziehen sich am Rande des schwäbischen Juras auf einige 100 km hin bei einem Eisengehalt von etwa 26—36% Fe. Die fein-oolithischen Erze sind im Kriege u. a. bei *Gutmadingen* (Baden), ferner bei *Geislingen* und *Wasseralfingen* (Württemberg) stark abgebaut worden. Vorräte etwa 400—500 Mio t. Förderung der Grube *Karl* (bei Geislingen) r. 315000 t/1957.

Genetisch gehören dazu auch noch die kalkigen, minetteartigen Lager (von 10—13 m Mächtigkeit) der Grube Kahlenberg bei Freiburg mit einer Förderung von r. 905500 t/1957.

Bayrischer Brauneisenerzbezirk. Hochwertig, wenn auch mengenmäßig bescheiden, sind die in der *Oberpfalz* (bei Amberg, Sulzbach, Rosenberg und Auerbach) stockförmig auftretenden Brauneisenerzvorkommen der Kreide, sog. *Amberger Spalterze.*

Die als sedimentäre Konzentrationslagerstätten längs von Verwerfungen aus den erzhaltigen Doggerschichten stammenden *Braun- und Spateisensteinvorkommen* sind sehr unregelmäßig ausgebildet. Wegen ihres hohen Fe-Gehaltes (48—60%) und ihrer günstigen Gewinnungsbedingungen bilden sie die Grundlage einer gesunden Eisenindustrie. Vorräte etwa 60 Mio t, Förderung r. 826000 t/1957. Außerdem finden sich in Trichtern und Taschen der *fränkischen Alb* noch epigenetisch entstandene *Rollerze.*

Oberhessen-Taunus. Von den hier auftretenden Lagerstätten seien nur die basaltischen Eisenerzvorkommen des Vogelsberges (mit 18 bis 22% Fe) erwähnt.

Die durch Verwitterung tertiärer Basalte entstandenen armen Erze können durch Waschprozesse auf r. 42% Fe angereichert werden.

Eisenerzförderung des Gesamtgebietes 1953 r. 934000 t.

Dazu kommen noch die *Eisenmanganerzlagerstätten*: *Gruben Doktor Geier* (bei Waldalgesheim) mit r. 83000 t/1957 und *Fernie* (bei Gießen) mit r. 52000 t/1957.

Harzer Vorland. Hier tritt eine Reihe vorwiegend liassischer Eisenerzlager von 2—8 m Mächtigkeit oolithischer bis feinkonglomeratischer Natur mit kalkigem Bindemittel auf.

Der Eisengehalt bewegt sich etwa um 20—30%, so bei den Gruben *Hansa* und *Friederike* (bei Harzburg) sowie *Echte* (bei Kreiensen). Vorräte insgesamt r. 40 Mio t. Förderung 1957 r. 837600 t.

Weser- und Wiehengebirgsbezirk (Nordwestfälischer Bezirk). Das Gebiet führt sphärosiderithaltige Toneisenstein- und oolithisch ausgebildete

Braun- und Roteisensteinflöze im Dogger und Malm (s. Übersichtskarte Abb. 404).

Nicht ohne wirtschaftliche Bedeutung sind das regelmäßig abgelagerte, 1—2 m mächtige aber eisenarme, tonig-kalkige (sphärosideritische) „Wittekindflöz" bei *Häverstädt* (a. d. Porta) mit einem Fe-Gehalt von r. 24%, 14% SiO_2, 10% CaO und einem Vorrat von r. 30 Mio t sowie einer Förderung von 255000 t/1956, ferner die verschieden mächtigen oolithischen *Klippen-* und *Wohlverwahrtflöze* des Wesergebirges (Verbundgruben „Wohlverwahrt und Nammen") mit wechselndem Fe-Gehalt. Gesamtförderung r. 959000 t/1957 (als Zuschlagerze).

Thüringisch-sächsischer Bezirk. Dieser Bezirk beherbergt eine Reihe kleiner und sehr verschiedenartiger untersilurischer Vorkommen, wie die *Chamosite* und *Thuringite* bei *Schmiedefeld* (Kr. Saalfeld) und *Wittmannsgereuth* (mit Fe = 25 bis 40%), die r. 40% Fe enthaltenden kalkigen *Spateisensteine* bzw. *Brauneisenerze* des Zechsteins von *Kamsdorf-Schmalkalden* und die bescheidenen *Magnetitkörper* am Schwarzen Krux von *Schmiedefeld* (Kr. Schleusingen) mit 38—40% Fe. Gesamtvorräte etwa 30 Mill. t. Förderung der letzten Jahre vor dem Krieg r. 500000 t/Jahr.

Kleinere ältere und neuere Eisenerzvorkommen. Zu erwähnen sind hier die metasomatischen Braun- bzw. Spateisensteinlagerstätten im Zechstein des *Schafberg-Hüggelbezirks,* die Roteisensteinvorkommen des *Sauerlandes* und *Waldecks* mit geringer Förderung, die abgebauten *Kohlen- und Spateisensteine des Ruhrbezirks* und die noch unaufgeschlossenen *Toneisensteinlagerstätten* der unteren Kreide von *Bentheim-Ochtrup-Gronau* mit erheblichen Vorräten.

Hierzu treten die neu aufgeschlossenen Lagerstätten der *Helmstedter Mulde,* das sehr höffige, aber noch nicht völlig bekannte, minetteartige *Brauneisensteinlager von Gifhorn* (westlich Braunschweig) mit 30% Fe und großem, noch nicht bekannten Vorrat und das im Bau stehende senone *Brauneisentrümmererzlager der Dammer Mulde* (Oldenburg) (von 1,5—6 m Mächtigkeit und 25 km streichender Ausdehnung) mit r. 25% Fe, je 10—20% Kalk und Kieselsäure und einem Gesamtvorrat von etwa 100 Mio t bei einer Roherzförderung von r. 1,07 Mio t/1958 (für Porta-Damme).

Eine besondere Bedeutung dürfte den noch unerschlossenen, zwischen 700 bis 1100 m Tiefe im Raume *Gifhorn-Salzgitter* bei Nienburg (Weser) gelegenen, etwa 10 m mächtigen Erztrögen mit 42—48% Fe und 0,1—0,5% P im oberjurasischen Korallenoolith mit einigen Mia t Roherzvorräten zukommen. Genannt seien ferner als Eisenerzlagerstätten die *Schwefelkiesvorkommen von Meggen* (Lenne) mit ihren Kiesabbränden und von *Bayerland* (Fichtelgebirge), die unter Schwefelerzen weiter unten behandelt sind.

Schließlich sei auch noch das durchaus höffige, in Aufschließung begriffene liassische *Minetteerzvorkommen* von *Bislich* (bei Wesel) genannt.

c) Stahl- und Eisenveredler

Zu den für die Veredlung des Stahls und Eisens wichtigen Zusatzmetallen gehören u. a. *Mangan, Wolfram, Chrom, Nickel, Kobalt, Vanadium, Molybdän, Titan, Niobium, Lithium* und *Thorium.* An allen Erzen dieser Metalle hat Deutschland nicht nur keinen Überfluß, sondern ± Mangel.

Mangan. Reiche *Manganerze* (mit über 40%) sind in Deutschland kaum vorhanden.

An größeren Vorkommen armer Erze seien die dem Devon angehörenden, durch Auslaugung angereicherten Manganerze der *Lindener Mark* (Gießen) sowie die

Manganeisenerzlagerstätten von *Braunfels* (Lahn) und des *Soonwaldes* (bei Binger-brück und Stromberg) mit 29% Fe und 17% Mn genannt.

Weitere kleine (z. T. gangförmige) Vorkommen liegen u. a. im Rotliegenden von Geraberg, Ohrdruf und Ilmenau (Thüringen), Ilfeld (Harz), im Taunus, Odenwald und Spessart.

Eine besondere Bedeutung für die Manganerzversorgung hat das *Siegerland* mit seinen manganreichen Spateisensteinen (5—6% Mn).

Wolfram. Lagerstätten des Wolframs (Wolframit und Scheelit) sind nicht so selten; doch sind sie meist recht arm.

Finden sich in vielen kleinen Vorkommen u. a. im *Eibenstocker Granitmassiv*, in den alten Zinnerzlagerstätten von *Zinnwald* und *Graupen*, ferner in *Schorlau* (östliches Erzgebirge) sowie bei *Pechtelsgrün* und *Jägersfreude* (im Vogtland).

Chrom[1]**.** In Deutschland sind Chromeisenerze sehr selten.

Genannt seien Chromiterze im Serpentin des Zobten-Gebirges.

Nickel und **Kobalt.** Ihre Erze sind in Deutschland ebenso spärlich wie fast bedeutungslos.

Erinnert sei an das altbekannte *Nickelvorkommen* (Nickelsilikat) von *Franken-stein* (Mittelschlesien) sowie von *Hohenstein-Ernstthal*. Neben seinem Wert für die Stahlindustrie zur Erzeugung rostfreien Stahls dient Nickel zum Vernickeln, für silberähnliche Legierungen (Neusilber, Argentan u. a.) und für Raketen-flugzeuge.

Kobalterze finden sich u. a. im westlichen Erzgebirge.

Das Metall wird zur Herstellung von Magnetstählen, Hochfrequenzstählen, als Kontaktmaterial für das FISCHER-TROPSCH-Verfahren sowie als Rohstoff für das bekannte Widiahartmetall[2] verwendet.

Vanadium. Vanadiumerze gibt es in Deutschland nicht.

Bescheidene Vanadiumgehalte führen einige Erzvorkommen, wie der Mansfelder Kupferschiefer und das Aufbereitungsgut der süddeutschen Doggererze (mit 0,15 bis 0,20% Va). Wert je 1 kg Va = etwa 50,— DM.

Molybdän. Molybdänerze (Molybdänglanz und Wulfenit) sind in Deutschland kaum noch vorhanden.

Das einzige gebaute Vorkommen lag im Höllental bei Garmisch. Außerdem führt der Kupferschiefer von Mansfeld noch 0,004—0,018% Mo.

Titan, Lithium, Thorium, Niobium bzw. ihre Erze müssen aus dem Ausland eingeführt werden.

d) Nichteisen-(NE-)Metalle

Gleich den Eisenerzen gewinnen auch die *Nichteisenerze* (Erze der Buntmetalle: Blei, Zink, Kupfer, Zinn, Kadmium), der Leichtmetalle sowie von Wismut, Arsen, Antimon, Uran und Quecksilber eine ständig

---

[1] gr. chróma = Farbe. — [2] Widia = „Wie Diamant“.

steigende Bedeutung. Jedoch ist die Erzeugung dieser Metalle aus bodeneigenen Erzen nicht ausreichend, um den Bedarf des Bundesgebietes zu decken.

α) *Blei und Zink*

Blei und Zink gehören neben Eisen und Kupfer zu den wichtigsten Gebrauchsmetallen.

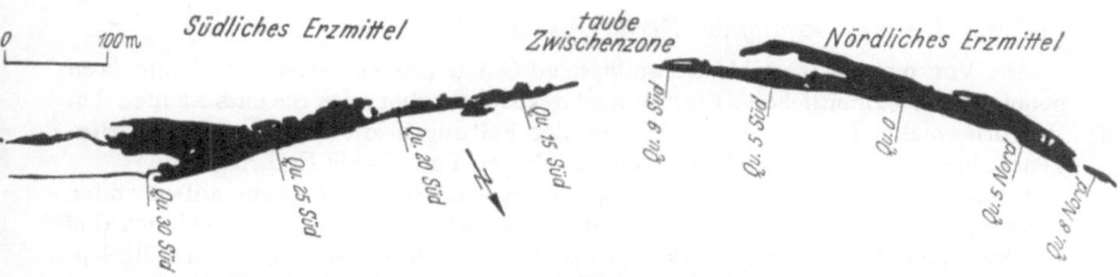

Abb. 408. William Köhler-Gang auf der 3. (800 m) Sohle der Zeche Auguste Victoria
(nach Markscheideriß)

Das heutige Deutschland verfügt noch über eine Reihe regional zusammengehöriger, z. T. ausgedehnter *Bleizinkerzvorkommen*, die aber den deutschen Bedarf nur zu r. 40 bzw. 60% zu decken imstande sind.

Vorräte der westdeutschen Bleizinkerzlagerstätten an ausbringbarem Metall r. 2 Mio t Blei und r. 5 Mio t Zink. Hüttengewinnung an Blei 137 900 t, an Zink 183 700 t/1957.

Rechtsrheinischer Bezirk. Wichtigstes Vorkommen ist hier der *Bleizinkerzgang der Zeche Auguste Victoria* (bei Marl-Hüls), der der mit r. 65° nach SW einfallenden Blumentha

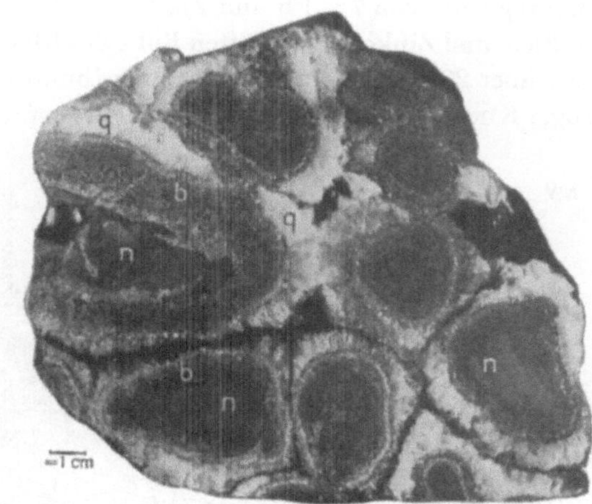

Abb. 409. Örtlich auftretende konzentrisch-schalige Ringelerzstruktur im William Köhler-Gang der Zeche Auguste Victoria (Ruhrbezirk). n = Nebengestein, b = Bleiglanz und Zinkblende, q = Quarz

ler Hauptverwerfung (Tertius) dort aufsitzt, wo sie den Sattel Zweckel-Auguste Victoria durchsetzt.

Die beide Sattelflügel erfassende Vererzung erfolgte in mehreren tektonischen Phasen. Rund 1000 m im Streichen und r. 450 m im Einfallen aufgeschlossen, besteht der Gang aus zwei durch eine 70—200 m lange taube Zone getrennten „Erz-

mitteln" (Abb. 408) mit einer 10—18 m mächtigen, unregelmäßigen, meist brec-
ciösen Erzführung aus Bleiglanz und Zinkblende (Abb. 409). Das Roherz führt
12% Pb und Zn und geringen Silbergehalt (1000—1300 g/t im Bleiglanzkonzen-
trat).

Förderung 1957 r. 322500 t Roherz (mit etwa 19700 t Zink, 9400 t Blei und
14900 kg Silber).

Weiter sind zu nennen der *Bleierzgang der Zeche Christian Levin* (bei
Essen-Dellwig) mit 8—10% Pb + Zn, der *Bleiglanzschwerspatgang im
Julia-Constantin-Sprung* der Zechen Hannover, Pluto, Shamrock, Julia
und der *Bleizinkerzgang der Zeche Graf Moltke.*

Alle Vorkommen (einschl. der auflässigen Gänge des Velberter Sattels) gehören
genetisch der einheitlichen „Erzprovinz" des Ruhrkarbons an. Sie entstammen den
hydrothermalen Restlösungen eines bei der Faltung in die Erdkruste eingedrun-
genen, bei etwa 5000 m Tiefe steckengebliebenen Plutons als Erzbringer.

Genannt seien ferner die im Devon des Rhein. Schiefergebirges aufsetzenden
Erzgänge des *Bergischen Landes* mit den Vorkommen der Gruben *Lüderich* (bei
Untereschbach), dem Gangbezirk von *Ems an der unteren Lahn* (mit den stillgeleg-
ten Gruben: Holzappel, Bad Ems und Braubach) sowie der Grube *Mühlenbach* (bei
Ehrenbreitstein) mit 88000 t Roherzförderung 1957.

Bedeutung haben auch die flach einfallenden *Bleizinkerzgänge von
Ramsbeck i. W.* (Stolberger Zink AG) mit einer Roherzförderung der
Grube Ver. Bastenberg und Dörnberg von r. 352000 t/1957 bei einem
Metallgehalt von 7% Pb und Zn.

Blei- und Zinkerzlagerstätten links des Rheins. An erster Stelle sei hier
das über 2000 Jahre alte, dem Hauptbuntsandstein angehörende arme
sog. „Knottenerzvorkommen" von *Mechernich* (Eifel) genannt (Abb. 410).

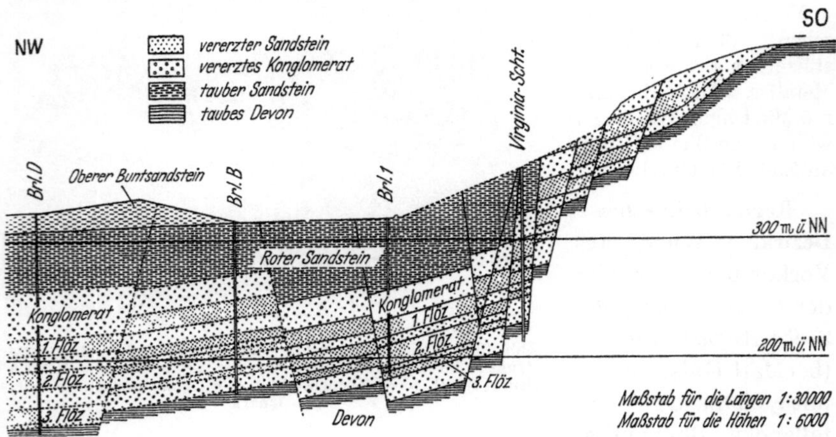

Abb. 410. Querschnitt durch einen Flügel der Mechernicher Bleierzlagerstätte
(nach HESEMANN und PILGER)

Hier sind mehrere 40—70 m mächtige Sandstein- bzw. Konglomeratzonen
durch konkretionäre bis 5 mm dicke „Bleiglanzsandsteinknotten" (mit 1,2% Pb
und mehr) vererzt (Abb. 410).

Genetisch handelt es sich um eine epigenetische, sekundär-hydrothermale *Imprägnationslagerstätte*. Das Roherz ist sehr silberarm (2—3 g/t). Nach neueren Untersuchungen sollen hier noch mindestens 15 Mio t Bleierz anstehen.

Roherzförderung 1957 r. 1,5 Mio t = etwa 40% der westdeutschen Roherzförderung an Blei- und Zinkerzen. Infolge des großen Absinkens des Bleigehalts auf 0,7% und starken Rückgangs des Bleipreises (von r. 1500 DM/1950 auf r. 550 DM je t/1956) mußte das Werk stillgelegt werden.

Zu schönen Hoffnungen berechtigt das neuerschlossene *Bleizinkerzvorkommen* der Grube *Maubacher Bleiberg* bei Düren (Abb. 411).

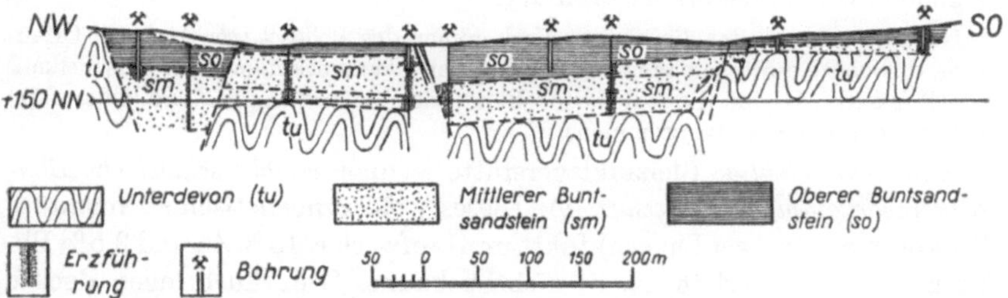

Abb. 411. Querschnitt durch die von Quersprüngen zerrissene Maubacher Bleierzlagerstätte mit Erz zeigenden Bohrungen (nach VOIGT)

Es stellt ebenfalls eine hydrothermale Imprägnationslagerstätte im mittleren konglomeratischen Buntsandstein dar von 8—15 m Mächtigkeit bei r. 2,5% Pb (als PbS), 1,5% Zn (als ZnS) und 100 g Ag/t Blei.

Vorräte an Roherz r. 95 Mio t (mit 0,4—0,8 Mio t Blei). Förderung r. 500 000 t Roherz. Abbau im Tagebau.

Zu erwähnen sind noch die fördernden Bleizinkerz-Betriebe der Gewerkschaft Merkur: „Gute Hoffnung" bei Werlau, „Theodor" bei Tellig (Hunsrück), „Altley" (Hunsrück) und „Rosenberg" bei Braubach.

Harzer Bezirk. Zu den bekanntesten Bleizinkerzgebieten Deutschlands zählte der *Oberharz*.

Abb. 412. Firstenstoßbild des Bleizinkerzgangs der früheren Grube Bergmannstrost im Oberharz. Man beachte die dünnen Schnüren von Bleiglanz und Zinkblende im Kalkspat

Freilich sind die zahlreichen im Devon und Kulm auftretenden, auf große streichende Erstreckung (bis 15 km) aushaltenden und in erhebliche Tiefen niedersetzenden Pb- und Zn-Gänge (Abb. 412) heute größtenteils abgebaut. Bergbau geht nur noch auf Grube

Hilfe Gottes (bei Grund) mit reichen Aufschlüssen um. Das Roherz führt 9,4% Blei und Zink. Förderung 158000 t/1958. Weiteres Vorkommen ist der *Rammelsberg* (bei Goslar).

Sächsischer Bezirk. Der 1913 eingestellte altehrwürdige Bergbau auf den Blei-Zink-Silbererzgängen des *Freiberger* Gebietes ist wieder an verschiedenen Stellen im bescheidenen Umfange aufgenommen worden.

Süddeutscher Bezirk. Seine Hauptlagerstätten (in Form von Bleizinkerzgängen) liegen u. a. im Schwarzwald, und zwar im z. Z. stillliegenden *Schauinsland* bei Freiburg.

Genannt seien weiter die kleinen Vorkommen des *Wildschapbachtals* bei Offenburg, das heute auflässige metasomatische Bleizinkerzvorkommen im Muschelkalk von *Wiesloch* i. B. und die stilliegende Bleierzlagerstätte von *Freihung* (Oberpfalz) in Form eines Bleisandvorkommens.

Eine *sehr wichtige* Bleizinklagerstätte ist das *westoberschlesische Bleizinkerzvorkommen* (*Bleischarley*). Dieses wohl syngenetisch-sedimentäre Vorkommen (in zwei Lagern) führt im Haufwerk r. 15 % Zn und 3,5 % Pb. Vorrat und Förderhöhe z. Z. nicht bekannt. Sein Ausbringen deckte früher den Hauptteil des deutschen Blei- und Zinkerzbedarfs.

Gesamterzeugung der Bundesrepublik an *Blei* 1958 r. 70500 t und an *Zink* r. 94000 t.

β) *Kupfer* und *Zinn*

Kupfer ist neben Eisen und Aluminium eines der wertvollsten Gebrauchsmetalle. Deutschland verfügt zur Zeit nur über wenige bedeutende Vorkommen.

Die wichtigste deutsche, vielleicht auch europäische *Kupfererzlagerstätte* ist das altbekannte *Mansfelder Kupferschiefervorkommen* mit dem

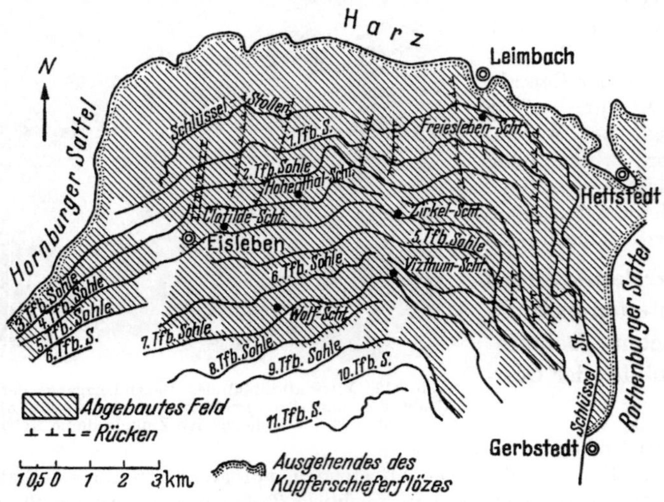

Abb. 413. Übersichtsbild vom abgebauten Teile des Kupferschieferflözes in der Mansfelder Mulde

sedimentär-syngenetischen „*Kupferschieferflöz*" (Abb. 413), das der Erschöpfung entgegengeht. Dagegen scheint die abzubauende *Sangerhausermulde* noch höffig zu sein.

Das etwa 0,25—0,60 m mächtige, bituminöse Flöz des unteren Zechsteins (Abb. 414) führt heute nur noch 1,6—1,7% (= 10—12 kg/t) Metallsulfide als sog. „Speise in dünnster Verteilung" und r. 5,5 kg Ag auf 1 t Cu. Hier wurden 1941 noch etwa 16000 t Cu, 92000 kg Silber, 2500 t Blei und 50 t Molybdän gewonnen.

Von einiger Bedeutung für die Wirtschaftlichkeit ist der Vanadiumgehalt des Schiefers, dessen Erzeugung etwa 35 t/Jahr betrug. Die Förderung an Kupferschiefer (Minern) wird für 1957 mit 1,4 Mio t angegeben.

Ähnlicher Natur ist das Vorkommen sandigen Kupfermergels im Zechstein von *Hassel-Gröditz* (östlich des Bobers) mit einem Cu-Gehalt von r. 1—2%.

Ein weiteres Vorkommen ist der Kupferschiefer des *Richelsdorfer Gebirges* bei Sontra (Kurhessen) mit 0,8 bis 2% Cu und großen Vorräten. Der Betrieb mußte 1953 wegen Ertragslosigkeit eingestellt werden. Förderung r. 156000 t in 1953.

		cm		
Hangendes	Zechsteinkalk			erzleer
	Fäule (blaugrauer Kalk, von Klüften durchsetzt)	85		geringer Erzgehalt
sogen. Dachberge	Dachklotz (grauer Zechsteinkalk)	31		nur gelegentlich erzführend
	Schwarze Berge (bitum. Schiefer)	13,5		erzführend: bis 1,5% Cu
Kupferschieferflöz	Schieferkopf (bitum. Mergelschiefer)	13		erzführend: bis 2% Cu
	Kammschale	4		erzführend: 2–3% Cu u. 0,16 kAg je t. Erz in feinst. Verteilung (Speise)
	grobe Lette / feine Lette	6,5 / 2		
Liegendes	Weißliegendes	14		bisweilen erzführend durch Imprägnation
	Rotliegendes			erzleer

Abb. 414. Normalschichtenschnitt durch das Mansfelder Kupferschieferflöz mit der Erzführung des Jahres 1920

Sehr beachtlich ist auch heute noch die über tausend Jahre betriebene, überkippt gelegene Lagerstätte des *Rammelsberges* (bei Goslar). Sie besteht aus zwei selbständigen, offenbar sedimentären (syngenetisch-submarin-hydrothermalen) aber metamorph beeinflußten Erzlagern. Sie umfassen: Bleizinkerz, Schwerspat, Schwefelkies und gelegentlich Kupfererz (Abb. 415).

Nach Verhieb des „alten" Lagers wird heute nur noch das „neue" Lager gebaut, d. h. eine Erzplatte aus eng verwachsenem Pyrit, Zinkblende (19%), Bleiglanz (9%) und Kupferkies (mit bis 2,5% Cu), 1 g/t Au und 160 g/t Ag. Dieses Lager schwillt auf der 11. Sohle bis auf 50 m an. Seine „komplexen" Erze werden nach dem „Flotationsverfahren" geschieden.

Die Vorräte betragen noch etwa 6 Mio t. Förderung an Roherzen r. 308000 t in 1957.

Kupfererze von nur örtlich wirtschaftlicher Bedeutung finden sich als beibrechende Minerale an vielen anderen Stellen Deutschlands, so z. B. im *Siegerland*, im *Rheinischen Schiefergebirge* (mit einigen 100 t Kupfererz), im *Nahetal*, ferner in *Niedermarsberg* (Westfalen), *Kupferberg* (Fichtelgebirge), sowie neuerdings auf dem *Primussprung* (Zechen Hannover, Königsgrube und Pluto) des Ruhrbezirks.

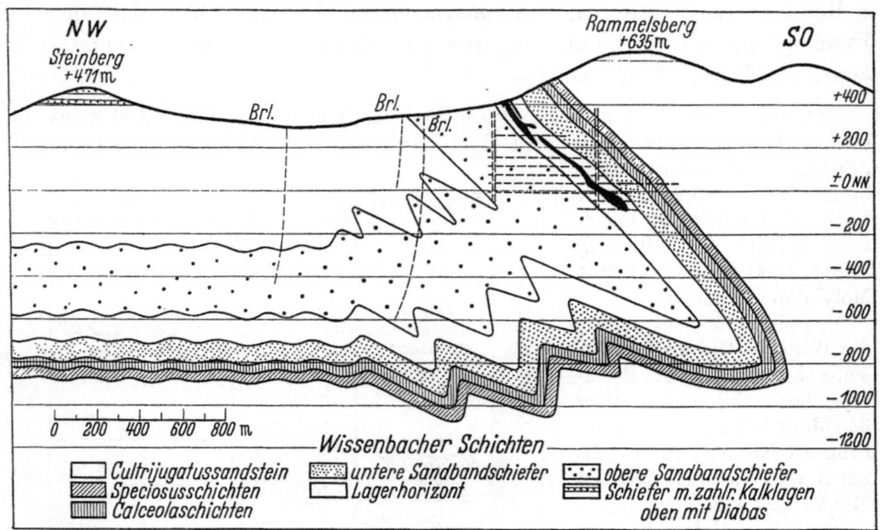

Abb. 415. Geologisches Profil durch die Erzlagerstätten des Rammelsberges bei Goslar
(nach KRAUME)

Insgesamt erzeugte die Bundesrepublik 1953 r. 62000 t Blei, 91000 t Zink und 930 t Kupfer.

Zinn. Der Bedarf an *Zinn* kann aus deutschen Zinnerzen (Zinnstein = SnO_2 mit 78% Sn) nicht gedeckt werden.

Die wichtigsten der pneumatolytischen Vorkommen (mit 0,3—1% Sn im Zinnsteinhaufwerk) liegen im sächsisch-böhmischen *Erzgebirge* u. a. bei Eibenstock, Schneeberg, Geyer und Ehrenfriedersdorf. Die auflässigen Vorkommen scheinen zum Teil noch entwicklungsfähig zu sein.

γ) *Leichtmetalle*

Neben den Schwermetallen (Stoffen mit einer Wichte größer als 5) stehen die *Leichtmetalle*. Sie sind erst verhältnismäßig spät in den Dienst der Technik getreten, spielen aber heute eine große Rolle. Ihre Gewinnung gehört eigentlich nicht mehr zum Erzbergbau, sondern zum Betrieb der Steine und Erden. Dahin gehören:

Aluminium. Wichtigstes Ausgangsmaterial zur Herstellung des (auf elektrolytischem Wege gewonnenen) Aluminiums ist der sog. *Bauxit* (mit bis 50% Al_2O_3.)

Bauxit wird in Deutschland nur in geringen Mengen (r. 7800 t/1953), und zwar am Vogelsberg gewonnen (s. S. 211).

Magnesium. Das Urmaterial zur Gewinnung dieses Metalls ist in Deutschland in großen Mengen vorhanden.

In Betracht kommen die Endlaugen der Kalifabriken und die Minerale: Magnesit, Dolomit, Bischofit und Carnallit. Magnesium wird in erster Linie zu Magnesiumlegierungen für die Flugzeug-, Autoindustrie und die Feuerwerkerei verwendet.

δ) *Weitere NE-Metalle: Kobalt, Wismut, Arsen und Antimon sowie Uran, Quecksilber und Schwefelerze*

Der Bedarf an diesen Erzen muß durch Einfuhr gedeckt werden.

Lagerstätten von *Kobalt-*, *Wismut-*, *Arsen-* und *Antimonerzen* sind in Deutschland ebenso selten wie geringfügig.

Uran. Nach neueren Untersuchungen soll, abgesehen von den Vorkommen in der Ostzone (s. S. 212) auch das Bundesgebiet über viele (freilich meist arme) Uranerzlagerstätten verfügen.

Genannt seien u. a. die bislang nicht als bauwürdig erwiesenen Vorkommen des Fichtelgebirges, bei Wittichen (Schwarzwald), bei Wrexen (Diemeltal) sowie der Ostrand des bayerischen Braunkohlenbeckens bei Wackersdorf und das Vorkommen bei Ellweiler (Birkenfeld).

Quecksilber. Lagerstätten des für viele Zwecke notwendigen Quecksilbers sind in Deutschland recht selten.

Erwähnt sei nur das heute wieder auflässige arme Trümmererzvorkommen in der Nordpfalz bei *Moschellandsberg* (am Pfälzer Sattel).

Schwefelerze. Hauptvorkommen der Schwefelerze sind für Deutschland seine *Schwefelkieslagerstätten.*

An erster Stelle steht das 1,5—8 m mächtige mitteldevonische, syngenetisch-hydrothermale Schwefelkies-Zinkblende-Schwerspatlager von *Meggen a. d. Lenne* (Sachtleben A.-G.) (Abb. 416), eines der größten Vorkommen Europas mit r. 42% Schwefel. Wegen seines hohen Zinkgehaltes (r. 7—8% in der Lagermasse) spielt das Lager auch für die Zinkgewinnung eine große Rolle.

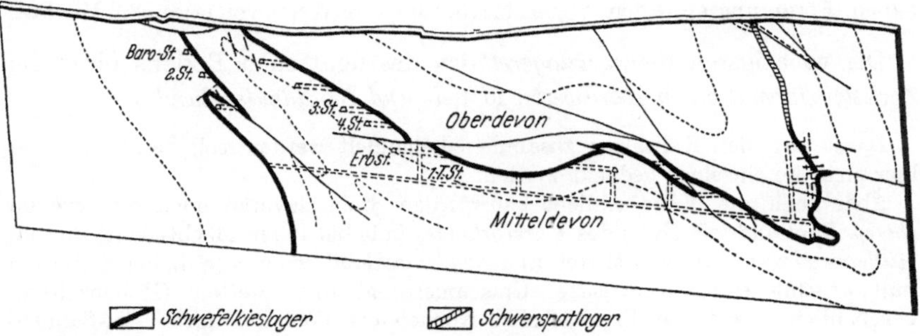

Abb.416. Stereometrische Darstellung des Meggener Schwefelkies- und Schwerspatlagers

Gesamtvorräte etwa 5 Mio t. Die Förderung belief sich 1958 auf r. 500000 t Schwefelkies.

Weitere Schwefelkieslagerstätten sind u. a. die von *Bayerland* (Oberpfalz) mit einer Förderung von r. 63 000 t/57 FeS_2, *Bodenmais* (Ostbayern), vom *Rammelsberg* (Harz) und des Kieslagers von *Elbingerode* (Grube Drei-Kronen und Ehrt).

Hierzu tritt der sog. „Kohlenkies", d. h. der aus der Kohle der Flöze ausgewaschene Pyrit.

C. Stein- und Kalisalzlagerstätten

1. Allgemeines

a) Steinsalz

Zu den Schätzen, mit denen der *deutsche Boden* besonders reich gesegnet ist, gehört in erster Linie das Steinsalz, das seit Urzeit dem Menschen unentbehrlich war. Seine Vorräte würden genügen, um die ganze Welt mit diesem so wichtigen Stoff zu versorgen. Salz ist das einzige Mineral, das für die unmittelbare Ernährung des Menschen in Frage kommt.

Steinsalz findet sich in mehr oder weniger mächtigen Lagern in fast allen Ländern der Erde, und zwar kann es seiner Entstehung entsprechend in jeder Formation auftreten, vorwiegend aber in der Zechstein-, Trias- und Tertiärformation. Die Steinsalzvorkommen werden bergmännisch z. T. zu dem Zwecke abgebaut, das gewonnene Salz unmittelbar auf „Speisesalz" oder industriell weiter zu verarbeiten. Große Mengen von Salz werden als Siedesalz durch Eindampfen natürlicher oder künstlich gewonnener Sole erzeugt.

Einer der größten deutschen bergbaulichen *Steinsalzbetriebe* ist die Zeche *Borth* bei Wesel (Solvay AG.) mit einer Förderung von r. 2 Mio t Salz und Sole in 1956. Von mitteldeutschen Steinsalzvorkommen nenne ich die der Zechen: Mariaglück bei Celle, Asse bei Wolfenbüttel und Braunschweig-Lüneburg bei Helmstedt.

Die *Verwendung* des Steinsalzes ist eine sehr vielseitige. Ist es doch nächst der Kohle der wichtigste Ausgangsstoff für viele Industriezweige. So dient es (mit etwa 30%) sowohl den Gewerben der Nahrungsmittelindustrie, als auch zur Verhüttung saurer Erze, zur Herstellung von Zellwolle und vieler Chemikalien.

Die Steinsalzvorräte im früheren deutschen Reich sollen 10 Bio t betragen haben. Förderung an festem Steinsalz r. 3,9 Mio t im Werte von etwa 58,2 Mio DM.

Die wichtigsten *Steinsalzlagerstätten* des deutschen Bodens birgt die *Zechsteinformation in Nordwest-, Mittel- und Norddeutschland.*

Da sie mit den Kalisalzen zusammen behandelt werden, soll des Steinsalzes hier nicht im einzelnen gedacht werden.

Aber auch die *Trias* schließt bauwürdige Steinsalzvorkommen ein, wie im *oberen Buntsandstein* (Röt) des *Harzvorlandes* (mit bis 100 m Mächtigkeit) und im *mittleren Muschelkalk* von Mittel- und *Süddeutschland*, wo u. a. Salz bei Heilbronn (mit anschließender elektrischer Umschmelzung) und Stetten (Hohenzollern) bergbaulich sowie bei Friedrichshall-Kochendorf (Württ.) durch Sol-Salinenbetriebe ausgebeutet wird.

Bekannt sind ferner die unreinen Steinsalzvorkommen Bayerns in der *alpinen Trias* von *Reichenhall* und *Berchtesgaden* im sog. „Haselgebirge". Hier (wie auch auf Zeche Borth bei Wesel) wird Salz zumeist in Form von Sole durch Auslaugung in Spülorts- (Abb. 417) oder in sog. „Sinkwerksbetrieben" gewonnen.

Die in anderen Formationen, wie im *Rotliegenden* von Holstein, im *Keuper*, im *weißen Jura* sowie im *Tertiär* (Oligozän) des Rheintales auftretenden Steinsalzlagerstätten spielen zur Zeit wirtschaftlich keine Rolle.

Abb. 417. Weißes Steinsalz (mit „Jahresringen"). Ortstoß eines Spülbetriebes der 795 m-Sohle der Zeche Borth I/II. Aufn. der Zeche 1935

b) Kalisalze

Weit wichtiger als das Steinsalz sind die mit ihm auf derselben Lagerstätte auftretenden, früher als „Abraumsalze" bezeichneten *Kalisalze*.

Der Begriff „Abraumsalze" ist freilich in keiner Weise mehr gerechtfertigt, da schon vier Jahre nach ihrem Antreffen (1851) der Abbau und die Verwertung der Kalisalze einsetzte.

Unter den in der Natur vorkommenden *reinen Kalisalzen* können unterschieden werden:

a) *Edelsalze*:

1. Sylvin KCl.
2. Carnallit $KCl \cdot MgCl_2 \cdot 6\,H_2O$.
3. Kainit $KCl \cdot MgSO_4 \cdot 3\,H_2O$.

b) *Begleitsalze*:

4. Kieserit $MgSO_4 \cdot H_2O$.
5. Polyhalit u. a.
   $K_2SO_4 \cdot MgSO_4 \cdot 2\,CaSO_4 \cdot 2\,H_2O$.

Meist treten diese Salzminerale als *Gemenge* von Steinsalz und anderen Salzen d. h. als „Salzgesteine" auf. Da die Hauptkaliminaralien *Sylvin, Carnallit* und *Kainit* sind, unterscheidet man drei Salzgesteinsgruppen:

Sylvingesteine	{	a) Hartsalz = Sylvin + Kieserit + Steinsalz b) Sylvinit = Sylvin + Steinsalz
Carnallitgesteine	{	Carnallit + Kieserit + Steinsalz oder Carnallit + Anhydrit + Steinsalz
Kainitgesteine		Kainit + Steinsalz

Unter *Hauptsalz* wird ein Gemenge von Carnallit, Steinsalz und Kieserit verstanden.

Die Bedeutung der Kalisalze liegt hauptsächlich in ihrem für die Pflanzen unersetzlichen Gehalt an „Kalinährstoffen". Bedarf doch der Boden neben anderen Düngemitteln (wie Phosphorsäure, Stickstoff usw.) aller ihm von der Pflanze entzogenen Stoffe, wenn er sich nicht erschöpfen soll. Der Boden muß also auch mit *Kali* „künstlich" gedüngt werden.

Zwecks Vergleichsmöglichkeiten der verschiedenen Salze wird der Wert der Kalisalze auf einen berechneten Gehalt an Kali (ausgedrückt in K_2O) statt an KCl oder K_2SO_4 bezogen.

Aber auch für industrielle Zwecke sind die Kalisalze von Bedeutung. Hauptmärkte für den Kaliabsatz sind Großbritannien, Japan und Dänemark.

2. Stratigraphische und regionale Verhältnisse der Kalisalzvorkommen

Die wirtschaftlich so wertvollen Kalisalzlager sind in Mittel- und Nordwestdeutschland an den *Zechstein* gebunden. Nur in Baden liegen sie im *Tertiär* (Abb. 418).

Leider ist der mitteldeutsche Kalibezirk durch den Krieg in zwei Teile zerrissen worden.

Wir unterscheiden im Gebiet des deutschen Zechsteins *vier* große Ablagerungsbezirke, und zwar das *Hauptbecken*, das *Hessisch-Thüringische*, das *Niederrheinische* und das *Bromberger Becken* im Osten (s. Abb. 418, Steinsalz-, Kalisalz- und Erdöllagerstätten).

Die voneinander sehr verschiedene stratigraphische Ausbildung der salinaren[1] Schichtenfolge in den Einzelbecken läßt die Aufstellung eines für alle Gebiete zutreffenden *Normalschichtenschnittes* nicht zu. Schwankt doch nicht nur die Mächtigkeit der Kalilager, sondern auch Zahl und Art der Salze, die sie führen, zumal in einem bestimmten Teile des mitteldeutschen Raumes auch noch eine *jüngere Salzfolge mit Kalilagern* ausgebildet ist (Abb. 419).

Offenbar haben in Deutschland zur oberen Zechsteinzeit mindestens *vier gesonderte Salzseen* bestanden, die zu verschiedenen Lagerstättentypen geführt haben.

So sind entwickelt (Abb. 418):
im Hauptbecken (Staßfurt-Hannoversche Serie):
  Flöz *Riedel* mit 3—7 m mächtigem Sylvinitlager,
  Flöz *Ronnenberg* mit 5—15 m mächtigem Sylvinitlager der jüngeren
   Salzfolge,
  Flöz *Staßfurt* mit bis 20 m mächtigem Carnallitlager der älteren
   Salzfolge,
im *Hessisch-thüringischen Becken* (Werra-Serie):
  Flöz *Hessen* mit r. 3 m mächtigem Hartsalz- und Sylvinitlager,
  Flöz *Thüringen* mit 2—5 m mächtigem Hartsalz- und Trümmercarnallit-
   lager der älteren Salzfolge,

---

[1] lat. sal = Salz.

Steinsalz-, Kalisalz- und Erdöllagerstätten
P. Kukuk 1938
Erdölbezirk
Salzaufpressung
Kalisalzbezirk
Steinsalzbezirk
100 km
OSTSEE
NORDSEE
Danzig
Bromberg
Wapno
Bromberger Becken
Warschau
Weichsel
Netze
Rhein
Hebestalz
Bug
San
Weichsel
Ost-Galizisches B.
Galizisches Gebiet
Inowroclaw
Stebnik
Kalusz
Boryslaw
Stanislau
Wessel
Ge-Sätz
Salzberg
Westfälisches Bez.
Sohrau
Oder
Breslau
Oder
Berlin
Rüdersdorf
Sperenberg
Elbe
Dresden
Elbe
Hauptbecken
Salzwedel
Magdeburg
Lüneburg
Halle
Hamburg
Segeberg
Reichbroh
Heide
Nordwestdeutsch. Flachlandbez.
Nordwestdeutscher Bez.
Stassfurt
Helmstedt
Magdeb.-Halberst. Bez.
Halberstadt
Erfurt
Südharz-Unstr.
Jena
Hannover
Weser
Werra
Südharz-Bez.
Braunschweig
Bremen
Ems
Emsloheim
Niederrhein. Becken
Wesel
Rhein
Münster
Frankfurt
Main
Hess.-Thür.-Becken
Fulda
Schweinfurt
Schw.-Hall
Stuttgart
Heilbronn
Rhein
Südwestdeutscher Bez.
Buchsal
Neustadt-Bez.
Saar
Metz
Elsaß-Lothring.-Bez.
Nancy
Maas
Doubs
Mosel
Oberrhein. Becken
Wimpfen
Heilbronn
Pechelbronn
Ober-Elsaß
Mülhausen
Mülheim
Basel
Rheinfelden
Lahr
Wien
Donau
Zisterdorf
Gänserndorf
Wiener Gebiet
Alpiner Bezirk
München
Tegernsee-gebiet
Tegernsee
Isar
Inn
Salzach
Berchtesgaden
Hallein
Hall
Ischl
Gmunden
Aussee
Traun
Enns

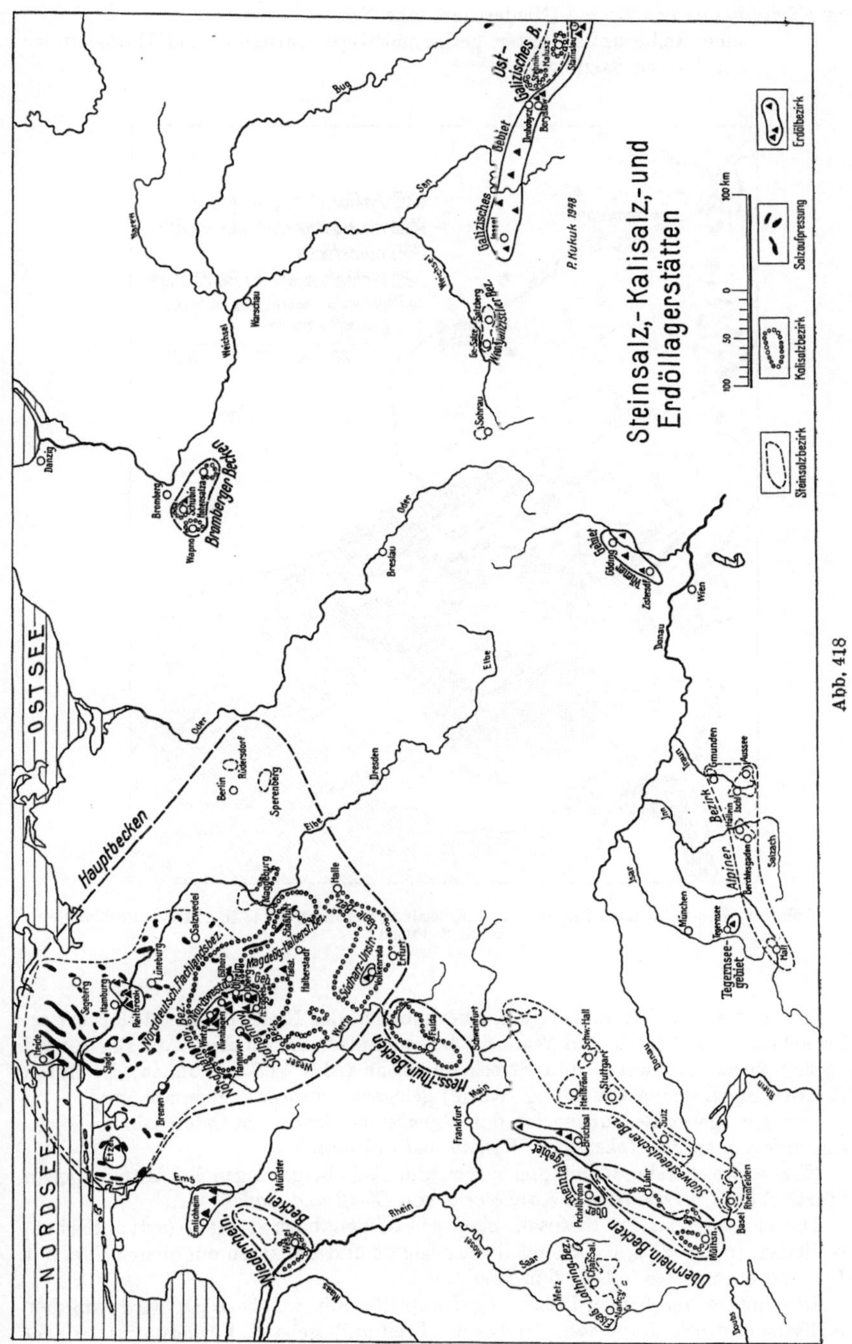

Abb. 418

im *Niederrheinischen Becken* (Niederrheinische Serie).

   eine Reihe unbenannter, geringmächtiger Carnallit- und Hartsalzflöze
der älteren Salzfolge.

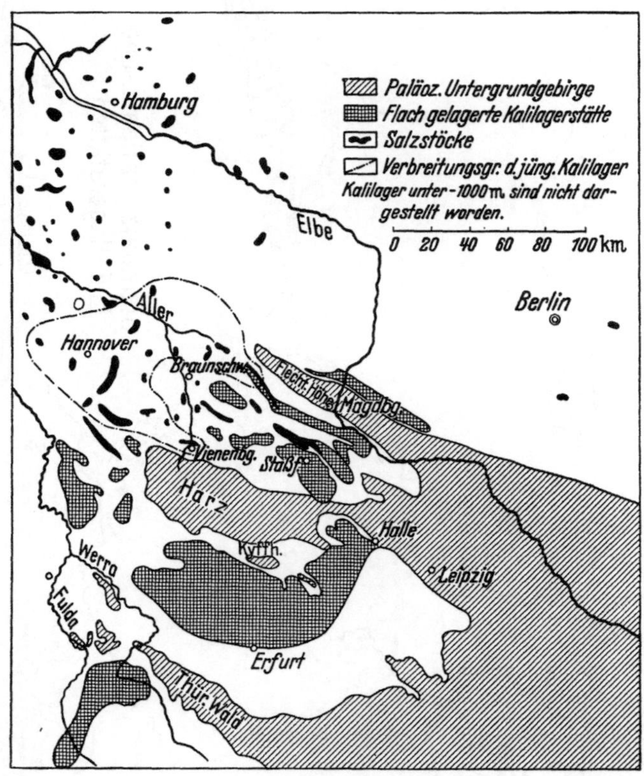

Abb. 419. Übersichtskarte der Salz- und Kalisalzverbreitungsgebiete in Mitteldeutschland.
Nach E. FULDA

Das insges. r. 200 m mächtige Salzvorkommen des Niederrheins ist durch zwei
Schachtanlagen (Borth und Wallach) bergmännisch erschlossen. Auf Borth wird
„Sole" durch Sinkwerke und Streckenbetriebe (Abb. 417) gewonnen, die durch
Rohrleitungen der in Rheinberg (Rhein) gelegenen Fabrik zugepumpt wird.

Von geringerer Bedeutung ist das *Bromberger Becken* im Osten mit den Kalisalzvorkommen bei *Hohensalza, Wapno und Schubin*.

Eine abweichende Ausbildung zeigen die Kaliablagerungen im Mitteloligozän
(Tertiär) des *Oberrheinischen Kalibeckens* von *Elsaß und Baden*.

Die elsässischen, im Steinsalz eingeschlossenen hochwertigen (sylvinitischen)
Kalilager (mit r. 25% K_2O) sind flach gelagert und umfassen ein oberes Flöz mit
1 m und ein unteres mit 4—6 m Mächtigkeit.

Das untere der beiden Flöze (sog. Hauptflöz mit r. 24% K_2O) wird von dem
Kalisalzbergwerk *Buggingen* (südwestl. Freiburg) gebaut. Förderung r. 90 000 t
Rohsalz 1957.

3. Entstehung der Kalilager

Die Entstehung der Kalilager ist noch nicht in allen Einzelheiten geklärt. Jedenfalls aber sind sie als Absätze verdunsteter abgeschnürter und in langsamer Absenkung befindlicher Meeresbecken oder salziger Binnenseen anzusehen.

Die wichtigste Grundlage zur Deutung der Entstehung der Salzlager bietet die OCHSENIUSsche *Barrentheorie* (1877). OCHSENIUS geht von einem durch eine (untermeerische) aufsteigende „Barre" (Gesteinsriegel) nicht gänzlich vom offenen Ozean abgeschlossenen Teilbecken des Zechsteinmeeres aus, das sich durch Verdunstung unter fortwährendem Zufluß frischen Meereswassers an Salz anreichert, derart, daß die Verdunstung die Wasserzufuhr überwiegt. Dabei setzen sich infolge starken Eindampfens (durch starke Sonnenbestrahlung) des abflußlosen Beckens je nach dem Grade der Sättigung und in der Reihenfolge zunehmender Löslichkeit Salze ab. Es fallen zu Boden: zuerst Kalk und das schwerlösliche Kalziumsulfat (Anhydrit), dann Steinsalz mit Polyhalitschnüren und später Kieserit (und Anhydrit). Die im Meereswasser enthaltenen, besonders leicht löslichen Kalium- und Magnesiumsalze fließen über die Barre wieder ins Meer zurück.

Hebt sich die Barre, bleiben die „Edelsalze" in der Lauge (sog. „Mutterlauge") des Teilbeckens zurück und scheiden sich erst zum Schluß des Eindampfens als „Kalisalze" ab.

Dieser Vorgang muß sich im hannoverschen Salzgebiet, wenn auch nicht überall in der gleichen Weise, zeitlich *zwei- oder mehrmalig abgespielt haben*, da wir hier neben den weit verbreiteten *alten* Kalilagern im Hangenden auch noch ein oder mehrere *jüngere* Kalilager kennen (Abb. 418).

Für die Gesamtdauer des Salzabsatzes wird ein Zeitraum von vielen Jahrtausenden angenommen.

Nur als Beispiel eines in der Jetztzeit sich bildenden Salzlagers sei das Becken von „Adschi Darja" mit Salzwasser von 19% Salz angeführt, das — durch eine lange, flache Barre vom Kaspischen Meer (mit 1,3% Salz) getrennt — durch die schmale Karabugasstraße mit ihm in Verbindung steht. In diesem seichten Becken kommen unter Einwirkung eines warmen und trockenen Klimas durch Verdunstung Gips ($CaSO_4 \cdot 2\,H_2O$) und Glaubersalz (Na_2SO_4) ständig zur Ausscheidung (etwa 1 cm je Jahr).

Zur Deutung der Eigenart der verschiedenartig ausgebildeten Kalisalzvorkommen reicht jedoch die Theorie von OCHSENIUS nicht aus. Vielmehr sind zur Erklärung noch weitere Vorstellungen und Hilfshypothesen heranzuziehen. So spricht die Überlegung, daß ein r. 100 m tiefes Meeresbecken mit 3,5% gelöstem Salz bei völliger Eindampfung nur eine Salzschicht von 1,60 m zurückläßt, während die Mächtigkeit der Salzlager oft 100 und viel mehr Meter beträgt, dafür, daß sich die Ablagerung des Salzes nur auf *ständig sinkendem Untergrund eines Beckens* vollzogen haben kann.

In dem Auftreten der bekannten „Jahresringe" (Einlagerungen dünner Ton- bzw. Anhydrit-Kalisalzlagen) im Steinsalz (Abb. 417) glaubt man Einflüsse periodischer, klimatischer Vorgänge zu sehen.

Von der Bildungsgeschichte der heute aufgeschlossenen mächtigen deutschen *Zechsteinablagerungen* müssen wir uns weiter folgende Vorstellung machen: Der zur Zechsteinzeit entstandene *mitteldeutsche Senkungsraum* wurde zum *Ablagerungsraum* für Salze und Abtragungsmassen. Während der Jura-, Kreide- und Tertiärzeit kam es zum Absatz von bis zu 7000 m mächtigen Deckschichten. Die Absenkungstendenz (epirogenetischer Natur) wurde zeitweise durch gebirgbildende (orogenetische) Ereignisse unterbrochen. Aus einem Absenkungsraum wurde ein

Faltungsraum. Die Schubkräfte wirkten sich innerhalb dieses Gebietes sehr verschiedenartig aus, besonders aber hinsichtlich des unter ungeheurem statischen und dynamischen Druck stehenden *verformbaren Salzkörpers.* Dieser legte sich unter Wirkung des Gebirgsschubes samt den Deckschichten in teils SO nach NW (hercynisch), teils N—S (rheinisch) gerichtete Falten. Örtlich stieß das Salz, insbesondere an den Schnittpunkten der Störungslinien, sowohl kontinuierlich als auch in

Abb. 420. Steinsalz mit wellenförmigen „Jahresringen" auf der 795 m-Sohle der „Deutschen Solvay-Werke" zu Borth bei Wesel. Werksaufnahme. Aus KUKUK 1938

zeitlich verschiedenen Phasen in Form diskordanter Aufbrüche als „Salzstöcke", „Salzhorste" bzw. „Salzpfropfen" oder „Salzdome" in die Höhe, und zwar bisweilen durch die jüngsten Deckschichten hindurch zur Oberfläche (Abb. 421).

Während der Bildung und der dem Aufsteigen der Salzlager folgenden Zeiten waren die oberflächennahen Edelsalze des Zechsteins umwandelnden Einflüssen der Sickerwässer ausgesetzt. Örtlich öffneten gebirgbildende Kräfte dem Grundwasser der oberen Teufen den Zutritt zu den hochgepreßten und bis dahin geschützten Salzpfropfen. Durch die Auflösungs- und Ablaugungsvorgänge entstanden oft wasserreiche, bis zu 100 m mächtige Rückstände oberhalb des sog. „Salzspiegels" (Abb. 421), wie im Werra- und Fuldagebiet (sog. „Gips-Anhydrithut"). Gleichzeitig bildeten sich an anderen Stellen — vorwiegend durch Wegführung von $MgCl_2$-Salzen — Minerale „des Salzhutes“, d. h. aus Carnallit und Kieserit wurde „Kainit“. Andererseits wurde kieseritfreies Hauptsalz durch örtlich von

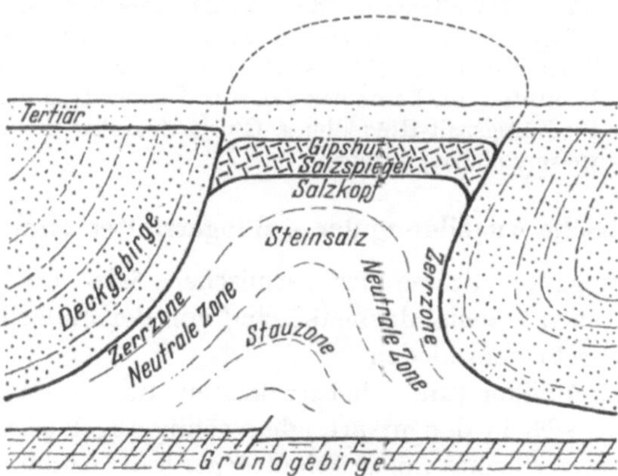

Abb. 421. Schema eines hannoverschen Salzstockes

Abb. 422. Tagesbruch über dem versoffenen Schacht Hercynia bei Vienenburg a. H.

unten aufsteigende Tiefenwasser[1] in „Sylvinit“ und kieserithaltiges sog. „posthumes Hartsalz“ umgewandelt. Auf diese Umwandlungsvorgänge hatte auch die geothermische Metamorphose großen Einfluß.

---

[1] Diese Tiefenwasser drangen vielfach auf den gleichen Spalten hoch, auf denen die Basalte aufstiegen. Sie führten auch CO_2-Gase mit sich, die sich in dem Salz aufspeicherten.

Dort, wo das Grundwasser (Süßwasser) bzw. ein im Nebengestein zusitzender ungesättigter Laugenspeicher Zugang zu den Salzlagern findet, löst es Salz- und Kalisalze auf. Infolge Nachbrechens der Deckgebirgsschichten können große „Erdfälle" an der Tagesoberfläche entstehen, wie z. B. auf der bekannten früheren Zeche „Hercynia" bei Vienenburg (Abb. 422). Damit ist das Schicksal der Gruben meist besiegelt. So ersoffen im Laufe der Jahre in Deutschland etwa 42 Schachtanlagen, wie z. B. Königshall-Hindenburg (Burbach-Kaliwerke AG.), während 62 ganz oder teilweise voll Lauge stehen.

4. Tektonische Ausbildung der Kalilagerstätten (Salztektonik)

Die Lagerungsverhältnisse der permischen Salz- und Kalilager in nordwestdeutschen Flachlandgebieten sind von denen der übrigen Minerallagerstätten sehr verschieden.

Wie die Faltenbilder (und Fließstrukturen) der Salzlagerstätten zeigen, handelt es sich in den ursprünglich söhlig abgelagerten Salzlagern um mechanisch verformte „plastische Körper", die örtlich allen gebirgsbildenden Vorgängen genau entsprochen haben. Diese Reaktion findet ihren stärksten Ausdruck in den vorerwähnten ± gefalteten *Salzstöcken* (mit häufig senkrechten Faltenachsen (Abb. 423) und Salzpfropfen, die

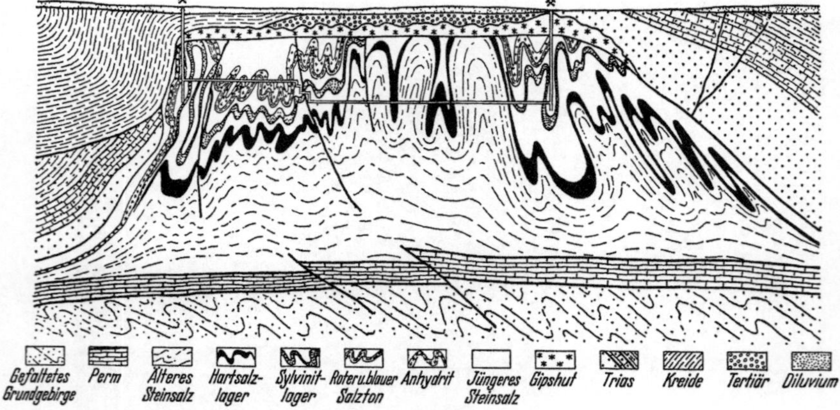

Abb. 423. Idealschichtenschnitt durch die „stehenden" Falten des Benther Salzstockes.
Umgez. nach SEIDL

örtlich (einer magmatischen Schmelze vergleichbar) bis an die Oberfläche aufstiegen. Insgesamt wurden im nordwestdeutschen Flachland r. 200 (vielfach ölführende) „Salzstöcke" mit Hilfe von „Gravimetern und Reflexionsseismik" abgebohrt. Schon wegen der im allgemeinen geringen Tiefenlage ihrer Salzoberfläche spielen diese Stöcke für den Bergbau eine besondere Rolle.

Kennzeichnend für die auch „Salzaufbrüche" oder „Diapire" genannten Salzke ist die größere Mächtigkeit der Kalilager an den Umbiegungsstellen und Kerdünnung in den Mittelschenkeln der Falten (Abb. 423).

Vielfach ist die Salzfaltung „disharmonisch" mit örtlich bemerkenswerten Engfaltungserscheinungen.

Neuerdings hat man, wie auf der Aller-Linie, durch Bohrungen Salzstöcke von *pilzartiger Form* festgestellt, deren Salzkopf nach allen Seiten übergreift und ausfließende „Salzüberhänge" oder „Salzgletscher" bildet (Abb. 424).

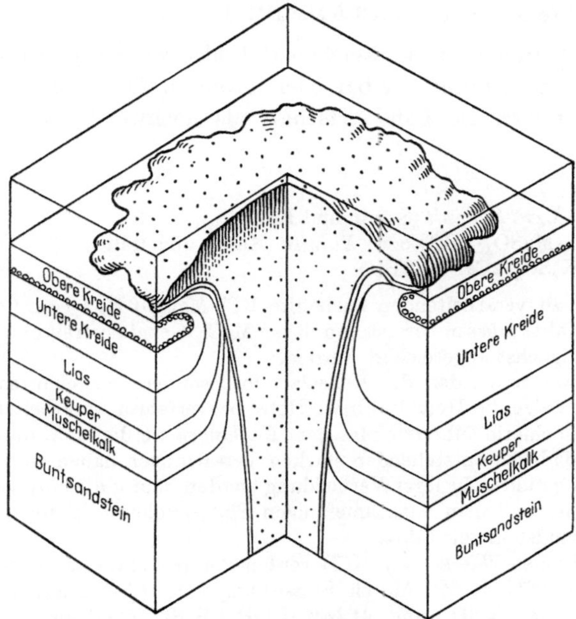

Abb. 424. Blockdiagrammatisches Schema eines „Salzpilzes mit Salzüberhang" im nordhannoverschen Gebiet. Umgez. nach STACH

Eine besondere Rolle spielen die sog. *Doppelsalinare* in Schleswig-Holstein mit Salzen des „Zechsteins" auf den Flanken und des „Rotliegenden" im Kern.

Im einzelnen ist der *Magdeburg-Halberstädter* Bezirk durch mehrere Aufwölbungen gegliedert, von denen der „Staßfurt-Egelner-Sattel" der bekannteste ist. Im *nordhannoverschen* Bezirk sind die im allgemeinen tief gelegenen Kalilager (Flöze: Staßfurt, Ronnenberg und Riedel) auch wieder zu steilen Falten zusammengeschoben.

Dadurch sind die reichen Kalilager in schmalen (1—4 km breiten) Zonen heraufgewölbt und in Einzelstöcken auf „Salzlinien" angeordnet worden. Auch der Untergrund des ausgedehnten *norddeutschen Flachlandbezirks* birgt eine Reihe von Salzstöcken.

Demgegenüber ist die Lagerung des Hartsalz führenden Staßfurtflözes im *südhannoverschen Bezirk* meist regelmäßig und flach. Ebenso einfach ist die Tektonik im *Südharz- und Unstrut-Saale-Bezirk* mit Hartsalzflözen. Auch weiter südlich im *Thüringisch-Hessischen* „Becken" sind Salzhorste nicht bekannt. Vielmehr liegen hier die Kaliflöze („Hessen" und „Thüringen") durchweg regelmäßig und söhlig, d. h. bergbaulich sehr günstig, was hier zur Errichtung großer Werke geführt hat.

Eine fast flache Lagerung ist auch den Kalisalzen im *Niederrheinischen Becken* eigen. Hier ist das Kalilager des älteren Steinsalzes in eine Reihe dünner, aber auch bis zu 2,50 m mächtiger Kalilager (aus Carnallit und Hartsalz) aufgelöst.

5. Gewinnung und Verarbeitung der Kalisalze

In Deutschland werden die Kalisalze ausschließlich bergmännisch im Tiefbau gewonnen.

Förderung an Kalirohsalzen in der Bundesrepublik[1] (z. Z. 8 Kalierzeuger) 1957 r. 16,2 Mio t im Werte von mehr als 330 Mio DM. Produktion an $K_2O = 1,69$ Mio t.

Die an $MgCl_2$ freien und kalireichen Rohsalze werden getrocknet, gemahlen und entweder unmittelbar oder (größtenteils) nach fabrikmäßiger Verarbeitung an die Landwirtschaft als hochwertige Düngemittel abgesetzt.

Dazu gehören:
  Sylvin KCl bzw. *Sylvinit* (Sylvin und Halit),
  Kainit $KCl \cdot MgSO_4 \cdot 3H_2O$ bzw. *Kainitit* (Kainit und Halit),
  Polyhalit $K_2SO_4 \cdot 2CaSO_4$ $2H_2O$.

Die schwerer zu verarbeitenden Carnallite $KCl \cdot MgCl_2 \cdot 6H_2O$ bzw. Carnallitite (Carnallit und Halit) müssen vorerst von ihrem $MgCl_2$-Gehalt befreit und an Chlorkalium (KCl) möglichst angereichert werden.

Zu diesem Zwecke werden die Rohsalze, insbesondere die chlormagnesium-($MgCl_2$)-haltigen Salze, im Heißlöse- bzw. Flotationsverfahren verarbeitet.

Die Magnesiumchlorid führenden lästigen *Endlaugen* werden u. a. in die Flüsse abgeleitet. Die dadurch entstehenden starken Versalzungen haben zu vielen Unzuträglichkeiten geführt. Zu ihrer Vermeidung werden häufig die Abwässer durch sog. „Schluckbrunnen" dem aufnahmefähigen Plattendolomit (oberer Zechstein) bzw. dem Buntsandstein zugeführt.

Aus dem wertvollen *Chlorkalium* (KCl) werden u. a. noch fabrikatorisch erzeugt: *Kaliumsulfat* mit 90% K_2SO_4 (durch Einwirkung von H_2SO_4), ferner *Pottasche* (K_2CO_3), *Kalisalpeter* (KNO_3) und *Ätzkali* (KOH). K_2SO_4 dient als Düngemittel. KNO_3 ist Ausgangsmaterial zur Darstellung des Schießpulvers.

Sehr bedeutsam ist auch noch die Gewinnung von *Brom* aus den Magnesiumchloridlaugen (mit 0,15—0,35% Brom) für industrielle Zwecke, ferner von *Magnesiumchlorid*, von *Boraten* für die Borsäuregewinnung sowie von *Rubidium* und *Cäsium* zur Versorgung des Weltmarktes.

6. Verwendung der Kalisalze und deren wirtschaftliche Bedeutung

Über 90% der verkaufsfähigen Kalisalze finden in der Landwirtschaft als *Düngemittel* Verwendung. Nur der Rest (weniger als 10%) dient industriell zur Herstellung rein chemischer Produkte (Pottasche, Soda, Ätzkali usw.) bzw. für Sprengmittel, Seifen, Glas, Textilien u. a.

Die verschiedenen Arten der Kalisalze sind ziemlich gleichwertig als Nahrung für die Pflanzen in Landwirtschaft, Gemüse-, Tabak- und Weinbau.

Der Gesamtvorrat an Kalisalzen des deutschen Bodens (im früheren Umfange) ist sehr erheblich. Er wird auf mindestens r. 20 Mia t Rohsalz mit 2 Mia t Reinkali geschätzt.

Deutschland soll über 80% der Weltkalivorräte verfügen, während es an der Weltversorgung mit Kalisalzen mit r. 53% beteiligt ist.

---

[1] Förderung in der *Ostzone* an Kalisalzen r. 1,6 Mio t K_2O in 1957.

D. Erdöllagerstätten

Erdöl ist der Menschheit seit den ältesten Zeiten bekannt. Das sog. „grüne Gold" ist aber nicht nur von immer steigender wirtschaftlicher Bedeutung, sondern auch ein *politischer Machtfaktor* geworden. Sein hoher Wert liegt vornehmlich darin, daß es z. Z. der wichtigste Rohstoff zur Gewinnung von *Treibstoffen* für Motoren und von *Schmiermitteln* ist.

1. Eigenschaften

Erdöl gehört zu den sog. „Bitumina". Man versteht unter Bitumen: *harz-, wachs-* und *asphaltartige Bestandteile*, die man entweder mit organischen Lösungsmitteln (z. B. Benzin, Äther oder Schwefelkohlenstoff) extrahieren kann oder die sich beim Erhitzen auf 400° unter Bildung von Öl (Teer) und Gas zersetzen.

Die Bitumina sind teils *flüssige* Körper, wie Erdöl, teils *gasförmige*, wie Erdgas (im engeren Sinne), teils *feste*, wie Asphalt und Erdwachs. Alle sind brennbar und organischer Natur. Wir wollen uns hier zunächst mit dem *Erdöl* befassen.

Entgegen der in volkstümlichen Schriften vertretenen Ansicht, wonach sich das *Erdöl* in der Natur in „Adern" oder unterirdischen „Seen" findet, muß betont werden, daß Erdöl nur in den kleinsten Hohlräumen (Poren!) der Speichergesteine enthalten ist (Abb. 425). Mit dem Erdöl zusammen tritt stets „Salzwasser" auf. Selten fehlen dem Erdöl die „Erdgase" (Methan-Äthan, N_2, CO_2 u. a.). Auffallend ist

Abb. 425. Ölführender Sandstein (im Schnitt). Weiß = Sandsteinkörner, schwarz = Erdöl in Porenräumen. Die nur scheinbar freiliegenden Quarzkörner berühren sich vor und hinter der Bruchfläche. Vergr. = 15 ×

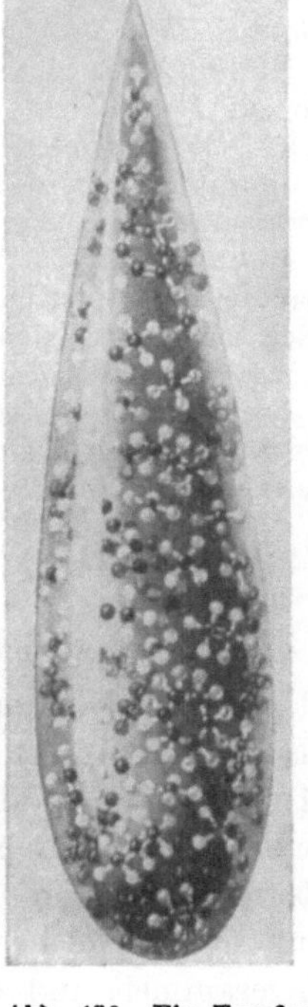

Abb. 426. Ein Tropfen Erdöl aus einer Unzahl verschiedenster verwikkelter Moleküle der Elemente Kohlenstoff und Wasserstoff (nach WIONTZEK: Suche nach Erdöl)

deren vielfach hoher Gehalt an „Helium", der sich bis zur Gewinnbarkeit steigern kann, wie in USA[1]. Der Heliumgehalt bedingt die häufige Radioaktivität der Erdöle.

Es handelt sich in den leicht- bis zähflüssigen, lichtbräunlich bis dunkeln Erdölen um widrig riechende Flüssigkeiten von 0,71—0,90 W. Sie

---

[1] Die ausbeutbare Heliumführung beträgt in manchen Gasquellen der USA bis zu 3% und mehr. Entsprechende Mengen sind auch im Erdgas einiger deutscher Bohrungen nachgewiesen worden.

bestehen vorwiegend aus schwankenden Gemischen verschiedenster organischer Verbindungen, sog. *„Kohlenwasserstoffen"*, d. h. Verbindungen der Elemente Kohlenstoff und Wasserstoff (Abb. 426).

Rein chemisch betrachtet setzen sich die Erdöle teils aus „aliphatischen" (kettenförmigen Gliedern der Methanreihe), teils aus „aromatischen", vom Benzol abgeleiteten (ringförmig aufgebauten) Kohlenwasserstoffen zusammen.

Zu den ersten gehören die Glieder der *Methan-Paraffin-Reihe*[1] wie „Methan" (CH_4), Äthan (C_2H_6), Propan (C_3H_8), Butan (C_4H_{10}) usw., d. h. von der allgemeinen Formel C_nH_{2n+2}, sowie der *Naphthenreihe*[2] von der allgemeinen Formel C_nH_{2n}. Die *zyklischen* Kohlenwasserstoffe gehören der Benzolreihe an.

Man unterscheidet je nach ihren Struktureigenschaften die selteneren *Methanöle* auf *Paraffinbasis* (Hauptvorkommen: Pennsylvanien, Galizien, Zistersdorf u. a.), die häufigeren *Naphthenöle* auf *Asphaltbasis*[3] (Hauptvorkommen: Mexiko, Kalifornien, Venezuela, Irak, Rumänien, Rußland u. v. a.) sowie die meistvorkommenden *gemischten Öle* (USA., Rumänien, Galizien u. a. O.).

In der Praxis spricht man je nach dem Vorherrschen der verflüchtigenden Bestandteile von „leicht flüchtigen" und „schwer flüchtigen" Ölen. Die flüchtigen oder benzinreichen, meist hellen Öle heißen *Leichtöle*, die wenig flüchtigen oder rückstandreichen, meist dunklen Öle *Schweröle*.

Die *deutschen Erdöle* enthalten als vorwiegende Schweröle nur *wenig Benzin*. Durch besondere Destillationsverfahren (Überhitzung des Dampfes, sog. „Krackverfahren"[4]) kann die Ausbeute an *Benzin* stark erhöht werden.

2. Entstehung des Erdöls

Über die Entstehung des Erdöls herrschte lange Zeit Unklarheit. Erdölartige Körper können sich, rein chemisch betrachtet, sowohl *anorganisch* als *organisch* bilden. So nimmt ein Teil der Forscher, wie MENDELEJEFF, MOISSAN u. a. an, daß das Erdöl in größeren Tiefen der Erde durch Zersetzung, d. h. durch Einwirkung von Wasser auf gewisse Metall-Kohlenstoffverbindungen (sog. Carbide) in Form von Azethylen und Methan auf Spalten hochgestiegen sei und sich auf den heutigen Lagerstätten angesammelt und zu Erdöl verdichtet habe. Nichts aber spricht dafür, daß sich die Erdöle in der Natur *anorganisch* gebildet haben. Alles deutet vielmehr darauf hin, daß sie *organischer Natur* sind, d. h. aus *Eiweiß, Fettstoffen und Kohlenhydraten* niederer Pflanzen und Tiere ihren Ursprung nahmen (sog. ENGLER-HÖFERsche Theorie). Für diese Ansicht legt u. a. auch der erst vor wenigen Jahren (durch TREIBS) erfolgte Nachweis von „Chlorophyll" (Farbstoff der Pflanzen) und von „Häminderivaten" (Blutfarbstoff) in den Erdölen Zeugnis ab, Stoffe, die nur von pflanzlichen und tierischen Lebewesen stammen können. Dafür spricht weiter, daß die Erdöle noch Bestandteile führen, die bei den höheren — nach der Lehre der Anorganiker notwendigen — Temperaturen über 250° nicht hätten bestehen bleiben können.

---

[1] lat. párum affínis = wenig angreifbar. — [2] russ. náphtha = Erdöl.
[3] gr. ásphaltos = Erdpech. — [4] engl. to krack = aufbrechen.

Nach der überwiegenden Ansicht ist die Voraussetzung für die Bildung der Erdöle, die *Erhaltung* des *organischen Ausgangsmaterials* in seinen Bildungsräumen.
Hierfür kommen vorwiegend Seebecken bzw. flache Meeresbecken in Frage. In
diesen Räumen entstand durch langanhaltendes Niedersinken abgestorbener,
milliardenfach im Meere schwebender Kleinlebewesen[1] tierischer und pflanzlicher
Natur (sog. „Mikroplankton[2]") auf dem Meeresgrund in Verbindung mit anorganischer Trübe — bei Anwesenheit von H_2S — ein toniger, mariner Faulschlamm
(„Sapropel[3]"), u. zw. ein „meerischer" Sapropel (Abb. 427). Er ähnelt dem, der

Abb. 427. Schematische Darstellung der Bildung einer Erdölmutterschicht. Umgez. nach Fulda

sich heute als Tiefseeablagerung in Form von schwärzlicher, an organischer
Substanz reicher Faulgallerte im Schwarzen Meer bildet. Die aus den sauerstoff-
reichen höheren Regionen zu Boden gerieselten Kleinlebewesen konnten infolge
von *Sauerstoffarmut* des Wassers in diesen Tiefen — durch Überlagerung mit Salzwasser — nicht verwesen, sondern mußten sich auf dem Grund des Meeres in
großen Mengen anreichern. Diese tote Zone *organischen Schlicks* (Sapropel, mit
verhältnismäßig starker Radioaktivität) bildet das sog. „Muttergestein" des Erdöls, das später in andere Gesteine auswanderte.

Die biologisch-chemischen Umsetzungsvorgänge (Gärungsprozesse) des organischen Schlammes zu Sapropel und des in ihm enthaltenen Bitumens in flüssiges
Erdöl (sog. „Bituminierung") sind noch nicht restlos geklärt. Wahrscheinlich
spielen hierbei die Tätigkeit anaerober Bakterien (welche die organische Substanz
zu Fettsäure abbauen), radioaktive Vorgänge, Druck- und Temperatureinflüsse
sowie die Anwesenheit reaktionsfördernder Substanzen (katalytische Wirkung der
„Speichergesteine") eine wichtige Rolle.

*Die Erdöle können also als natürliche Destillationserzeugnisse von Sapropel-
gesteinen angesehen werden.*

Bemerkenswerterweise führen nach neueren Untersuchungsergebnissen fast alle
Tone und Mergel in der Nähe von Erdölvorkommen Festbitumen und flüssige
Kohlenwasserstoffe, wenn auch prozentual in geringen Mengen. Rechnungsmäßig
soll in diesen Tonen und Mergeln mehr Öl vorhanden sein als in allen bekannten
Öllagerstätten der Becken, in denen die Tone und Mergel auftreten.

3. Bildung der Lagerstätten des Erdöls

Wie erwähnt, findet sich das Erdöl der großen Vorkommen heute
meistens *nicht* mehr an seinem Bildungsort (im sog. „Muttergestein").
Vielmehr ist das in mächtigen Ablagerungsgesteinen entstandene Erdöl
durch tektonischen Druck und den Sog kapillarer Kräfte bei seiner

---

[1] Großtiere (Fische, Säugetiere) kommen nur ganz untergeordnet in Betracht.
[2] gr. planktós = irrend. — [3] gr. saprós = faul, pelós = Schlamm.

gegenüber dem Wasser geringen Wichte und meist hohem Gasgehalt im Laufe der Zeit *ausgewandert* („migriert"). Es ist dann in andere durchlässige und aufnahmebereite, klastische Gesteine mit ursprünglich $\pm$ großem Porenvolumen[1] (mit 10—30%), wie *Sandsteine*, aber auch durch Zerklüftung und Verwitterung sekundär poröse Gesteine der verschiedensten geologischen Formationen, die sog. „Speichergesteine", eingedrungen, wo das Erdöl durch *undurchlässige* Schichten an der Weiterwanderung gehindert wird. Erdöl findet sich daher heute *niemals* in seinem Muttergestein (primär), sondern (sekundär) *an anderen Stellen in sehr altersverschiedenen Speichergesteinen.*

Das u. a. durch den hydrostatischen Druck des begleitenden Randwassers, durch Expansion des eingeschlossenen (oder eingepreßten) Gases oder auch durch den Gebirgsdruck in Bewegung gesetzte Erdöl wandert auf seinen oft ausgedehnten „Migrationen" längs Stellen geringsten Widerstandes (Klüfte und Spalten) und sammelt sich gewöhnlich mit Erdölgas zusammen in den herausgehobenen Zonen („Scheitelzonen") der Speichergesteine oder an der Erdoberfläche in „Teerkuhlen" an. Kommen die Erdöle auf ihrer Wanderung mit der Luft in Berührung, so oxydieren sie und es entstehen aus den leichten Ölen die zähflüssigen „Erdwachse" und aus den schweren Ölen die festen „Asphalte".

Da die Erdöllagerstätten im übrigen an kein geologisches Zeitalter gebunden sind, finden sie sich, wie die Salz- und Kohlenlagerstätten, in *fast allen* Formationen. Als wichtigste Träger der deutschen Erdölvorkommen gelten u. a. bestimmte poröse Gesteinsablagerungen des *Mesozoikums* und des *Tertiärs.*

Das Studium der Erdöllagerstätten zeigt, daß weitaus die meisten Öllager an *Schichtenaufwölbungen* (sog. „Antiklinen") gebunden sind („Sattel- oder Anti-

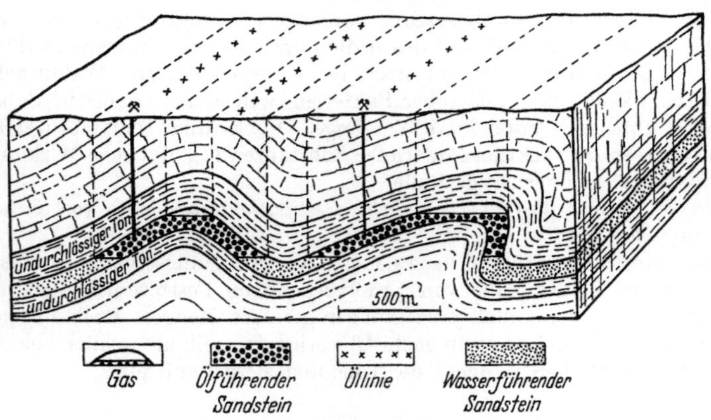

Abb. 428. Ansammlung von Öllagerstätten in Sätteln (Schema)

klinaltheorie"). Hier hat das *Öl*, das leichter als das sog. Randwasser ist, das Bestreben, aufzusteigen (Abb. 360), während sich das *Erdgas* im Scheitel der ausgedehnten Antiklinalrücken oder Kuppeln sammelt, d. h. an der höchsten Stelle, der sog. „Gaskappe". Erst darunter findet sich das *Erdöl*, während das salzhaltige

---

[1] Gesamtheit der miteinander kommunizierenden, frei zugänglichen Poren in %-Zahlen des Volumeninhalts des Gesteins.

Randwasser unterhalb der Ölzone in den tieferen Teilen der Schenkel und in den Mulden zurückbleibt (Abb. 428).

Nicht selten sind die *Öllager* mit Salzstöcken oder -domen verknüpft, an deren oft überkippter Flanke sich das Öl besonders gern anreichert. Hier wandert das Öl die Flanken hoch und staut sich an einer undurchlässigen Schicht (Salzton) (s. Abb. 429 a). Ursache der Ölansammlung kann aber auch eine *ungleichförmige Schichtenablagerung* sein. Derartige Lagerstätten entstehen, wenn Öl längs einer schräggestellten Gesteinszone aufsteigt und sich dann unter einer undurchlässigen (tonigen) Schichtfläche (a—b) staut (Abb. 429 b). Auch durch *Sprünge* und *Überschiebungen* kann ein Ölaustritt hervorgerufen werden, wenn ölführende poröse Bänke gegen undurchlässige Schichten verworfen werden (Abb. 429 c).

Neuere Untersuchungen ergeben, daß auch noch manche *andere Strukturtypen* ölhöffig sind. Es sei hierbei auf die *Zwischenstrukturen* (zwischen Salzhorsten), auf die *antiklinalen Tiefstrukturen* (ohne Salzkern), wie z. B. bei den Emslandfeldern, an die *präsalinaren* Strukturen, an die „Salzüberhänge" (Abb. 424) und die sog. *Rifflagerstätten"* (fossile Korallenriffe) erinnert. Schließlich können auch besondere paläogeographische Verhältnisse Lagerstätten des Öls verursachen, wie z. B. bei den *stratigraphischen Fallen*.

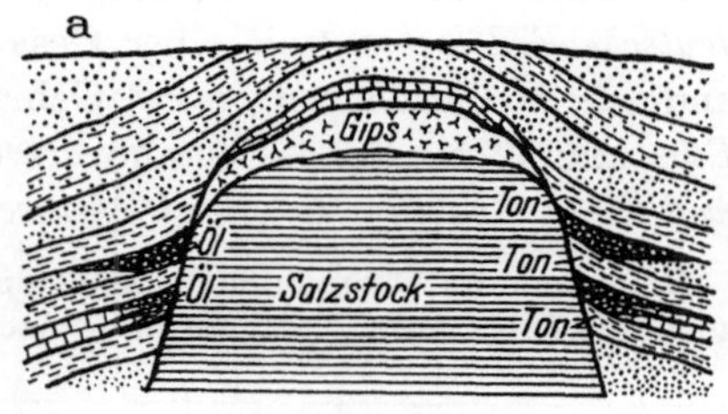

Salzstocklagerstätte

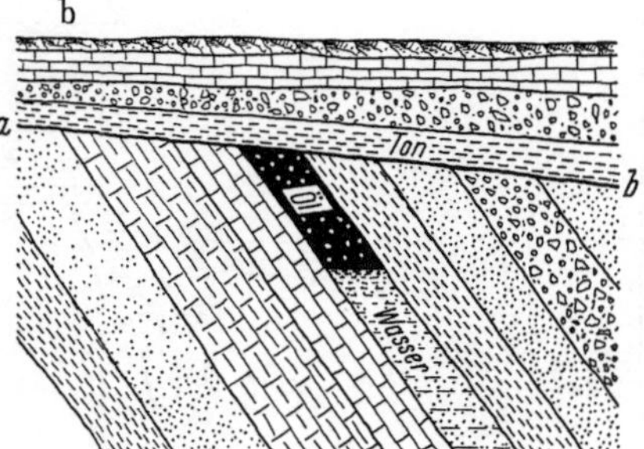

Transgressionslagerstätte

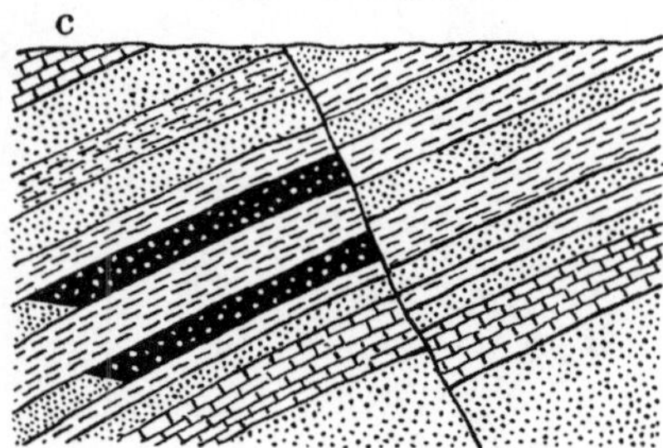

Störungslagerstätte

Abb. 429 a—c. Verschiedene Arten von Erdöllagerstätten (a, b u. c) (schematisch)

4. Lagerstätten des Erdöls und anderer Kohlenwasserstoffe

Der Entstehungsgeschichte des Erdöls — als *Bildungen ehemaliger Flachmeergebiete* — entsprechend liegen die Erdölvorkommen zumeist am Außenrande von Faltengebirgen. Sie sind daher unregelmäßig über die Erde verteilt, aber stets an geeignete „Speichergesteine" gebunden.

Uns sollen hier in erster Linie die Vorkommen des *deutschen Raumes* interessieren. Sie umfassen fast ausschließlich die Rohöle auf Paraffinbasis.

Die verschiedenen Ölvorkommen des deutschen Raumes können zu folgenden *drei* ölhöffigen Gebieten zusammengefaßt werden (s. Übersichtskarte Steinsalz, Kalisalz und Erdöllagerstätten, Abb. 418):

a) *das Nordwestdeutsche Ölgebiet,*

b) *der obere Rheintalgraben,*

c) *das Alpenvorland.*

Zweifellos das wichtigste deutsche Erdölvorkommen ist das *nordwest-deutsche Erdölgebiet* (mit einer Gesamtförderung von r. 3,8 Mio t/1957) und *vier* Sonderfeldern, u. zw. Gebiet *nördlich der Elbe, Gebiet zwischen Elbe und Weser* (insbes. hannoversches Gebiet), *Gebiet zwischen Weser und Ems* und schließlich das *Gebiet westlich der Ems* (mit 1,24 Mio t/1957).

Hier sind die Ölvorkommen meist an Salzaufpressungen, sog. „Salzstöcke", geknüpft (Abb. 429a). Sie folgen je nach den geologisch-tektonischen Bedingt-

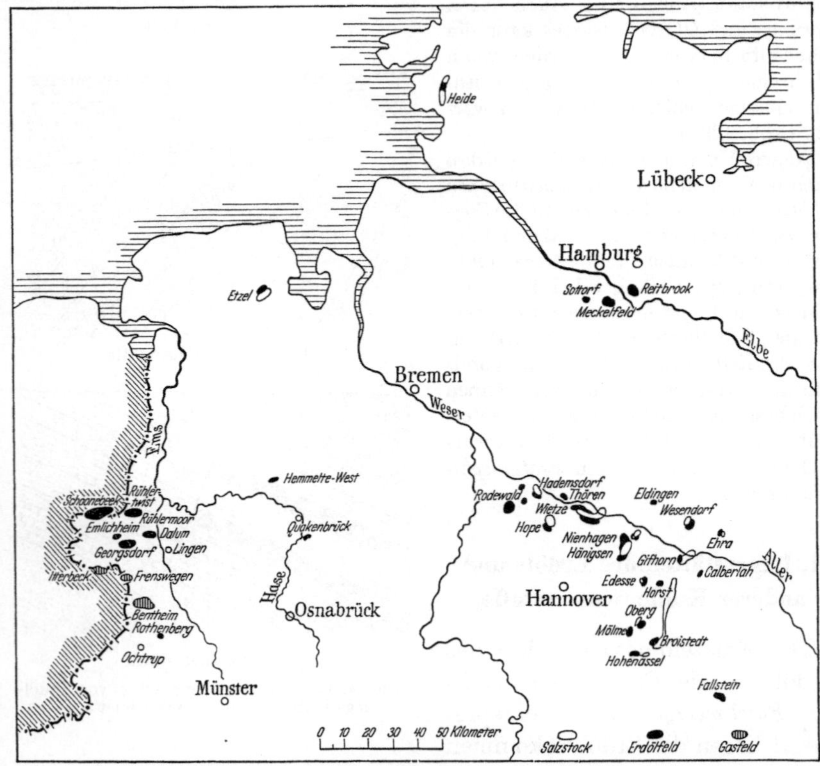

Abb. 430. Übersicht über die nordwestdeutschen Erdölvorkommen (bis 1953)

heiten des Untergrundes vielfach NW-SO (hercynisch) bzw. N-S (rheinisch) ge-richteten „Salzlinien". Das Öl findet sich dann in mehreren, bis zu 60 m mächtigen sandigen Speichergesteinen mesozoischen Alters (vorwiegend des Keupers, des Juras, des Wealdens und der untersten marinen Kreide), deren Schichten vielfach an den Rändern der Salzstöcke aufgepreßt sind. Die Ölvorkommen können aber auch — wie u. a. im Emsgebiet — an flache Sättel (Antiklinen) gebunden sein (Abb. 431).

Sowohl förderungs- als auch vorratsmäßig am vielversprechendsten sind die durch geophysikalische Methoden neuerschlossenen Lagerstätten des *Emsgebietes*. Hier liegen die Felder: *Schoonebeek, Emlichheim, Rühlertwist* und *Rühlermoor, Lingen-Dalum, Georgsdorf* und *Scheerhorn* (Abb. 430).

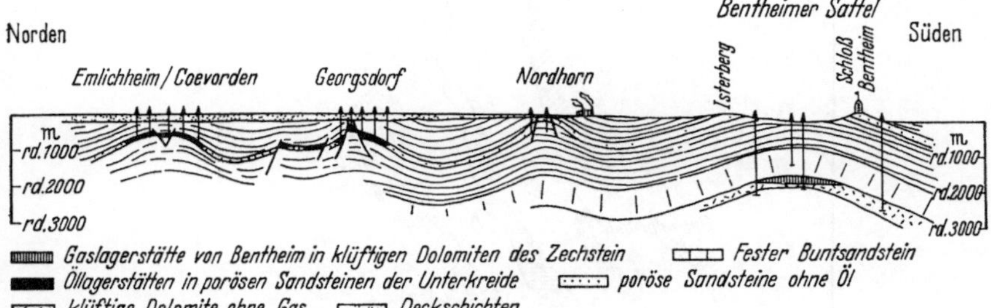

Abb. 431. Schematischer geologischer Schichtenschnitt durch den Untergrund des Emslandes von Bentheim nach Emlichheim mit Öl- und Gaslagerstätten auf den sattelförmigen Schichtenaufwölbungen. Umgez. nach LÖGTERS

Auf die Bedeutung der alten Gebiete zwischen *Elbe* und *Weser* sowie zwischen *Weser* und *Ems* wurde schon hingewiesen. Auch ihre wirtschaftliche Rolle ist erheblich, zumal durch ständige neue fündige Bohrungen die Ölausbeute steigt.

Von wesentlich geringerer Bedeutung sind die Vorkommen des oberen *Rheintalgrabens* (Abb. 432).

Neben den altbekannten Ölsandlagerstätten im Tertiär von *Pechelbronn* (Unterelsaß, Abb. 432) sind u. a. noch die Vorkommen von *Weiher-Forst* und *Weingarten* (nördlich Karlsruhe) — im Keuper bis Jungtertiär — sowie von *Staffelfelden* (Oberelsaß) und *Stockstadt* (bei Darmstadt) zu nennen.

Vorräte etwa 2,7 Mio t/1958. Förderung 118000 t/1957.

Das z. Z. unbedeutendste Gebiet ist das *süddeutsche Alpenvorland* (*Schwäbisch-Bayerischer Molassetrog*).

Wenn auch erst durch wenige Bohrungen erschlossen, berechtigt das Gebiet doch zu schönen Hoffnungen.

Vorräte r. 0,6 Mio t. Förderung r. 32000 t/1957.

Auch im *westfälischen Raum* (Münstersches Becken) wurden zahlreiche Erdölfunde gemacht, ohne größere Mengen zu erbohren.

Nach den günstigen Ergebnissen des Jahres 1958 dürfte die aus über 570 westdeutschen Bohrungen r. 4,4 Mio t betragende Gesamtrohölerzeugung den Mineralölbedarf der Bundesrepublik zu etwa einem Drittel aus eigener Förderung decken können, zumal eine ständig steigende Produktion zu erwarten steht. Deutschlands Verbrauch an Mineralölen scheint jedoch schneller als seine eigene Erzeugung zu wachsen.

Feste Bitumina[1] (,,*Asphalte*'') *treten in Deutschland selten auf.* Dagegen sind ,,*Ölschiefer*'' vielerorts versuchsweise gebaut worden, wie die Posidonienschiefer des Lias.

---

[1] lat. pix túmens = aufwallendes Pech.

Im Abbau steht nur das *Asphaltvorkommen von Holzen* (bei Eschershausen-Vorwohle) in Klüften des weißen Juras. Asphaltsteinförderung r. 97000 t.

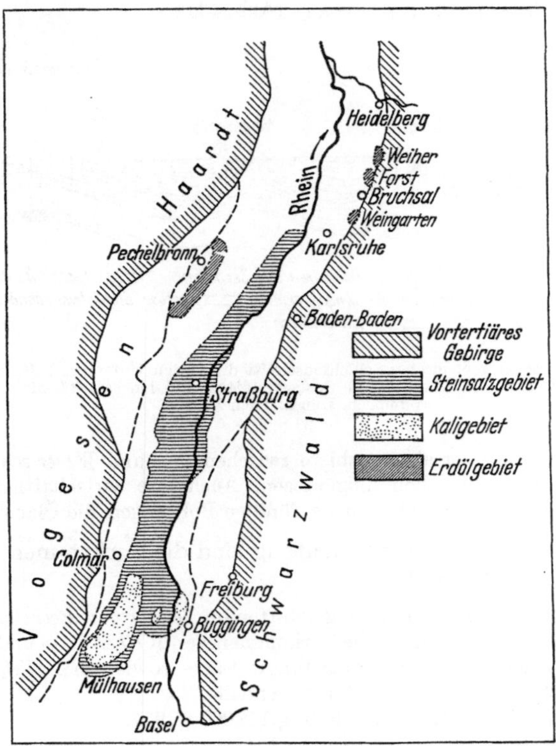

Abb. 432. Salz- und Erdölvorkommen im Oberrheintalgraben (umgez. nach WAGNER)

An *betriebenen Ölschiefervorkommen* ist *Messel* (bei Darmstadt) mit einem Ölgehalt der Ölschiefer von mehr als 8%, einer Schieferförderung von r. 410000 t/1957 und einem Vorrat von r. 30 Mio t zu erwähnen.

5. Erschließung, Gewinnung, Transport und Verarbeitung des Rohöls

Die *Erschließung* des Rohöls erfolgt durch Bohrungen (sog. „Erdölsonden") vorwiegend vermittelst des Drehbohrens mit rotierenden Stahlrohren (nach dem „Rotary-Verfahren") mit Dickspülung und anschließender Verrohrung. Da die meisten Erdöllagerstätten sich schnell erschöpfen, ist eine ständige Erforschung neuer Ölbezirke bzw. neuer höffiger Strukturen erforderlich.

Zur Ersparung überflüssiger und teurer Untersuchungsbohrungen (Kosten r. 200000—300000 DM je 1000 m), bedient man sich heute im steigenden Maße der oben erwähnten *geophysikalischen* Methoden von Tage aus. Eine Rolle spielt auch das heute unerläßliche *mikropaläontologische Untersuchungsverfahren* der durchbohrten Schichten. Hier hat sich die enge Zusammenarbeit von Ölgeologie und Geophysik mit der Bohrtechnik als äußerst fruchtbar erwiesen.

Die *Gewinnung* des Erdöls, die im Auslande vielfach unter eigenem Lagerstättendruck (durch freie Eruption, sog. „Springer") erfolgt, geht in den deutschen Lagerstätten meist durch künstliche Mittel: Pump- und Schöpfbetrieb, in schwierigen Fällen durch Einpressen von Erdgas und durch Kolbentiefpumpen, die bis in den Ölträger reichen, vor sich.

Bei einigen Vorkommen, wird der sonst nicht mehr gewinnbare Ölvorrat durch bergmännischen Abbau der ölführenden Sande im Untertagebetrieb gewonnen. Hierbei können noch r. 400 l Öl aus 1 m³ Ölsand durch Heißdampf ausgewaschen werden.

Der *Transport* des gewonnenen Erdöls erfolgt vorwiegend durch ± ausgedehnte Ölleitungen, bzw. Tankwagen und Tankschiffe.

Für Deutschland ist u. a. der Bau zweier über 300 km langer Erdölleitungen (Pipelines) von Wilhelmshaven bis Köln bzw. von Rotterdam bis zum Ruhrrevier bemerkenswert.

Im Ausland wird das Öl durch „Pipelines" (Abb. 433) oft auf tausende von Kilometern über Berg und Tal und durch Wüsten zum Abtransport nach den Seehäfen bzw. zum Verwendungsort befördert.

Abb. 433. „Pipeline" aus den persischen Bergen bis zum Erdölhafen am Persischen Golf. Das Gefälle macht die Pumpanlagen überflüssig

Zwecks praktischer *Verwertung* des Erdöls muß es vorerst durch sog. „fraktionierte Destillation" bzw. „Vakuumdestillation" und „Raffination" vorwiegend auf „Treibstoffe" und „Schmieröle" weiter verarbeitet werden.

Hierbei entstehen u. a. *Leichtöle* (Benzine) bei Temperaturen bis 200°, *Petroleum* bei 200—280°, *Gasöl* bei 280—350° sowie *Schmieröle* und *Paraffine* über 350°. Als Rückstand bleibt Asphalt.

6. Wirtschaftliche Bedeutung

Die wirtschaftliche Bedeutung des *Erdöls* als Rohstoff-, Kraft- und Wärmequelle in der Welt bedarf keiner Begründung. Das hat die Suezkrise eindrucksvollst bewiesen.

Rein zahlenmäßig belief sich die *Weltrohölförderung* auf r. 905 Mio t/ 1958.

Davon entfielen u. a. auf:
Ver. Staaten und Kanada r. 349 Mio t.
Mittlerer Osten und Nordafrika r. 216 Mio t.
Lat. Amerika r. 174,6 Mio t.
Sowjet-Union r. 113,5 Mio t.
Ferner Osten r. 26 Mio t.
Europa r. 25,8 Mio t, davon
Bundesrepublik r. 4,4 Mio t.

Die *Welterdölvorräte* sind noch nicht mit Sicherheit anzugeben. Wie die Aufschlüsse lehren, werden durch immer neue Bohrungen immer weitere Vorräte nachgewiesen. Trotz des gewaltig gestiegenen Jahresverbrauchs kann von einer baldigen Erschöpfung noch nicht gesprochen werden. Sicherlich sind aber die Weltvorräte nicht unbegrenzt.

Die z. Z. geschätzten Weltvorräte in Höhe von r. 37,5 Mia t verteilen sich in der Reihenfolge: Mittlerer Osten, USA, Sowjet-Union, Lateinamerika, Ferner Osten.

Gesamtvorräte des Bundesgebietes r. 75 Mio t/1958 (zu etwa 154 DM/t).

E. Sonstige nutzbare Minerale, Gesteine und Erden

Abgesehen von den vorgenannten Bodenschätzen spielen aber auch noch die vielfach nicht genügend gewerteten Vorkommen von *sonstigen nutzbaren Mineralen, Gesteinen und Erden* des *deutschen Bodens* für Wirtschaft und Technik eine Rolle (s. auch Übersichtskarte der Lagerstätten der Erze und anderer Minerale, Abb. 404).

1. Sonstige nutzbare Minerale

Aus der großen Zahl dieser nutzbaren Minerale möchte ich nur die folgenden nennen (vgl. auch die Ausführungen im Kapitel Mineralogie).

Graphit (C). Der deutsche *Graphit* tritt in bauwürdiger Menge in Form von „Lagern" in umgewandelten (metamorphen) Gesteinen auf.

Die wichtigsten deutschen Vorkommen (mit sog. „Flinz") liegen im bayerischen Walde bei *Passau* (z. B. Kropfmühl Graphitwerke AG). Förderung r. 11 600 t/1956. Wert r. 700 DM/t 1956.

Flußspat (CaF_2) findet sich an den verschiedensten Stellen Deutschlands, u. zw. auf „Gängen":

Zum Beispiel in der Bayerischen Oberpfalz bei Wölsendorf und Donaustauf, im Schwarzwald bei Untermünstertal und bei Regensburg. Der größte Teil des Rohmaterials wird durch Flotation zu Säurespat für die chemische Industrie verarbeitet. Gewinnung in der Bundesrepublik r. 155 700 t/1957. Vorräte etwa 4—5 Mio t.

Früher war Deutschland Hauptlieferant von Flußspat für den Welthandel.

Schwerspat (BaSO$_4$) ist im deutschen Raume sehr verbreitet. Das hydrothermal und sedimentär entstandene Mineral tritt sowohl in Form ± mächtiger Gänge als auch in metasomatischen Lagerstätten ascendent-hydrothermaler Natur auf.

Das größte deutsche Vorkommen (mit r. 3 m Mächtigkeit) ist das sedimentäre devonische Schwerspat-Schwefelkieslager von *Meggen* a. d. Lenne mit einer Schwerspatförderung von r. 165000 t/1957. Außerdem findet sich der Baryt auf zahlreichen bauwürdigen Gängen im Schwarzwald, Odenwald, Spessart, Sauerland, Thüringer Wald, Eifel, Harz, Rhön u. a. O. Vorräte in der Bundesrepublik etwa 2,5 Mio t. Gesamtförderung r. 138000 t/1958.

Strontianit (SrCO$_3$) und **Coelestin** (SrSO$_4$). Wichtigster Fundpunkt des im allgemeinen seltenen *Strontianits* ist das Münsterland, wo er auf schmalen, im Obersenon aufsitzenden Gängen (u. a. bei Ascheberg, Drensteinfurt, Ahlen) auftritt. Früher wurden 300—500 jato gefördert. Der Abbau ist seit 1938 allmählich zum Erliegen gekommen.

Noch seltener sind die bescheidenen Vorkommen bauwürdigen *Coelestins*, die z. B. bei Obergembeck (Waldeck) und Giershagen gebaut wurden.

Phosphate. Der große Bedarf an *Phosphatgesteinen* (u. a. für Zwecke der Düngung) kann aus landeseigenen Vorkommen nicht gedeckt werden.

Immerhin verfügt Deutschland über Vorkommen von *Phosphorit* Ca$_5$Cl(PO$_4$)$_3$, so in der Kreide bei Harzburg und Amberg, bei Regensburg, im mitteldevonischen Kalk des Lahngebietes und an a. O.

Gips (CaSO$_4 \cdot 2\,H_2O$) bzw. **Anhydrit** (Ca SO$_4$) sind in Deutschland in großen Ablagerungen als Begleiter des Steinsalzs u. a. im Zechstein und in der Trias vorhanden.

Hauptvorkommen: Südrand des Harzes, „Gipshüte" von Lüneburg und Segeberg (Holstein), Südschwarzwaldrand, Württemberg und Bayerische Alpen. Die Gipsgewinnung erfolgt in Steinbruchbetrieben oder untertage. Vorräte an Gips und Anhydrit r. 7 Mia t. Förderung r. 727000 t/1956.

Magnesit (MgCO$_3$) und **Dolomit** CaMg(CO$_3$)$_2$.

Vorkommen des für viele Zwecke der keramischen Industrie benötigten kristallinen Magnesits sind in Deutschland selten. An seine Stelle tritt häufig Dolomit, der in großen Mengen im deutschen Raum vorhanden ist.

Feldspat (wasserfreie Kali- oder Kalktonsilikate) als „Pegmatite".

Wichtige Vorkommen u. a. im Bayr. Wald, Oberpfalz und im Fichtelgebirge. Gewinnung 1956 r. 166800 t.

Talk (Speckstein) wird an verschiedenen Stellen Deutschlands, so in Göpfersgrün (Fichtelgebirge) und im Randgebiet der Münchberger Gneisplatte gebaut. Der Bedarf kann aus eigener Förderung (17700 t/1957) nicht gedeckt werden.

2. Nutzbare Gesteine

Unter den reichen Bodenschätzen *nutzbarer Gesteine* (insbesondere der *natürlichen Bausteine* des deutschen Raumes) sei nur auf einige der wichtigeren aufmerksam gemacht. Ihre Vorkommen reichen mengenmäßig aus, um unseren Bedarf an Bau-, Schmuck-, Schamotte-, Pflaster-, Industriesteinen und Bahnschotter u. a. zu decken.

Die *Industrie der Steine und Erden* beschäftigt in etwa 35000 Betrieben fast ebenso viele Menschen wie der Kohlenbergbau und erzeugt bemerkenswerterweise größere Mengen an Wirtschaftsgütern als dieser.

In Betracht kommen:

Tiefengesteine. Von den an vielen Orten des deutschen Raumes auftretenden Tiefengesteinen wird besonders der Granit, der Syenit und der Gabbro ausgiebig gebaut und verwendet.

Ergußgesteine. Von den zu Bausteinen, Straßenschotter u. a. verwandten Ergußgesteinen nenne ich vornehmlich die tertiären Basalte des Rheinischen Schiefergebirges, die Basaltlaven der Eifel u. ferner die *Porphyre* des Rotliegenden, die devonischen *Quarzkeratophyre* und *Diabase* (Lahn- und Dillgebiet sowie das Ostsauerland) und die *Phonolithe.* Dazu kommen die verschiedenartigen *Tuffe,* wie von Weibern und Ettringen (Laacher Seegebiet) sowie die reichen Vorkommen von *Bimssanden* im Neuwieder Becken, die noch eine Lebensdauer von etwa 60 Jahren haben sollen.

Sedimentgesteine. Zu den meist verwandten Bausteinen dieser Gruppe gehören u. a. *Sandsteine, Kalksteine, Dolomite, Quarzite, Kieselschiefer, Dachschiefer* sowie *Grauwacken.*

Von den in Betracht kommenden *Sandsteinen* seien u. a. die Vorkommen der Unter- und Oberkreide der Sächsischen Schweiz, die Grünsandsteine von Soest und von Regensburg, der Bentheimer Sandstein, die Wealden-Sandsteine von Obernkirchen, der Portasandstein, die Keupersandsteine, die Buntsandsteine des Schwarzwaldes und der Weserberge, des Sollings, des Soonwaldes, die Karbonsandsteine des Piesberges (Ibbenbüren), des Ruhrbezirks und des Eifelrandes genannt.

Kalkgesteine $CaCO_3$ (mit bis 96% $CaCO_3$), die für Bauzwecke, als Zuschläge beim Hochofenprozeß, zum Brennen und für die Zementherstellung verwendet werden, sind nicht selten. Ich nenne nur die tertiären Kalke des Mainzer Beckens, die Kreidekalke Nord- und Mitteldeutschlands, die Zementkalke des Osnings, die Kreidekalke der Münsterschen Bucht bei Beckum u. a. O. und der Egge, die Jurakalke der Schwäbischen und Fränkischen Alb sowie die Triaskalke Süd- und Mitteldeutschlands, insbesondere von Rüdersdorf (bei Berlin), ferner die paläozoischen *Kalke,* wie die Massenkalke des Mitteldevons von Hohenlimburg, Hönnetal, Elberfeld, Paffrath, Wülfrath und der Eifel, die Kohlenkalke des Unterkarbons vom Velberter Sattel und bei Aachen, die Vorkommen von Marmor im Odenwald und Fichtelgebirge und die den verschiedensten Formationen eigenen Dolomite des Bergischen Landes, des Sauerlandes und bei Aachen u. a. O.

Aber auch den (u. a. das Unterkarbon) kennzeichnenden *Kieselschiefern* und den im Rhein. Schiefergebirge sehr häufigen paläozoischen *Grauwacken* im Bergischen, insbes. bei Gummersbach, den im Tiefbau gewonnenen *Dachschiefern* am Rhein, in der Eifel und im östlichen Sauerland, wie im oberen Ruhrgebiet (Nuttlar, Willingen) und im Quellgebiet der Lenne (Fredeburg und Nordenau) sowie den devonischen Fels- und tertiären Findlingsquarziten des Westerwaldes, Sachsens u. a. O. kommt eine nicht unerhebliche Bedeutung zu.

3. Nutzbare Erden

Der deutsche Boden ist auch sehr reich an Vorkommen *nutzbarer Erden,* die in erster Linie als Baustoffe, zu Ziegelzwecken und in der Glas- und keramischen Industrie Verwendung finden.

Erwähnt seien unter v. a. die vielen *Kaolinvorkommen* des Tertiärs in Sachsen (Grimma, Meißen ü. a. O.), Bayern, Thüringen und im Rheinland (Geisenheim), die besonders von der Porzellanindustrie sehr gesucht werden sowie die Lagerstätten des Siegerlandes für die keramische und chemische Industrie.

Ebenso groß ist der Reichtum an reinen *verfestigten Tonen* (Tonschiefern) verschiedenen Alters (im Rheinischen Schiefergebirge) sowie der feuerfesten Tone und der Schiefertone des Karbons. Von den jungen *unverfestigten* (z. T. feuerfesten) *Tonen* nenne ich nur die tertiären Vorkommen der Ville (bei Köln) und des Siegerlandes, des Westerwaldes („Krug- und Kannenbäckerland") bei Höhr und Montabaur, die meist hochfeuerfesten Tone von Hettenleidelheim, von Witterschlick und Röttgen (bei Bonn), von Kärlich (bei Koblenz), von Geilenkirchen (bei Aachen), von Schermbeck (a. d. Lippe), von Mülheim-Speldorf und der Oberpfalz.

Auch *Sande* (Quarzsande) spielen eine Rolle, und zwar für die keramische und die Glasindustrie, wie die weißen Sande von Nievelstein (bei Aachen), die tertiären Sande von Dörentrup (Lippe), die Formsande von Ratingen, Bottrop und Osterfeld und die Kreidesande von Haltern. Bekannt sind ferner die „Klebsande" von Eisenstein, die Silbersande von Satzvey (bei Euskirchen), die Sande des Oligozäns am Niederrhein, die Glassande von Frechen (bei Köln) und Herzogenrath (bei Aachen), die Sande von Ballenstedt (bei Oschersleben), in der Lausitz, des Buntsandsteins der Haardt, die u. a. als *Formsande* zu Gießereizwecken benutzt werden. Erwähnt seien u. a. auch noch die zahlreichen ± großen Vorkommen von Kiesen und Sanden längs der zahlreichen Flußläufe sowie von Löß und Geschiebelehm.

Genannt seien noch die für die Aluminiumindustrie, die Martinwerke und die Schleifscheibenindustrie wichtigen Vorkommen von *Bauxit* am Vogelsberge.

Schließlich seien auch die zahlreichen kleineren Vorkommen von *Kieselgur* („Kieselalgenerde") oder *Tripel* der Lüneburger Heide, in Bayern, am Vogelsberg (Hessen) und in der Eifel (mit einer Erzeugung von r. 40000 t/56) sowie die *Farberdevorkommen* (r. 14000 t) in der Oberpfalz und in Hessen nicht vergessen.

F. Erdgasvorkommen

Als eine für Deutschland immer wichtiger werdende Lagerstätte sei noch das *Erd(Natur)-Gas* genannt[1].

Das vorwiegend aus *Methan*, aber auch höheren Kohlenwasserstoffen sowie Begleitgasen (Kohlendioxyd, Stickstoff und Schwefelwasserstoff) bestehende *Erdgas* entstammt meist der Erdtiefe, wo es nicht selten mit Erdölvorkommen in ursächlichem Zusammenhang steht. Häufig tritt es aus Bohrungen plötzlich unter hohem Gasdruck mit verheerender Wirkung zu Tage, wie z. B. vor Jahren in Wolfskehlen (bei Darmstadt).

Im *Bundesgebiet* entströmen große Erdgasmengen vorwiegend dem Zechstein. Bekannt sind im einzelnen die Gasfelder von Bentheim, Itterbeck, Frenswegen und Adorf (Emslandgebiet), von Nienhagen, Eich, Pfung- und Stockstadt (Rheintalgraben) sowie von Rheden (bei Osnabrück), Neuengamme (bei Hamburg) u. a. O. Geringere Mengen entweichen den Erdgasquellen von Isen und Ampfing (Bayerischer Innbogen). Das Naturgas (mit r. 8500 WE) kann entweder sofort benutzt, durch Einpressen in Untergrundschichten (gas- oder ölfreie Sande bzw. Sand-

---

[1] Im Ausland, bes. in USA, im Fernen und Mittleren Osten sowie i. d. Sowjet-Union, werden riesige Mengen von Erdgas in langen Rohrleitungen (Pipelines) vornehmlich zur Beheizung von Städten und zur Versorgung von Industrien weitergeleitet (vgl. auch das französische Sahara-Projekt).

steine) in sog. „Gasspeichern" aufbewahrt oder im tiefgekühlten Zustand verflüssigt transportiert werden.

Als *Erdgas* ist auch das vielorts in den Steinkohlengruben (aus der Kohle und dem Nebengestein) austretende *Grubengas* (Methan) anzusprechen, das im Laufe des Inkohlungsvorganges entstanden ist. Das Grubengas wird heute auf vielen Gruben des Ruhrbezirks unmittelbar aus den Kohlenflözen künstlich abgesaugt und als Kesselgas, Ferngas, Treibgas und in der chemischen Industrie verwendet[1]. Um eine Vorstellung von den allein im Ruhrgebiet anfallenden riesigen Gasmengen zu geben, sei erwähnt, daß es sich hier bei einer täglichen Kohlenförderung von etwa 400000 t um r. 2,5 Mio m³/Tag Methangas handelt.

Insgesamt betrug die westdeutsche Erdgas-(Methangas-)förderung im Jahre 1957 r. 718 Mio m³. Sie ist im ständigen Steigen begriffen.

Ein weiteres Naturgas ist das *Kohlendioxyd* (die sog. „Kohlensäure").

Es tritt als Erzeugnis eines vorwiegend tertiären (erstarrenden) Basaltvulkanismus in „nassem" bzw. „trockenem" Zustande entweder auf geologischen Störungslinien (sog. „Kohlensäurelinien") oder in erloschenen Vulkangebieten hoch, wo es durch Bohrungen erschlossen wird. Ich nenne u. a. die Gebiete der vulkanischen Eifel (z. B. Gerolstein), des mittleren Rheintals (Brohl, Hönningen und Remagen), des Westerwaldes, der Lahn (Selters), des Neckars (Eyach), Ostwestfalens (Herste, Driburg und Meinberg) u. v. a. Die erbohrte Kohlensäure wird „naß", (sog. Säuerling), meist als Versand-Naturbrunnen oder als „trockene" Kohlensäure, gereinigt und verflüssigt in wachsendem Umfange verwandt. Ihre Versendung erfolgt in Stahlflaschen oder Tankwagen.

G. Edel- und Schmucksteine

Die Gewinnung von *Edel-* und *Schmucksteinen* spielt für Deutschland heute kaum noch eine wirtschaftliche Rolle.

Jedenfalls birgt der deutsche Boden keine wertvollen Edelsteine, wie Diamanten, Smaragde, Rubine, Saphire u. a.

Von bescheidener Bedeutung waren u. a. die heute abgebauten Vorkommen von *Topas* (bei Schneckenstein), *Achat* (im oberen Nahegebiet bei Idar-Oberstein), *Nephrit* (bei Jordansmühle) und *Chrysopras* (bei Frankenstein). Das einzige noch gewonnene Mineral ist der *Bernstein* des Samlandes, welcher bergmännisch aus der unteroligozänen „blauen Erde" gefördert, zu den verschiedensten Schmuck- und Gebrauchsgegenständen verarbeitet und lebhaft gehandelt wird.

---

[1] Seit 1944 wird die Bentheimer Erdgasquelle durch eine r. 80 km lange Pipeline den chemischen Werken Marl-Hüls zugeleitet.

Schrifttum

Wer sich näher mit dem Stoff befassen will, sei auf das nachstehende — vorwiegend montan-geologische und leicht greifbare — Schrifttum verwiesen:

Geologie

AHRENS, W.: Die Bedeutung geologischer Forschung für die Wirtschaft, besonders in Nordrhein-Westfalen. Aus: Arbeitsgemeinschaft für Forschung usw. H. 28, Köln und Opladen 1955.

BÖTTCHER, H.: Die Ruhrkohlenfaltung. Bergbau-Archiv 2, Essen 1940.

BREDDIN, H.: Angewandte Geologie im rheinisch-westfälischen Raum. Aachen 1949.

BREDDIN, H.: Tektonisch deformierte Fossilien von der Zeche Mathias Stinnes in der Emscher Mulde und ihre Bedeutung für Tektonik und Paläontologie des Ruhrkarbons. Glückauf, Heft 33/34, Essen 1958.

BRINKMANN, R.: Emanuel Kaysers Abriß der Geologie. Bd. 1. Allgemeine Geologie, 8. Aufl. 1956. Bd. 2. Historische Geologie. Stuttgart 1959.

BÜLOW, K. v.: Geologie für Jedermann. 5. Aufl. Leipzig-Jena.

BUBNOFF, S. v.: Einführung in die Erdgeschichte. 3. Aufl. Halle 1956.

CLOOS, H.: Einführung in die Geologie. Berlin 1936.

Das Gesicht der Erde. Brockhaus-Taschenbuch der phys. Geographie. Leipzig 1956.

Festschrift zum 80. Geburtstag von Bergassessor a. D. Professor Dr. Paul KUKUK. A. d. Arbeitsgebiet der Geol. Abtlg. der Westfäl. Berggew. Bochum 1957.

Führer durch das Geolog. Museum des Ruhrbergbaus. 2. Aufl. Bochum 1954.

Geologische Übersichtskarte des rheinisch-westfälischen Steinkohlengebirges. 1:100000. Krefeld 1958.

GOTHAN, W. u. H. WEYLAND: Lehrbuch der Paläobotanik. Berlin 1954.

GOTHAN, W. u. W. REMY: Steinkohlenpflanzen. Essen 1957.

HAHNE, C.: Lehrreiche geologische Aufschlüsse im Ruhrrevier. Essen 1958.

HEBERER, G.: Das Abstammungsproblem des Menschen im Spiegel neuen Schrifttums. Münch. Med. Wochenschr. 97. Jahrg., München 1955.

HESEMANN, J.: Geologische Forschung im westdeutschen Steinkohlenbergbau. Bergfreiheit 1954.

HOFFMANN, H.: Der Gebirgsdruck als Freund und Feind des Bergmanns, Bergfreiheit, Essen 1952.

Hundert Jahre Neandertaler. 1856—1956. Böhlau-Verlag, Köln - Graz, 1958.

Jahrbuch des deutschen Bergbaus, Glückauf-Verlag Essen 1958.

KELLER, G.: Die Fortsetzung der Faltung des Ruhroberkarbons nach der Tiefe und die Frage der Faltungszeit. Bergbau-Archiv 8, Essen 1948.

LÖSCHER, W.: Grundzüge der Geologie. Berlin 1933.

OBERSTE-BRINK, K.: Der Mechanismus der tektonischen Bewegungsvorgänge im Ruhrbezirk. In P. KUKUK: Geologie des Ruhrbezirks. Berlin 1938.

OBERSTE-BRINK, K.: Zur Epirogenese des Ruhrkohlengebietes. Heerlen 1952.

PATTEISKY, K.: Die Goniatiten im Namur des niederrheinisch-westfälischen Kohlengebietes. Mitt. d. Westfäl. Berggew. Bochum 1959.

PILGER, A. u. R. ADLER: Einige Grundlagen der Tektonik I. Clausthaler Tektonische Hefte, H. 1, Clausthal-Zellerfeld 1958.

PROKOP, O.: Wünschelrute, Erdstrahlen und Wissenschaft. Stuttgart 1955.

QUIRING, H.: Schalenbau der Erde und Erzentstehung. Berlin 1951.

REICH, H.: Angewandte Geophysik für Bergleute und Geologen. Leipzig 1933/34.

SÄRCHINGER, H.: Geologie und Gesteinskunde. 2. Aufl. Berlin 1952.

SCHMIDT, H.: Geologie. T. 1. Geologische Vorgänge der Gegenwart. T. 2. Geologische Vorgänge der Vergangenheit. Hannover 1947 und 1949.

SCHOLTZ, H.: Erläuterungen zur Geschichte des heimatlichen Bodens. Museum für Naturkunde Dortmund. Dortmund 1956.

SCHOLZ, J.: Zur tektonischen Analyse der mitgefalteten Überschiebungen im niederrheinisch-westfälischen Steinkohlengebirge. Z. d. D. G. Ges. 107 (157) S. 178.

SIEBERG, A.: Geologische, physikalische und angewandte Erdbebenkunde. Jena 1923.

STAHL, A.: Grundfragen der Tektonik des Ruhrkarbons. Bergbau-Archiv 16, Essen 1957.

STILLE, H.: Grundfragen der vergleichenden Tektonik. Berlin 1924.

STILLE, H.: Der Bau Mitteleuropas mit besonderer Berücksichtigung des rheinisch-westfälischen Kohlengebietes. Essen 1926.

TEICHMÜLLER, R.: Das Steinkohlengebirge südlich Essen. Ein geologischer Führer. Stuttgart 1955.

WAGNER, G.: Einführung in die Erd- und Landschaftsgeschichte. 2. Aufl. Öhringen 1950.

WEINERT, H.: Stammesentwicklung der Menschheit. Braunschweig 1951.

Zur Geologie des niederrheinisch-westfälischen Karbons. S. A. a. d. Geolog. Jahrbuch, Bd. 71. Hannover 1955.

Mineralogie, Gesteins- und Kohlenpetrographie

Atlas für angewandte Steinkohlenpetrographie. Glückauf-Verlag, Essen 1951.

BRAUNS, R. u. K. CHUDOBA: Spezielle Mineralogie. Berlin 1955.

CONANT, J. B.: Kleine Fibel der Kernphysik. Berlin 1953.

CORRENS, C. W.: Einführung in die Mineralogie (Kristallographie und Petrologie). Berlin 1949.

FISCHER, W.: Praktische Edelsteinkunde. Kettwig 1953.

GUMZ, W., H. KIRSCH u. M. Th. MACKOWSKY: Schlackenkunde. Berlin-Göttingen-Heidelberg, Springer 1958.

GUMZ, W. u. R. REGUL: Die Kohle. Glückauf-Verlag 1954.

HAHNE, C.: Forschungsarbeiten im Steinkohlenbergbau. Aufgaben deutscher Forschung. Köln 1957.

JURASKY, K.: Kohle — Naturgeschichte eines Rohstoffes. Berlin 1944.

KÜHLWEIN, F. L. u. E. HOFFMANN: Petrographie und Mikroskopie der Steinkohle in Wissenschaft und Praxis. Mikroskopie in der Technik. Frankfurt/M. 1952.

KÜHLWEIN, F. L.: Kohlenpetrographische Grundlagen zur Aufbereitung. Heerlen 1952.

KUKUK, P.: Zur Gliederung des Nebengesteins der Ruhrkohlenflöze auf makroskopischer Grundlage. Bergbau-Archiv 3, Essen 1942.

MACHATSCHKI, Z.: Spezielle Mineralogie auf geochemischer Grundlage. Wien 1953.

MACKOWSKY, M. Th.: Mineralogie und Petrographie als Hilfsmittel für die rohstoffliche Kohlenforschung. Bergbau-Archiv 5/6, Essen 1947.

MACKOWSKY, M. Th.: Probleme der Inkohlung. Brennstoff-Chemie 34, Nr. 11/12, Essen 1953.

MACKOWSKY, M. Th.: Der Sedimentationsrhythmus der Kohlenflöze. N. Jahrb. Geol. Paläont. Mh., 10, 438, 1955.

PHILIPSBORN, H. v.: Tafeln zum Bestimmen der Minerale nach äußeren Kennzeichen. Berlin 1953.

RAMDOHR, P.: Klockmanns Lehrbuch der Mineralogie. 14. Aufl. Stuttgart 1954.

RAMDOHR, P.: Die Erzmineralien und ihre Verwachsungen. Akademie-Verlag, Berlin 1950.

SCHLOSSMACHER, K.: Edelsteine und Perlen. 2. Aufl. Stuttgart 1959.

SCHÜLLER, A.: Die Eigenschaften der Minerale. I. u. II. Berlin 1950.

STACH, E.: Lehrbuch der Kohlenmikroskopie. Bd. 1. Essen 1949.

STRUNZ, H.: Mineralogische Tabellen. 2. Aufl. Leipzig 1949.

TEICHMÜLLER, R. u. M.: Inkohlungsfragen im Ruhrkarbon. Hannover 1947.

TEICHMÜLLER, M. und R.: Die stoffliche und strukturelle Metamorphose der Kohle. Geol. Rundschau Bd. 42, 1954, H. 2.

Lagerstättenlehre

BENTZ, A.: Erdöl und Tektonik in Nordwestdeutschland. Hannover/Celle 1949.

BENTZ, A.: Hundert Jahre deutsches Erdöl. Erdöl und Kohle. Hamburg 1959.

BUSCHENDORF, F., M. RICHTER u. H. W. WALTHER: Der Bleierzgang Christian Levin in Essen-Dellwig und Bottrop. Monograph. d. deutsch. Blei-Zink-Erzlagerstätten. 1. Lief. H. 2. Hannover 1957.

BEYSCHLAG, F., P. KRUSCH u. E. VOGT,: Die Lagerstätten der nutzbaren Mineralien und Gesteine. Bd. 1, Berlin 1914. Bd. 2, Berlin 1921.

BORCHERT, H.: Über Facieswechsel in Lagerstätten verschiedenster Entstehung. Essen 1950.

BREDDIN, H.: Das geologische Alter der Hauptflözgruppe des rhein. Braunkohlenreviers. 1952.

DANNENBERG, C.: Geologie der Steinkohlenlager. 3 Bde. Berlin 1917—1937.

Die Niederrheinische Braunkohlenformation. Fortschr. i. d. Geologie von Rheinland-Westfalen. Bd. 1 u. 2, Krefeld 1958.

DE LA SAUCE, W.: Braunkohle. In ULLMANNS Enzyklopädie. 3. Aufl., München und Berlin 1953.

DREKOPF, K. u. W. BRAUCKMANN: Physik und Chemie für Bergschulen. 2. Aufl., Essen 1958.

EHRENBERG, H., A. PILGER u. F. SCHRÖDER: Das Schwefelkies-Zinkblende-Schwerspatlager von Meggen (Westf.). Monogr. d. D. B. Z. E. Bd. 5, Hannover 1954.

EINECKE, G.: Die Eisenerzvorräte der Welt mit Atlasband. Düsseldorf 1950.

FRIEDENSBURG, F.: Die Bergwirtschaft der Erde. 5. Aufl. Stuttgart 1956.

FRIEDENSBURG, F.: Gold. Die metallischen Rohstoffe. H. 3, 2. Aufl. Stuttgart 1953.

FRITZSCHE, C. H.: Lehrbuch der Bergbaukunde, Bd. I u. II. 9. bzw. 8. u. 9. Aufl. Berlin/Göttingen/Heidelberg 1955/58.

FULDA, E.: Die Lagerstätten der nutzbaren Mineralien und Gesteine. 3. Bd., 2. T.: Steinsalz und Kalisalze. Stuttgart 1938.

GOTHAN, W.: Die Lagerstätten der nutzbaren Mineralien und Gesteine. 3. Bd., 1. T.: Kohle. Stuttgart 1937.

GRANIGG, B.: Die Lagerstätten nutzbarer Mineralien. Deren Entstehung, Bewertung und Erschließung. Wien 1951.

GUTHÖRL, P.: Die Flözführung des saar-lothringischen Karbons. Essen 1953.

GUTTMANN, H.: Die Rohstoffe unserer Erde. Berlin 1952.

HAGEN, W.: Beschreibung der Karte Kukuk: Mitteleuropas Kohle-, Erdöl-, Salz- und Kohlenlagerstätten. Essen 1952.

HAHNE, C. und W. LÖHR: Bergmännisch-geologisches Übersichtskartenwerk des rheinisch-westfälischen Steinkohlengebiets i. M. 1:10000. Bochum 1947/56.

HAHNE, C.: Montangeologische Aufgaben im Steinkohlenbergbau, erläutert am rheinisch-westfälischen Revier. Z. D. G. G. 104, Hannover 1952.

HAHNE, C.: Grundsätzliches und Kritisches zur Flözidentifizierung im Steinkohlenbergbau und die Gleichstellung und einheitliche Benennung der Flöze im niederrhein.-westfälischen Steinkohlengebiet. Kukuk-Festschrift, Bochum 1957.

HESEMANN, J. und A. PILGER: Der Bleizinkerzgang der Zeche Auguste-Victoria. Monographie der Deutschen Blei-Zink-Erzlagerstätten. Hannover 1951.

HESEMANN, J.: Das Steinkohlengebirge des Ruhrbezirks als Erzkörper und seine Erzhöffigkeit. Bergfreiheit, Essen 1957.

HESEMANN, J., G. KNEUPER u. A. PILGER: Gangkarte des rheinisch-westfälischen Steinkohlengebirges 1955/56. Nebst Erläuterungen von G. KNEUPER, 1958.

KESSLER, W.: Erdgas in der Bundesrepublik. Glückauf, Essen 1958.

KNEUPER, G. u. H. KOCH: Mineralisation und Bau des Erzganges Emscher Bruch im Julia-Constantin-Sprung. Glückauf. Essen 1958.

KOHL, E.: Uran. Die metallischen Rohstoffe. H. 10. Stuttgart 1954.

Kohlenwirtschaft der Welt in Zahlen. Essen 1957.

KRAUME, E. u. a.: Die Erzlager des Rammelsberges bei Goslar. Hannover 1955.

KREJCI-GRAF, K.: Erdöl (Verständliche Wissenschaft 28). 2. Aufl. Berlin 1955.

KRÜGER, K.: Das Reich der Gesteine. Berlin 1954.

KUKUK, P.: Geologie des Niederrheinisch-Westfälischen Steinkohlengebietes. Mit Atlasband. Berlin 1938.

KUKUK, P.: Mitteleuropas Kohlen-, Salz-, Erz- und Erdöllagerstätten. 10. Aufl. i. M. 1:4000000. Braunschweig 1955.

KUKUK, P.: Weltvorkommen von Kohle, Eisen, Erdöl, Gold und Uran i. M. 1:18 Mio. 2. Aufl. Braunschweig 1953.

LEHMANN, H.: Leitfaden der Kohlengeologie. Halle 1952.

LÖGTERS, H.: Das Erdöl im Emsland. Bentheim 1953.

LOTZE, F.: Steinsalz und Kalisalze. Allgemeingeologischer Teil, 2. Aufl. Berlin 1958.

MACHATSCHKI, F.: Vorräte und Verteilung der mineralischen Rohstoffe. Wien 1948.

MINTROP, L.: Wirtschaftliche und wissenschaftliche Bedeutung geophysikalischer Verfahren zur Erforschung von Gebirgsschichten und nutzbaren Lagerstätten. Leoben 1949.

NIGGLI, P.: Die Gesteins- und Minerallagerstätten. Basel 1948.

Nutzbare Lagerstätten in Nordrhein-Westfalen. Bearb. i. Geol. L. A. Nordrhein-Westfalen. Bagel, Düsseldorf 1958.

OBERSTE-BRINK, K. und FR. HEINE: Das niederrheinisch-westfälische Gebiet. In: „Der deutsche Steinkohlenbergbau". Bd. 1. Essen 1942.

PATTEISKY, K.: Inkohlungskarte für den rheinisch-westfälischen Steinkohlenbezirk i. M. 1:25000 mit Erläuterungen. Bochum seit 1952.

PATTEISKY, K.: Grubengaskarte für den niederrheinisch-westfälischen Steinkohlenbezirk i. M. 1:25000 mit Erläuterungen. Bochum seit 1952.

PATTEISKY, K. und E. SCHENNEN: Die Vererzung der Querstörungen Graf Moltke–Wilh. Vikt. und Graf Moltke–Mathias Stinnes. Glückauf 89, Essen 1953.

PETRASCHECK, W.: Kohlengeologie der österreichischen Teilstaaten. Kattowitz 1926–29.

PETRASCHECK, W. u. W. E.: Lagerstättenlehre. Wien 1950.

PIETZSCH, K.: Die Braunkohlen Deutschlands. Berlin 1925.

PILGER, A.: Der geologische Werdegang des rheinisch-westfälischen Gebietes und seiner Lagerstätten. Bergbaul. Wissensch. Heft 5, 1957.

PROEMPELER, O., H. HOBRECKER, G. EPPING: Taschenkalender für Grubenbeamte des Steinkohlenbergbaus. Düsseldorf 1960.

QUIRING, H.: Geschichte des Goldes. Stuttgart 1948.

QUIRING, H.: Informationsdienst für Lagerstättenkunde und Bergwirtschaft Berlin 1952—57.

REGUL, R. und W. HAGEN: Der Bergbau in der Bundesrepublik Deutschland. Essen 1951.

Richtlinien und Vorschläge zur Anlegung des Flözarchivs für den Steinkohlenbergbau. Glückauf-Verlag, Essen 1953.

SCHLOSSMACHER, K.: Edelsteine und Perlen. Stuttgart 1954.

SCHNEIDERHÖHN, H.: Erzlagerstätten. 2. Aufl. Stuttgart 1949.

SCHNEIDERHÖHN, H.: Lehrbuch der Erzlagerstättenkunde. Lagerstätten der magmatischen Abfolge. Jena 1941.

SCHNEIDERHÖHN, H.: Die Erzlagerstätten der Erde. Bd. 1. Die Lagerstätten der Frühkristallisation. Stuttgart 1958.

SEIDEL, G.: Die Auswertung von Kluft- und Schlechtenmessungen für den praktischen Betrieb im Steinkohlenbergbau. Heerlen 1952.

SEIDEL, G.: Entwurf einer genetischen und morphologischen Systematik der großtektonischen Störungen des Ruhr-Karbons. Kukuk-Festschrift, Bochum 1957.

SEMMLER, W.: Die Grubenwasserzuflüsse im Ruhrbergbau und ihre Abhängigkeit von den Niederschlägen. Bergbau 6, 1955.

SPACKELER, G.: Lehrbuch des Kali- und Steinsalzbergbaus. 2. Aufl. Halle 1957.

STACH, E.: Großdeutschlands Steinkohlenlager. Berlin 1940.

STAHL, A.: Geologische Karte des rheinisch-westfälischen Steinkohlengebiets (dargestellt an der Karbonoberfläche) i. M. 1:10000. Mit Erläuterungen. Krefeld seit 1949.

STEINERT, H.: Goldsucher unseres Jahrhunderts. Düsseldorf 1957.

STUTZER, O.: Die wichtigsten Lagerstätten der Nichterze. 2. Bde. Berlin 1921/35.

STUTZER, O.: Kohle. Allgemeine Kohlengeologie. 2. Aufl. 1953.

WOLANSKY, D.: Deckgebirgskarte für den rheinisch-westfälischen Steinkohlenbezirk i. M. 1:25000 mit Erläuterungen. Bochum seit 1950.

WOLANSKY, D.: Möglichkeiten der Nutzwassergewinnung aus dem Deckgebirge im niederrheinisch-westfälischen Revier. Mitteil. d. Westfäl. Berggewerkschaftskasse. Bochum 1954.

WOLANSKY, D.: Montangeologische Beobachtungen an Abteufschächten und Tiefbohrungen im Deckgebirge des niederrhein.-westfäl. Steinkohlengebirges. Kukuk-Festschrift, Bochum 1957.

Sachverzeichnis

Aachener Steinkohlen-
bezirk 282
Abbauwürdigkeit 240
Abrasion 79
Abschiebung 47
Abschuppung 68
Absonderungsformen 12
Abstammung des Men-
schen 155
Abtragung 50
Achat 205
Achse 43
Achsensysteme 163
Adschi Darja 321
Aera 121
Aetna 96
Ältere Salzfolge 318
Alabaster 224
Alaunschiefer 24
Albit 230
Aletschgletscher 82
Algen 119
Algonkium 127
Allochthonie 260
Almandin 231
Alpidische Faltung 109
Altersdiagramm 123
Alte Steinzeit 157
Alttertiär 149
Altzeit 128
Aluminium 212
Amalgam 186
Amberger Brauneisen-
bezirk 306
Amorphe Minerale 162
AMPFERER 112
Amphibien 121
Amphibol 233
Andesit 13
Angewandte Geologie 3
Anhydrit 225
Ankerit 218
Anthrazit 253

Antiklinallagerstätten
312
Antiklinale 42
Antimon 188
Antimonglanz 200
Apatit 227
Apophyse 31
Aquamarin 234
Aragonit 218
Archaikum 126
Aride Gebiete 93
Arkosen 13
Armfüßer 120
Armorikanisches Gebirge
111
Arsen 188
Artesische Quelle 63
Asbest 236
Aschengehalt 263
Aschenvulkan 96
Asphalt 333
Atmosphäre 7
Asturische Phase 111
Auerochse 153
Augit 232
Ausbildung der Gänge
292
Ausbildung der Kristalle
166
Ausrichtung 51
Ausrichtungsregel 51
Ausscheidungssedimente
24
Äußere geologische Kräfte
65
Ausstrudelung 76
Autochthonie 260

Backfähigkeit 264
Bänderton 122
Bärlappgewächse 119
Barchan 92
Barre 321

Barrierriff 27
Baryt 226
Basalt 17
Batholith 31
Bauxit 211
Bavenoer Zwilling 167
Bebenzone 106
Bedecktsamer 119
Belemnit 146
Benzolreihe 328
Bergfeuchtigkeit 60
Berggold 181
Bergkristall 142
Beryll 233
Besteg 292
Biegefaltung 43
Bimssand 16
Bindemittel 21
Biochemische Inkohlung
259
Biotit 231
Bitumina 327
Blatt 55
Blatthäute 254
Blattverschiebung 55
Blaugrund 190
Bleiglanz 199
Bleiisotop 122
Blei- und Zinkerze 292
Blei-Zinkerzgang Aug.
Victoria 309
Blende 201
Blocklava 17
Blockpackung 85
Bochumer Schichten 272
Boden 69
Bodeneigen 260
Bodenfremd 260
Bombe 100
Bohnerz 208
Bohrungen 4
Brandschiefer 266
Brauneisenerz 207

Brauneisenerzkonglo-
merat 209
Brauner Glaskopf 207
Brauner Jura 142
Braunkohle 252
Braunkohlenlagerstätten
274
Braunkohlenzeit 149
Breccie 23
BREDDIN 38
Brennstoffverhältnis 255
Brillant 193
Bronzezeit 159
Brühler Braunkohle 257
Bruchgebirge 113
Buntkupferkies 198
Buntsandstein 139

Calcit 217
Carbonifikation 259
Carnallit 216
Cenoman 145
Ceratites 140
Chalzedon 204
Chemische Formel 176
— Schichtgesteine 24
— Wasserwirkungen 70
Chilesalpeter 216
Chlornatrium 214
Chlorophyll 255
Chromate 228
Chromeisenerz 228
Chromite 228
Chrysopras 193
Clarit 269
Cölestin 227
Cordaiten 119
Cro-Magnon-Schädel 157

Dachschiefer 23
Dammer Mulde 307
Dechenhöhle 72
Deckel 57
Decken 45
Deckengebirge 114
Deckenüberschiebung 114
Deflation 91
Dehnungsstörungen 48
Deklination 39
Delta 78
Dendriten 27
Denudation 80

Descloizit 228
Devon 130
Diabas 18
Diagenese 21
Diagonalschichtung 34
Diamant 190
Diamanthärte 170
Diamantseife 191
Differentiation 289
Dimorphismus 177
Dinant 272
Dinosaurier 143
Diorit 17
Disharmonische Faltung
45
Diskordanz 37
Dogger 141
Doggererze 306
Doline 73
Dolomit 223
Dorstener Schichten 272
Dreikanter 93
Düne 92
Dünnflüssige Eruptiv-
gesteine 32
Dünnschliff 9
Dünnschliffsbild 14
Dunstzone 8
Durchlässige Schichten 59
Durchschlagsröhre 30
Durit 269
Dwyka-Tillit 138
Dyas 136
Dynamische Geologie 4

Edelmetalle 302
Edelsteine 238
Einfallen 39
Einsturzbeben 106
Einzeller 120
Eisberg 90
Eisen 186, 303
Eisenblüte 219
Eisenglanz 206
Eisenmeteorite 6
Eisennickelkern 6
Eisenspat 221
Eisenvitriol 227
Eisenzeit 159
Eiserner Hut 208
Eiszeit 151
Elastizität 171

Elektron 175
Elementaranalyse 255
Elemente 176
Embryonalkrater 18
Emscher 145
Emslandgebiet 332
Endlaugen 326
Endmoräne 89
Endogene Kräfte 94
Entstehung der Gänge
297
Eozän 149
Epigenetisch 242
Epirogenese 109
Erdbeben 105
Erdfall 71
Erdgasvorkommen 339
Erdgeschichte 2
Erdgeschichtliche Zeit-
tafel 123
Erdinneres 6
Erdkern 6
Erdkruste 7
Erdmantel 6
Erdöl 327
Erdöllagerstätten 327
Erdölmutterschicht 329
Erdpfeiler 129
Erdpyramide 129
Erdstrahlen 249
Ergußgesteine 14
Erosion 74
Erosionsdiskordanz 37
Erosionsgebirge 115
Erratischer Block 89
Erstarrungsgesteine 9
Eruption 96
Eruptivgänge 31
Eruptivgesteine 9
Eruptivstock 30
Erzberg 221
Erzlagerstätten 299
Erzgänge 291
Erzgebiet Großilsede
304
Erzlagerstätten 288
Essener Grünsand 145
Essener Schichten 277
Eßkohle 261
Exaration 85
Exhalationslagerstätten
290

Exogene Kräfte 65
Extrusivgesteine 12

Facies 20
Fächerfalte 44
Fährten 136
Fällungssedimente 24
Fäulnis 256
Fahlerz 198
Fallen 39
Falte 41
Faltengebirge 113
Faltungen 41
Farbe 172
Farne 119
Faserkohle 265
Fastebene 80
Faule Ruschel 57
Faulschlammkohle 25
Feinbau der Kristalle 169
Feldspat 229
Feste Trümmergesteine 21
Fettkohle 261
Feuchtgebiete 69
Feuerfester Ton 236
Feuerstein 205
Firnschnee 82
Fixer Kohlenstoff 255
Flache Schubweite 53
Flachmoor 251
Fladenlava 98
Flammkohle 261
Flexur 49
Flöze 242
Flözführendes 132
Flözgasgehalt 262
Flözleeres 132
Flüchtige Bestandteile
    261
Flugsaurier 142
Flußspat 213
Flußterrassen 77
Fluviatil 191
Formationsgliederung 121
Formationslehre 115
Fossilien 119
Fumarolen 101
Fusit 269

Gabbro 13
Galmei 222
Gangart 295

Gänge 243
Gangfüllung 295
Ganggesteine 295
Gangminerale 295
Gangstruktur 295
Gasausbruch 96
Gasflammkohle 261
Gasgehalt der Kohle 261
Gaskohle 261
Gault 143
Gebirgsbildende Vorgänge
    109
Gefäßkryptogamen 119
Gefügebestandteil 259
Gegenfallender Sprung 99
GEIGER-MÜLLER-Zähl-
    rohr 249
Gel 162
Gelbbleierz 229
Generalstreichen 39
Geochemische Inkohlung
    259
Geoelektrische Verfahren
    248
Geologie 1
Geologische Orgeln 73
Geophysikalische Auf-
    schlußverfahren 248
Geosynklinale 110
Geothermische Tiefen-
    stufe 4
Geröll 21
Geschiebe 21
Geschiebelehm 24
Geschiebemergel 24
Gesteinsgliederung 8
Gesteinslehre 8
Gesteinsrinde 7
Gesteinsschmelze 9
Gesteinsverfestigung 21
Gespanntes Wasser 63
Geysir 102
Gezeitengletscher 90
Gifhorner Brauneisen-
    stein 307
Gips 224
Glanze 198
Glanzkohle 265
Glanzstreifenkohle 267
Glaukonit 231
Glazialschliff 87
Glazialzeit 151

Gleichfallender Sprung 49
Gleithang 77
Gletscher 82
Glimmer 230
Glimmerschiefer 29
Glutwolke 93
Gneis 29
Gold 181
Goldkarat 182
Graben 50
Granat 231
Granit 12, 16
Granittektonik 32
Granulit 29
Graphit 193
Graptolithen 129
Grauspießglanz 200
Grauwacke 23
Gravimetrische Messung
    248
Gravitative Kontraktion
    112
Greisen 289
Grünbleierz 228
Grünsand 145
Grubengasgehalt 262
Grundbestandteil 267
Grundmoräne 83
Grundwasser 241

Haarkies 196
HAARMANN 112
Habitus 169
HAHNE 343
Halbflächner 166
Haloidsalze 213
Hakenschlag 53
Hangendes 33
Harnisch 56
Härte 170
Härteskala 170
Hartbraunkohle 253
Hartsalz 317
Harzer Vorland 306
– Gänge 311
Hauptbecken 319
Hauptstreichrichtung 39
Hebung 107
Heiße Quellen 62
Helium 327
Hercynisches Streichen 41
HESEMANN 341

Hexagonales System 164
HILTsche Regel 262
Historische Geologie 2
Höhlenbär 153
Höhlenbilder 157
Holozän 159
Homo neandertalensis 155
Hornblende 233
Horizontalverschiebung 55
Horst 50
Horster Schichten 272
Humid 69
Humusboden 70
Humuskohle 256
Hydrosphäre 7
Hydrothermale Vorkommen 210
Hydroxyde 203
Hypozentrum 105

Ichthyosaurus 142
Iguanodon 143
Immediatanalyse 253
Imprägnationen 246
Inde-Wurmgebiet 282
Inkohlung 256
Inlandeis 151
Innere geologische Kräfte 94
Inoceramus 146
Inselberg 115
Insolation 67
Interglazialzeit 151
Intrusivgesteine 12
Intrusivkörper 30
Isländer Doppelspat 217
Isoklinalfalte 44
Isomorphismus 177
Isostasie 112
Isotop 177

Jadeit 233
Jahresringe 141, 317
Jonosphäre 8
Jüngere Salzfolge 318
Jüngere Steinzeit 157
Jungtertiär 149
Jura 141
Juveniles Wasser 59

Kainit 216
Kalamit 119

Kalisalze 216
Kalisalzlagerstätten 316
Kalisalpeter 217
Kalkgesteine 25
Kalksinter 25
Kalkspat 217
Kalte Quelle 62
Kambrium 128
Kantenwinkel 163
KANT-LAPLACEsche Theorie 5
Kaolin 235
Karbon 132
Karbonate 217
Karbonlandschaft 133
Karbonmolasse 259
Karbonmoore 258
Karlsbader Zwilling 230
Karrenbildung 73
Karsee 88
Katzenauge 204
Kennelkohle 266
Kernsprung 67
Keuper 141
Kies 21
Kiese 194
Kieselschiefer 27
Kieserit 216
Klastische Sedimente 20
Kluftquelle 63
Kluftsysteme 52
Knottenerzvorkommen 310
Kobalt 308
KOBER 112
Kofferfalte 44
Kohlenanschliff 267
Kohlendioxyd 250
Kohleneisenstein 222
Kohlenentstehung 255
Kohlengesteine 251
Kohlenhydrate 256
Kohlenkalk 25
Kohlenlagerstätten 250
Kohlenmikroskopie 267
Kohlenpetrographie 264
Kohlenreihe 267
Kohlensäure 255
Kohlenstoff 255
Kolloide 162
Konglomerat 23
Konkordanz 35

Konkretion 246
Kontaktmetamorphose 28
Kontinentalverschiebungstheorie 112
Kopffüßler 120
Korallenriff 27
Korallenstock 28
Korrasion 93
Korund 211
Kreide 143
Kreideammonit 146
Kreislauf des Wassers 62
Kreuzschichtung 34
Kristallachsen 163
Kristalldruse 168
Kristallformen 164
Kristallgitter 170
Kristallgruppe 168
Kristalliner Schiefer 29
Kristallines Gefüge 14
Kristallsysteme 163
Kryptogamen 119
Küstenterrasse 76
Kubisches Kristallsystem 164
Kugelblock 68
Kugeldiabas 11
Kugelschalenzonen 5
Kulm 133
Kulturhöhle 254
Kupfer 184
Kupferkies 197
Kupferlasur 223
Kupfer- und Zinnerze 312
Kupferschiefer 312
Kupfervitriol 227
Kutikulen 254

Lager 243
Lagerstättenlehre 240
Lagerungsformen 30
Lahn-Dill-Bezirk 305
Lakkolith 30
Lapilli 99
Lapislazuli 235
Lasurstein 235
Laterit 69
LAUE-Diagramm 170
Lava 15
Lawine 91
Lehm 24
Leichtmetalle 297

Leitfossilien 119
Letten 24
Leuzit 230
Leverrierit 235
Lias 143
Libelle 216
Lichtbrechung 190
Liegendes 33
Lignin 256
Lignit 253
Limnisch 261
Limnische Vorkommen 285
Linsen 245
Liparit 13
Liquidmagmatische Vorkommen 289
Lithographischer Schiefer 25
Lithosphäre 6
Lithotypen 269
Löß 24
Lößkindel 24
Lose Trümmergesteine 21
Lötrohrprobierkunde 176
Lufthülle 7
Luftsattel 45

Maar 165
Mäander 77
Mächtigkeit 33
MACKOWSKY 268
Manganerze 210
Märjelensee 90
Magerkohle 261
Magma 12
Magmatische Vorkommen 289
Magnesit 219
Magneteisenstein 207
Magnetit 207
Magnetische Schürfmethode 248
Magnetkies 197
Malachit 223
Malm 143
Mammut 153
Manganerze 210
Manganit 210
Manganspat 224
Mansfelder Kupferschieferbezirk 312

Marine Reste 135
Markasit 195
Marmor 218
Massenkalk 130
Massige Vulkane 98
Mattkohle 265
Mattstreifenkohle 266
Maubacher Bleiberg 311
Mazeral 267
Mechanische Schichtgesteine 20
Mechernicher Bleiberg 310
Meeresbrandung 79
Meeresspiegel 79
Meerschaum 237
Melaphyr 18
Mensch 155
Mergel 25
Mesozoikum 139
Metalloide 188
Metamorphe Gesteine 9
Metamorphose 259
Metasomatose 290
Meteoreisen 156
Meteorite 6
Migration 330
Millerit 196
Mikrofossilien 118
Mikroklin 230
Mikrolithotypen 268
Mikrotektonik 57
Mikropaläontologie 249
Mineralaggregate 168
Mineralentstehung 178
Mineralfarbe 172
Mineralhärte 170
Minerallagerstätten 289
Mineralogie 161
Mineraloptik 172
Minette 208
MINTROP 249
Miozän 149
Mischgesteine 24
Mitteldeutsches Braunkohlengebiet 275
Mittelmoräne 83
Mittelzeit 139
Mittlere Steinzeit 157
Mofetten 102
Molassegebiet 277
Molekül 175
Molybdän 229

Monoklines Kristallsystem 164
Molybdate 229
Montangeologie 3
Montmorillonit 235
Moränen 83
Mulde 42
Muscheln 120
Muschelkalk 140
Muskovit 230
Mutterboden 21
Mutterlauge 321
Muttergestein 329
Mylonitisiert 54

Nachvulkanische Erscheinungen 101
Nacktsamer 119
Namedy-Sprudel 103
Namur 272
Naphthenreihe 328
Nashorn 153
Natronsalpeter 216
Neokom 143
Neolithikum 157
Neozoikum 148
Nester 245
Neutron 175
Neuwieder Becken 16
Neuzeit 148
Niagarafall 75
Nichteisenerze 308
Nickel 308
Niederschles. Steinkohlenbezirk 286
Niederrheinisches Becken 320
Niederungsmoore 251
Nife 7
Nitrate 216
Nivales Gebiet 69
Nordwestdeutsches Ölgebiet 332
Nordwesteuropäischer Kohlengürtel 277
Normalfalte 44
Nugget 181

Oberes Rheintalgebiet 332
Oberkarbon 133
Oberschlesisches Kohlenbecken 284

OBERSTE-BRINK 341
Obsidian 15
OCHSENIUSsche Barren-
  theorie 321
Oktaeder 166
Öllagerstätte 247
Ölschiefer 333
Oligozän 149
Olivin 233
Onyx 205
Oolith 208
Opal 205
Ordovizium 129
Organische Schicht-
  gesteine 27
– Kräfte 64
Orogenese 27
Orthoceras 131
Orthoklas 230
Orthoklasgesteine 13
Osnabrücker Bezirk 282
Ostdeutsches Braunkoh-
  lengebiet 276
Oszillationstheorie 112
Oszillieren der Erdkruste
  107
Oxydationszone 298
Oxyde 203

Paläogeographie 2
Paläolithikum 157
Paläoniscus 138
Paläontologie 2
Paläozoikum 128
Panzerfisch 120
Paradoxides 128
Paraffinreihe 328
Paragenesis 298
Paralisch 261
Paralische Vorkommen
  277
Parallelschichtung 34
Parallelverwachsung 167
Parameter 164
Parasitäre Vulkane 98
PATTEISKY 344
Pechkohle 277
Pegmatit 14
Peneplain 80
Peridotit 13
Perm (Dyas) 136
PETRASCHECK 301

Petrefakten 116
Petrographie der Stein-
  kohle 264
Petroleum 235
Pfahlbausiedlung 160
Pflanzenwelt 119
Phase 111
Phonolith 18
Phosphate 227
Phosphoreszenz 173
Phosphorit 228
Phyllit 29
Physikalische Verwitte-
  rung 66
Physiologische Eigen-
  schaften 175
PILGER 293
Pilzfelsen 93
Pipe 30
Plagioklas 230
Plagioklasgesteine 13
Platin 184
Plattenförmige Lager-
  stätten 242
Plattenkalk 25
Pleistozän 150
Plesiosaurus 142
Pliozän 149
Pluton 31
Plutonismus 101
Pneumatolytische Vor-
  kommen 289
Polarisation 174
Pollen 252
Polyhalit 216
Porenvolumen 59
Porphyre 17
Porphyrische Struktur 14
Porzellanerde 235
Posidonienschiefer 143
POTONIÉ 260
Präkambrium 126
Praktische Geologie 3
Prallhang 77
Pressungsstörungen 45
Primäre Teufenunter-
  schiede 297
Productus 137
Proton 175
Protozoen 120
Pseudomorphose 177
Psilomelan 210

Putzen 245
Pyrit 194
Pyrolusit 210
Pyromorphit 228
Pyrop 231
Pyropissit 253
Pyroxen 232

Quarz 203
Quarzporphyr 13
Quecksilber 186
Quellen 62
Quellkuppe 31

Radium 213
Radioaktive Methode 249
Radioaktivität 177
Rammelsberg 313
Randwasser 331
Raseneisenerz 208
Rauchquarz 204
Rauchtopas 204
Raumbildverfahren 48
Raumgitter 169
Regionaldeformation 39
Regionalmetamorphose 26
Recklinghäuser Mergel 22
Regression des Meeres 107
Reguläres System 164
Reinkohle 255
Reptilien 121
Rheinisches Streichen 39
Rhodonit 235
Rhombisches System 164
Riesenhirsch 153
Ringelerz 296
Rippelmarken 19
Risse 264
Ritzhärte 170
Rogenstein 25
Rosenquarz 204
Röt 140
Roteisenerz 206
Rotgültigerz 203
Rotkupfererz 209
Rotliegendes 136
Rotnickelkies 197
Rückwärtseinschneiden 75
Rubin 211
Ruhender Vulkan 101
Ruhrbezirk 277
Ruhrsteinkohle 264

Rumpffläche 81
Rumpfgebirge 114
Rundhöcker 87
Ruschelzone 57
Rußkohlenflöze 287
Rutschstreifen 56
Rutil 209

Saargebiet und Lothringen 285
Saale-Vereisung 151
Säkulare Bewegungen 107
Säuerlinge 62
Säulenform 32
Salband 292
Salpeter 216, 217
Salzgesteine 317
Salzgletscher 325
Salzgittererze 303
Salzhut 323
Salzlinien 325
Salzspiegel 322
Salzstöcke 324
Salzstocküberhang 325
Salzpfropfen 324
Salzpilz 325
Sandschiefer 24
Sandschliff 13
Sandstein 22
Sanidin 230
Saphir 211
Sapropel 256
Sattel 43
Sattellinie 43
Sauerstoffsalze 216
Saure Gesteine 13
Saxonische Faltung 111
Schachtelhalme 119
Schalenblende 201
Scheelit 228
Schelfgebiete 19
Scherfläche 54
Schicht 32
Schichtenbiegungen 41
Schichtengleitfaltung 41
Schichtenzerreißungen 46
Schichtgesteine 20
Schichtlösen 264
Schichtquelle 63
Schichtung 32
Schichtvulkane 100

Schieferton 23
Schieferungsflächen 34
Schlammvulkan 105
Schlangengips 225
Schlangenlava 99
Schlechten 264
Schleppung 294
Schlick 21
Schlumberger-Verfahren 248
Schlotröhre 190
Schlotten 71
Schmelzfluß 12
Schmelzwasserrinne 84
Schmucksteine 238
Schneegrenze 82
Schollengebirge 113
Schotter 21
Schrägschichtung 34
Schratten 73
Schreibkreide 143
Schrifttum 341
Schrumpfung 112
Schütterlinien 106
Schuppenbaum 119
Schuttwälle 83
Schwarzer Jura 142
Schwefel 189
Schwefelkies 194
Schwelkohle 253
Schwemmstein 16
Schwerspat 226
Scintillometer 249
Sedimentgesteine 32
Sedimentäre Lagerstätten 290
Seebeben 107
Seegerkegel 236
Seeigel 145
Seelilie 140
Sekundäre Teufenunterschiede 298
SEIDEL 345
Seifen 247
Seifengold 181
Seismogramm 107
Seismographie 107
Seitenmoräne 83
Seitenverschiebung 55
Sekretion 27
SEMMLER 62
Senkung 107

Senon 145
Septarie 27
Séracs 83
Serapistempel 108
Serizit 231
Serpentin 236
Sial 7
Sicheldüne 92
Siegelbaum 134
Siegerländer Bezirk 304
Silber 183
Silberglanz 200
Silicium 7
Silikate 229
Silikatschmelze 12
Silur 128
Sima 7
Sinterkohle 262
Smaragd 234
Smirgel 211
Sole 62
Solfataren 102
Sonnenbestrahlung 67
Sonnenbrenner 18
Spaltbarkeit 171
Spaltenfrost 66
Spateisenstein 221
Speckstein 237
Speichergesteine 329
Sphärosiderit 222
Sporen 118
Sporenpflanzen 119
Sprockhöveler Schichten 272
Sprünge 47
STACH 271
Staffelbruch 50
Stahl- und Eisenveredler 307
Stalagmiten 71
Stalaktiten 71
Stauchendmoräne 89
Stauquelle 63
Stefan 272
Steinbeil 156
Steine und Erden 336
Steinkohle 253
Steinkohlenlagerstätten 277
Stein- und Kalisalzlagerstätten 316
Steinritzung 158

Steinsalz 214
Steinzeit 157
Stengelbruch 34
Stigmarien 260
STILLE 110
Stöcke 245
Stockwerke 244
Störungen der Ablage-
  rungsverhältnisse 37
Strandverschiebungen
  107
Stratigraphie 115
Stratigraphie der Kali-
  salze 318
Stratovulkane 100
Streichen 39
Streifenarten 269
Streifenkohle 264
Stricklava 98
Stringocephalus 131
Strontianit 220
Struktur 9
Stubben 258
Stufe 122
Sublimation 179
Sulfate 224
Sulfide 194
Süddeutsches Braun-
  kohlengebiet 277
— Erdölgebiet 333
Süßwassermuscheln 134
Sutan 55
Syenit 17
Sylvin 216
Symmetrieebene 163
Syngenetisch 242
Synklinale 42

Talk 237
TEICHMÜLLER 255
Tektonik 109
Tektonik der Kalilager
  324
Tektonisches Beben 106
Telescoping 398
Tellurisches Eisen 186
Temperaturen 5
Terrassen 77
Tertiär 148
Tetragonales System 164
Teufenunterschiede 297
Textur 9

Theoretische Geologie 3
Thermen 297
Thorium 122
Thüringisch-sächsischer
  Eisenbezirk 107
Tiefengesteine 12
Tiefenvulkanismus 95
Tierfährten 136
Tierwelt 120
Tigerauge 204
Tillit 138
Ton 2
Toneisenstein 222
Tongesteine 23
Tonschiefer 23
Topas 234
Torf 251
Torfdolomit 261
Torfmoore 251
Trachyt 18
Transgression 107
Traßablagerung 97
Travertin 218
Trias 139
Triceratops 147
Triklines System 165
Trinkwasser 64
Trockengebiete 69
Trockenrisse 20
Trogtal 85
Tropfsteinhöhle 72
Troposphäre 8
Trum 296
Trümmergesteine 20
Tuffe 15
Turmalin 234
Türkis 228
Turon 145

Überfallquelle 63
Überfaltungsdecke 69
Überschiebungen auf
  Wechseln 53
Undurchlässige Schichten
  59
Ungeschichtete Ablage-
  rungen 19
Ungleichförmige Lage-
  rung 37
Unregelmäßig geformte
  Lagerstätten 244
Unterkarbon 133

Unterströmungstheorie
  112
Uramphibien 121
Uran 212
Uranpechblende 212
Urmoor 253
Ursache der Gebirgs-
  bildung 113
Urstromtäler 152
Urvogel 142
Urzeit 126
U-Täler 85

Vadoses Wasser 59
Vanadate 228
Variscisches Gebirge 111
Venus von Willendorf 158
Vereisungsgebiet 152
Vergenz 43
Verkarstung 72
Verkokung 261
Vermoderung 256
Verschiebungen auf
  Blättern 56
Versteinerungslehre 116
Vertorfung 256
Verwerfungen auf Sprün-
  gen 47
Verwerfungsquelle 63
Verwitterung 65
Villeflöz 276
Vitrit 269
Vivianit 228
Vogelsberger Eisenbezirk
  306
Vollkristallin 12
V-Täler 74
Vulkangebirge 114
Vulkanische Asche 99
— Beben 106
— Tuffe 16
Vulkanisches Glas 15
Vulkanismus 95
Vulkanite 14

Wackelstein 68
Waf-Kohle 255
Waldenburger Stein-
  kohlenbecken 286
Waldsumpfmoore 259
Wanderdüne 92
Warme Quellen 62

Warwen 122
Wassereinzugsgebiet 60
Wasserfall 75
Wasserhülle 7
Wasserleiter 59
Wasserstauer 59
Wealdenvorkommen 288
Wechsel 52
Wechsellagerung 33
WEGENER 112
Weichbraunkohle 253
Weißbleierz 219
Westdeutsches Braunkohlengebiet 276
Westfal 272
Westoberschlesisches
 Bleizinkerzvorkommen
 294
Wichte 172
Widia Metall 308
WIDMANNSTETTERsche
 Figuren 186

WILLIAM KÖHLER-Gang
 309
Windkanter 94
Windschliff 93
Winkeldiskordanz 37
Wirkungen des Eises 82
– – Windes 91
Wismut 188
Wittener Schichten 272
Witwatersrandgebiet
 182
WOLANSKY 345
Wolframate 228
Wolframit 228
Wollsackverwitterung 32
Wolkenzone 8
Wulfenit 229
Wurzelboden 260
Wünschelrute 249
Wüstenlack 94

Yellowstone Park 103

Zapfquelle 63
Zechstein 136
Zellulose 256
Zementationszone 299
Zentralkegel 96
Zeolithe 237
Zertalung 81
Zeugenberg 115
Zickzackfalte 44
Zinkblende 201
Zinkspat 222
Zinn 209
Zinnerzvorkommen 209
Zinnober 202
Zinnstein 209
Zirkon 235
Zusammengesetzte
 Gesteine 8
Zwiebelschalig 12
Zwilling 167
Zwischeneiszeit 151
Zwischenschicht 6